国家自然科学基金青年基金资助项目

网络空间安全技术类图书

网络先进防御技术及其实践

刘文彦　霍树民　程国振
梁　浩　张　帅　李远博　杨骁晗　编著

西安电子科技大学出版社

内 容 简 介

本书对网络先进防御技术及其实践进行了介绍。首先，简单介绍了网络先进防御技术的基本知识，阐述了典型先进防御技术尤其是拟态防御技术的基本原理和关键技术；其次，选取拟态路由器、拟态 Web 服务器、拟态域名服务器等若干拟态防御设备，设计了典型的网络攻防对抗实践案例；最后，给出了部分防御技术的协同和对比实践案例。

全书共 12 章，具体为：先进防御技术概述，系统基本使用方法，传统防御技术实践，拟态路由器技术实践，拟态 Web 服务器技术实践，拟态 DNS 技术实践，拟态网关技术实践，拟态 IPS 技术实践，移动目标防御技术实践，拟态云组件技术实践，协同防御技术实践，防御技术对比实践。

本书主要面向网络空间安全、信息安全等相关专业的本科生、研究生和从事相关科研工作的工程技术人员。

图书在版编目(CIP)数据

网络先进防御技术及其实践 / 刘文彦等编著. --西安：西安电子科技大学出版社，2023.11
ISBN 978-7-5606-7055-3

Ⅰ.①网… Ⅱ.①刘… Ⅲ.①网络防御—研究 Ⅳ.①TP393.081

中国国家版本馆 CIP 数据核字(2023)第 200269 号

策　　划　李惠萍
责任编辑　李惠萍
出版发行　西安电子科技大学出版社(西安市太白南路 2 号)
电　　话　(029) 88202421　88201467　　邮　　编　710071
网　　址　www.xduph.com　　电子邮箱　xdupfxb001@163.com
经　　销　新华书店
印刷单位　咸阳华盛印务有限责任公司
版　　次　2023 年 11 月第 1 版　2023 年 11 月第 1 次印刷
开　　本　787 毫米×1092 毫米　1/16　印张 15.5
字　　数　362 千字
印　　数　1～2000 册
定　　价　41.00 元
ISBN　978-7-5606-7055-3 / TP
XDUP 7357001-1

前言

网络空间安全是网络信息时代世界各国面临的共性问题与挑战，其本质是围绕软硬件目标对象漏洞、后门等的利用与反利用，各国基于技术、供应链甚至国家层面展开的全方位博弈。当前，限于科学技术的发展水平，尚无法有效抑制或管控软硬件产品在设计、制造和使用过程中引入的漏洞、后门等安全缺陷，而且在可以预见的将来，穷尽或彻查目标系统软硬件代码中存在的安全缺陷，仍然是一项坚巨的任务，需要在技术上有更大的突破。更为严峻的是，传统信息系统的静态性、确定性和单一性等架构体制和运行机制方面存在“基因缺陷”，使得漏洞、后门等安全缺陷一旦被攻击者所利用，必然会导致大规模、持续性的安全威胁。因此，基于未知漏洞、后门等的未知威胁不可避免地成为网络空间最大的安全挑战。而现有的网络防御是以确定性的技术体系对抗基于未知漏洞后门等的不确定性安全威胁，这必然会导致网络空间攻防态势严重失衡。

网络空间现有防御理论与方法一般遵循“威胁感知、认知决策、问题移除”三步走的模式。技术体制可以分为两类：一类是以防火墙、IPS/IDS、杀毒软件等为主要代表的演进式防御技术，其核心特征是必须在获取攻击者先验知识或行为特征的前提下才能实施有效的防御，本质上属于“亡羊补牢”的外挂式防护思路，无法预测、应对网络空间未知的、不确定性的安全威胁。另外一类是以可信计算、移动目标防御、设计安全等为代表的革新式防御技术，期望通过增强软硬件系统运行的可信度和动态性、降低漏洞的可利用概率，提升主动防御能力，但这种防御类型仍无法有效解决未知后门、病毒木马等未知威胁。

2013年邬江兴院士原创性地提出了网络空间拟态防御理论和动态异构冗余(拟态)防御架构，开辟了网络空间内生安全研究的新方向，使得信息系统的安全性首次实现了可标定设计、可验证度量，有望从根本上改变当前网络空间安全的游戏规则。拟态防御技术不基于边界、不依赖于攻击先验知识，能够有效应对网络空间软硬件产品中的漏洞后门等内生安全问题。近年来，不少国家都强调要在系统层面建立“内生式”安全机制，毋庸置疑，以拟态防御为代表的网络空间内生安全技术已经成为国际学术和产业界普遍关注的发展方向，引领了网络安全技术的发展潮流。拟态防御技术自提出以来，在中央网信办、科技部、工信部、国家自然基金委等项目资助下，完成了从理论探索、技术突破、系统研制、上线试验到实战检验的全流程科研创新，取得了重大阶段性成果。

网络安全的本质是对抗，而对抗的本质又在于攻防两端能力的较量。网络防御技术尤其以拟态防御为代表的新型防御技术的发展，为我国关键基础设施防护提供了强大支撑。习主席曾指出：“网络空间的竞争，归根到底是人才竞争。”网络安全人才已成为网络空间竞争胜负的决定性因素，并已引起世界各主要国家的高度关注。以美国、俄罗斯为首的网络强国，在近年来几场局部战争中投入了大量网络作战力量，在获得战争胜利的同时，也锻炼培养了一大批网络安全人才。与此同时，美国第一个将网络空间安全人才培养问题上升到国家战略高度。在培养方式上，美国国防部和联邦政府机构已经设立了各种竞赛和推广战略，建立了各种训练系统，提供逼真的培训环境，通过一系列针对性的演习和实战检验，有效锻炼了网络安全人才队伍。

与新时代、新形势、新任务的需求相比，当前我国网络空间安全人才数量和质量还存在着较大差距。据2022年9月发布的《网络安全人才实战能力白皮书》公布的数据，到2027年，我国网络安全人员缺口预计将达327万，有高达92%的企业认为自己缺乏网络安全实战人才。预计未来3～5年内，具备实战技能的安全运维人员与高水平网络安全专家将成为网络安全人才市场中最为稀缺和抢手的资源，加强网络安全人才培养已成为行业共识。当前，网络信息技术变革和网络攻击技术演进，推动网络防御技术进入新的创新周期，需要及时将最先进的防御理念、技术、手段融入人才培养的各个环节，同时通过实战系统锻炼人才，打通课堂教学到网络安全实践的“最后一公里”，满足新形势下的实战化防御能力建设需求和人才培养需要。本书就是为满足这一需求所作的努力。

本书作者长期跟踪研究网络防御技术，对持续研究的拟态防御技术及系列设备进行了系统性分析和总结，在此基础上编写了本书，旨在为从事网络防御技术研究和人才培养的工作者提供一本兼具知识性和实践性的参考书。全书共分为12章。第1章由刘文彦负责编撰，对网络先进防御技术进行了简单介绍。第2章由程国振、李明阳负责编撰，介绍了网络先进防御系统的基本使用方法。第3章由霍树民、许德鹏负责编撰，介绍了传统防御技术的技术原理和攻防实践，包括防火墙技术、ACL技术、虚拟IPS技术、虚拟沙箱技术和虚拟蜜罐技术。第4章由梁浩、李舒意负责编撰，第5章由李远博、刘轩宇负责编撰，第6章由张帅、陈尚煜负责编撰，第7章由霍树民、路致平负责编撰，第8章由杨晓晗、路致平负责编撰。这五章介绍了几种典型的拟态防御技术，包括拟态路由器技术、拟态Web服务器技术、拟态DNS技术、拟态网关技术和拟态IPS技术，从功能介绍、系统架构、关键技术、典型应用场景的攻防实践等方面进行了详细的介绍。第9章由刘文彦、杜雨盈负责编撰，对移动目标防御(Moving Target Defense，MTD)技术原理进行了分析，并介绍了MTD的典型场景下的攻防实验。第10章由霍树民、杜雨盈负责编撰，介绍了拟态云组件的系统架构、关键技术和典型应用场景，包括执行体创建、执行体轮换等攻防实践。第11章由程国振、张帅普负责编撰，介绍了动态IP技术和拟态Web技术、虚拟场景编排技术等协同防御攻防实践。第12章由李远博、许含意负责编撰，本章在前面介绍的防御技术的基础上，进行了各种防御技术的对比攻防实践，体现出拟态防御技术的先进性。全书由刘文彦、霍树民负责统稿和定稿。

本书在国家自然科学基金青年基金项目“基于拟态构造的云自适应认知安全防御理论与方法研究”(批准号:62002383)和面上项目“云计算环境下内生安全理论、方法与关键技术研究”(批准号:62072467)的支持下完成。写作过程中，项目组成员李舒意、路致平、张帅普、刘轩宇、许含意、李明阳、杜雨盈、许德鹏、陈尚煜等博士、硕士研究生查阅了大量的资料，深入参与了本书的编撰工作，为本书的完成提供了至关重要的帮助。在此，对所有为本书付出辛勤劳动的同事和同学们表示衷心的感谢。

由于作者水平有限，加之网络防御技术本身仍处于快速发展时期，书中难免存在纰漏和不足，恳请读者批评指正。

编　者

2023年8月

目　录

第 1 章　先进防御技术概述

1.1　引　　言

网络空间(Cyberspace)是人类信息时代的基础活动空间，自其出现以来，就在不断演进变革的网络信息技术的驱动下，以超乎想象的速度扩张，对世界政治、经济、文化、社会、生态、军事等领域持续产生着巨大的影响。随着万物互联时代的来临，新一代信息技术、人工智能技术创新发展，网络空间进一步融合人类社会、信息世界和物理世界，成为与人类息息相关、支撑人类面向未来生存和发展的重要的空间域。

作为由人类创造出来的虚拟空间，由于早期安全观念不强和现阶段人类认知与科技发展的局限，网络空间在快速扩张的同时，也如同打开了的“潘多拉魔盒”，各类安全问题层出不穷。无论是 2017 年爆发的波及全球 150 多个国家和地区的勒索病毒，还是近年来在我国十分猖獗的以通信信息诈骗为代表的新型网络违法犯罪活动，都凸显了网络安全问题的严重性及其对社会经济发展的巨大破坏力。网络空间已经成为信息时代人类发展的“双刃剑”，一方面人们对其依赖程度不断加深，另一方面人们对其带来的安全问题的担忧持续加剧，网络安全问题已被公认为当前最为严峻的挑战之一。

网络空间安全的本质是对抗，而对抗的本质又在于攻防两端能力的较量。自网络空间出现以来，网络攻击与防御就一直处于螺旋式发展态势。发展先进的网络防御方法及技术手段，围绕关键信息基础设施、重要网络信息资源等构建形成整体防御能力，始终是保障网络空间安全的基本要求和主要技术途径。

网络安全防御技术的起源可追溯到网络空间诞生之初。最初人们通过加密技术来解决网络传输过程中的信息安全问题，其后随着网络空间范畴的持续拓展和网络服务渗透至人类社会、物理世界的方方面面，网络防御的概念内涵也不断丰富，拓展至信息确保、计算机网络防御、关键信息基础设施防护等领域，由此也产生了诸如入侵检测、防火墙、漏洞扫描、威胁感知、病毒查杀、系统修补与恢复等防御方法或技术。与传统的物理实体间攻防对抗时“易守难攻”的特性不同，虚拟网络空间的基本安全态势是“易攻难守”，特别是随着近年来网络信息技术进入全球化、开放式产业链时代，以及网络与信息系统的功能设计、服务应用越来越复杂，网络安全漏洞几乎“无处不在”，加之诸如 APT(Advanced Persistent Threat，高级持续威胁)等先进攻击方法和智能化攻击工具的不断发展，基于已知威胁特征或攻击行为等先验知识的被动式防御技术越来越力不从心。发展积极感知安全风险、不依赖于攻击先验知识，特别是具备内生式安全机制的主动防御技术成为网络先进防御技术发展的主要方向之一。

1.2 先进防御技术概念与内涵

传统网络空间安全防御重在对目标系统的外部安全加固和针对已知威胁的检测发现与消除。尽管近些年来研究人员在漏洞发掘和后门检测方面开展了大量卓有成效的研究工作，但距离杜绝漏洞和根除后门的理想安全目标还有非常大的差距。学术界和工业界都已意识到传统静态防御或联动式防御在对抗高强度网络攻击(如 APT 攻击)方面十分被动。为改变这种局面，西方发达国家相继启动了若干力图“改变游戏规则”的先进防御技术的研究计划，例如美国提出的移动目标防御(Moving Target Defense，MTD)技术、设计安全(Designed-in Security)技术等。这些技术通过增加信息系统或网络内在的动态性、随机性、冗余性主动应对外部攻击，试图使攻击方对目标系统的认知优势或掌握的可利用资源在时间和空间上无法持续有效，最终达到探测信息难以积累、攻击模式难以复制、攻击效果难以重现、攻击手段难以继承的目的，从而显著增加攻击者成本，扭转网络空间“易攻难守”的战略格局。

1. 先进防御技术的概念

根据《美国国防部军事及相关术语词典》的解释，在军事上，主动防御是指“使用有限的进攻行动和反击手段阻止敌方夺取某一区域或阵地”。后来，美国军方和部分研究机构将美国军事上的主动防御直接用于网络空间。但因其原始定义中具有的反击因素(本质上也是一种网络攻击行为)，所以网络空间的主动防御概念一直饱受争议，未能形成统一的定义。

美国研究机构 SANS 采用较谨慎的态度，将网络空间主动防御定义为：防御者对网络内部的威胁进行监测、响应、学习，并将分析结果反作用到威胁本身的过程。美国阿贡国家实验室的风险和基础设施科学中心的 COAR(Cyber Operations，Analysis and Research)部门将主动防御定义为：使系统或运营商能够预测攻击者行为的技术，而不是待攻击事件发生后进行被动响应。据该机构调研，虽然主动防御通常被描述为包含“攻击反制(hack-back)”的措施，但从设计目标上来讲，许多主动防御技术均将“弹性”作为其核心要素。“弹性”通常是指在面对未知变化时信息系统的可靠性和性能保证机制。

综合上述定义，作者认为，网络空间先进防御期望实现对网络攻击达成“事前”的防御效果，不依赖于攻击代码和攻击行为特征的感知，也不是建立在实时消除漏洞、堵塞后门、清除病毒木马等传统防护技术的基础上，而是以提供运行环境的动态性、冗余性、异构性等技术手段改变系统的静态性、确定性和相似性，以最大限度地减少漏洞等的成功利用率，破坏或扰乱后门等的可控性，阻断或干扰攻击的可达性，从而显著增加网络攻击的难度和成本。因此，先进防御具有如下几个特性：

首先，在行为上具有主动意识，对一切威胁采取预先的措施积极应对，甚至采取反制措施，其典型代表是积极防御；

其次，不依赖威胁的先验知识，或者引入动态性、多样性、冗余性等技术手段，或内置可信参照物，增强目标系统的可信度，其典型的技术有移动目标防御、可信计算等；

最后，将动态、多样、异构等机制进行有机组合，实现功能和安全的统一，而不是附加内容、加壳式安全加固技术，其典型的技术代表是拟态防御技术。

近些年来，学术界和产业界已深刻地认识到未知漏洞、后门等是网络安全威胁最为核心的问题之一，因而在系统结构设计、操作系统设计、编译器设计等方面引入了一些安全机制，如代码和数据相分离的哈佛系统结构、操作系统的内存地址随机化、指令随机化、内核数据随机化等。相对于传统的附加式外部防御方法而言，这些方法均属于系统内置或内生式的主动防御，对增加攻击者利用漏洞、后门的难度有很好的效果。例如，针对微软 Windows 7 及更高版本的操作系统和 Office 系列软件漏洞的利用难度较大，攻击的效用和可靠性也很低。不过，这种针对主流的缓冲区溢出型漏洞采取的内生式主动防御尝试还处于起步阶段，其面向目标对象设计安全的完整理论基础尚未建立，方法论也还不成体系。但是从近些年来的发展势头看，实现一个具有主动防御功能的网络(物理)系统的思路已经初露端倪。作者认为，为降低目标对象漏洞后门的被利用概率，增加系统健壮性，以主动防御为核心的先进防御技术在系统设计上应当着重考虑以下几个方面：

(1) **适应性(adaptability)设计**。适应性是指系统为应对外部事件而动态地修改配置或运行参数的重构能力。首先，要求设计人员在系统开发阶段预先规划针对外部事件的执行路径，或者建立系统的故障模式。其次，在系统运行阶段，建立基于机器学习的外部事件感知模式，并能适时触发其自适应重构机制。相关表现形式包括资源的按需缩放、删除或添加系统多样性、减小攻击表面等。2014 年，信息技术研究与顾问咨询公司 Gartner 认为，设计能应对基于未知漏洞的高级攻击的自适应安全架构是下一代安全体系的关键。2016 年，该公司又将“自适应安全架构”列为本年度需要关注的十大战略性技术之一。

(2) **冗余性(redundancy)设计**。冗余性设计通常被认为是提高系统健壮性或柔韧性的重要手段之一。例如，基因冗余性增强了物种适应环境的能力。在可靠性工程学中，冗余性设计一直以来都是保护关键子系统或组件的有效手段。信息论针对冗余编码在提高编码健壮性方面给出了理论证明。网络系统的冗余性是指为同一网络功能部署多份资源，实现在主系统资源失效时能将服务及时转移到其他备份资源上的功能。冗余也是主动防御最鲜明的技术特征，是多样性或多元性、动态性或随机性等运作机制的实现前提。现有的主动防御策略，例如移动目标防御、定制可信网络空间等均将资源冗余化作为其核心要素，以便能极大地提高目标系统的整体弹性。

(3) **容错(fault-tolerance)设计**。容错是系统容忍故障以实现可靠性的方法。在网络系统设计中，容错通常被分为三类：硬件容错、软件容错和系统容错。硬件容错包括通信信道、处理器、内存、供电等方面的冗余化。软件容错包括结构化设计、异常处理机制、错误校验机制、多模运行与裁决机制等。系统容错是利用部件级的异构冗余和多模裁决机制来补偿由于随机性物理故障或设计错误而导致的运行错误。

(4) **减灾(mitigation)机制设计**。减灾系统是指具备自动响应故障，或支持人工应对故障能力的系统。当故障或攻击发生时，减灾策略是指建立规范的流程或者执行方案以指导系统或管理员应对故障。常见的形式包括自动系统检疫与隔离、冗余信道激活，以及攻击反制策略。

(5) **可生存性(survivability)设计**。在生态学中，可生存性是指在面对洪水、疾病、战争或气候等未知物理条件变化时，生命体相较于同类更能成功地生存的能力。在工程学中，可生存性是指系统、子系统、设备、进程或程序在自然或人为干扰期间仍能够继续发挥其功能的能力。在网络空间中，网络可生存性是指系统在(未知)攻击、故障或事故存在的情况下，仍能确保其使命完成的能力。可生存性被认为是弹性(resilience)的一个子集。本书作者认为，可生存性应当成为先进防御系统的一个重要衡量指标，在受到已知和未知攻击时，可生存性是指尽可能使目标对象保持系统正常运维指标的能力，或平滑降级以维持相应等级的服务。

(6) **可恢复性(recoverability)设计**。可恢复性是指在服务中断时，网络系统能够提供快速和有效恢复操作的策略。具体手段包括热备份组件的自动倒换，冷备份组件的动态嵌入，故障组件的诊断、清洗与恢复等。

事实上，在网络空间主动防御概念出现之前，上述 6 种设计思路已经不同程度地被应用于网络防御技术研究和系统设计中，只是尚未形成体系化的主动防御理论。

2. 先进防御技术的内涵

随着网络攻击技术的进步，越来越多的攻击方法可以绕过传统的被动防御体系，对目标系统发动攻击。因此，被动防御技术领域也逐渐引入了一些主动防御策略，如各大厂商推出的智能防火墙，又称下一代防火墙，将人工智能技术引入防火墙中，试图主动发现恶意行为；异常流量检测技术通过建立网络或行为流量的“正常”基准轮廓，将任何偏离正常基线的活动都认为是异常事件，从而发现未知的疑似威胁，并能够跟随外部环境更新所构建的模型。近十年来，为改变现有攻防代价或成本严重失衡的现状，主动防御策略研究与实践正逐渐受到关注，以研发“改变游戏规则”的技术为目标，国内外学术界提出了各类新型的主动防御思想或技术，其中，网络欺骗、移动目标防御、定制可信网络空间等思想引起了人们的广泛关注。

根据技术思路、出现时间等的不同，我们将这些以主动防御为核心的先进防御技术大致分为以下两代：

第一代是积极感知安全风险的主动防御，仍以被动防御技术中获取先验知识、隔离等策略为前提，但是引入了主动意识，这包括主动认知自身安全脆弱性、主动获取先验知识、主动隔离攻击威胁。该技术主要侧重于从策略上提升主动防御能力，并不是真正通过改变网络系统本身的设计机制、运行机制来改善安全环境。代表性技术包括漏洞检测、沙箱隔离、蜜罐诱捕。但是这类防御技术的不足是并未从根本上改变被动防御技术“疲于奔命”式应对安全威胁的现状，主要解决“已知(风险及途径)的未知(具体威胁形式和时机)威胁”，无法应对“未知的未知威胁”。例如，蜜罐诱捕通过构筑伪装的业务主动引诱欺骗攻击者，从而捕获其行为，但是“构筑伪装的业务”这一策略本身即表明蜜罐已知该业务存在被攻击的风险，只是对具体威胁形式未知。

第二代是系统内部设计了安全机制的主动防御，主要包括三个方面：首先，在系统功能结构层面引入异构冗余机制，通过多样化冗余备份保障系统在部分受到攻击时仍可正常提供服务，增强入侵容忍能力；其次，从网络、平台、运行环境、软件、数据等层面分别引入动态化技术，动态改变系统固有的外在特征属性，加大攻击者发现和利用漏洞的难度，增强系统抵御风险的弹性；最后，在系统功能结构层面引入可信参照物，建立系统访问、系统执行上下文间的信任机制，增强网络空间系统运行的可信度。代表性研究或技术包括攻击遮蔽技术、弹性系统/网络、可信计算等。其技术特点是突破了传统以获取攻击者先验知识为前提和外部加壳式的防御方法，建立了以系统自身安全机制为主导的内生式防御能力。这些技术通过在技术层面植入多样化、动态化基因和信任机制，提高了自我识别风险、抵御风险和后天获得性免疫能力。其不足之处是尚未形成体系化的防御理论指导实践，需要针对具体层面的具体需求，通过具体技术增强内在的安全能力，属于“点防御”技术，不具备对外部入侵的“通杀”能力。

另外，近年来，我国学者提出了基于系统架构的内生融合式防御技术，通过创新系统架构技术使得系统、组件或构件等具备对未知漏洞和后门的“通杀”能力(面防御)，并具备结合各种特异性“点防御”的能力，构筑点面融合式防御技术，彻底弥补网络与信息系统在安全方面固有的静态性、相似性和确定性等基因缺陷，全面植入异构性、冗余性、动态性等安全基因，让网络防御环境和行为变得不可预测，使目标对象的防御能力获得超非线性的增强。典型的代表是网络空间拟态防御技术，它采用动态异构冗余构造，将功能等价、结构不同的执行体根据一定的安全策略组合起来，并由判决器实现冗余执行体的交叉验证，从而屏蔽少数不一致输出，具备容忍部分执行体被攻击的能力。通过动态化地变迁异构多样的执行体空间，使得攻击链环节难以维系，攻击经验难以继承，大幅度降低未知漏洞、后门等的可利用性，非线性地提高网络攻击的难度与代价，打破网络空间“易攻难守”的基本格局。

通过对上述典型的先进防御技术思路进行分析，我们总结出其应该具备的六个方面的内涵要点，具体如下：

(1) **多样性**。多样性的概念来源于生物多样性理论，通过生物种群的多样性、遗传(基因)多样性和生态系统多样性，可以抵御外部生存环境不确定性变化导致的风险。研究人员将多样性引入网络空间，以保证网络空间服务功能或网元、终端抵抗恶意攻击的能力。因此，如何将生物种群的多样性机制导入网络空间防御体系，正逐渐成为学术界和产业界安全研究人员关注的热点问题。通过防御对象的多样化设计和实现，可以将一个难以预知或探测其规律的目标呈现给攻击者，使得攻击者难以实现所期望的蓄意行为，从而保证了目标系统的安全。

(2) **动态性**。动态性是指系统随时间变化的一种属性。在资源冗余(或时间冗余)配置条件下，通过动态地改变系统组成结构或运行机制，给攻击者制造不确定的防御场景；通过随机性地使用系统冗余组件或可重构、可重组、虚拟化的场景，提高网络防御行为或部署的不确定性；结合多样性或多元化的动态性，尽可能地增加基于协同攻击的实现复杂性。动态性可从机制上彻底改变静态系统防护的脆弱性，即使无法完全抵御所有的攻击，或者无法使所有攻击失效，也可以通过系统重构等来提高系统的柔韧性或弹性，或者降低攻击成果的可持续利用性。

(3) **随机性**。随机性是动态性的一种特殊形式。它通过无目的地变换目标系统的某些属性，向攻击者呈现一个不断变化的攻击面，从而使攻击者无法通过某一漏洞持续有效地组织大规模攻击，大幅提高了攻击者的攻击成本。

(4) **冗余**。冗余是指增加额外的资源配置以避免单一实体存在故障或被攻击的风险。冗余是可靠性理论中容忍故障、提高系统可用性的主要手段之一。典型的冗余是主备用结构设计，在主系统发生故障或遭受攻击而宕机后，备用系统启动以代替主系统工作。但是，如果主备系统仅是相同系统的副本，那么无法将其应用到抗攻击设计中，因为攻击者可以使用同一漏洞逐个将其他系统副本攻破，形成瀑布式攻击效果。因此，在抗攻击的设计中，冗余系统需要与多样性机制、动态性机制等结合使用。

(5) **伪装**。伪装的思想来源于生物界，生物通过模仿其他生物或外部环境，以保护自身免受攻击。在网络空间领域，伪装技术通过迷惑攻击者，来获得攻击者的行为特征或者避免攻击者探测目标系统的行为特征。一种典型的伪装技术是蜜罐技术，它通过模拟正常的网络业务，设置陷阱，以捕获攻击者的特征或行为，以备后续对其进行分析或取证；另一种典型的伪装技术是利用动态、冗余等特性，建立一种不确定的系统结构，构筑防御迷雾，使得攻击者无法对目标系统形成有效的探测或持续的攻击。

(6) **隔离**。隔离是将两个实体进行物理的或逻辑的分离，使得两者相互独立，不受彼此影响。在网络空间中，隔离的目的是多样的，例如，虚拟化技术用于提高宿主机资源的利用率，但同时也构造了隔离的虚拟环境。安全领域隔离的典型应用是沙盘或沙箱技术，它利用虚拟隔离技术构筑了一个独立的环境，任何可疑的目标程序可以在沙箱环境中运行而不影响执行环境或其他程序。

1.3 典型先进防御技术简介

本节简要介绍沙箱、蜜罐、入侵容忍和可信计算等四种先进防御技术，移动目标防御技术和拟态防御技术因为是本书实践内容关注的重点，所以分别在 1.4 节和 1.5 节进行单独介绍。

1.3.1 沙箱技术

1. 概述

沙箱技术源于软件错误隔离技术(Software-based Fault Isolation，SFI)。SFI 是一种利用软件手段限制不可信模块对软件造成危害的技术，其主要思想是隔离，即通过将不可信模块与软件系统隔离来保证软件的鲁棒性。为了应对复杂攻击，研究者基于 SFI 构建隔离的环境用于解析和执行不可信模块，限制其潜在的恶意行为，并达到分析其行为特征和安全防护的目的，这种技术称为沙箱技术。

沙箱通常是指一个严格受控和高度隔离的程序运行环境，沙箱系统中应用程序所访问的资源都受到严格的控制和记录。根据访问控制的思路，沙箱系统的实现途径可以分为两类：基于虚拟机的沙箱和基于规则的沙箱。其中，基于虚拟机的沙箱可为不可信资源提供虚拟化的运行环境，使不可信资源的解析执行不会对宿主造成影响，360 隔离沙箱虚拟化技术就是其代表应用；而基于规则的沙箱技术则通过拦截系统调用，监视程序行为，然后根据用户定义的策略来控制和限制程序对计算机资源的使用，如改写注册表、读写磁盘等，TRON 系统就是其典型应用。

2. 关键技术

1) 虚拟化技术

虚拟化(virtualization)是一种资源管理技术，可以将计算机的各种实体资源(CPU、内存、磁盘空间、网络适配器等)予以抽象、转换后呈现出来，打破了实体结构间不可切割的障碍，以便进行更好的组合应用。通俗地说，虚拟化就是把物理资源转变为逻辑上可以管理的资源，以打破物理结构之间的壁垒。

从虚拟化资源的角度出发，虚拟化技术可以分为三类，分别为基础设施虚拟化、系统虚拟化和软件虚拟化。其中软件虚拟化是基于虚拟机的沙箱技术的基础，它主要针对软件进行虚拟化设计，目前业内公认的软件虚拟化技术主要包括应用和高级语言虚拟化。

基于虚拟机的沙箱技术和虚拟化技术的本质区别在于：虚拟化技术是通过模拟 CPU 指令系统、内存管理系统、操作系统、API 调用系统等操作而形成的一个纯粹的虚拟环境，程序所有的操作都是在虚拟系统中完成的；基于虚拟机的沙箱基于虚拟化技术构建一种隔离环境，运用记录机制把相关操作记录下来，当用户需要恢复到相应的时间点时，沙箱能够将所有这些操作撤销，回溯到该时间点。基于虚拟机的沙箱本质上只是编写相应的驱动程序，然后通过加载编译好的驱动目标码的方式完成目标操作。

2) 恶意行为检测技术

恶意行为检测技术是沙箱的重要组成部分，其分析过程可分为行为分析和恶意软件检测两个步骤。其中，行为分析包含行为信息捕获和对程序行为建模两个步骤。行为信息捕获是指捕获未知软件和系统的交互信息或者未知软件自身的相关信息，如源代码、汇编码等，按捕获的信息来源不同分为静态分析和动态分析两种类型。对程序行为建模是指用特定的模型来表示程序行为，其目的是在后续的恶意判定过程中，可以依据模型间的差别来做出恶意软件的判定，或是变种检测。恶意软件检测是恶意软件研究领域的重点问题，它主要利用特征信息进行匹配判定。恶意软件检测方法可以分为特征码检测法和行为监测法。

特征码检测法是指通过采集恶意软件样本，提取其特征码，将特征码与检测样本相比较，判断是否有样本片段与此特征码吻合。此技术是当前应用最广泛的恶意软件检测方法。但特征码检测法只能检测已知威胁，对于未知威胁则无能为力。行为监测法是指利用行为特征对目标程序进行分析，当程序运行时对其进行监视，如果发现恶意特征行为则报警。该方法可以识别未知威胁，但存在误报率高、实现困难等缺陷。

3) 重定向技术

重定向技术是一种可以将各种访问请求以及请求中的参数重新定位转移到其他请求或参数的技术。例如，网页的重定向、域名的重定向以及路由选择的重定向都是重定向技术的典型应用。该技术有很多优点，可以帮助程序实现自己期望的功能。例如，可以对用户经常用的而且容易出错的网站采用网页的重定向技术，这样就给访问者提供了很大的方便。

在基于规则的沙箱系统中，系统可以使用相关的重定向技术把对文件的不可靠操作重定向到系统的某一特殊文件内，即相当于限制了程序的操作，以此保护系统文件数据的安全。

Hook 技术就是一种典型的重定向技术，其本质就是劫持函数调用，它可以用于网络攻击和网络防御。根据实施位置不同，它可以分为应用层 Hook 技术和内核层 Hook 技术。应用层 Hook 技术主要包含两种：消息 Hook 和 API Hook。内核层 Hook 技术有很多种。通过借助不同的 Hook 手段，管理员就能 Hook 不同层次上的系统函数，Hook 的层次越深，最终的安全性越高。常见的 Hook 技术有 IDT Hook、SSDT Hook、IRP Hook 和 Inline Hook。

劫持函数调用后，基于规则的沙箱系统会执行两种操作——干预操作和限制操作，以完成重定向操作。干预操作是指对系统调用或者 API 函数进行修改替换的操作，该行为可以使系统调用或者 API 函数不执行系统的默认函数，而是执行修改之后的替换函数。使用限制操作时，基于规则的沙箱中的程序可以根据决议结果允许操作或者禁止操作。通常，沙箱会为应用程序设置一些权限，当沙箱的程序化运行过程中想要执行权限外的操作时，操作将会被禁止，从而保护主机资源。

3. 优缺点

与其他先进防御技术相比，沙箱防御技术不必花费大量时间辨别与分析一些具体的恶意代码，而是将可疑代码或实体限制或隔离在逻辑空间，因此，沙箱防御技术能在安全与高效之间达到平衡。同时，通过预先定义的处理机制，沙箱系统能够较迅速地在检测到恶意程序后采取一定的防范措施，做出相应的清理恢复工作。

但伴随着网络攻击技术的快速发展，沙箱技术本身还有很多地方需要改进：

(1) **提高沙箱的可移植性**。当前，操作系统种类繁多，且具有不同的内核，一种沙箱难以适应各种操作系统的内核，如何优化沙箱系统的机制，提高其适用范围是未来的研究重点。

(2) **提高沙箱的自适应能力**。目前网络中的恶意软件更新速度非常快，人工对沙箱规则库进行更新难以有效应对沙箱的现实需求，其规则集很可能滞后。未来如何在沙箱的架构中加入智能学习系统，自动化地更新规则集合以改进现有沙箱系统的性能，也是人们关注的重点。

(3) **发展多维度的程序行为监控技术**。针对沙箱防护，攻击者也在研究相应的逃逸技术。如果恶意软件的隐蔽性和针对性比较强，如 APT 攻击，仅凭从监控到的系统调用信息中获得的程序行为信息难以完全推理得到恶意程序的真正目的。因此，研究多维度的程序行为监控技术，从不同维度的程序执行信息中获得程序可能的行为，是改进沙箱防御能力的重要方向。

(4) **提高访问控制机制的协同性**。沙箱通常会组合运用多种访问控制机制。如果访问控制机制之间存在矛盾或错误，会造成沙箱逃逸的风险，因此，如何保证多种访问控制机制的一致性，也是研究人员关注的技术方向之一。

1.3.2 蜜罐技术

1. 概述

Spitzner 对蜜罐技术给出的权威定义是：它是一种安全资源，其价值在于被扫描、攻击和攻陷。这意味着蜜罐就是专门为吸引网络入侵者而设计的一个故意包含漏洞但被严密监控的诱骗系统，是用于诱捕入侵者的一个陷阱，本质上它是一种对入侵者进行欺骗的技术。无论如何对蜜罐进行配置，所要做的就是使整个蜜罐系统处于被扫描、被攻击的状态，也只有在受到入侵者探测、监听、攻击，甚至最后被攻陷的时候，蜜罐才能显示出它真正的作用。任何带有欺骗、诱捕性质的网络、主机和服务等都可以看成一个蜜罐，它通过模拟系统的服务和特征来拖延入侵者的时间，浪费其攻击精力，或者故意暴露漏洞来诱骗入侵者，给入侵者提供一个容易攻击的目标，从而使入侵者不再将视线投注于真实网络、主机或服务。其表面上看很脆弱、易受攻击，实际上不包含任何敏感数据，没有合法用户和通信，能够让入侵者在其中暴露无遗。蜜罐系统本身不具有有价值的真实数据，不对外提供服务，因此任何经过蜜罐的流量都可以被认为是可疑行为，任何连接行为都可能是一次恶意探测或攻击，这是蜜罐的工作基础。

与防火墙、入侵检测等防护技术不同，蜜罐本身并不直接提高网络或信息系统的安全性，但它通过严密监控出入蜜罐的流量，一方面利用预设措施检测和发现攻击活动并及时做出预警，另一方面通过日志功能记录蜜罐与入侵者的交互过程，收集入侵者的攻击工具、方法、策略及样本特征等信息，为防范、破解新出现的攻击类型积累经验，尽早掌握网络攻防的主动权，最终达到保护自身网络或信息系统的目的。因此，蜜罐并不是代替防火墙、入侵检测系统以及其他常规侦听系统而独立开展网络防御工作的工具，其价值要通过和这些传统的安全工具相互配合来实现，蜜罐只是整个安全防御体系的一部分，更是对现有的安全防御工具的一种补充。

2. 关键技术

蜜罐的基本思想就是利用欺骗手段将入侵者引诱至并不真正提供业务服务功能的模拟网络系统之中，进而通过捕获和分析入侵攻击数据掌握攻击类型及其行为特征，达到主动防御的目的。为此，蜜罐需要解决四个关键问题：一是如何构建既能够引诱入侵者又能让其感觉“真实”且难以发现破绽的欺骗环境；二是吸引到入侵者后，如何诱使其全面展示攻击手段，从而尽可能丰富地获取与攻击相关的安全威胁原始数据；三是拿到安全威胁原始数据后，如何分析挖掘入侵者所采用的策略、手段、工具等信息，有效实现威胁感知、追踪定位、攻击特征提取和对新的未知攻击的快速发现功能；四是如何保证蜜罐自身的安全性，特别是确保蜜罐不被攻击者所利用，成为其攻击真实网络系统的跳板。

1) 欺骗环境构建机制

蜜罐的价值只有在被探测、被攻击时才能得以体现。没有欺骗功能就不能引来入侵者，蜜罐也就失去了价值。因此构建欺骗环境是蜜罐实现其安全价值的首要机制。蜜罐思想自提出以来，其欺骗机制一直随着网络技术的发展和网络攻防对抗的变化向两个层面发生演进：一是欺骗技术本身从简单的模拟服务端口、模拟系统漏洞向更高级、更复杂的仿真业务流量、仿真网络系统状态变化方向发展；二是构建欺骗环境的方法从模拟仿真的实现方式向基于真实系统搭建的方式演进，从而大大增强了蜜罐与入侵者的交互程度，有利于捕获更为丰富的安全威胁数据。

欺骗环境构建包括欺骗技术和欺骗环境的构建方法。其中欺骗技术包括模拟服务端口、IP 地址欺骗、模拟应用服务和系统漏洞、流量方针、网络动态配置、蜜罐主机、蜜标数据等分类。欺骗环境的构建方法可以分为基于模拟仿真的实现、基于真实系统的搭建两种方法。

2) 威胁数据捕获机制

通过构建欺骗环境吸引到入侵者的探测与攻击行为之后，获取入侵者连接网络记录、原始数据包、系统行为数据、恶意代码样本等威胁数据就成为蜜罐的后续目标。根据对应威胁数据捕获的位置不同，威胁数据捕获可以分为三种方式，分别为基于主机的威胁数据捕获方式、基于网络的威胁数据捕获方式和主动问询方式的威胁数据捕获方式。

基于主机的蜜罐系统可以捕获几乎所有的入侵信息，如网络连接、远程命令、日志记录、应用进程等，为后续威胁数据分析提供丰富的数据资源。这些信息通过蜜罐收集后，通常可以放置在一个隐藏的分区中进行本地存储，但这样做存在以下问题：

(1) 本地存储空间有限且捕获的数据不能被及时处理，存在存储资源被耗尽甚至出现系统不受监控的风险。

(2) 本地存储日志数据易被攻击者发现而删除，或通过修改而制“假”。因此，近年来远程存储蜜罐记录信息成为更受关注的解决方案，可利用系统对外接口(如串/并行接口、USB 接口、网络接口等)，通过隐蔽的通信方式将连续产生的数据存储到远程服务器。例如，开源工具 Sebek 即可在不被攻击者发现的前提下通过内核模块对系统行为数据及攻击行为进行捕获，并通过一个对攻击者隐蔽的通信信道将其传送到蜜网网关上的 Sebek 服务器端，捕捉攻击者在蜜罐主机上的行为。

基于主机的威胁数据捕获方式易被探测和“破坏”，因而出现了基于网络的威胁数据捕获方式。它将数据捕获机制设于蜜罐之外，以一种不可见的方式执行，捕获的数据只能被分析而无法更改，且这种捕获机制很难被探测和被终止，因此更加安全。

上述两种威胁数据捕获方式均是“守株待兔”，即被动地等待入侵者进入系统，然后实施数据捕获，并不会通过主动查询、检测第三方等手段来获取威胁数据。为提高蜜罐效率，必要时可通过主动问询第三方服务的方式来获取个人、IP 地址或潜在攻击者的信息，收集更多有价值的数据。当然这种方式很容易暴露蜜罐捕获攻击行为的意图，被攻击者察觉而致攻击者离开，因此并不常用。

3) *威胁数据分析机制*

尽管蜜罐能够捕获较为丰富的威胁数据，但其价值最终体现在对捕获数据的分析利用上。通过对蜜罐系统捕获的数据从网络数据流、系统日志、攻击工具、入侵场景等多个层次进行分析，利用可视化、统计分析、机器学习和数据挖掘等方法以及其他领域中处理数据信息的一些成熟的理论研究攻击行为，可有效识别攻击的工具、策略、动机，监测追踪特定类型的入侵攻击行为，以及提取未知攻击的样本特征等。根据目的和用途不同，蜜罐的威胁数据分析机制大体可分为三个方面，分别为面向网络攻击行为的威胁数据分析、面向特定攻击追踪的威胁数据分析和面向网络攻击特征提取的威胁数据分析。

(1) **面向网络攻击行为的威胁数据分析**。这种分析机制可视为最基础的威胁数据分析机制，它通过对捕获数据进行统计汇总来给出安全威胁的基本统计特性，获得入侵者所采用的攻击策略和相应工具的特征信息。

(2) **面向特定攻击追踪的威胁数据分析**。以僵尸网络(botnet)为例，众所周知，僵尸网络已成为网络安全的主要威胁之一。蜜罐技术可以有效捕获互联网中主动传播的僵尸程序，然后对其进行监控分析，通过多角度捕获数据的关联分析揭示僵尸网络的一些行为结构特性和现象特征；利用所获得的连接僵尸网络的命令与控制服务器的相关信息对僵尸网络进行追踪，在取得足够多的信息之后可进一步采取 Sinkhole、关停、接管等主动遏制手段。

(3) **面向网络攻击特征提取的威胁数据分析**。蜜罐系统捕获到的安全威胁数据具有范围广、纯度高、数据量小等诸多优势，同时能够有效地监测网络探测与渗透攻击、蠕虫等普遍化的安全威胁，因此适合作为网络攻击特征提取的数据来源。

4) 反蜜罐技术对抗机制

在利用蜜罐技术实现威胁数据捕获分析的同时，蜜罐自身的安全性尤为重要。如何在提升蜜罐技术诱捕能力的同时避免被攻击者识别和利用，是反蜜罐技术对抗的核心问题。可以从网络攻防两方面进行理解：一是反蜜罐技术在不断发展，从对抗蜜罐技术的角度出发，对蜜罐进行识别与绕过甚至是移除，实现进一步“不留痕迹”的入侵攻击，是入侵者利用反蜜罐技术实现攻击的目标；二是从蜜罐系统自身安全出发实现对入侵者的行为控制，在不暴露蜜罐“身份”的同时，进一步诱骗、吸引入侵者暴露下一步行为和企图，是防御者对抗反蜜罐技术、提升自身安全的重要举措。

为了应对入侵者所引入的反蜜罐技术，蜜罐研究社区也在不断进行技术博弈与对抗。数据控制可以称为最早进行的反蜜罐技术对抗，它能够有效控制入侵者的攻击行为，保障系统自身的安全性，这是蜜罐进行安全风险控制的基础。蜜罐系统本身不具有有价值的真实数据，任何对蜜罐系统的连接访问行为都可以认为是一次恶意探测或攻击，这是蜜罐的工作基础；即为了捕获安全威胁数据，蜜罐系统允许所有进入其系统的访问和连接，但其对外出的访问却要进行严格控制，因为这些非正常的对外访问连接很有可能是攻击者利用被攻破了的蜜罐对其他真实系统的攻击行为。此时，对其简单的阻断会引起入侵者的怀疑而令其放弃与蜜罐的进一步交互，通常的做法是利用防火墙的连接控制限制内外连接次数的同时，采用路由器的访问控制功能实现对对外连接网络数据包的修改，造成数据包正常发出却不能收到的假象。

3. 优缺点

蜜罐技术作为一种主动式网络安全防御技术，具有部署灵活简单、攻击发现漏报率与误报率低、防御效率高和可以发现未知攻击等优点，它不仅可以作为独立的网络安全工具使用，还可以与防火墙、入侵检测系统等协同使用，优势互补，达到更佳的安全防护效果。在蜜罐技术发展的近 20 年中，它一直伴随着网络安全威胁的变化不断地完善和演进。

结合在不同应用领域呈现的不足，蜜罐技术未来的发展方向将包括以下方面：

(1) **增加蜜罐模拟系统服务的能力**。现有的蜜罐技术可以模仿部分系统功能或服务，但模仿的真实性、完整性与真实系统还存在较大差距，如何利用和发展虚拟仿真技术更好地增加蜜罐模拟系统服务的能力，营造更丰富的攻击交互场景，捕获更全面的安全威胁数据，是蜜罐技术未来发展需要解决的关键问题。

(2) **加强蜜罐与更多操作系统的兼容性**。随着信息技术的发展，网络设备和信息系统所采用的操作系统呈多样化发展态势，而大部分蜜罐系统只能在特定的系统上进行操作，增强蜜罐技术对多样化操作系统的兼容性，提升蜜罐技术的跨平台工作能力，成为安全专家亟待研究的内容。

(3) **提高蜜罐技术交互程度**。一个高价值的蜜罐体现在其能够让入侵者毫无保留地展示出攻击手法、攻击过程及所用的攻击工具，因而持续摸索总结网络攻击的特点与规律，并借鉴人类行为学、社会工程学等方法，不断研究适用于各类系统、不同业务的仿真交互技术，尽量延长交互时间，加深交互程度，更高效地洞察入侵者的意图和攻击手法，是蜜罐技术发展的永恒话题。

(4) **深度记录攻击行为**。当前的蜜罐技术通常只记录入侵者的攻击行为，对入侵者攻陷系统后的所作所为关注较少。增强蜜罐自身的安全防护能力，提升蜜罐对入侵者事中和事后攻击行为的全程记录能力，也是蜜罐技术需重点解决的问题。

1.3.3 入侵容忍

1. 概述

受容错思想的启迪，1985年以Fraga和Powell等为代表的研究人员提出“入侵容忍(intrusion tolerance)”的概念，并指出入侵容忍是“假定系统中存在未知的或未处理的漏洞，即使被入侵或者感染病毒，系统仍然能最低限度地继续提供服务”。入侵容忍改变了传统的以隔离、检测、响应和恢复为主要手段的防御思路，它承认系统中存在未知或未修复的漏洞与缺陷，使用具有容侵能力的技术机制使得攻击者利用这些漏洞或者缺陷对系统进行入侵后，系统能够在可容忍的限度内持续提供正常或者降级服务，而不对系统的服务造成“宕机性”或“中断性”影响。

入侵容忍的基本思想可以借助AVI故障模型(Attack，Vulnerability，Intrusion composite fault model)进行说明，如图1-1所示。AVI故障模型将系统从遭受攻击到最终失效的过程抽象为事件序列：攻击 + 漏洞→入侵→故障→错误→失效。其中，失效指系统无法提供预期服务或所提供服务与预期服务存在偏差；错误是指引起导致系统失效的系统状态；故障指导致错误的确定或潜在原因。为了将传统容错技术运用到入侵容忍中，需要将任何恶意攻击、入侵和系统自身的安全漏洞都抽象为系统故障。在AVI模型中将故障划分为两类：一类是系统固有的安全漏洞，指在系统设计、实现或配置过程中引入的漏洞或缺陷，是系统被入侵的必要条件和内因，具体表现包括弱口令、缓冲区溢出漏洞等，在图1-1中统一表示为漏洞；另一类是恶意攻击，指攻击者利用漏洞或安全缺陷对系统实施的攻击行为，如木马、病毒和蠕虫等，恶意攻击是系统被入侵的外因，在图1-1中标记为攻击。

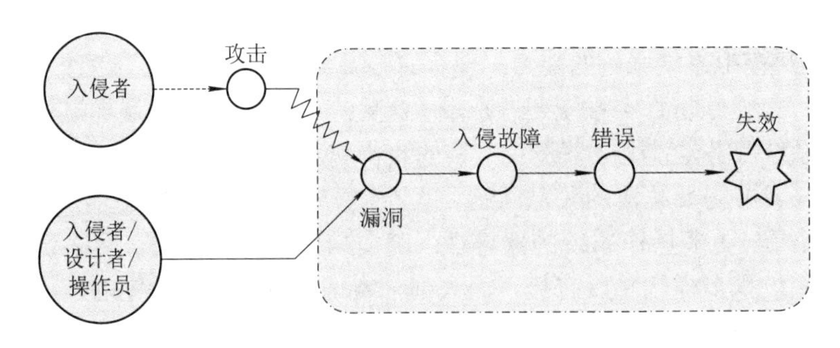

图1-1 AVI故障模型

依据AVI模型可以对攻击过程的各个环节进行阻断，防止系统因为攻击而失效。例如，传统的攻击阻止、漏洞修复和入侵阻止等防御思路和方法阻断攻击过程、避免入侵故障发生的原理如图 1-2 所示。

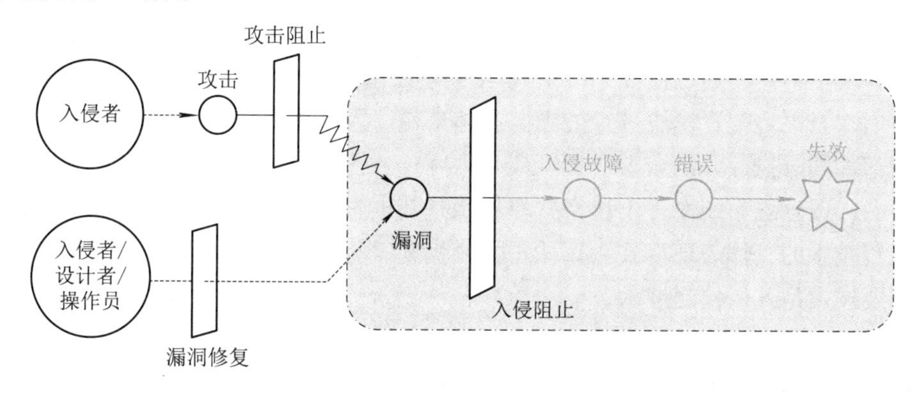

图 1-2　传统防御技术思想示意图

在实际中，攻击阻止、漏洞修复和入侵阻止等传统防御方法都无法达到理想的阻断攻击效果，入侵故障的发生不可避免，即传统防御方法无法阻止系统失效的发生。入侵容忍则假定攻击者利用系统漏洞入侵系统并引发入侵故障，随后可能会导致系统内部出现错误，但只要在错误引发系统失效之前触发容忍机制来避免系统失效，系统仍然可以持续对外提供正常或降级的服务。从上述过程可以看出，入侵容忍的本质是容忍入侵导致的错误，而非阻止入侵。

入侵容忍系统依据容忍的实现机理分为基于攻击屏蔽的入侵容忍系统和基于攻击响应的入侵容忍系统两类。

(1) **基于攻击屏蔽的入侵容忍系统**。这类系统在设计时就已经充分考虑了系统在遭到入侵时可能发生的情况，它通过预先采取措施，使得系统在遭到入侵时能够成功地屏蔽入侵，让人感觉入侵“并未发生”。基于攻击屏蔽的入侵容忍不要求系统能够检测到入侵，同时，在入侵发生后也不要求系统对入侵做出响应，而是完全依靠系统设计时所预先采取的防护措施。由于在设计时就需要采用秘密共享、拜占庭协商、多方计算、服务的自动切换、系统自清洗等一些较为复杂的措施，而且系统多采用分布式的结构，所以该类入侵容忍系统的设计与维护成本往往较高。但由于其对入侵的容忍不依赖于入侵检测系统，对入侵的容忍效率一般较高，因此也成为当前入侵容忍系统发展的主流。

(2) **基于攻击响应的入侵容忍系统**。这类系统最大的特点就是需要通过入侵的检测和响应来实现入侵容忍。当入侵发生时，基于攻击响应的入侵容忍系统首先通过其入侵检测系统检测并识别入侵，然后根据具体的入侵行为以及系统在入侵状态下的具体情况选择合适的安全措施，如通过进程清除、拒绝服务请求、资源重分配、系统重构等来清除或遏制入侵行为。因为基于攻击响应的入侵容忍系统不对系统结构作较大调整，只是通过增加入侵检测系统和进程清除、资源重分配等一些常见安全措施来实现入侵容忍功能，所以其设计和维护成本一般较低。但其对入侵检测系统的依赖性，导致其对入侵的容忍成功率相对较低。

2. 关键技术

入侵容忍系统需要采用多种技术机制来保证系统的入侵容忍能力。一般而言，构成入侵容忍系统的技术机制主要包含两方面内容：一是提升系统的错误遮蔽能力，即系统在面对入侵和攻击导致的错误时能够进行屏蔽或消除；二是错误触发机制，即系统在被攻击、入侵或故障发生初期，通过监控系统资源运行与使用情况、检测攻击和及时发现系统故障或错误，通知有关重配置模块进行处理。具体来说，入侵容忍系统的屏蔽技术主要利用多样化冗余部件同时执行并结合表决机制或拜占庭一致性协商机制来实现，对提供敏感数据存储服务的入侵容忍系统而言，秘密共享机制是其屏蔽技术的主要实现方式；入侵容忍系统的重配置技术的具体表现形式为重构与恢复机制。另外，入侵容忍系统错误触发机制所使用的主要技术是入侵检测技术。

1) 多样化冗余机制

多样化冗余技术又称异构冗余技术。在入侵容忍系统的设计中，通常会采用多样化冗余技术增强系统的入侵容忍能力。在容错系统中，通常对关键部件或者组件进行冗余备份，使系统在随机故障发生时仍能够持续工作，增强了系统的可靠性。冗余技术包括两类：同构冗余技术和异构冗余技术。

同构冗余是指人们出于系统可靠性等方面的考虑，人为地对一些关键的系统部件进行重复配置，当系统发生随机故障时，冗余部件可以作为备份及时介入并承担故障部件的工作。同构冗余技术可以有效应对随机性的、偶发性的和非共模故障，但无法应对共模故障(结构、系统或组件以同样的方式失效)引发的系统失效问题。因此，研究人员提出了异构冗余技术，以进一步增强系统的可靠性。

异构冗余是指冗余部件之间存在差异性，如采用非相似性软硬件(如处理器)、不同硬件设计团队设计的硬件、不同生产商生产的部件、不同软件设计团队设计的软件、不同的监控程序、不同的编译器和不同的开发语言工具等组合构建具有非相似冗余特性的系统，以降低共模故障发生的概率，提高系统的可靠性。异构冗余技术已广泛应用于航空航天等对可靠性要求较高的场合。例如，Boeing 777、A320 等机型的数字飞行控制计算机系统通过异构冗余设计，大幅提升了系统的可靠性，最小故障间隔时间可达到 9000 小时。

2) 表决机制

表决是指通过对比冗余部件的输出并采取一定的策略来达成一致输出的方法。表决机制广泛应用于许多对可靠性有严格要求的容错应用系统中，如有毒或易燃易爆材料生产过程的控制系统、航空与铁路等交通基础设施的控制系统、核电站和军事相关的控制系统以及关乎国计民生的基础信息系统等。入侵容忍系统中采用了多样化冗余机制，因此，表决机制自然成为保证入侵容忍功能的有力技术支撑。

N-模冗余是最常用的表决结构。如图 1-3 所示($N=3$)，多个冗余部件(模块 1、模块 2 及模块 3)同时接收相同的输入，通过相似度比较算法或哈希编码对消息进行形式化转换后，结合表决器来屏蔽少数部件可能出现的错误，提高系统的可靠性。表决器可以有 1 个或多个，增加表决器个数可以提高安全性能，但系统开销和复杂度相应地会增加。表决器将所有冗余模块的输出作为输入，并依据相应的表决算法得到单一输出作为整个表决系统的输出。

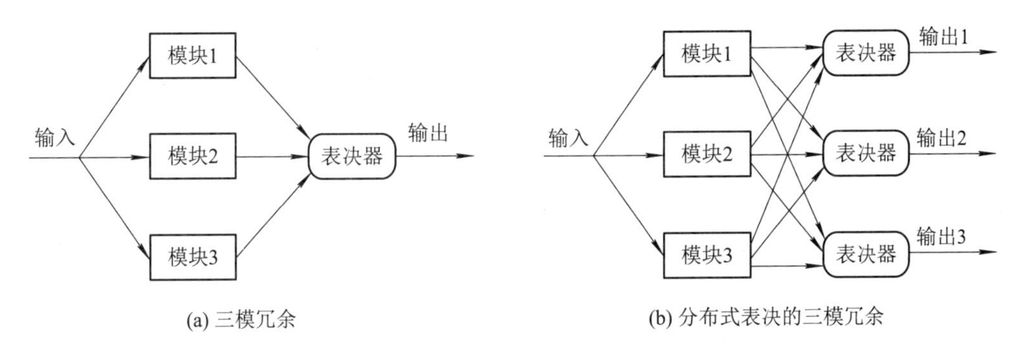

图 1-3　三模冗余的表决器和多表决器示意图

表决算法可以按照不同的标准进行分类，如按照实现方式可以分为软件表决器和硬件表决器两类，按照一致程度进行分类可以分为精确一致表决算法和非精确一致表决算法两类；按照工作环境特点可以分为同步表决算法和异步表决算法两类等。

3) 系统重构与恢复机制

系统重构主要针对面向服务的入侵容忍系统，结合故障或入侵的检测与触发机制，自动使用正确部件替换失效部件，或者当系统面临较高安全风险时，以较高安全度系统配置替换较低安全度系统配置的机制。系统重构其实是一种冗余管理方案，它利用冗余的软硬件资源以及预设的组合方法，在保证系统重构前后服务器状态一致性约束条件下，来实现系统在异常情况下的自恢复。

根据实施时间的不同，系统重构可分为静态重构和动态重构两种。静态重构是指在系统停止运行期间对系统部件进行离线重构；动态重构则是指在系统运行期间对系统部件进行在线重构，使系统不需要重启或编译即可进行状态转化。

常见的重构策略如下：

(1) **冗余部件的重配置**。该策略包括冗余部件的创建、删除、转移等操作。

(2) **资源重配置**。该策略通过牺牲非关键对象的资源来确保关键对象拥有足够的可使用资源。

(3) **失效-保险配置**。该策略是指当系统不能继续容忍故障或入侵时就关闭系统。

入侵容忍系统通过恢复机制对受黑客入侵修改的系统关键文件，或因计算机病毒修改注册表等而受影响的系统关键文件或部件进行处理，使之重新发挥正常功能。

常见的恢复机制有如下四种：

(1) **后向恢复**，即使系统向后恢复到原始安全状态，如重装操作系统、重新连接 TCP/IP、重新启动系统、重新初始化进程等。后向恢复也可以视为时间冗余的一种具体表现形式。

(2) **前向恢复**，即使系统向前执行到下一个安全状态，如增加系统安全级别、替换被泄露的密钥、将系统设置为精简操作系统等。

(3) **周期性恢复**，即定期对重要位置的系统文件、注册表表项，甚至整个系统等进行还原，缩短攻击者可利用的时间或使其植入的后门失效，防止系统老化。

(4) **错误遮蔽**，即通过对系统重要组件进行多样化冗余处理并进行表决，避免单种类型组件错误导致系统故障，并在后续环节对发生错误的组件进行修复。

4) 拜占庭一致性协商机制

在分布式入侵容忍系统中，若其中一些服务器已经被入侵者控制并扰乱，如何保证此时正常服务器间达成一致？该问题可以由拜占庭一致性协商机制解决。拜占庭一致性协商机制属于协定问题的范畴，协定问题研究一个或多个成员提议了一个值应当是什么后，如何使成员对这个值达成一致。拜占庭一致性协商机制源自拜占庭将军问题，拜占庭将军问题是 Lamport 于 1982 年研究分布式系统容错性时为了便于类比说明而杜撰的一个故事，问题的具体描述请读者自行查询。

拜占庭一致性协商机制通过对服务器组中的各成员进行管理以及各成员间的信息交互来保持所有正常服务器状态信息的一致性，容忍恶意服务器传播虚假信息。根据系统所采用的定时模型的不同，一致性协商可以分为同步环境下的一致性协商和异步环境下的一致性协商两种。在同步环境下，系统中的各个参与者按照协议预先规定的操作运行，参与者在每一个协议步骤中根据协议规范接收在上一步骤中发送给他的消息，执行规定的计算并将计算结果发送给其他参与者；但在异步环境下，参与者不会按部就班地运行，而是可能在任意时间发送、接收消息或执行计算。

拜占庭一致性协商机制已广泛应用于入侵容忍系统中，如 COCA 系统就是基于拜占庭一致性协商机制的，其分布式的 COCA 系统可以保证在少量服务器被入侵者控制的情况下，系统仍然能够提供正确的服务。

5) 秘密共享机制

秘密共享是指将一个秘密在多个参与者中进行分配，并规定只有一些合格的参与者集合才能够恢复初始秘密，而其他所有不合格的参与者集合不能得到有关初始秘密的任何信息。秘密共享机制保障了入侵容忍系统中签名、密钥等敏感信息的安全性，在许多入侵容忍系统中都有使用。例如，ITTC、COCA 等项目中就应用了秘密共享机制。

3. 优缺点

入侵容忍技术是 21 世纪初网络安全领域比较有代表性的一类主动防御技术，其核心是期望系统在受到攻击的条件下确保安全和对外服务的持续性，即系统具备容侵能力，这一思想来自可靠性中的容错思想。因此，入侵容忍系统也尝试将系统的自然故障和攻击故障统一起来，对后续的网络安全防御思路的发展产生了一定的积极影响。

受科学技术发展水平和条件的限制，入侵容忍技术的发展相对较为缓慢，目前处于低潮期，主要原因包括以下几个方面：

(1) **复杂度**。入侵容忍系统需要拜占庭一致性协商机制、入侵检测、秘密共享技术和系统重构技术等多种安全机制，这些安全机制无疑会增加系统的代价和复杂度，如在 SITAR 结构中多个冗余体并行执行并裁决，根据结果进行系统重构，增加了系统的复杂性，降低了效率。

(2) **成本**。部分入侵容忍系统的实现基础是多样化执行体，而多样化的执行体需要产业层面的支撑，就目前来看，会大幅提升系统成本，难以获得大规模推广。

(3) **技术问题**。入侵容忍主要由一些机制和方法支撑，没有形成系统的、完整的体系，一些核心问题有待进一步研究，如系统的安全增益问题、安全性能评估问题等。

1.3.4　可信计算

1. 概述

可信计算(Trusted Computing，TC)由国际可信计算组织(Trusted Computing Group，TCG)倡导推动，是指在网络信息系统中采用基于硬件安全模块的可信计算平台(Trusted Computing Platform，TCP)，以提高网络系统的安全性。该平台由信任根、硬件平台、操作系统和应用系统组成。虽然可信计算是从可信系统演变过来的，但它具有特殊含义：在可信计算环境下，通过加载带有特殊加密密钥的硬件模块，计算机系统的其他软硬件便可以基于该硬件模块构建可信链，以确保计算机系统以期望的方式运行。由于可信计算是通过设计内置式安全机制抵御网络攻击的，因此它是一种主动防御思路，而不是采用攻击检测、漏洞扫描、补丁修复等机制的被动式防御模式，其目的是提供一个稳定的物理安全和管理安全的环境。可信计算是体系化的安全技术，其技术体系主要包括可信硬件、可信软件、可信网络和可信计算应用等。

2. 关键技术

1) 可信计算平台

(1) **可信计算平台是可信计算技术的核心**。可信计算平台是一种能够提供可信计算服务并确保系统可靠性的计算机软硬件实体。可信计算平台实现可信计算的基本思想是利用可信平台模块(Trusted Platform Module，TPM)建立信任根，然后把该信任根作为信任的起点，在可信软件的协助下建立一条信任链；通过信任链，系统将底层可靠的信任关系扩展至整个系统，从而确保整个计算机系统可信。可信计算平台至少应具备三个最基本的功能：安全存储、认证机制，以及平台完整性度量、存储和报告。

(2) **安全存储的目的是确保敏感数据的完整性与机密性**。考虑到 TPM 具有防篡改的安全特性，且自身安全性能较高，因此可以将敏感数据存储在 TPM 内部，但由于 TPM 内部的存储空间极其有限，因此难以满足过多数据存储的需求。为解决该问题，TCG 提出了一种利用加密机制来扩展安全存储容量的方法，具体实现机制为存储封装与解封装。封装可理解为一种增强的加密存储方法，其基本思想是选择一组特定的平台配置寄存器，然后对这些寄存器的值以及需要封装的秘密消息进行非对称加密。

(3) **可信计算平台认证机制是用于确保来自主机的信息是否准确的过程**。利用可信计算平台的认证机制可以实现对网络通信实体的身份认证。

可信计算平台完整性度量、存储和报告的基本原理是允许可信计算平台进入任何可能的状态(包括不安全状态)，但是必须确保该平台不能对其是否进入或退出了这种状态进行隐瞒、假报以及修改，即不可以提供任何虚假的状态。完整性度量就是收集当前平台的运行状态，可理解为信任链建立过程。度量过程用来对影响平台完整性的组件进行度量，以获得该平台组件的度量值，然后将度量值存储到存储设备中，将该度量值的摘要通过 TPM_extend 命令扩展到对应的平台配置寄存器中。度量的起点是可信度量根，由于起点没有受到度量，所以假设可信度量根是安全可信的。

2) 可信网络连接

网络连接的泛在化，导致安全风险以及威胁的泛在，仅保证终端计算环境可信是远远不够的，需要把可信扩展到整个网络层面，使得网络成为一个可信的计算环境。网络活动可划分为网络连接、网络传输和网络资源共享三个环节。因此，要形成可信的网络环境，需确保这三个环节的可信性。网络传输的可信性可以通过密码技术很好地解决，因而TCG主要研究了TNC(Trusted Network Connection，可信网络连接)，以实现网络的可信接入。2004年5月TCG成立了可信网络连接分组(TNC-SG)，主要负责研究及制定可信网络连接框架及相关标准。

TNC架构实际上是一个可信网络安全技术体系，该架构通过管理和整合现有网络安全产品和网络安全子系统，结合可信网络的接入控制机制、网络内部信息的保护机制以及信息加密传输机制等，实现网络整体安全防护能力的全面提高。

3. 定制的可信空间

1) TTS的目标

定制可信空间(Tailored Trustworthy Spaces，TTS)致力于创建灵活、分布式的信任环境以支撑目标网络环境中的各种活动，并支持网络多维度的管理，包括机密性(confidentiality)、匿名性(anonymity)、数据和系统完整性(data and system integrity)、溯源(provenance)、可用性(availability)和性能(performance)。TTS的目标主要包括以下三个方面：

(1) 在不可信环境下实现可信计算。

(2) 开发通用框架，为不同类型的网络行为和事务提供各种可信空间策略和特定上下文的可信服务。

(3) 制定可信的规则、可测量指标、灵活可信的协商工具、配置决策支持能力以及能够执行通告的信任分析。

2) TTS的研究进展

定制可信网络空间的研究进展主要可分为四个方面：特征研究、信任协商、操作集(operations)和隐私。

(1) **特征研究**。当前，定制可信空间的特征研究聚焦于如何描述空间，如何将高级的管理需求编译为实际执行策略，如何定义定制要求，以及如何将定制要求翻译成可执行规则。美国国家自然科学基金项目(NSF)资助了卡内基•梅隆大学研究隐私策略的语义定义及执行机制。以网络空间中的“卫生保健(healthcare)”子空间为例，对卫生保健记录信息的合理隐私要求不同于传统计算机安全访问：首先，这些信息的保护策略不仅要求在当前使用过程中的隐私保护，而且要对数据将来的使用加以限制，避免用户的隐私泄露；其次，这些策略可能根据状态而发生变化。因此，我们需要研究如何在空间中构建合适的策略和相应的执行机制。

(2) **信任协商**。信任协商主要研究在不同系统组件间基于策略建立信任关系的框架、方法和技术。该策略必须是清晰无歧义的，且由动态的、人工可理解的、机器可读的命令组成。这就要求能够调整特定安全属性的信任等级，例如，建立匿名、低等级或高可信等级的定制可信任空间。在未来应用中，动态定制可信空间须应对不同威胁场景。

(3) **操作集**。动态定制可信空间包含大量必需的指令或操作，如相交(joining)、动态定制(dynamically tailoring)、分裂(splitting)、合并(merging)、分解(dismantling)等。这些操作可以方便地支撑可信空间“定制”的功能。如2012年NSF赞助了“安全与可信网络空间”

项目，主要研究赋予系统可定制的基础支撑技术和开发针对特定环境的定制可信空间应用程序。前者研究网络防御系统自适应地学习正常(normal)的行为；后者实现穿过不可信节点的可信可靠通信机制。

(4) **隐私**。定制可信空间研究可作为定制化网络空间环境的框架，对环境特征进行细粒度控制，建立预期的安全和隐私目标。通过定制环境的特征以及为定制可信空间中的数据和活动建立策略，可为参与者建立可信的交互上下文。这种定制能力为获得期望的隐私条件提供了直接支持。

4. 优缺点

可信计算的发展已经经历了三个主要阶段。其中，可信 1.0 的主要思想来自保证计算机可靠性的容错设计方法，通过故障检测、冗余备份的方式进行安全防护，不足之处在于只能借助外部手段，无法达到内在的安全性要求；可信 2.0 以可信计算组织出台的 TPM 1.0 为标志，以硬件芯片作为信任根，通过可信度量、可信存储、可信报告等手段实现计算机系统信息的安全保护，不足之处在于未从计算机体系结构层面考虑安全问题；可信 3.0 基于主动防御思想构建主动防御体系，确保网络信息系统全程可测可控、不被干扰，能够实现计算机体系结构的主动免疫，使得漏洞缺陷不会被轻易利用。

随着物联网、云计算和大数据系统、工业控制系统等新型信息系统纷纷接入互联网中，安全标准规范的建立相对滞后，基于新型信息系统的主动免疫、主动防御的标准和等级保护技术标准需要进一步健全，实施定级、测评、管理等过程的技术支持有待完善。

1.4　移动目标防御(MTD)技术

1.4.1　MTD 概述

网络攻防的本质是攻防双方基于漏洞和后门的利用与抑制而展开的技术博弈过程。众所周知，网络空间的基本格局是“易攻难守”。对于攻击者，只需掌握网络信息系统的一个未知或未修复缺陷，加以利用就可以在任何时间、任何地点针对存在此类缺陷的任何联网目标发起网络攻击；而对于防御者，要么彻底避免网络信息系统在设计、开发、生产和销售等诸多环节中引入漏洞和后门，要么对存在漏洞和后门的网络信息系统进行全方位、全天候的防御。随着网络攻击技术的不断发展演进，现有的基于检测、扫描、打补丁的技术防御思路形成了“非对称优势”；因而，急需改变现有网络防御思路，发展革新式的、有望“改变游戏规则”的防御技术，而移动目标防御技术就在这样的背景下诞生了。

为推进革命性安全防御技术研发，2011 年，美国国家科学技术委员会(National Science and Technology Council，NSTC)发布了《可信网络空间：联邦网络空间安全研发战略规划》(以下简称《研发战略规划》)，正式将设计安全(designed-in security)、定制可信空间、MTD 和网络经济激励四个研发主题上升到国家战略层面。在《研发战略规划》中对 MTD 要达到的目标进行了说明，即能使防守方创建、部署多样化的持续移动机制来增加攻击方的成本和开销，并降低自身漏洞暴露和被利用的机会，增加系统的弹性。此后，在《研发战略规划》的指导及相关政策和规划的推动下，美国产业界和学术界积极响应，前后获得了近百个项目支持，开展了大量的研究工作。2014 年，在美国发布的《联邦网络安全研究与发展战略实施报告》中，对《研发战略规划》的实施情况进行了归纳和总结，认为各方面研究均取得了较大进展。虽然在 2016 年发布的《联邦网络安全研究与发展战略计划》中没有明确提到 MTD 研发，但对 MTD 新的应用场景、科学理论基础、技术实践及转化等技术进行了规划。

1.4.2 MTD 的主要特征和分类

目前学界普遍认为，多样性、随机性、动态性可以较为准确地表达 MTD 的技术特性。MTD 技术的有效性与系统有多少属性或者功能组件可以实现动态化、同一功能的不同组件之间的差异化程度，以及采用的随机化策略等有直接关系。

多样性是指针对相同的功能，采用不同的方法实现，从而避免同一漏洞出现在功能相同(类似)的组件中。多样性改变了目标系统的相似性，使攻击者无法直接将针对特定目标的攻击经验应用到相似目标的攻击过程中。

随机性用于表征介于必然发生事件和不可能发生事件之间的现象和过程，属于偶然性的一种形式。将这一特性应用到网络防御中，可以改变被保护网络信息系统内部状态的确定性，增强不可预测性，从而有效提高攻击者的成本和代价，降低系统漏洞后门的可利用度，降低攻击的有效性，最终提高系统的安全性。加密技术和地址空间随机化技术都是随机性在网络防御应用中的具体体现。

动态性是指在资源或时间冗余的配置下，动态地改变系统的组成结构或运行机制，给攻击者制造不确定的防御场景。动态性的本质是打破系统的静态性，通过不断变化扰乱攻击链，劣化攻击技术效果。动态性能够降低网络攻击对网络防御的不对称优势，最小化攻击行动对目标对象关键能力的影响，使目标系统呈现的服务功能具有足够的弹性。

上述 MTD 的三个技术特征中，动态性是核心，多样性和随机性是强化动态性的策略或机制。一种具体的 MTD 技术肯定包含动态性，但随机性和多样性则视具体场景而定。

依据不同的分类原则，可以将 MTD 技术划分为不同的类别。例如，可以基于防御的对象(包括软件和硬件两类)、动态改变的要素(包括动态网络、动态平台、动态运行环境、动态软件和动态数据)和采用的动态化方法或手段(如多样化和随机化)进行划分。

1.4.3 MTD 的技术机制

MTD 技术具有三个基本特征，即多样性、随机性和动态性，这些特征的具体实现机制构成了 MTD 技术的核心，即多样化机制、随机化机制和动态化机制。利用多样化机制、随机化机制和动态化机制可打破既有信息系统和防御手段的相似性、确定性和静态性，提高攻击难度和攻击代价，增强系统的弹性。

1. 多样化机制

在 MTD 中，多样化机制通过引入异构性改变目标系统的相似性，使攻击者无法简单地将针对某目标系统的攻击经验应用于同类系统。多样化的内涵是变体或执行体间功能等价，但实现方式不同。多样化机制的有效性取决于不同执行体之间异构化程度的高低，以及异构化执行体的种类等。多样化机制设计的核心在于，在保证执行体功能等价关系的前提下，将一个目标实体以多种变体方式表达出来，从而有效降低同一漏洞的影响范围，以降低攻击普适性。

多样化机制可以单独或以组合的方式运用。下面以软件程序的多样化为例说明多样化机制的具体实现。程序多样化可降低程序执行文件“同质化”带来的安全风险。如图 1-4 所示，第一种是在程序从源代码到可执行文件的编译过程中进行转化，这种改变使得每次编译得到的可执行文件之间都有一些差异；第二种是对已经编译好的程序体本身作转化，这种改变将被固化到程序的可执行文件中，以后每次加载时都会表现出改变所带来的影响；第三种是在程序体加载到内存的过程中，对程序在内存中的镜像进行转化，使其在当前进程中表现出不同的行为或特征；最后一种更为复杂，是程序在运行过程中定期或随机地改变自身的特征，使其在不同时刻呈现出多样性。图 1-4 中分别展示了这四种多样化方式以及在这四个阶段完成转化所使用的工具。

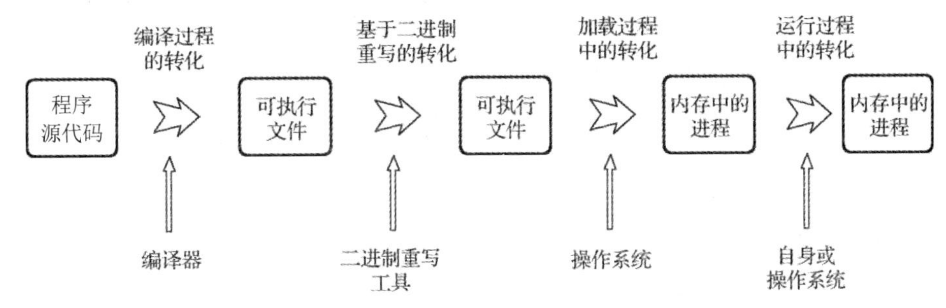

图 1-4　四种程序多样化转化方式及所使用的工具

2. 随机化机制

随机化机制是指在维持系统正常功能的同时，在系统的内部架构、组织方式或布局结构等方面引入不确定性，增强不可预测性。另外，随机化也为多样化的配置参数、执行体等资源的动态变化提供了运行策略。运用随机化机制的网络信息系统以攻击者不可预测的方式运行，从而能够显著增强自身的不确定性，使得系统自身漏洞和后门难以被利用，减少未知漏洞后门带来的危害，增强系统的安全性。典型的随机化技术包括地址空间随机化、指令集随机化、内核数据随机化等。

(1) **地址空间随机化**(Address Space Randomization，ASR)，这是常见的随机化方法，其基本思想是对运行中的应用程序在存储器中的位置信息作随机化处理，将确定的地址分布转变为随机分布，阻止攻击者使用已知的内存地址定位控制流或读取特定位置数据，使得依赖于特定位置信息的攻击方法失效。

(2) **指令集随机化**(Instruction-Set Randomization，ISR)，这是通过随机化应用程序执行指令来阻止代码注入攻击的一种方法。指令的随机化操作可以在硬件层、操作系统层或者应用层完成。利用指令集随机化技术，攻击者很难探知被攻击目标正在运行的指令集，这样，攻击者将基于特定指令集的攻击代码注入目标程序漏洞时，将无法产生预期的攻击效果。ISR 通常有三种实现方式：编译时的异或加密密钥随机化、块加密密钥随机化和程序安装过程中的密钥随机化。

(3) **内核数据随机化**，其基本思想是改变数据在内存中的存储方式。

尽管随机化机制能够有效阻止多种攻击方式，但由于其信息熵(随机化的空间大小)总是有限的，若可随机化操作太少，则目标对象的隐匿效果不佳，仍会受到暴力攻击和探针攻击的侵扰。此外，随机化带来的系统开销同样不容忽视。随机化服从特定的概率分布，其变化控制通常需要增加加解密等模块，本质上也增加了攻击面(控制模块可能被攻击)。

3. 动态化机制

动态化是针对系统参数或配置的静态性易于被攻击者利用而将系统的参数或配置按照一定策略进行动态调整的机制。虽然随机化和多样化机制增强了目标系统的不确定性，但正如密钥需要定期更换一样，长时间运行的系统进程需要重新进行随机化和多样化的加载，否则系统的安全性将会大打折扣。因此，动态化机制可以克服系统静态随机化、多样化存在的局限性，使得同一攻击在未来难以持续损害系统，从而进一步提升了系统的安全性。

从攻击表面理论来看，动态化机制将系统的攻击表面动态化，使攻击者无法准确刻画当前系统的攻击表面状态，从而实现扰乱攻击者攻击链的目的。这样，即使攻击者某一次攻击成功并进入系统，但是由于攻击表面不断动态变化，系统属性发生了改变，后续相同的攻击方法将难以奏效，从而达到降低系统脆弱性的可利用性，劣化攻击效果等的目的。因此，如果系统的攻击表面变化足够快，即使在低熵或暴力攻击的情况下，动态防御机制依然能够较为有效地保护系统，获得相比静态系统更为显著的防御效果。

当然，动态化机制也面临多方面的挑战，例如：

(1) 网络、平台或运行环境对外呈现的服务和功能属性存在诸多限制，如一些开放的端口和设备地址大都作为网络编址/寻址的基本标识，可变化的空间有限；

(2) 动态化的有效性是以牺牲性能为代价的，例如复杂系统、大规模网络设施等动态化引入的代价可能会呈非线性增长，而动态变化的范围、不确定性和变化快慢又决定了有效性。

因此，如何在复杂度、代价与安全性能之间取得折中是动态化机制需研究的重点。

1.4.4 进一步的研究

当前，MTD 相关技术仍在不断发展之中，理论和技术研究都非常活跃，在未来一段时间内，MTD 仍将是网络安全领域的热点研究方向。虽然已有多种 MTD 技术机制被提出，但在具体应用时还存在多方面的挑战和问题需要进一步地深入研究解决，如 MTD 的理论基础、统一的 MTD 评估方法以及 MTD 的实用化等。下面从几个方面简单予以说明。

1. 基础理论研究方面

MTD 基础理论是 MTD 研究的重要组成部分，是理解和分析移动目标防御框架、技术机制有效性的科学依据。当前，对 MTD 进行理论描述和刻画的模型有很多，但是这些模型多是针对具体的 MTD 方法或者系统的，可扩展性不足。有的模型缺乏对攻击者的明晰描述，有的仅给出了框架，缺乏深入的分析。总之，尚无完善统一的 MTD 理论模型，同时也缺乏对 MTD 多样化、随机化等内在机理的深刻分析。未来，攻防双方的心理对 MTD 防御的影响等交叉问题以及更一般的网络安全科学理论和模型仍需要进一步的研究。

2. 技术机制方面

MTD 在技术机制方面需要进一步研究的方向有：

(1) 研究具备多个属性同时跳变的综合 MTD 系统，即多个安全属性或者技术的整合、组合使用，建立更复杂的动态防御机制或系统。

(2) 研究如何利用 MTD 思想增强传统防御手段的效果，如将 MTD 思想应用于入侵容忍系统中，进一步增强系统弹性。

(3) 研究如何将 MTD 技术与新兴网络技术相结合。当前，网络信息技术领域出现了不少新的技术发展方向，如云数据中心网络、SDN、网络功能虚拟化(NFV)等，这些领域在快速发展的同时，也暴露出很多安全方面的问题，将 MTD 技术应用于上述网络新技术和系统中也是重要的研究方向。

除此之外，MTD 技术还可以与其他一些新的网络信息技术相结合，如容器技术、工业物联网、无线网络、大数据等，同时 MTD 技术也可以在硬件中实现。当然还应研究针对新的攻击方式的新型 MTD 技术机制。

3. 性能分析评估方面

MTD 有效性评估与分析是移动目标防御技术设计中的一个重要部分，它的主要作用在于评估与分析防御机制的有效性，为后续移动目标防御技术设计提供一定的参考与指导。当前常用的方法包括模拟、理论分析、模型分析、仿真实验。已有的这些评估机制/方法主要存在如下问题：

(1) 现有方法主要是对有效性进行评估，缺乏效能评估，因此不能很好地说明所取得的防御效果与防御者所付出的开销之间的关系。

(2) 现有方法大多是对某一类机制进行评估，缺乏对不同类别、不同技术机制的防御效果的横向比较，且评估方法的扩展性不足。

(3) 已有方法可划分为两个层次，即低层次方法和高层次方法。所谓低层次方法，即通过攻击实验评估 MTD 方法；高层次方法则是通过仿真实验、概率模型或者二者的组合对 MTD 进行评估。一个 MTD 方法需要从上述两方面进行分析，二者是互补的，但目前尚未有把二者统一起来的好方法。

1.5　拟态防御技术

1.5.1　产生背景

网络空间拟态防御(Cyberspace Mimic Defense，CMD)是由邬江兴院士提出的试图“改变游戏规则”的颠覆性防御技术。CMD 的目标是不再追求建立一种无漏洞、无后门、无缺陷的完美系统来对抗网络空间的各种安全威胁，而是采取多样化的、不断变化的评价和部署机制与策略，构建一种基于内生的“动态、异构、冗余机制”的、在攻击者看来不确定的防御体制，造成“探测难、渗透难、攻击激励难、攻击利用难、攻击维持难”等困境，极大地增加攻击者的攻击难度和代价。

漏洞挖掘、特征匹配、入侵检测等传统的被动防御手段在过去很长一段时间主导着网络安全领域。这些被动防御技术像是生物界中的缓慢进化过程，试图通过自然的过程不断地修补自身短处来抵御外界危险。然而，无论高级生物体还是低级生物体都有一种与生俱来的非特异性免疫机制，该机制对入侵抗原具有非特异性选择清除能力，属于生物机体的“面防御”功能，为针对具体抗原的特异性免疫提供了不断学习完善和自我改进增强的基础。不幸的是，网络空间除基于感知认知的“点防御”手段外几乎没有任何有效的“面防御”方法(加密除外)，在面对未知风险或不确定性威胁时，因为缺乏先验知识而只能采取“亡羊补牢”式的防御策略。

网络空间防御真正要摆脱以“点防御”技术去应对“面防御”问题的窘境，目标对象必须具备类似生物体非特异性免疫的内生安全机制，形成“点面结合”的融合防御体系，才可能有效抵御安全风险或应对未知威胁。在思考和探索解决上述问题时，邬江兴院士从生物的拟态现象中获得启发，把给攻击者造成认知困境或呈现出不可预测性作为出发点，构建一种不确定的网络空间目标环境，以便缩小攻击表面，显著增加攻击者的攻击难度，这种防御思路称为狭义的拟态防御(Narrow Mimic Defense，NMD)。显然，NMD 是一种破解网络空间防御困局的合适选择。当然，内生安全机制的建立也是有代价的，最严峻的挑战是，目标系统的设计如何兼顾好服务性能、安全性、成本功耗、使用便捷性等多方面的因素。通常情况下，内生防御活动所利用的资源大多是与正常服务功能共享的系统资源，如果试图给攻击者制造麻烦，势必也会影响服务提供性能或效能。而拟态防御具有以下优势：

首先，拟态伪装的内生机制是通过事先的环境感知和相应的自身伪装造成攻击者的认知困境，属于主动防御的范畴，能有效解决被动防御在攻击发生前无所作为的问题；

其次，基于拟态伪装的 NMD 能够集本征功能与安全防护功能为一体，改变传统防御手段附加或添加型的物理形态与属性，综合性地降低目标对象全寿命周期的成本代价。

有鉴于此，在网络空间中引入拟态防御思想，旨在利用其天然的优越性来抵御确定或不确定性威胁或已知的未知风险。但是，必须首先解决基于什么样的物理架构才能产生期望的“内生安全”机制问题。

网络空间拟态防御体系建立在以下两个基本原理之上：

一是源自生物界的拟态防御原理，其作用意义是借助拟态伪装或目标隐匿等策略与手段，使攻击者难以对目标对象性质做出清晰认知，使之陷入“瞎子摸象”的困境，从而无法实时地选择有针对性的攻击策略或攻击手段；

二是利用动态异构冗余构架原理，使防御者在缺乏攻击者特征信息的情况下，基于动态、异构、冗余(Dynamic Heterogeneous Redundancy，DHR)架构的多维动态重构和多模裁决机制，迫使针对目标对象漏洞后门(包括病毒木马)等的攻击难度跃升为“动态冗余空间，非配合条件下多元目标协同一致”的攻击难度。

以上两个原理的结合点是，用拟态防御思想操控采用动态异构冗余构架的目标系统，包括操控从异构元素池生成异构执行体的策略，选择异构执行体生成当前服务集合的策略，决定异构执行体环境的重构或重组或虚拟化的可选方案，操控多模裁决策略，选择输出矢量，决策执行体“预清洗”的时机和深度，决定当前服务集可达通道的策略分配，选择执行体异常恢复方案等。形象地说，如果动态异构冗余系统是个“魔方”的话，那么拟态防御就是玩魔方的“玩家”，而攻击者就被迫成为这场眼花缭乱的魔方表演的“看家”。

1.5.2 拟态防御的概念

1. 功能等价执行体

CMD 的功能等价执行体(Function Equal Object，FEO)可以是网络、平台、系统、部件或模块、构件等不同层面、不同粒度的设备或设施，可以是纯软件实现对象，也可以是纯硬件实现对象或是软硬件结合的实现对象。

CMD 功能等价执行体的存在方式可以是逻辑意义的也可以是物理意义的，或以两种并存的方式来表达，即可以有静态或动态、可重构或硬布线、可配置或不可配置、实体化或虚拟化、软件或硬件、固件或中间件、系统或部件、平台或网络等多种存在或表达方式，并允许各种混合模式的使用。功能等价执行体的多元或多样性是保证 CMD 防御效果的关键性要素之一，可重构、可重组、环境可重建、虚拟化(例如虚拟机、容器)之类的技术都是具有吸引力的实现方法或途径。

2. 拟态界

拟态界(MI)一般包含若干组定义规范、协议严谨的服务(操作)功能，通过标准化协议或规范的一致性或符合性测试，判定多个异构(复杂度不限的)执行体在给定服务(操作)功能甚至性能上的等价性。即通过基于拟态界的输入输出关系的一致性测试可以研判执行体间给定功能的等价性，包括异常处理功能或性能的符合性。

3. 拟态括号

拟态括号是当前可能存在未知漏洞后门或病毒木马等不安全因素执行体集合的防护边界。仿造 I-P-O(输入(Input)-处理(Process)-输出(Output))定义，左括号严格遵循“单向联系”和策略调度机制，负责为当前服务集中的执行体分发输入信息。右括号按照同样的单向机制收集当前服务集中各执行体的输出矢量并实施策略裁决，在发现异常输出时，触发相应的清洗与恢复、策略调度、多维动态重构机制或导入其他安全技术进行细致检查、排查。为了保证防护界的有效性，拟态括号与执行体集合元素在物理(或逻辑)空间上应尽可能地保持独立，括号功能如输入策略分配、输出策略裁决、插入的代理功能、执行体策略调度、执行体重构重组策略、异常清洗与恢复机制等，原则上对任何执行体透明，“无感透明中间人”的角色并不解释攻击表面输入输出的语法，因而使攻击者无法保证其攻击的可达性。工程实现上，必须尽力保证括号功能在实现上不存在恶意设置的后门(漏洞除外)或病毒木马等。一个简单易行的方法就是简化拟态括号功能复杂度，以满足可实施形式化正确性证明的需要。有条件时，也可以采用可信计算方式或对拟态括号本身再拟态化。

1.5.3　原理与特性

1. CMD 的主要原理

CMD 的主要原理可以简单归纳为“五个一”。

(1) **一个“相对正确”的公理**。“人人都存在这样或那样的缺点，但极少出现独立完成同样的任务时，多数人在同一个地方、同一时间、犯完全一样错误的情形”，也就是说，多数人的行动结果具有较高的置信度，但不排除存在小概率错误的可能。

(2) **一种具有服务提供、高可用性、高可信性保证的集约化信息系统基础架构**，即动态异构冗余(DHR)架构。

(3) **一套内生的安全机制**，即在“去协同化”条件下由执行体的多维动态重构、策略调度和输入分发及策略裁决等环节组成的负反馈控制机制，可支持包括主动、被动方式在内的融合式防御功能的实现。

(4) **一个思想**，即移动攻击表面(Moving Attack Surface，MAS)思想，使目标系统表象结构在时空维度上始终处于不确定的变化之中。

(5) **一种非线性安全增益**，即纯粹由架构内生机理获得的防御增益(Mimic Defense Gain，MDG)，旨在基于开放的多元化生态环境，将复杂目标系统的自主可控问题转化为简单附加部件(拟态括号)的可控可信问题。

2. CMD 架构的特性

CMD 架构具有如下特性：

(1) 能在缺乏先验知识的情况下将目标对象确定或不确定威胁的感知问题，通过拟态界(MI)将异构执行体对同源输入的多模输出矢量间出现多数或一致错误情况转换为概率问题。

(2) 目标对象 CMD 场景下，除非动态执行体服务集的每个工作场景都能达成协同逃逸，否则任何基于未知漏洞后门等的网络攻击几乎不可能实现。

(3) 借助 CMD 架构和机制既可控制单一拟态场景下攻击逃逸事件的概率，也能控制连续拟态场景下攻击逃逸事件的概率，且攻击行动途经拟态界的频度越高，失败的可能性就越高。

(4) 在给定资源和策略条件下，由拟态裁决、策略分发调度、多维动态重构环节组成的针对异构执行体的负反馈控制机制，使得拟态裁决发现“输出矢量异常”事件的频度、规模或比例趋向于最小化，这一自动化的博弈过程能从机理上阻断“试错攻击”方法的运用，能通过变化的目标场景直接影响漏洞后门、木马病毒等的可利用性，并使攻击经验不具有可继承性，使目标对象获得了“测不准”属性。

1.5.4　动态异构冗余架构

动态异构冗余(DHR)架构是网络空间拟态防御的核心构架。相比经典异构冗余构架，DHR 架构在异构执行体管理环节引入策略分发与调度机制，增强了功能等价条件下目标对象视在结构表征的不确定性，使攻击者探测感知或预测防御行为的难度呈非线性增加；DHR 架构的可重构、可重组、可重建、可重定义和虚拟化等多维动态重构机制，使防御场景或视在结构变化更趋复杂化，对攻击经验的可继承性或可复制性产生致命影响，使攻击行动无法产生可规划、可预期的效果；DHR 策略裁决与策略分发、动态调度和多维动态重构等组成的闭环控制机制，使基于目标对象中的未知漏洞后门或病毒木马等确定或不确定威胁难以实现时空维度上协同一致的逃逸，能够同时提供不依赖先验知识的非特异性威胁感知和面防御以及基于特异性的点防御功能。这对传统攻击理论和方法将产生颠覆性的影响，使得新一代信息系统具备内生安全属性成为可能。

DHR 是一种基于架构技术的内生式防御方法，其核心思想是：在非相似余度架构的基础上，引入结构表征的不确定性，使异构冗余架构的执行体具有动态化、随机化属性，并在空间上严格隔离异构执行体之间的协同途径或尽可能地消除可利用的同步机制。也就是说，异构执行体之间除了有共同的输入通道和输入激励序列外，不存在或尽可能少地存在其他可利用的协同途径或同步机制，以便基于异构冗余环境最大限度地发挥非配合模式下多模裁决对暗功能操作的拦截作用，以期获得“非线性”的防御效果。

1.5.5　拟态防御实现机制

拟态防御内涵丰富、功能实现复杂，其技术体系涵盖了许多基本实现机制，如拟态裁决机制、多维动态重构和策略调度机制、执行体清洗恢复与状态同步机制、负反馈控制机制、去协同化机制、单线或单向联系机制、输入指配与适配机制、输出代理与归一化机制、分片化/碎片化机制、随机化/动态化/多样化机制、虚拟化机制、迭代与叠加机制、软件容错机制、相异性设计机制等。下面对几类主要机制作简要描述。

1. 拟态裁决机制

在可靠性领域，异构冗余机制主要用于解决随机性故障扰动问题，其异构冗余执行体相对固定，表决内容也相对简单，一般采用大数表决或一致性表决规则即可，实现复杂度低。如前所述，CMD 的异构执行体即表决对象是动态变化的，它主要解决人为攻击带来的系统扰动问题，因而表决策略上需要赋予更丰富的内涵，例如：

(1) 表决部件中需要配置多路交换单元，以便能灵活地从异构化的执行体集合中选择当前提供服务的执行体参与表决。

(2) 由于异构冗余执行体理论上要求是独立的，在具有对话机制的应用环境中可能存在过程差异，例如 IP 协议的 TCP 序列号可能会不同，或者存在可选项、扩展项等差异化定义的情况，而这些差异既不能反映到外部也不能反映给各异构执行体，因此需有针对性地增加屏蔽差异的归一化的桥接功能。

(3) 如果没有出现简单多数的情况，或者需要表决的结果不是确定值而是一个阈值(如算法等价但精度可能不同)，那么表决环节就需要引入权重、优先级、掩码比较、正则表达等策略性的表决方法。尤其是出现多模输出矢量完全不同的极端情况时(此时完全可能存在功能正常的执行体)，使用策略裁决提取置信度高的输出矢量可能是必不可少的功能。

(4) 输出矢量的信息丰度可能很大，例如为一个 IP 包或一个 Web 响应包。为了减小判决复杂度，需要对多模输出矢量作预处理，例如计算 IP 包的哈希值等。

(5) 在结果可更正的应用场合或者异构执行体输出存在时延的情况下，为避免降低服务性能，判决环节可能需要采取延迟判决加事后处置的策略，此时增加缓冲队列等辅助功能是必须的。

CMD 将上述基于多模输出矢量的策略性判决和归一化桥接等功能统称为“拟态裁决(Mimic Ruling，MR)”。拟态裁决包含两重含义或功能：一是多模裁决，即按多数表决方式输出结果，并在多模输出矢量出现不一致情况时，启动清洗恢复、替换迁移、重构重组等操作，同时依据异常频度修正各执行体的置信度记录；如果出现完全不一致(没有相同的输出矢量)的情况，则触发第二重的策略裁决功能。策略裁决就是根据策略库中的参数进行再裁决并完成相关的后处理任务。例如，以各执行体的置信度历史记录作为参数时，裁决结果就是选择置信度高的执行体输出矢量作为本次裁决的输出。因此，拟态裁决不仅能用“相对正确”的公理逻辑表达形式感知目标对象当前的安全态势，而且可以实施关于时间、空间迭代效应的策略裁决。

显然，基于拟态裁决机制，有利于直观地找出存在问题的执行体，若进一步辅以执行体本身具备的操作日志、现场快照等诊断维护功能，则可与漏洞扫描、病毒木马查杀、沙箱隔离、云防护等传统防护手段相结合，提升网络空间威胁感知和攻击追踪定位能力。

2. 多维动态重构和策略调度机制

多维动态重构是指依据多维度策略，动态调度拟态界内的异构执行体集合投入服务，以增强执行体的不确定性，造成攻击者对目标场景的认知困境。具体来讲，一是通过不断改变拟态界内运行环境的相异性，破坏攻击的协同性和攻击经验或阶段性探测成果的可继承性；二是通过重构、重组、重定义等手段，变换拟态构造内的软硬件漏洞后门，使之失去可利用性。

多维动态重构的对象是拟态界内所有可重构或软件可定义的执行体实体或虚拟化资源。在重构方式上，一是可以按照事先制定的重构重组方案，从异构资源池中抽取元素，生成功能等价的新执行体投入使用；二是可以在现有的执行体中更换某些构件，或者通过增减当前执行体中的部件重新配置资源，或者加载新的算法到可编程、可定义部件中，来改变执行体的运行环境。

策略调度首先是基于拟态裁决感知到的异常进行触发，进一步地，为了对付“潜伏”在当前服务集执行体内的伺机攻击，还需要利用目标系统内部动态或随机性参数，强制触发调度功能，主动转换防御场景，以提升运行环境的抗潜伏、抗伺机攻击能力。例如，系统当前活跃进程数、内存占用情况、端口流量等都可以作为策略调度考量的参数使用。

3. 清洗恢复与状态同步机制

清洗恢复机制用来处理出现异常输出矢量的异构执行体，主要有两类方法：一是重启“问题”执行体；二是重装或重建执行体运行环境。一般来说，拟态界内的异构执行体应当定期或不定期地执行不同级别的预清洗或初始化，或重构与重组操作，以防止攻击代码长期驻留或实施基于状态转移的复杂攻击行动。特别是，一旦发现执行体输出异常或运转不正常，要及时将其从可用队列剔除并做强制性的清洗或重构操作。不同的执行体通常设计有多种异常恢复等级，可视情况灵活运用。

清洗恢复后的执行体再次投入使用时，需要与在线执行体进行状态或场景的再同步。通常可以借鉴可靠性领域非相似余度系统成熟的异常处理与恢复理论及机制，但不同应用环境中的同步处理会有很大的不同，工程实现上经常会碰到许多棘手的问题。需要强调的是，在可靠性领域执行体之间一般具有互信关系(除非处于异常状态)，恢复操作可以通过互助的方式来简化。而拟态防御因为允许异构执行体“有毒带菌”，所以必须隔离其相互之间的传播途径或阻止任何形式的协同操作，原则上要求异构执行体之间必须独立运行且尽可能地消除“隐通道”或“侧信道”。当然，这些要求在加大攻击者实施协同攻击的难度的同时，也给执行体的快速恢复和再同步等处理带来了技术上的挑战。

4. 反馈控制机制

反馈控制机制是拟态系统建立问题处理闭环和自学习能力的关键。拟态系统在运行过程中，由输出裁决器将裁决状态信息发送给反馈控制器，在确认存在异常的情况下，反馈控制器根据状态信息形成两类指令：一是向输入代理器发送改变输入分发的指令，将外部输入信息导向到指定的异构执行体，以便能动态地选择异构执行体组成持续呈现变化的服务集；二是发出重构执行体的操作指令，用于确定重构对象以及发布相关重构策略。不难看出，上述功能部件之间是闭环关系，但需要按照负反馈模式运行，即反馈控制器一旦发现裁决器有不一致的状态输出，就可以给输入代理器下达指令，令其将当前服务集内输出矢量不一致的执行体“替换”掉，或者将服务“迁移”到其他的执行体上。如果“替换或迁移”后裁决器状态仍未恢复到一致性状态，则继续这一过程。同理，反馈控制器也可以下达指令，对输出矢量不一致的执行体进行清洗、初始化或重构等操作，直至裁决器状态恢复到正常。

负反馈机制的优点是能对基于动态、多样、随机或传统安全手段组织的防御场景的有效性进行适时评估，并决定是否要继续变换防御场景，从而在系统动态变换和安全增益之间取得最佳平衡，避免了无效变换带来的不必要的损耗。但是，如果攻击者的能力足以频繁地导致负反馈机制活化，那么即使其不能实现攻击逃逸，也可以使目标系统因为不断变换防御场景而出现服务性能颠簸的问题。这种情况下，则需要在反馈控制环节中引入智能化的处理策略(包括机器学习推理机制)，以应对这种针对 CMD 系统的分布式拒绝服务(Distributed Denial of Service，DDoS)攻击。

5. 去协同化机制

基于目标对象漏洞后门的利用性攻击可以视为一种“协同化行动”，包括从分析确定目标对象的架构、环境、运行机制和软硬件构件等入手，尽可能地寻找相关缺陷，分析防御的脆弱性并研究对其加以利用的手段方法等。同理，恶意代码设置也要研究目标对象具体环境中是否能够隐匿地植入，以及如何不被甄别和使用时不被发现等问题。攻击链越复杂，涉及的环节或路径就越多，需要借助的条件就越苛刻，攻击的可靠性就越难以保证。换言之，攻击链其实也很脆弱，它严格依赖目标对象运行环境和攻击路径的静态性、确定性和相似性。实际上，防御方只要在处理空间、敏感路径或相应的环节中适当增加一些受随机性参数控制的同步机制，或者建立必要的物理隔离区域，就能在不同程度上瓦解或降低利用漏洞后门进行攻击的效果。例如，空间独立的异构冗余执行体内即使存在相同的“暗功能”，要想达成非配合条件下的协同攻击也极具挑战性。因此，“去协同化”的核心目标就是防范渗透者利用可能的同步机制实施时空维度上协同一致的同态攻击。除了共同的输入激励条件外，应尽可能地去除异构执行体之间可能存在的通联途径，诸如隐形的通信链路或侧信道、统一定时或授时以及相互间的握手协议或同步机制等，特别要避免执行体间存在双向会话机制，使各异构执行体中不存在“被孤立、被隔离”的“暗功能”，进而使渗透者难以在拟态界上形成协同一致的攻击逃逸。

1.5.6　拟态防御应用对象

拟态防御即 CMD 在技术层面表现为信息系统的一种体系架构和运作机制，理论上，拟态防御的应用场景需要满足功能等价多样化或多元化的构件和可实施多模裁决的技术条件。具体地讲，就是要求应用场景在符合 I-P-O 模型的前提下，满足如下条件：

(1) 存在可研判给定功能(性能)等价、交互信息一致性的拟态界；

(2) 存在符合拟态界要求的多元或多样化软硬件执行体；

(3) 存在基于拟态界实施多模策略裁决或动态调度的必要条件；

(4) 拟态界依赖的约定、规程、协议等本身不存在设计缺陷或恶意功能等。

对照这些条件，可以看出拟态防御的应用领域非常广泛。比如，信息通信基础设施领域的网络路由器、交换机、传输系统、域名服务系统、云计算中心等，网络服务领域的 Web 服务器、邮件服务器、文件服务器及各类专用业务服务器等，工控领域的各种核心设备、智能节点、网络适配器、传感器等，甚至包括在传统安全领域也可以设计基于拟态机制的威胁感知与监测系统等。

当然，拟态防御也有其局限性，例如，对于频繁更新服务或升级软硬件版本且影响到拟态界面信息的场合，以及缺乏标准化或可归一化界面的应用领域等，就并非拟态防御的适用域。

第 2 章　系统基本使用方法

本章主要介绍配套系统的基本使用方法，为系统管理人员、教师和学生熟悉与使用本系统提供方便。本章主要内容包括用户管理、登录说明、课程管理、考试管理、平台管理等五个部分，下面分别进行介绍。

2.1　用 户 管 理

用户管理功能可以建立不同角色的用户，并对用户进行编辑、禁用、删除和审核等操作。管理员可以自行添加用户或者批量导入用户、批量导出用户。用户管理界面如图 2-1 所示。

新增　删除　导出　导入　恢复　禁用　升级为教员　降级为普通用户

用户组织
test01
南京赛宁
2020秋季学期
年级
班级
2021秋季学期
2022秋季学期
test

头像	用户名	姓名	组织	状态	角色	操作
	admin (当前用户)	超级管理员	南京赛宁	正常	管理员	编辑　重置密码
	test	test	南京赛宁	正常	普通用户	编辑　重置密码
	test2	test2	南京赛宁	正常	教员	编辑　重置密码
	system	system	南京赛宁	正常	管理员	编辑　重置密码

图 2-1　用户管理界面

2.1.1　新建用户

管理员点击【系统管理】→【用户管理】，再点击【新增】按钮，页面展示如图 2-2 所示。

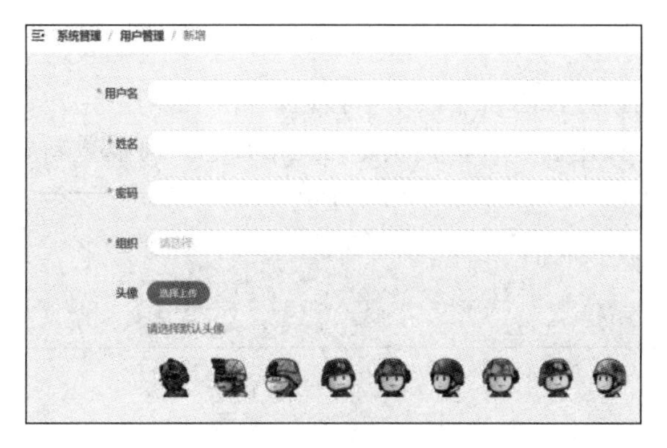

图 2-2　新增用户界面

新建用户涉及的重要输入项及说明如表 2-1 所示。

表 2-1　重要输入项说明

序号	输入项	说　明	是否必填
1	用户名	4～20 个字符，仅可由英文字母、数字及下划线组成，且必须包含英文字母或数字	是
2	姓名	4～40 个字符，只可使用中文、字母、数字、下划线、减号和空格	是
3	密码	8～20 个字符，至少包含大写字母、小写字母、数字、符号	是
4	组织	必须是系统中已存在的组织结构	是
5	学号	根据需要填写	否
6	邮箱	填写自己的电子邮箱地址，如 123@qq.com，用于找回密码	否
7	角色	系统预设了“普通角色”“教师”“管理员”三个角色	否
8	身份证	支持 15 位或者 18 位有效身份证编号，可根据需要填写	否

2.1.2　编辑用户

管理员可先在用户列表中选择需要编辑的用户，然后点击【编辑】按钮，可以编辑除用户名以外的信息，需要注意的是用户角色修改后，其权限会有所变更。

2.1.3　搜索用户

在用户列表中可以查看用户基本信息，包括用户名、角色、所属的组织结构和当前状态。输入关键字可以查询列表中符合条件的用户信息，如图 2-3 所示。

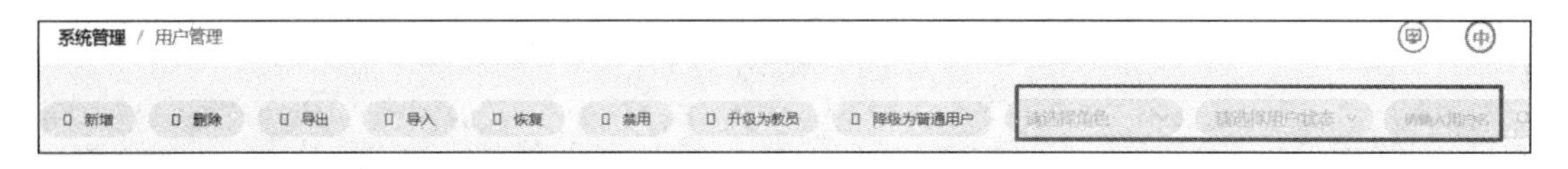

图 2-3　用户搜索界面

2.1.4　禁用恢复

选择所需要禁用的用户，点击【禁用】按钮，可禁用对应用户，如图 2-4 所示。对禁用的用户点击【恢复】按钮后，可将其恢复为正常状态，可以重新登录系统。

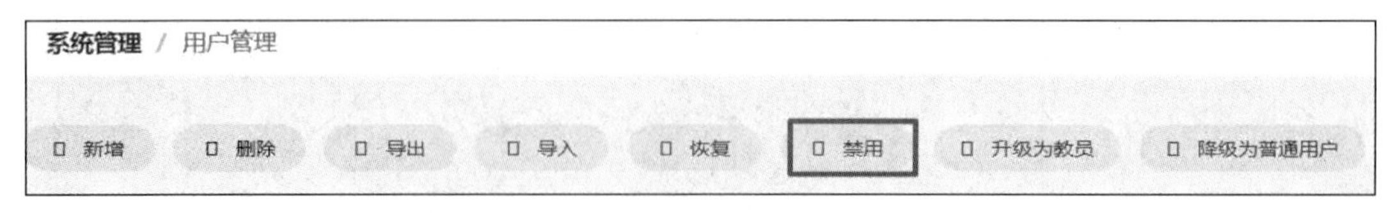

图 2-4　禁用按钮提示

2.1.5　批量导入

管理员点击【批量用户导入】，进入批量用户导入界面，然后点击【导入】按钮，可进行批量用户导入，如图 2-5 所示。

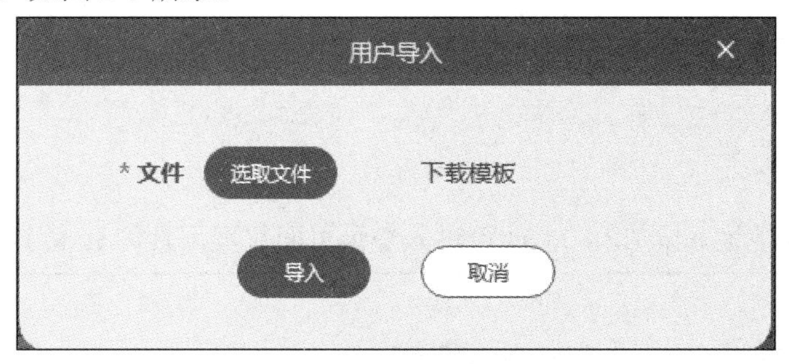

图 2-5　批量导入提示框

> **注意：**
> (1) 点击“下载模板”按钮，可下载模板文件。
> (2) 院系、年级、班级必须是在组织结构管理中已经存在的。
> (3) 填写字段参考模板内容，账号为登录账号，其他字段根据实际情况正确填写。

按照模板创建填写用户信息之后，需要进行用户信息导入，点击【选择文件】，再点击【导入】，即可完成批量用户导入。

2.1.6　批量导出

管理员点击【批量用户导出】，进入批量用户导出界面，然后点击【导出】按钮，可进行批量用户导出，如图 2-6 所示。可以选择不同的用户组织结构，导出部分用户。

图 2-6　批量导出提示框

2.1.7　升降权限与删除用户

管理员选择需要提升为教师权限的普通用户，点击【升级为教师】按钮，即可将用户从“普通角色”身份提升为“教师”身份，之后该用户即可登录系统后台了。同理，点击【降级为普通用户】按钮，可将“教师”身份降为“普通用户”身份。

选择所需删除的用户，点击【删除】按钮，可删除对应用户。

2.2 登 录 说 明

管理员可以进入后台对系统配置、用户信息、课程、练习等信息执行增加、删除、修改、查询等操作。

2.2.1 登录地址

访问系统 url 地址 http://IP:80，即可进入登录页面首页，具体 IP 由管理员给定。

> **说明：**
> (1) 平台预置的 admin 的密码为 xctfoj01。
> (2) 建议使用 Chrome 浏览器的版本为 84.x.x.x 以上。
> (3) 建议使用 Firefox 浏览器的版本为 79.x.x.x 以上。

2.2.2 页面布局

登录成功后点击窗口右上角的【Admin】，在下拉菜单中点击【后台管理】，进入系统后台管理界面。系统后台管理界面如图 2-7 所示。

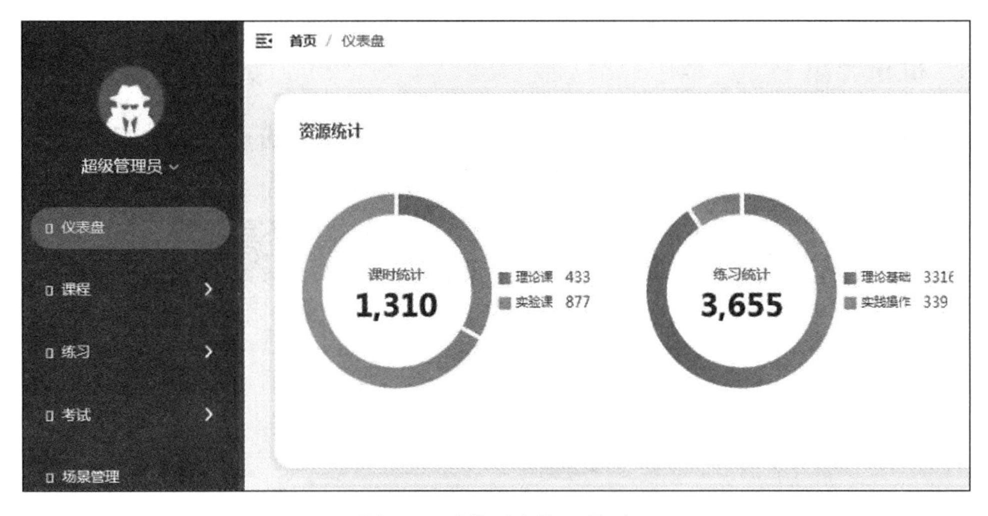

图 2-7 系统后台管理界面

> **说明：**
> 资源统计：当前系统的课时数、练习数以及场景数。
> 用户统计：当前系统中的用户数，包括管理员、教师以及普通用户三种角色。
> 标靶与场景：对靶场和场景进行创建、删除等操作。
> 集群管理：主要介绍虚拟机的数量、VCPU、内存和磁盘的使用情况。
> 节点状态：说明节点的名称、IP、服务状态、CPU、内存、磁盘的使用情况。

2.3　课 程 管 理

课程管理主要是为管理员和教师灵活地新增课程、删除课程以及设置课程相关信息提供方便。管理员点击【课程】→【课程管理】，进入课程管理界面，如图 2-8 所示。

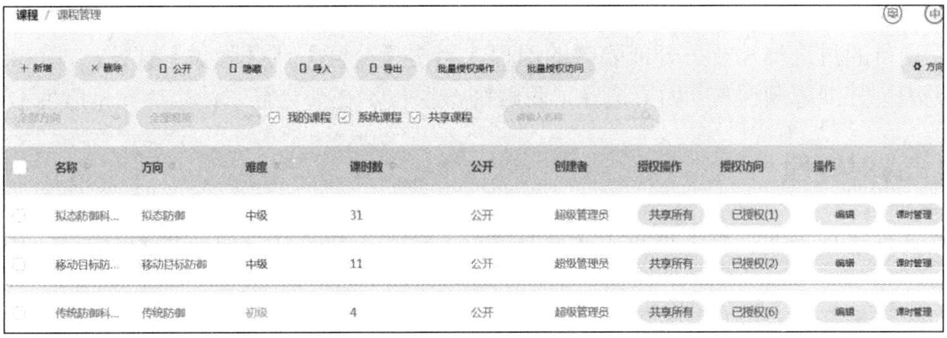

图 2-8　课程管理界面

2.3.1　方向管理

管理员点击【课程】→【课程管理】→【方向管理】，进入【方向管理】页面，在对应的菜单上单击右键，弹出【重命名】、【新增】、【删除】菜单，可以对类型执行对应的改、增、删等操作。管理员可以使用系统预置的课程类型，也可以重新自定义课程类型。

2.3.2　新增课程

管理员点击【课程】→【课程管理】页面，再点击【新增】按钮即可进入新增课程界面。新增课程的重要输入项如表 2-2 所示。

表 2-2　新增课程部分输入项

序号	输入项	说　明	是否必填
1	名称	输入课程的名称，普通角色可以在前台直接查看	是
2	方向	即课程类型，在【类型管理】栏中添加	是
3	课程难度	系统提供“入门”“提高”“专家”三个选项，可根据课程的实际难度选择	是
4	是否公开	确定对普通角色是否可见，默认是公开的	否

2.3.3　授权管理

1. 授权访问

管理员点击【授权访问】按钮，进入授权访问管理界面。如果有多个班级，可以通过条件筛选，在对应的班级前面勾选授权班级或部门。授权的班级或部门以普通角色登录系统后，可以学习该课程。不在授权范围内的普通角色，该课程不可见。

2. 授权操作

默认新增的课程对所有普通角色不可见，管理员或教师可以指定对哪些用户公开。管理员点击【授权操作】，进入授权操作界面进行操作。这里可以自定义共享课程(只有指定教师可以看到课程)或选择共享所有课程。

3. 公开隐藏

管理员通过选择需要公开或隐藏的课程，点击【公开】或【隐藏】按钮，即可将所选课程设为公开或隐藏课程。如果选择了隐藏则该课程不在前台显示，其对普通角色不可见。

2.3.4 课时管理

在课程管理页面，管理员点击【课时管理】按钮，进入【课时管理】界面，如图 2-9 所示。

课程 / 课程管理 / 课时管理

+ 新增　导入　× 删除　编排　公开　隐藏　公开课后练习　隐藏课后练习

名称	课程	类型	课件内容			难度	学习类型	学习时长
27.拟态...	拟态防...	实验课	●实验指导	●实验	●练习(0)	初级	未配置	120 分钟
31.拟态D...	拟态防...	实验课	●实验指导	●实验	●练习(0)	初级	必修	120 分钟
21.拟态...	拟态防...	实验课	●实验指导	●实验	●练习(0)	初级	必修	120 分钟

图 2-9　课时管理界面

1. 理论课

理论教学类课程支持教师上传讲义、视频以及附件，以普通角色登录系统可以学习该课程的内容。管理员点击【新增】按钮进入新增课程界面，如图 2-10 所示。

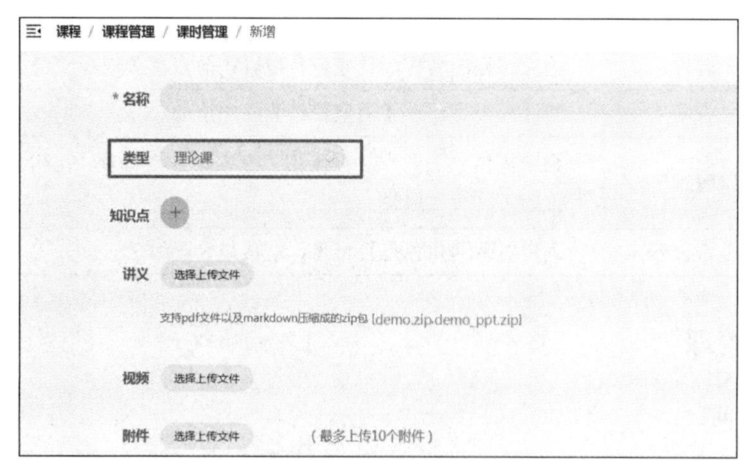

图 2-10　新增课程界面

> **注意：**
> 指导手册|讲义：支持 pdf 文件格式或 markdown 文件。
> 视频：仅支持 MP4 格式。
> 附件：支持多附件上传(最多 10 个)；新增课程后，管理者可以对附件进行管理。

2. 实验课

实验课需要实验场景，实验场景需提前在【场景】中创建。

举例：新增实验课。操作步骤如下：

① 管理员点击【课程】→【课程管理】页面，选择需要增加课时的课程。

② 点击【新增】按钮，在课时名称栏输入【自创实验课课时】。

③ 在【类型】栏选择【实验课】，点击【指导手册】，选择与课时相关的 pdf 文件。

④ 如果存在附件，点击【附件】即可上传。

⑤ 点击【实验环境】，打开如图 2-11 所示窗口。

场景测试

请输入名称

选择	标题	节点规模	总内存	总磁盘大小	创建者	更新时间
○	26.拟态路由器-根据扫描信...	终端: 4 网关: 1 网络: 3	4G	40G	超级管理员	2023-05-22 15:32:48
○	31.拟态DNS-缓存投毒攻击...	终端: 7 网关: 0 网络: 1	3G	40G	超级管理员	2021-11-30 15:25:36
○	21.拟态web服务器-网页租...	终端: 3 网关: 0 网络: 1	0G	0G	超级管理员	2021-11-29 23:18:00
○	network_attack_defense_...	终端: 3 网关: 1 网络: 2	10G	200G	超级管理员	2021-11-23 12:20:31
○	network_attack_defense_...	终端: 3 网关: 1 网络: 2	10G	200G	超级管理员	2021-11-23 12:20:05

图 2-11　实验环境

请提前预置好与实验课相关的实验场景。

⑥ 选择【Windows】，点击【确定】。

⑦ 访问模式选择【私有】，则一人一场景；如果选择【共享】，则大家同用一个环境，可视情况而定。

⑧ 【存活时间】：如果实验时间较长，可修改此页；【难度】和【学习时长】也可自定义。

⑨ 点击【是否公开】按钮，可对实验课是否公开进行设置。

⑩ 点击【保存】按钮，实验课创建完成，显示如图 2-12 所示界面。

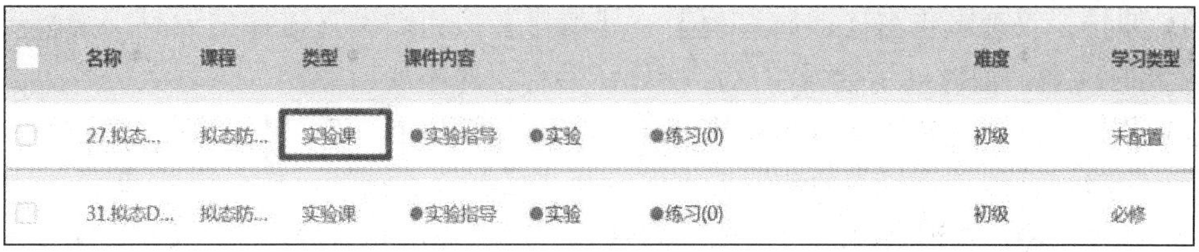

□	名称	课程	类型	课件内容			难度	学习类型
□	27.拟态...	拟态防...	实验课	●实验指导	●实验	●练习(0)	初级	未配置
□	31.拟态D...	拟态防...	实验课	●实验指导	●实验	●练习(0)	初级	必修

图 2-12　实验课程管理界面

3. 课时导入

课时添加的方式有两种：通过上述步骤手动添加和通过课时导入。课时导入的前提条件是：管理员在后台能看到多个课程；不论是自己创建的还是其他教师共享的，如果只存在一门课程，则无法进行课时导入。

4. 课后练习

给课时添加课后练习有利于普通角色在前台学习完课程后，通过课后练习来巩固知识。添加课后练习的前提条件是在【练习题库】中存在专属的习题集以及存在题目。

举例：添加课后练习。其操作步骤如下：

① 管理员点击【课程】→【课程管理】，选择需要增加课后练习的课程，点击【课时管理】→【练习】。

② 从题库中抽取题目，添加到课后练习中，如图 2-13 所示。

③ 点击【保存】按钮，即可完成课后练习的添加，此时普通角色在前台即可见到新添加的课后练习。

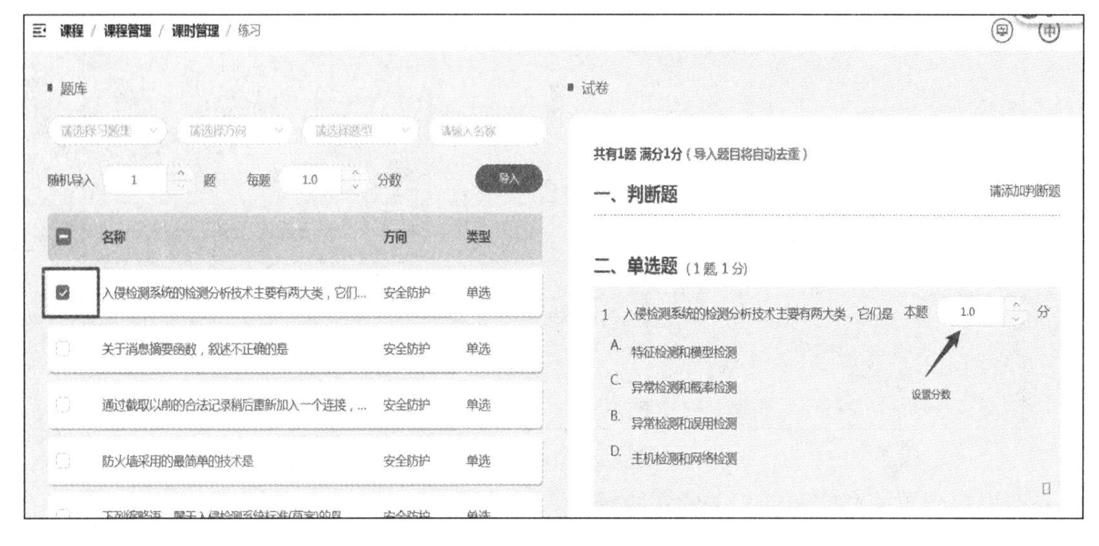

图 2-13 抽取题库习题操作

5. 课时授权

管理员选择需要公开或隐藏的课时，点击相应的【公开】或【隐藏】按钮，可使普通用户在前台看见或看不见对应的课时。

6. 课时操作

(1) **编排**。管理员点击【课时管理】→【编排】按钮，可直接拖拽课时，调整课时的顺序，此时前台的课时展示会发生次序变化，后台次序不变。

(2) **搜索**。管理员要搜索自己需要的课时，输入字段后，点击【搜索】按钮即可。

(3) **删除**。管理员选择需要删除的课时，点击【删除】按钮，即可删除课时。

(4) **课件内容**。管理员可选择需要的课件并进行课件内容管理，点击【实验】、【附件】、【练习】按钮，即可对课件的实验、附件、练习进行管理操作，如图 2-14 所示。

图 2-14　课件内容管理界面

2.3.5　搜索课程与删除课程

在课程列表中可以查看课程名称、课程的方向、子方向、课程难度以及课时数，输入关键字即可查询列表中符合条件的课程信息。

管理员选择需要删除的课程，点击【删除】按钮，该课程将从后台被删除。删除后的课程无法再恢复。

2.4　考 试 管 理

考试管理主要涉及试题集和考试两大部分内容，其中试题集部分主要是对考试所用的试卷信息的新增、编辑以及权限设置等操作，考试部分主要是方便管理员对考试相关信息的增、删、权限设置等操作。

2.4.1　试题集

1. 新增试卷

管理员点击【试题集】，再点击【新增】按钮，出现如图 2-15 所示页面。

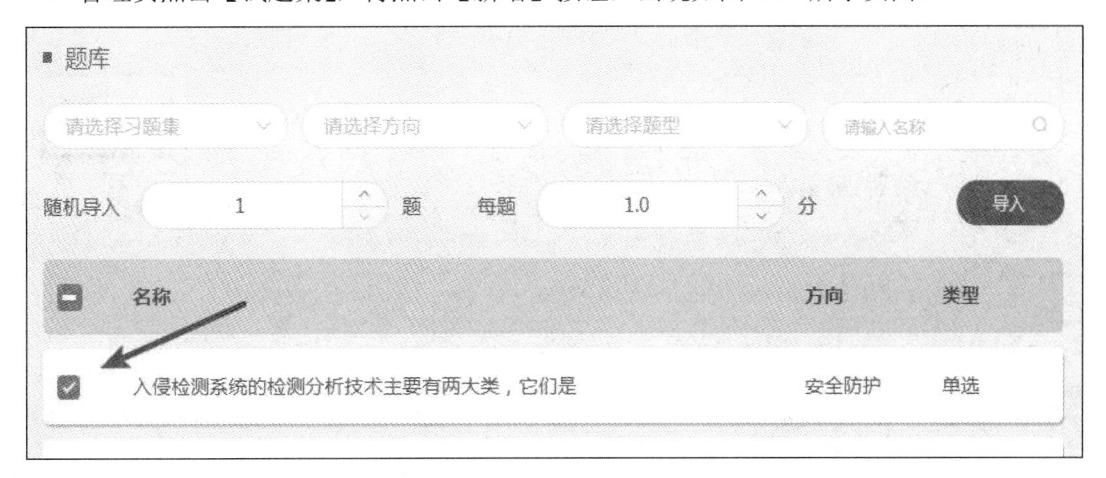

图 2-15　新增试卷界面操作提示(1)

管理员点击【导入】按钮进入如图 2-16 所示界面，可以通过条件框“□”进行筛选。

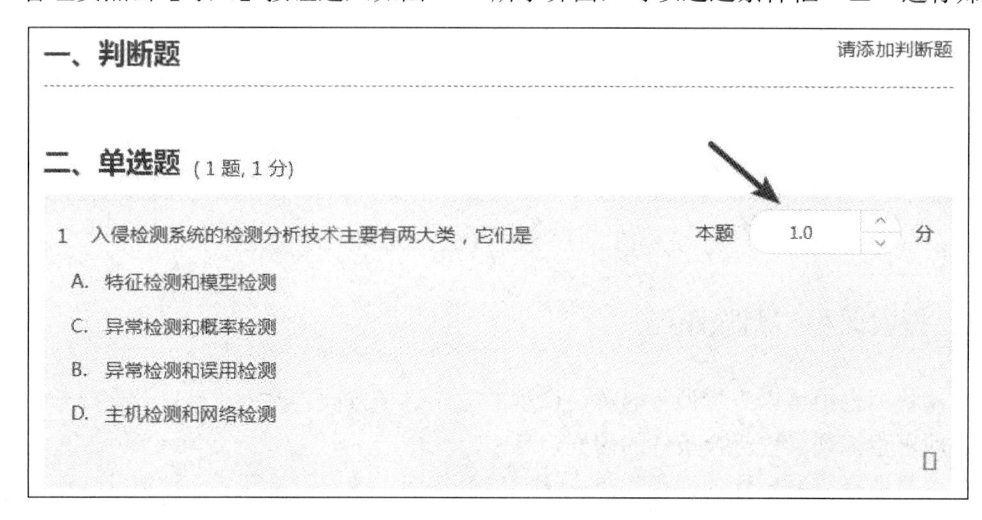

图 2-16　新增试卷界面操作提示(2)

2. 自动生成

管理员点击【试题集】→【新增】，显示如图 2-17 所示界面。

考试 / 试题集 / 新增
* 名称
描述
题库
请选择习题集　请选择方向　请选择题型　请输入名称
随机导入　1　题　每题　1.0　分　导入

名称	方向	类型
入侵检测系统的检测分析技术主要有两大类，它们是	安全防护	单选
关于消息摘要函数，叙述不正确的是	安全防护	单选

图 2-17　自动生成操作界面提示

管理员只需设定新增试题集的名称和描述信息，选择题目数量及分值，点击【导入】

按钮即可。只要习题集中存在足够数量的题目类型及数量，即可自动导入题目。若要随机导入则需要选择随机导入题目的习题集、方向、题型等信息后方可导入。

3. 编辑试卷

管理员选择需要编辑的试卷，点击【编辑】按钮，即可对试卷进行重新编辑。

4. 公开隐藏

管理员选择需要公开或隐藏的试卷，点击【公开】或【隐藏】按钮，普通用户即可在前台看到试卷或对试卷不可见。

5. 预览试卷

管理员选择需要预览的试卷，点击【预览】按钮，进入【预览】界面，如图 2-18 所示。

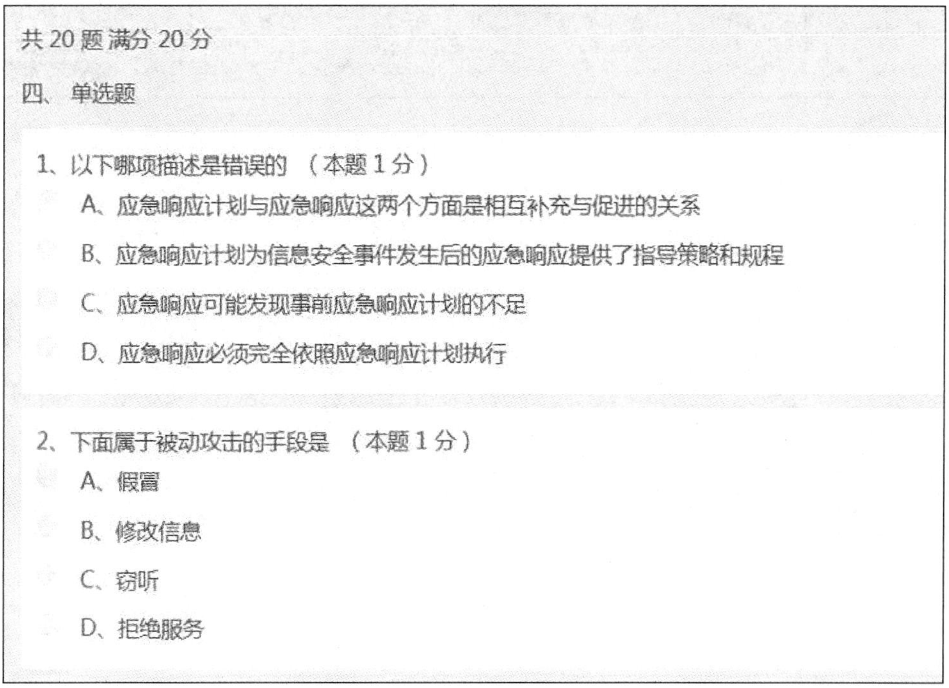

共 20 题 满分 20 分

四、单选题

1、以下哪项描述是错误的 （本题 1 分）

A、应急响应计划与应急响应这两个方面是相互补充与促进的关系

B、应急响应计划为信息安全事件发生后的应急响应提供了指导策略和规程

C、应急响应可能发现事前应急响应计划的不足

D、应急响应必须完全依照应急响应计划执行

2、下面属于被动攻击的手段是 （本题 1 分）

A、假冒

B、修改信息

C、窃听

D、拒绝服务

图 2-18　预览试卷界面

6. 导出试卷

管理员选择需要导出的试卷，点击【导出试卷】按钮，即可将试卷导出到本地保存。

> **说明：**
> 当题目含有操作题和有虚拟环境时，则无法导出试卷。

2.4.2　考试

考试功能部分提供了【考试管理】、【成绩管理】、【授权管理】等功能，具体内容如表 2-3 所示。

表 2-3　考试功能详解

基本功能	具 体 内 容
考试管理	对习题集新增、公开、隐藏、删除、搜索、编辑等操作
成绩管理	管理员可以查看提交考试的普通角色账号、得分情况，并对普通角色的 Writeup 进行评分
授权管理	课程默认对所有人公开，授权管理可以指定对哪些组织用户组公开

管理员点击【考试】，进入考试管理界面，如图 2-19 所示。

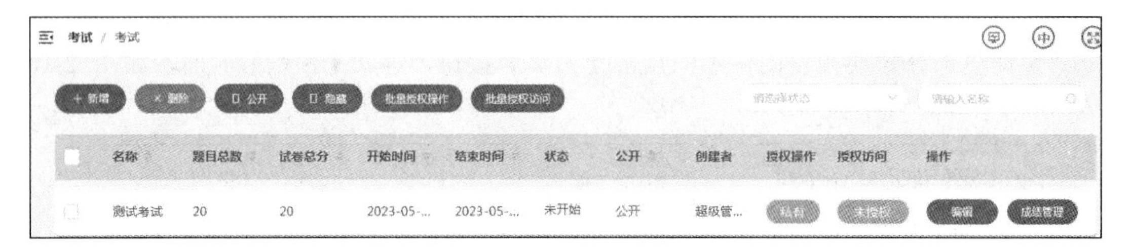

图 2-19　考试管理界面

1. 新增考试

管理员点击【考试】，再点击【新增】按钮，出现如图 2-20 所示页面。

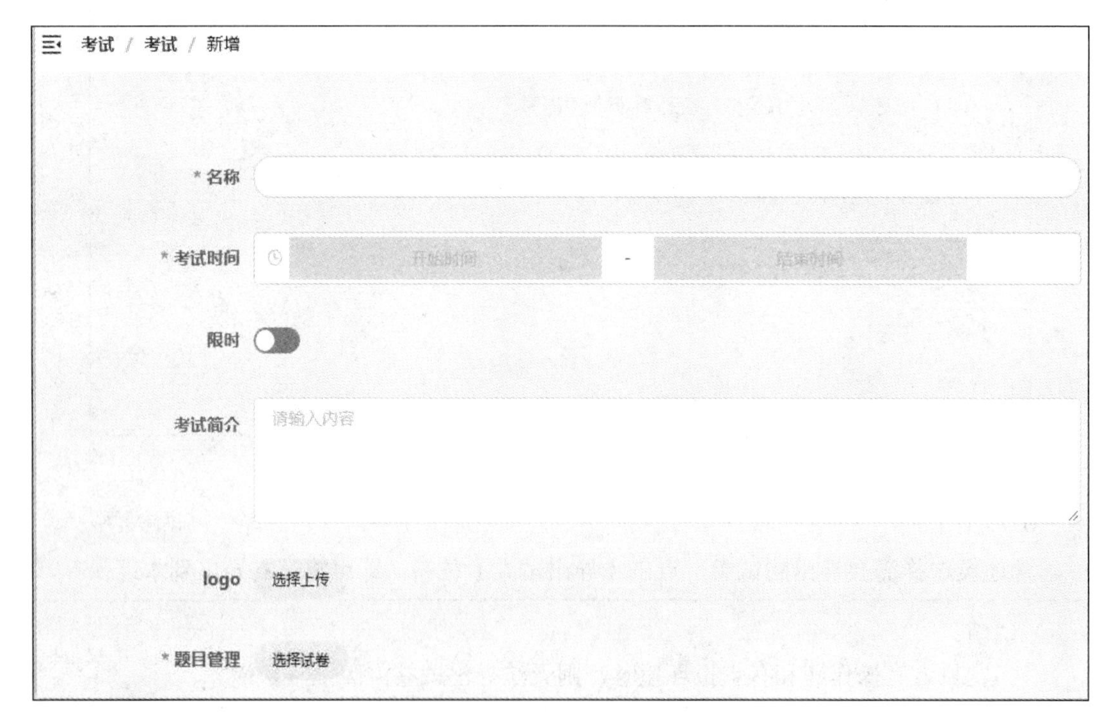

图 2-20　新增考试操作界面

2. 编辑考试

管理员进入【考试】页面，选择需要编辑的考试，点击【新增】按钮。

> **说明：**
> 编辑考试的输入项同新增考试一样。
> 考试状态为进行中和已结束时，不可以编辑试卷。

3. 公开隐藏

管理员选择要公开或是隐藏的考试，点击【公开】或【隐藏】按钮，普通用户即可在前台可见或不可见该考试。

4. 搜索考试

在考试列表可以看到考试名称、考试的起止时间、考试的状态、试卷的总分。输入关键字可以查询列表中符合条件的考试信息。

5. 删除考试

管理员选择需要删除的考试，点击【删除】按钮，该考试将从后台被删除。

6. 授权管理

(1) 授权操作。默认新增的考试对所有普通角色不可见，管理员可以指定对哪些用户公开。点击【授权操作】，进入页面如图 2-21 所示。

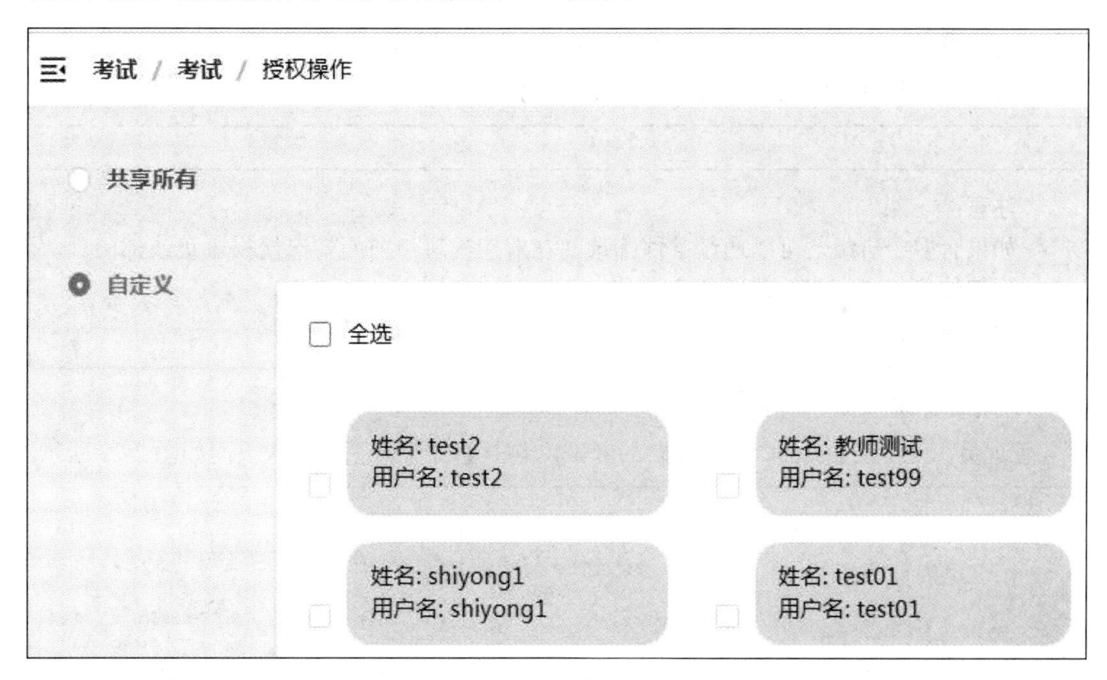

图 2-21　授权操作界面

> **说明：**
> 共享所有：平台所有的教师都可以看到此考试。
> 自定义：只有指定的教师(拥有操作权限)才可以看到此考试。

(2) 授权访问。点击【授权访问】，进入页面如图 2-22 所示。

考试 / 考试 / 授权访问

共享所有

自定义

请输入关键字

test01

南京赛宁

2020秋季学期

年级

班级

2021秋季学期

2022秋季学期

test

教师

图 2-22 授权访问操作界面

说明：

共享所有：平台所有的教师都可以看到此考试。

自定义：只有指定的教师(拥有操作权限)才可以看到此考试。

注意：

如果有多个班级，可以通过条件筛选，在对应的班级前面勾选授权班级或部门。

授权的班级或部门的普通角色登录，可以参加考试。

对于不在授权范围内的普通角色，该考试不对其展示。

7. 成绩管理

管理员在【考试】页面，选择需要的考试，点击【成绩管理】，进入页面如图 2-23 所示。

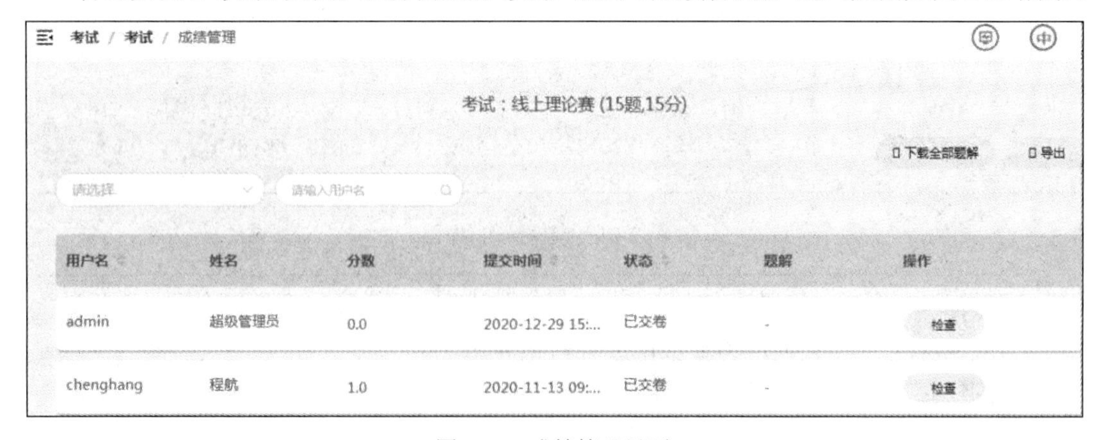

图 2-23 成绩管理界面

管理员可以看到提交用户、得分情况以及提交的时间。点击【检查】按钮，管理员可以看到普通用户做考题时所写的答案以及做题分析过程。

> **说明：**
> 点击【导出】，会将所有普通角色用户的排名等信息导出，方便教师查看。
> 点击【下载全部题解】，会将所有普通角色用户在该考试中提交的操作题题解下载，便于教师用户查看。

2.5 平 台 管 理

平台管理功能主要是从整个系统的视角，对所涉及的资源信息、系统级日志信息的展示、以及对于系统级配置信息的展示和修改，方便管理员对系统进行整体的监控和管理。

2.5.1 集群管理

管理员点击【系统管理】→【集群管理】，进入集群管理界面，如图 2-24 所示。

系统管理 / 集群管理

虚拟机　容器　网络　路由　弹性IP　防火墙

名称	镜像名称	节点名称	IP地址
cloud-shell-admin-admin-De...	gbraad/openstack-client:alpine	controller	
SCENE.default.challenge60-w...	xjctf_2018__baby_python_1.0	compute21	172.16.1.109
SCENE.default.challenge60-w...	xjctf_2018__baby_python_1.0	compute21	172.16.1.115

图 2-24　集群管理界面

> **说明：**
> 虚拟机：显示在平台中的虚拟机的实例名称、节点名称、IP 地址、状态以及创建时间等信息。
> 容器：显示平台中所有容器的名称、镜像名称、节点名称、IP 地址以及状态等信息。
> 网络：显示平台中所有网络配置的名称、类型、状态、已连接子网以及创建时间等信息。
> 路由：显示平台中所有路由名称、状态以及创建时间等信息。
> 弹性 IP：显示平台中弹性 IP 的固定 IP、状态以及创建时间等信息。
> 防火墙：显示平台中防火墙的名称、入站策略、出站策略、描述以及状态等信息。

2.5.2 运行日志

管理员点击【系统管理】→【运行日志】，可打开运行日志列表，如图 2-25 所示。

系统管理 / 运行日志

导出

文件名	更新时间	文件大小
log.log	2023-05-23 20:31:36	5.37MB
log.log.1	2023-04-27 07:25:24	10.0MB
log.log.10	2022-09-24 17:06:56	10.0MB
log.log.2	2023-03-22 15:08:56	10.0MB

图 2-25 运行日志列表

说明：

导出日志压缩包密码为：jBu8eKHcUB3yR5GIz5UaSw7WBUlcIaxm。

日志文件个数：根据需要自己选择。

2.5.3 审计日志

管理员点击【系统管理】→【审计日志】，可打开审计日志页面，如图 2-26 所示。

系统管理 / 审计日志

全部模块　全部类型　请输入用户名/操作对象

用户名	模块	操作类型	操作对象	状态	创建时间
超级管理员	用户	登录登出	User :超级管理员 ...	成功	2023-05-23 15:3...
李远博	用户	登录登出	User :李远博 logi...	成功	2023-05-23 10:0...
超级管理员	用户	登录登出	User :超级管理员 ...	成功	2023-05-23 09:3...

图 2-26 审计日志页面

说明：

操作类型：用户在该模块进行的操作。

状态：用户进行动作的状态显示。

详细内容：用户点击【查看详情】，可以明确查看用户进行操作的动作以及涉及的详情内容。

2.5.4　系统配置

管理员点击【系统管理】→【系统配置】，可打开系统配置页面，如图 2-27 所示。

系统管理 / 系统配置

* 系统名称　先进网络防御训练系统

版权信息

场景 / 人　1

是否开放注册

注册用户审核

Logo　选择上传

确定

图 2-27　系统配置页面

> 注意：
> Logo：将显示在普通角色登录页面左上角，可自行修改；尺寸要求为 180 px × 49 px。
> 是否开放注册：管理员可以选择开放注册。

2.5.5　授权信息

管理员点击【系统管理】→【授权信息】，可显示如图 2-28 所示页面。

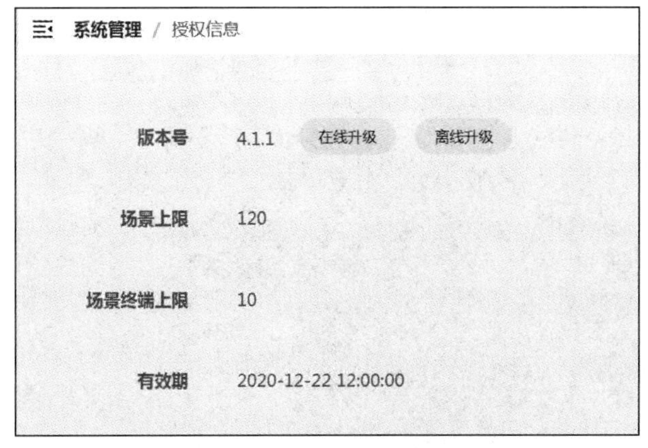

图 2-28　授权信息展示

> **注意：**
>
> 版本升级可以通过在线升级和离线升级两种方式进行，通常版本升级是由开发系统公司专业人员进行升级！
>
> 场景上限：决定用户在平台中新增场景的数量。
>
> 有效期：授权用户使用平台的有效时间。

2.5.6 系统公告

管理员点击【系统公告】，可打开系统公告界面，如图 2-29 所示。

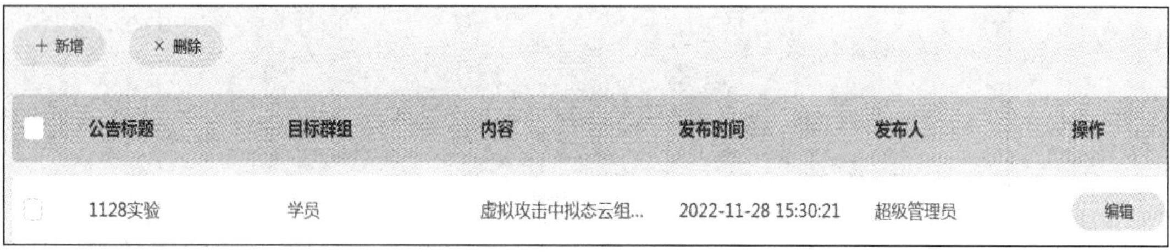

+ 新增　× 删除

	公告标题	目标群组	内容	发布时间	发布人	操作
	1128实验	学员	虚拟攻击中拟态云组...	2022-11-28 15:30:21	超级管理员	编辑

图 2-29　系统公告界面

1. 新增公告

管理员点击【系统公告】→【新增】，进入新增系统公告界面。

> **说明：**
>
> 目标群组：系统预置有“所有”“教师群组”“普通角色群组”以及“自定义组织”。例如：设置教师群组后，只有教师用户可以收到该公告，其他角色无法收到。
>
> 自定义组织：指定某班级获取公告，该组织需在【系统管理】→【用户管理】中存在。

2. 删除公告

选择所需要的公告并点击【删除】按钮，可删除对应公告。删除后可新建与删除公告内容一致的公告。

第 3 章　传统防御技术实践

本章通过对传统防御技术中的防火墙(Firewall)技术攻防、访问控制列表(Access Control Lists，ACL)技术攻防、虚拟入侵防御系统(Intrusion Prevention System，IPS)技术攻防、虚拟沙箱技术攻防、虚拟蜜罐技术攻防以及虚拟 WAF 技术攻防等实践，加深学生对传统防御技术的理解，为后续理解先进防御技术提供知识和技能支撑。

3.1　防火墙技术攻防实践

为了加深学生对防火墙技术攻防实践的理解，本节从技术原理、实验内容以及实验步骤三个方面具体介绍本实践。

3.1.1　技术原理简介

防火墙技术是通过有机结合各类用于安全管理与筛选的软件和硬件设备，并在内、外网之间构建一道相对隔绝的保护屏障来保护用户资料与信息安全性的一种技术。防火墙作为网络安全的屏障，有强化网络安全策略、监控审计、防止内部信息外泄以及记录日志等重要作用。

防火墙技术的功能主要在于及时发现并处理计算机网络运行时可能存在的安全风险、数据传输等问题，其中处理措施包括隔离与保护。防火墙对流经它的网络通信进行扫描，这样能够过滤掉一些攻击，以免其在目标计算机上被执行。防火墙还可以关闭不使用的端口，也能禁止特定端口的流出通信，封锁特洛伊木马，禁止来自特殊站点的访问，从而防止来自不明入侵者的所有通信。另外，防火墙还可对计算机网络安全中的各项操作实施记录与检测，保障用户资料与信息的完整性，努力为用户提供更好、更安全的计算机网络使用体验。

3.1.2　实验内容简介

CentOS7 默认的防火墙 firewalld 服务支持 ipv4 与 ipv6 模式，并支持网桥，采用 firewall-cmd(command)或 firewall-config(gui)可动态管理 kernel netfilter 的接口规则，并实时生效而无需重启服务，某些系统自带 firewalld。

防火墙会从上到下读取规则策略，一旦匹配到了合适的就会执行并立即结束匹配工作，但也有转了一圈之后发现没有匹配到合适的规则，此时就会执行默认的策略。iptables 命令把对数据进行过滤或处理数据包的策略叫做规则，把多条规则又存放到一个规则链中，规则链是依据处理数据包位置的不同而进行的分类，包括在进行路由选择前处理数据包(PREROUTING)、处理流入的数据包(INPUT)、处理流出的数据包(OUTPUT)、处理转发的数据包(FORWARD)、在进行路由选择后处理数据包(POSTROUTING)。从内网向外网发送的数据一般都是可控且良性的，因此显而易见使用最多的就是 INPUT 数据链，这个链中定义的规则起到了保证私网设施不受外网骇客侵犯的作用。

3.1.3 实验步骤

使用 root 用户名登录 CentOS Linux 7 操作机。执行 ifconfig 命令可以查看 CentOS Linux 7 操作机的 IP 地址，如图 3-1 所示。

```
CentOS Linux 7 (Core)
Kernel 3.10.0-862.el7.x86_64 on an x86_64

test login: root
Password:
Last login: Fri Aug 14 15:03:51 on tty1
[root@test ~]# ifconfig
docker0: flags=4163<UP,BROADCAST,RUNNING,MULTICAST>  mtu 1500
        inet 172.17.0.1  netmask 255.255.0.0  broadcast 0.0.0.0
        inet6 fe80::42:27ff:fe8a:8a0d  prefixlen 64  scopeid 0x20<link>
        ether 02:42:27:8a:8a:0d  txqueuelen 0  (Ethernet)
        RX packets 9  bytes 570 (570.0 B)
        RX errors 0  dropped 0  overruns 0  frame 0
        TX packets 9  bytes 752 (752.0 B)
        TX errors 0  dropped 0 overruns 0  carrier 0  collisions 0

ens3: flags=4163<UP,BROADCAST,RUNNING,MULTICAST>  mtu 1450
        inet 172.18.20.136  netmask 255.255.255.0  broadcast 172.18.20.255
        inet6 fe80::f816:3eff:fe06:2e3f  prefixlen 64  scopeid 0x20<link>
        ether fa:16:3e:06:2e:3f  txqueuelen 1000  (Ethernet)
        RX packets 31  bytes 2540 (2.4 KiB)
        RX errors 0  dropped 0  overruns 0  frame 0
        TX packets 28  bytes 3085 (3.0 KiB)
        TX errors 0  dropped 0 overruns 0  carrier 0  collisions 0
```

图 3-1　CentOS Linux 7 的 IP 地址

可以看到 IP 地址为 172.18.20.136。需要注意的是，场景每次开启 IP 地址都会变化。本文中的 IP 地址和实际操作中的 IP 地址并不一致。接下来使用命令 service firewalld status 查看防火墙是否开启，如果显示结果如图 3-2 所示，说明防火墙已经开启。

```
[root@test ~]# service firewalld status
Redirecting to /bin/systemctl status firewalld.service
● firewalld.service - firewalld - dynamic firewall daemon
   Loaded: loaded (/usr/lib/systemd/system/firewalld.service; enabled; vendor preset: enabled)
   Active: active (running) since Mon 2020-07-20 18:21:28 CST; 19min ago
     Docs: man:firewalld(1)
 Main PID: 11790 (firewalld)
    Tasks: 2
   Memory: 21.4M
   CGroup: /system.slice/firewalld.service
           └─11790 /usr/bin/python -Es /usr/sbin/firewalld --nofork --nopid
```

图 3-2　防火墙已开启示意图

在防火墙未正常开启的情况下，就需要手动执行 service firewalld start 命令开启防火墙。再使用 service firewalld status 查看防火墙状态，此时发现防火墙已开启，如图 3-3 所示。

```
[root@test ~]# service firewalld status
Redirecting to /bin/systemctl status firewalld.service
■ firewalld.service - firewalld - dynamic firewall daemon
   Loaded: loaded (/usr/lib/systemd/system/firewalld.service; disabled; vendor preset: enabled)
   Active: inactive (dead)
     Docs: man:firewalld(1)
[root@test ~]# service firewalld start
Redirecting to /bin/systemctl start firewalld.service
[root@test ~]# service firewalld status
Redirecting to /bin/systemctl status firewalld.service
■ firewalld.service - firewalld - dynamic firewall daemon
   Loaded: loaded (/usr/lib/systemd/system/firewalld.service; disabled; vendor preset: enabled)
   Active: active (running) since Fri 2020-08-14 15:18:57 CST; 10s ago
     Docs: man:firewalld(1)
 Main PID: 1525 (firewalld)
    Tasks: 2
   Memory: 24.9M
   CGroup: /system.slice/firewalld.service
           └─1525 /usr/bin/python -Es /usr/sbin/firewalld --nofork --nopid
```

图 3-3　手动开启防火墙示意图

成功开启防火墙后，先使用命令 firewall-cmd --list-all-zones | more 查看防火墙已经存在的 zone，如图 3-4 所示。

```
  rich rules:

public
  target: default
  icmp-block-inversion: no
  interfaces:
  sources:
  services: ssh dhcpv6-client
  ports: 80/tcp 443/tcp
  protocols:
  masquerade: no
  forward-ports:
  source-ports:
  icmp-blocks:
  rich rules:
```

图 3-4　防火墙已存在的 zone

可以看到，当 zone = public 时，开启了 ssh 服务以及 dhcpv6-client 服务，开启了 80 端口和 443 端口。接下来需要部署 http 服务和 https 服务。在命令行输入如图 3-5 所示的命令开启 nginx。使用指令 cd /usr/local/nginx/sbin，将其移动到 nginx 所在目录下，启动 nginx，启动时提示输入密钥密码，密码为 asdqwe。

```
[root@test ~]# service firewalld status
Redirecting to /bin/systemctl status firewalld.service
■ firewalld.service - firewalld - dynamic firewall daemon
   Loaded: loaded (/usr/lib/systemd/system/firewalld.service; enabled; vendor preset: enabled)
   Active: active (running) since Mon 2020-07-20 18:21:28 CST; 19min ago
     Docs: man:firewalld(1)
 Main PID: 11790 (firewalld)
    Tasks: 2
   Memory: 21.4M
   CGroup: /system.slice/firewalld.service
           └─11790 /usr/bin/python -Es /usr/sbin/firewalld --nofork --nopid
```

图 3-5　启动 nginx 示意图

执行 ps -aux | grep nginx 命令查看 nginx 是否已经正常运行，该命令起到搜索带有 nginx 关键字的进程的作用。如图 3-6 所示，说明 nginx 已经正常运行。执行如图 3-7 所示命令可在 public 域添加 http 服务和 https 服务。

```
[root@test /]# cd /usr/local/nginx/sbin
[root@test sbin]# ls
nginx  nginx.bak  nginx.old  server.crt  server.csr  server.key  server.key.org
[root@test sbin]# ./nginx
Enter PEM pass phrase:
[root@test sbin]# ps -aux | grep nginx
root      1677  0.0  0.1  46948  1168 ?      Ss   15:43   0:00 nginx: master process ./nginx
nobody    1678  0.0  0.1  47312  1916 ?      S    15:43   0:00 nginx: worker process
root      1680  0.0  0.0 112812   972 tty1   R+   15:46   0:00 grep --color=auto nginx
[root@test sbin]# _
```

图 3-6　nginx 正常运行示意图

```
[root@test /]# cd /usr/local/nginx/sbin
[root@test sbin]# ls
nginx  nginx.bak  nginx.old  server.crt  server.csr  server.key  server.key.org
[root@test sbin]# ./nginx
Enter PEM pass phrase:
[root@test sbin]# ps -aux | grep nginx
root      1677  0.0  0.1  46948  1168 ?      Ss   15:43   0:00 nginx: master process ./nginx
nobody    1678  0.0  0.1  47312  1916 ?      S    15:43   0:00 nginx: worker process
root      1680  0.0  0.0 112812   972 tty1   R+   15:46   0:00 grep --color=auto nginx
[root@test sbin]#
[root@test sbin]# firewall-cmd --permanent --zone=public --add-service=http
success
[root@test sbin]#
[root@test sbin]# firewall-cmd --permanent --zone=public --add-service=https
success
[root@test sbin]#
[root@test sbin]#
```

图 3-7　添加 http 服务和 https 服务示意图

在配置完成以后，使用命令 firewall-cmd --zone=public --list-service 查看服务是否添加成功，该命令起到列出 public 域中的所有服务的作用。可以看到此时 http 服务和 https 服务并没有被显示出来，原因是在配置防火墙后需要使用 reload 命令重新加载配置才能生效。可以使用 firewall-cmd --reload 以及 firewall-cmd --zone=public --list-service 命令重启防火墙，并重复上一步操作，查看服务是否添加成功，结果如图 3-8 所示。

```
[root@test sbin]#
[root@test sbin]# firewall-cmd --zone=public --list-service
ssh dhcpv6-client
[root@test sbin]#
[root@test sbin]#
[root@test sbin]#
[root@test sbin]# firewall-cmd --reload
success
[root@test sbin]# firewall-cmd --zone=public --list-service
ssh dhcpv6-client http https
[root@test sbin]#
[root@test sbin]#
```

图 3-8　查看服务是否添加成功示意图

3.2　ACL 技术攻防实践

为了加深学生对 ACL 技术攻防实践的理解，本节我们从技术原理、实验内容以及实验步骤三个方面具体介绍本实践。

3.2.1　技术原理简介

访问控制列表(ACL)是一种基于包过滤的访问控制技术，它可以根据设定的条件对接口上的数据包进行过滤，允许其通过或丢弃。访问控制列表被广泛地应用于路由器和三层交换机，借助于访问控制列表，可以有效地控制用户对网络的访问，从而最大程度地保障网络安全。

3.2.2 实验内容简介

ENSP(Enterprise Network Simulation Platform)是一款由华为提供的免费的、可扩展的、图形化操作的网络仿真工具平台，主要对企业网络路由器、交换机进行软件仿真，完美呈现真实设备实景，支持大型网络模拟，让广大用户有机会在没有真实设备的情况下能够模拟演练，学习网络技术。

3.2.3 实验步骤

开启场景后，进入 huaweinetwork 虚拟机，点击桌面上的 ACL 规则添加及功能验证实验文件夹。本场景共有三个任务，其中任务 1 和任务 2 使用同一个拓扑，任务 3 使用单独拓扑。

学员需要将拓扑中的路由器改成交换机。首先打开任务 1 和任务 2 的拓扑图，可以看到有 PC1、Server1 连接在 AR1 上，显然这个拓扑是不符合要求的，于是先进行拓扑的修改操作。在左侧的设备列表中选择交换机，选择 S5700 并将其拖拽到拓扑中，如图 3-9 所示。需要注意的是，S5700、S3700 等指的是交换机的型号，根据型号不同交换机的接口和性能等有所差别。

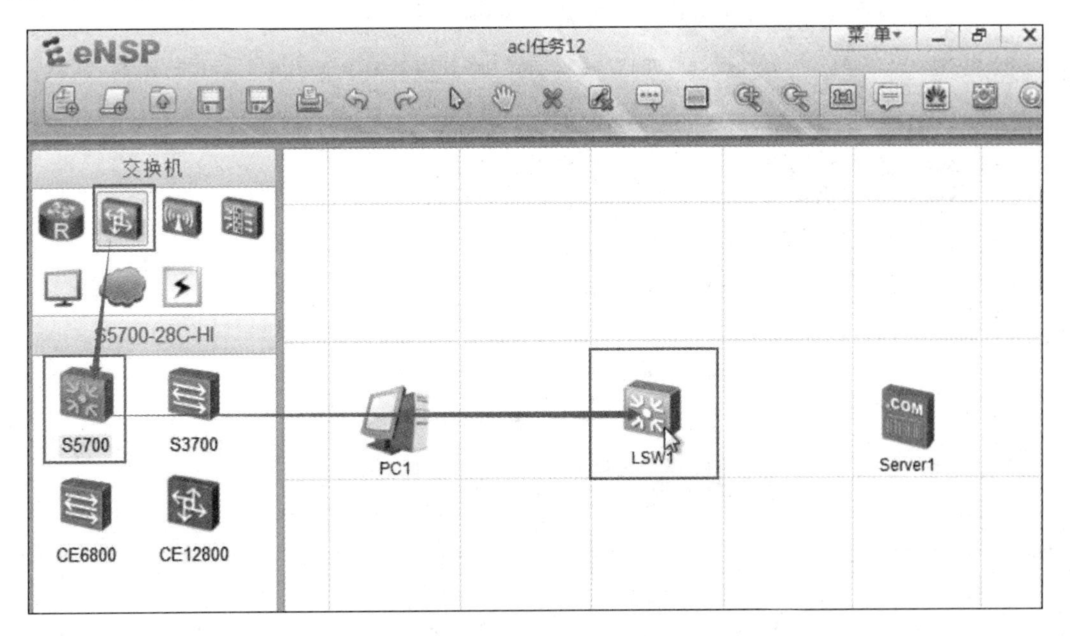

图 3-9 设备连线示意图

在左侧选择设备连线，选择 Auto，按照图 3-10 中所示顺序为设备连线。用鼠标框选三台设备后，按照图 3-10 中的标注点击工具栏启动按钮开启设备。

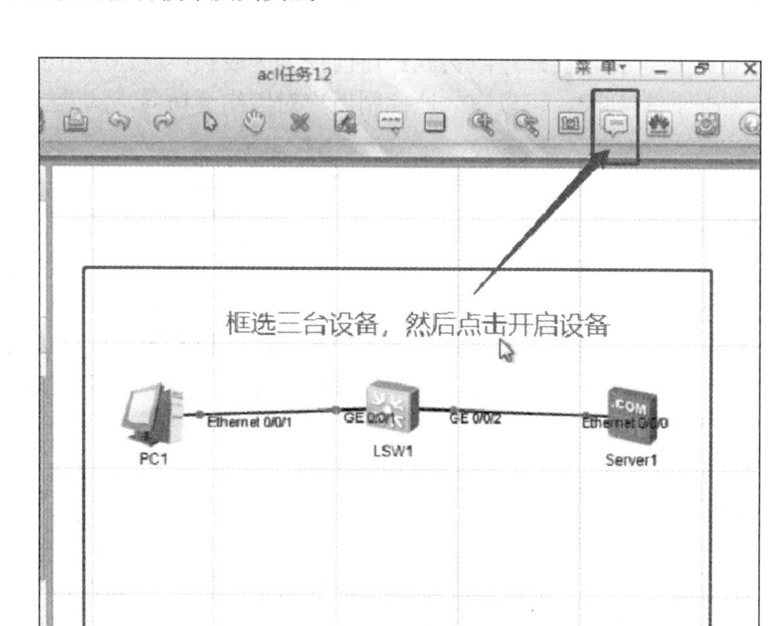

图 3-10　配置交换机示意图

双击交换机 LSW1 进入命令行，在该命令行可以对交换机进行配置。使用如图 3-11 的命令即可进行 vlan 配置。

```
<Huawei>sys
Enter system view, return user view with Ctrl+Z.
[Huawei]vlan batch 10 20
Info: This operation may take a few seconds. Please wait for a moment...done.
[Huawei]
Jul 24 2020 09:17:01-08:00 Huawei DS/4/DATASYNC_CFGCHANGE:OID 1.3.6.1.4.1.2011.5
.25.191.3.1 configurations have been changed. The current change number is 4, th
e change loop count is 0, and the maximum number of records is 4095.
[Huawei]undo inf
[Huawei]undo info-center en
[Huawei]undo info-center enable
Info: Information center is disabled.
[Huawei]interface Vlanif 10
[Huawei-Vlanif10]ip address 192.168.1.1 24
[Huawei-Vlanif10]interface Vlanif 20
[Huawei-Vlanif20]ip address 192.168.2.1 24
[Huawei-Vlanif20]quit
[Huawei]quit
<Huawei>save
The current configuration will be written to the device.
Are you sure to continue?[Y/N]y
Info: Please input the file name ( *.cfg, *.zip ) [vrpcfg.zip]:
Now saving the current configuration to the slot 0.
Save the configuration successfully.
<Huawei>
```

图 3-11　交换机 vlan 配置

在交换机 LSW1 中使用如图 3-12 所示命令配置端口设置。这里使用的命令主要有 prt link-type access、port default vlan、interface GigabitEthernet 等，读者要仔细体会这些命令行的作用。

```
<Huawei>
<Huawei>sys
Enter system view, return user view with Ctrl+Z.
[Huawei]interface GigabitEthernet 0/0/1
[Huawei-GigabitEthernet0/0/1]port link-type access
[Huawei-GigabitEthernet0/0/1]port default vlan 10
[Huawei-GigabitEthernet0/0/1]interface GigabitEthernet 0/0/2
[Huawei-GigabitEthernet0/0/2]port link-type access
[Huawei-GigabitEthernet0/0/2]port default valn 20
                                              ^

Error: Unrecognized command found at '^' position.
[Huawei-GigabitEthernet0/0/2]port default vlan 20
[Huawei-GigabitEthernet0/0/2]quit
[Huawei]quit
<Huawei>save
The current configuration will be written to the device.
Are you sure to continue?[Y/N]y
Now saving the current configuration to the slot 0.
Save the configuration successfully.
<Huawei>
```

图 3-12　端口配置示意图

输入如图 3-13 所示的命令配置交换机进行远程 ssh 登录，设置配置策略并应用到接口中，这里使用到的命令行主要有 stelnet sever enable、ssh uesr sshuser service-type stelnet。

```
<Huawei>
<Huawei>
<Huawei>sys
Enter system view, return user view with Ctrl+Z.
[Huawei]aaa
[Huawei-aaa]local-user sshuser password cipher admin privilege level 3
Info: Add a new user.
[Huawei-aaa]quit
[Huawei]rsa local-key-pair create
The key name will be: Huawei_Host
The range of public key size is (512 ~ 2048).
NOTES: If the key modulus is greater than 512,
       it will take a few minutes.
Input the bits in the modulus[default = 512]:
Generating keys...
......++++++++++++
.............++++++++++++
..++++++++
....++++++++

[Huawei]stelnet server enable
Info: Succeeded in starting the Stelnet server.
[Huawei]ssh user sshuser authentication-type password
Info: Succeeded in adding a new SSH user.
[Huawei]ssh user sshuser service-type stelnet
[Huawei]quit
<Huawei>save
The current configuration will be written to the device.
Are you sure to continue?[Y/N]
Error: Please choose 'YES' or 'NO' first before pressing 'Enter'. [Y/N]:y
Now saving the current configuration to the slot 0.
Save the configuration successfully.
<Huawei>
<Huawei>
```

图 3-13　远程 ssh 登录示意图

3.3 虚拟 IPS 技术攻防实践

为了加深学生对虚拟 IPS 技术攻防实践的理解，本节从技术原理、实验内容以及实验步骤三个方面具体介绍本实践。

3.3.1 技术原理简介

入侵防御系统(Intrusion Prevention System，IPS)是一种网络安全设施，是对防病毒软件和防火墙的补充。入侵防御系统是一种对网络传输进行即时监视，在发现可疑传输时发出警报或者采取主动反应措施的网络安全设备。

3.3.2 实验内容简介

Suricata 是一个免费、开源、成熟、快速、健壮的网络威胁检测引擎。Suricata 引擎能够进行实时入侵检测、内联入侵预防、网络安全监控和离线 pcap 处理。Suricata 使用强大且广泛的规则和签名语言来检查网络流量，并提供强大的 Lua 脚本支持检测复杂的威胁。使用标准的输入和输出格式(如 YAML 和 JSON)，使用现有的 Siems、Splunk、Logstash/Elasticsearch、Kibana 和其他数据库等工具进行集成将变得非常简单。

3.3.3 实验步骤

使用用户名 root、密码 123456 登录虚拟 IPS 部署机。在虚拟 IPS 部署机上使用如图 3-14 所示命令进行设置。这里我们使用到的命令主要有 cd /etc/suricata 和 vi suricata.yaml，前者起到进入安装虚拟 IPS 文件目录的作用，后者起到编辑 IPS 主配置文件的作用。

```
root@Ubuntu:~#
root@Ubuntu:~# cd /etc/suricata
root@Ubuntu:/etc/suricata# ls
classification.config  reference.config  rules  suricata.yaml  threshold.config
root@Ubuntu:/etc/suricata# vi suricata.yaml
```

图 3-14 部署虚拟机

学员需要先设置 HOME_NET 与 EXTERNAL_NET，一般情况下，HOME_NET 指的是内网网段(在此处因为内网是 192.168.0.0/16 所以无需修改)，EXTERNAL_NET 指的是外网，设置为 any，如图 3-15 所示。

接下来学员需要配置虚拟 IPS 的规则，通过对本配置文件中参数的更改，可以选择启用哪些规则文件。因为虚拟 IPS 的配置文件内容非常多，手动翻阅耗时太久，所以此处使用查找功能，快速定位到要修改的位置。上一步使用的是 insert 模式，该模式下无法进行查找，所以先按一下 Esc 键，退出 insert 模式。使用 default-rule-path 对虚拟 IPS 进行配置，如图 3-16 所示。

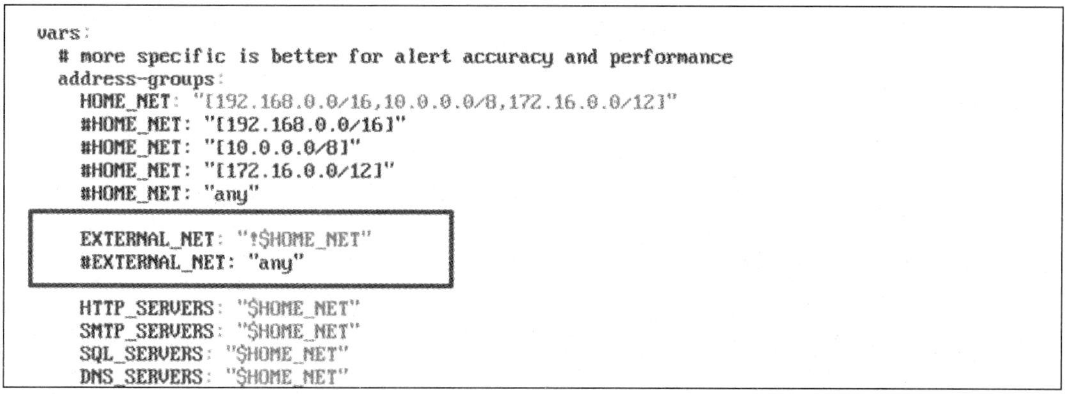

```
vars:
  # more specific is better for alert accuracy and performance
  address-groups:
    HOME_NET: "[192.168.0.0/16,10.0.0.0/8,172.16.0.0/12]"
    #HOME_NET: "[192.168.0.0/16]"
    #HOME_NET: "[10.0.0.0/8]"
    #HOME_NET: "[172.16.0.0/12]"
    #HOME_NET: "any"

    EXTERNAL_NET: "!$HOME_NET"
    #EXTERNAL_NET: "any"

    HTTP_SERVERS: "$HOME_NET"
    SMTP_SERVERS: "$HOME_NET"
    SQL_SERVERS: "$HOME_NET"
    DNS_SERVERS: "$HOME_NET"
```

图 3-15　设置 HOME_NET 与 EXTERNAL_NET

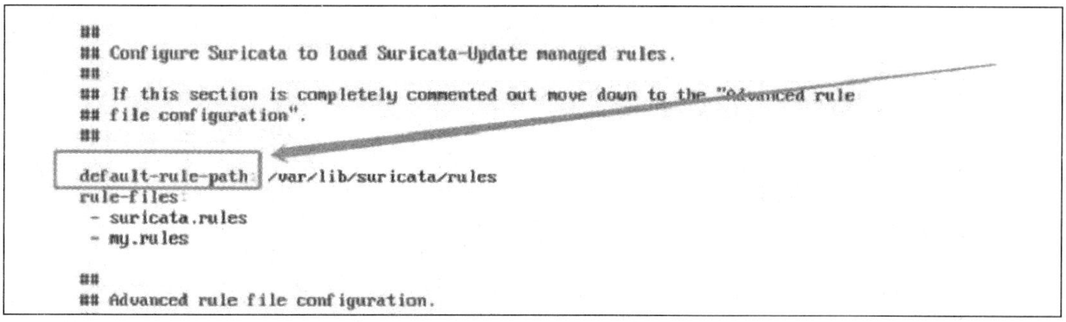

```
##
## Configure Suricata to load Suricata-Update managed rules.
##
## If this section is completely commented out move down to the "Advanced rule
## file configuration".
##

default-rule-path: /var/lib/suricata/rules
rule-files:
  - suricata.rules
  - my.rules

##
## Advanced rule file configuration.
```

图 3-16　配置虚拟 IPS

按一下“i”键，进入 insert 模式，如 3-17 所示，将原本的 default-rule-path: /var/lib/suricata/rules 修改为 default-rule-path: /etc/suricata/rules。此后，将-suricata.rule 修改为#-suricata.rules，同时也将-my.rule 修改为#-my.rules。一定要保证修改后参数与其他参数对齐(被注释掉的参数可以不用对齐)，不要随意在参数前增加或删减空格，要保持修改前与修改后有同样的缩进，否则有可能会报错。

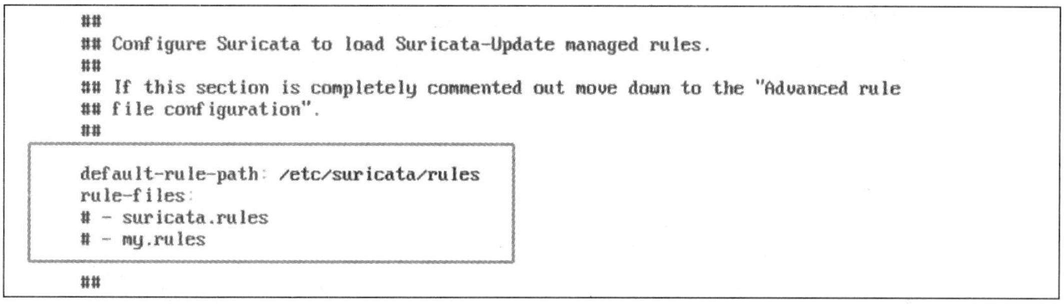

```
##
## Configure Suricata to load Suricata-Update managed rules.
##
## If this section is completely commented out move down to the "Advanced rule
## file configuration".
##

default-rule-path: /etc/suricata/rules
rule-files:
# - suricata.rules
# - my.rules

##
```

图 3-17　配置虚拟 IPS

继续向下修改，按方向键向下箭头可以向下移动光标，向下移动几行后可以看到如图 3-18 所示页面。

```
default-rule-path: /etc/suricata/rules
rule-files:
# - suricata.rules
# - my.rules

##
## Advanced rule file configuration.
##
## If this section is completely commented out then your configuration
## is setup for suricata-update as it was most likely bundled and
## installed with Suricata.
##

#default-rule-path: /var/lib/suricata/rules

#rule-files:
# - botcc.rules
# # - botcc.portgrouped.rules
# - ciarmy.rules
# - compromised.rules
# - drop.rules
# - dshield.rules
## - emerging-activex.rules
# - emerging-attack_response.rules
# - emerging-chat.rules
# - emerging-current_events.rules
# - emerging-dns.rules
# - emerging-dos.rules
# - emerging-exploit.rules
# - emerging-ftp.rules
## - emerging-games.rules
## - emerging-icmp_info.rules
## - emerging-icmp.rules
# - emerging-imap.rules
## - emerging-inappropriate.rules
## - emerging-info.rules
# - emerging-malware.rules
# - emerging-misc.rules
# - emerging-mobile_malware.rules
# - emerging-netbios.rules
# - emerging-p2p.rules
# - emerging-policy.rules
```

图 3-18 配置虚拟 IPS

同样，此处要严格保持缩进一致，如图 3-19 所示。

```
#default-rule-path: /var/lib/suricata/rules

#rule-files:
# - botcc.rules
# # - botcc.portgrouped.rules
# - ciarmy.rules
# - compromised.rules
# - drop.rules
# - dshield.rules
## - emerging-activex.rules
# - emerging-attack_response.rules
# - emerging-chat.rules
# - emerging-current_events.rules
# - emerging-dns.rules
  - emerging-dos.rules
# - emerging-exploit.rules
  - emerging-ftp.rules
## - emerging-games.rules
## - emerging-icmp_info.rules
## - emerging-icmp.rules
# - emerging-imap.rules
## - emerging-inappropriate.rules
## - emerging-info.rules
# - emerging-malware.rules
# - emerging-misc.rules
# - emerging-mobile_malware.rules
# - emerging-netbios.rules
# - emerging-p2p.rules
# - emerging-policy.rules
# - emerging-pop3.rules
# - emerging-rpc.rules
## - emerging-scada.rules
## - emerging-scada_special.rules
  - emerging-scan.rules
## - emerging-shellcode.rules
# - emerging-smtp.rules
# - emerging-snmp.rules
# - emerging-sql.rules
# - emerging-telnet.rules
# - emerging-tftp.rules
# - emerging-trojan.rules_
-- INSERT --                                                    1901,26
```

图 3-19 配置虚拟 IPS

在 insert 模式下按 Esc 键可以退出 insert 模式。如图 3-20 所示，输入“:wq”即可。(在 vi 编辑器中，wq 是保存并退出的指令。)注意要先输入冒号“:”才能输入指令。

```
## - emerging-shellcode.rules
# - emerging-smtp.rules
# - emerging-snmp.rules
# - emerging-sql.rules
# - emerging-telnet.rules
# - emerging-tftp.rules
# - emerging-trojan.rules
:wq
```

图 3-20　配置虚拟 IPS

至此就完成了虚拟 IPS 的配置。接下来可以启动虚拟 IPS 进行流量检测与分析了。在虚拟 IPS 部署机上，使用 suricata -i ens3 操作启动虚拟 IPS 进行流量检测与分析。该指令启动 suricata 虚拟 IPS，指定检测流经 ens3 网卡的所有流量。需要注意的是，在本实验场景中，已经做了流量汇聚功能，所有场景中的流量都会经过虚拟 IPS 设备。因此检测 ens3 网卡上的流量就相当于检测内网的流量，如图 3-21 所示，可以看到虚拟 IPS 已经运行起来了。

```
root@Ubuntu:/etc/suricata#
root@Ubuntu:/etc/suricata# suricata -i ens3
25/9/2020 -- 15:00:03 - <Notice> - This is Suricata version 4.1.0 RELEASE
25/9/2020 -- 15:00:03 - <Notice> - all 2 packet processing threads, 4 management threads initialized, engine started.
```

图 3-21　流量汇聚示意图

3.4　虚拟沙箱技术攻防实践

为了加深学生对虚拟沙箱技术攻防实践的理解，本节从技术原理、实验内容以及实验步骤三个方面具体介绍本实践。

3.4.1　技术原理简介

沙箱(又叫沙盘)是一个虚拟系统程序，允许你在沙盘环境中运行浏览器或其他程序，运行所产生的变化可以随后删除。它创造了一个类似沙盒的独立作业环境，在其内部运行的程序并不能对硬盘产生永久性的影响。沙箱作为一个独立的虚拟环境，可以用来测试不受信任的应用程序或上网行为。沙箱早期主要用于测试可疑软件等，比如黑客们为了试用某种病毒或者不安全产品，往往可以让它们在沙箱环境中运行。经典的沙箱系统的实现途径一般是通过拦截系统调用，监视程序行为，然后依据用户定义的策略来控制和限制程序对计算机资源的使用，比如改写注册表，读写磁盘等。

3.4.2　实验内容简介

Cuckoo 是一个开源的自动恶意软件分析沙箱，我们可以用它来自动运行和分析文件，并可以获取到全面的分析结果。Cuckoo 沙箱是由中心管理软件和沙箱引擎组成的，处理样本执行和进行分析。每一个分析行为都在一个独立的虚拟或者物理机器中启动，Cuckoo 的主要组件是主机(用于管理软件)和一些客户机(虚拟机或者物理机)。Cuckoo 在运行时是在 Host

机上运行 Cuckoo 主程序，单个或者多个 Guest 机通过虚拟网络或物理网络与 Host 机相连，每个 Guest 机上有一个 Cuckoo Agent 程序，用来做 Cuckoo 的监控代理。

3.4.3 实验步骤

进入沙箱客户机，双击打开桌面上的 Cuckoo 文件夹，然后双击运行 agent.py 文件。运行成功后沙箱主机会通过 8000 端口与沙箱客户机建立连接。至此沙箱客户机就部署完毕。使用用户名 nessus、密码 nessus 登录沙箱主机，在沙箱主机上使用.venv/bin/activate 命令进入虚拟环境。注意，如果不使用该命令进入 venv 虚拟环境，会导致后续实验失败。

如图 3-22 所示，进入虚拟环境后，命令行前端会显示(venv)(如果显示说明进入成功)。接下来执行指令进入 conf 文件夹。这里执行如图 3-22 中的命令行，其中 ls -a 的作用是显示此目录下的所有文件，cd .cuckoo 的作用是进入.cuckoo 文件，cd conf 的作用是进入 conf 文件。

(venv) nessus@Ubuntu:~$
(venv) nessus@Ubuntu:~$ ls -a
.bash_history .bashrc .profile .Xauthority
.bash_logout Nessus-8.11.0-ubuntu1110_amd64.deb .sudo_as_admin_successful .viminfo
(venv) nessus@Ubuntu:~$ cd .cuckoo
(venv) nessus@Ubuntu:~/.cuckoo$ ls
__init__.py supervisord.conf
cuckoo.db
(venv) nessus@Ubuntu:~/.cuckoo$ cd conf
(venv) nessus@Ubuntu:~/.cuckoo/conf$ ls
auxiliary.conf cuckoo.conf kvm.conf physical.conf qemu.conf routing.conf vmware.conf xenserver.conf
avd.conf esx.conf memory.conf processing.conf reporting.conf virtualbox.conf vsphere.conf
(venv) nessus@Ubuntu:~/.cuckoo/conf$

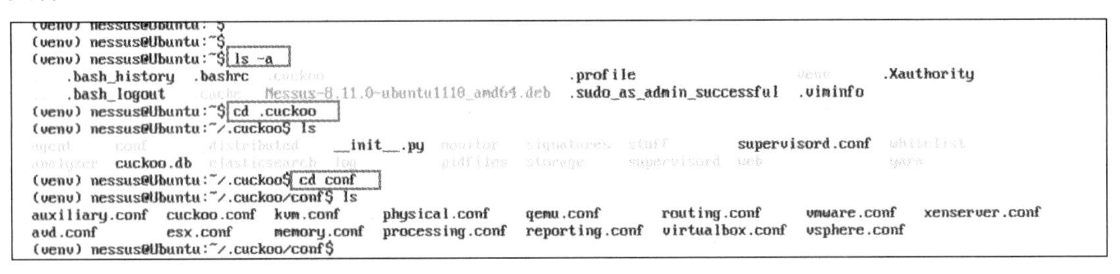

图 3-22 进入“conf”文件示意图

如图 3-23 所示，在沙箱主机中使用 vi cuckoo.conf 命令编辑 cuckoo.conf 文件，可以更改 cuckoo 沙箱的基础配置参数。

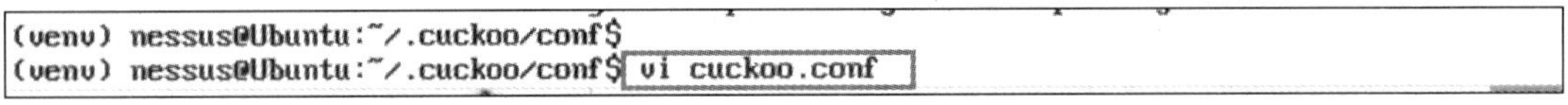

(venv) nessus@Ubuntu:~/.cuckoo/conf$
(venv) nessus@Ubuntu:~/.cuckoo/conf$ vi cuckoo.conf

图 3-23 更改沙箱基础配置参数

进入该配置文件后，找到图 3-24 所示的位置，修改 resultserver 的 IP 为 host 操作机的 IP 192.168.1.120。使用 vi 命令进入文件后，按“i”键，进入 insert 模式，在该模式下可以对文件进行修改。修改 vm_state 的值为 60。此处修改的是等待客户机的时长，该值设置的时间越大，执行每一步沙箱主机等待沙箱客户机的时间就越长。这里修改为 60 即可，如果该值过大会导致运行报错。

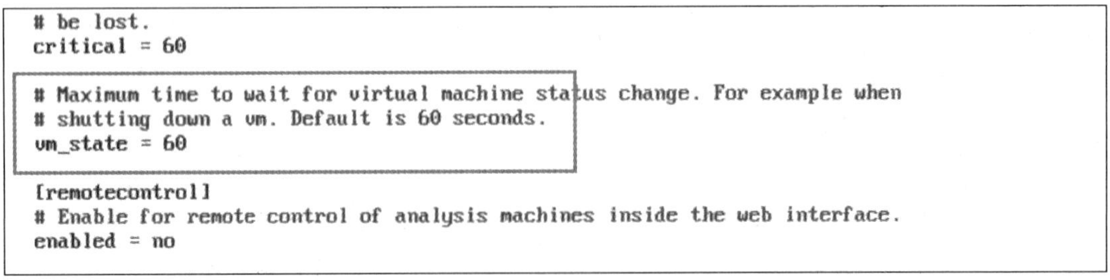

# be lost.
critical = 60
# Maximum time to wait for virtual machine status change. For example when
# shutting down a vm. Default is 60 seconds.
vm_state = 60
[remotecontrol]
# Enable for remote control of analysis machines inside the web interface.
enabled = no

图 3-24 更改文件内容

在 insert 模式下，按一下“Esc”键可以退出 insert 模式。在沙箱主机中执行如图 3-25

中的命令将 7z.exe 上传到 cuckoo 中。显示上传成功后，cuckoo 沙箱会自动为上传的文件编号，此处的编号会对应后续生成分析报告的文件夹的名称。如此处的编号为 1，所以后续对应了文件夹 1 中的分析结果。cuckoo submit /home/nessus/7z.exe 命令的含义是为 cuckoo 沙箱上传一个路径为/home/nessus 的 7z.exe 文件，上传如果成功会显示“Success”，如图 3-25 所示。

```
(venv) nessus@Ubuntu:~/.cuckoo/conf$ cuckoo submit /home/nessus/7z.exe
Success: File "/home/nessus/7z.exe" added as task with ID #1
(venv) nessus@Ubuntu:~/.cuckoo/conf$
```

图 3-25　上传结果示意图

在沙箱主机中执行如图 3-26 所示命令运行 cuckoo 沙箱的主程序。此时查看沙箱客户机会发现，系统已经开始接收文件并开始分析了。

```
192.168.1.120 - - [03/Aug/2020 12:09:30] "POST /RPC2 HTTP/1.1" 200 -
2020-08-03 12:09:31,051 [analyzer] DEBUG: Started auxiliary module RecentFiles
192.168.1.120 - - [03/Aug/2020 12:09:31] "POST /RPC2 HTTP/1.1" 200 -
2020-08-03 12:09:31,322 [analyzer] DEBUG: Started auxiliary module Screenshots
2020-08-03 12:09:31,322 [modules.auxiliary.screenshots] INFO: Python Image Library (either PIL or Pillow) is not i
ed, screenshots are disabled.
2020-08-03 12:09:31,417 [analyzer] DEBUG: Started auxiliary module LoadZer0m0n
192.168.1.120 - - [03/Aug/2020 12:09:32] "POST /RPC2 HTTP/1.1" 200 -
Traceback (most recent call last):
  File "C:\krogry\analyzer.py", line 808, in <module>
    success = analyzer.run()
  File "C:\krogry\analyzer.py", line 657, in run
    pids = self.package.start(self.target)
  File "C:\krogry\modules\packages\exe.py", line 23, in start
    return self.execute(path, args=shlex.split(args))
  File "C:\krogry\lib\common\abstracts.py", line 164, in execute
    maximize=maximize, env=env, trigger=trigger):
  File "C:\krogry\lib\api\process.py", line 338, in execute
    output = subprocess_checkoutput(argv, env)
  File "C:\krogry\lib\api\process.py", line 105, in subprocess_checkoutput
    args, stdin=subprocess.PIPE, stderr=subprocess.PIPE, env=env,
  File "C:\Python27\lib\subprocess.py", line 216, in check_output
    process = Popen(stdout=PIPE, *popenargs, **kwargs)
  File "C:\Python27\lib\subprocess.py", line 394, in __init__
    errread, errwrite)
  File "C:\Python27\lib\subprocess.py", line 644, in _execute_child
    startupinfo)
  File "C:\krogry\lib\api\process.py", line 83, in spCreateProcessW
    raise WindowsError(KERNEL32.GetLastError())
```

图 3-26　接收文件

在沙箱主机上查看分析状态，当显示出“analys is procedure completed”的字样时，表示已经分析完成。在沙箱主机上根据分析文件的不同会有报错，但是不影响结果。因为 cuckoo 有很多模块和依赖，而在该实验中部署的 cuckoo 没有安装全部的模块和依赖，所以沙箱在执行过程中如果调用了那些没有安装的模块和依赖，就会报错，这是正常的，并不影响分析结果。只要最后显示出“analys is procedure completed”的字样即为分析成功，结果如图 3-27 所示。

```
2020-08-03 12:10:38,396 [cuckoo.processing.network] WARNING: The PCAP file does not exist at path "/home/nessus/.cuckoo/storage/
analyses/1/dump.pcap".
2020-08-03 12:10:38,414 [cuckoo.core.scheduler] INFO: Task #1: reports generation completed
2020-08-03 12:10:38,423 [cuckoo.core.scheduler] INFO: Task #1: analysis procedure completed
```

图 3-27　分析成功示意图

因为 cuckoo 默认是一直开启的，会保持待机状态不断地等待新任务，所以需要先退出再查看分析报告。需要在沙箱主机上进行操作：同时按下“ctrl”键和“c”键，在沙箱主机上使用如图 3-28 所示的命令查看 cuckoo 生成的报告。这里使用的命令主要有 cd storage、cd analyses、cd reports，这三个命令行的作用相似，都起到进入对应目录文件的作用。可以看到已经生成了分析报告。至此，就完成了 cuckoo 沙箱的使用。

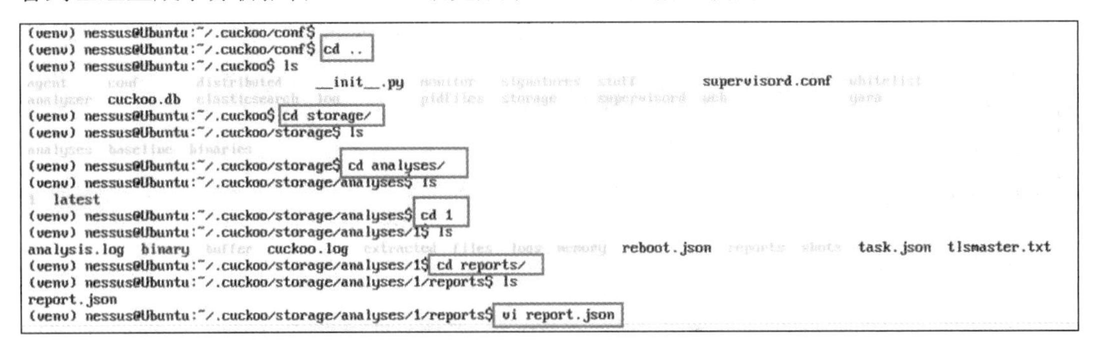

图 3-28　查看 cuckoo 生成报告操作示意图

3.5　虚拟蜜罐技术攻防实践

为了加深学生对虚拟蜜罐技术攻防实践的理解，本节从技术原理、实验内容以及实验步骤三个方面具体介绍本实践。

3.5.1　技术原理简介

蜜罐技术本质上是一种对攻击方进行欺骗的技术，通过布置一些作为诱饵的主机、网络服务或者信息，诱使攻击方对它们实施攻击，从而可以对攻击行为进行捕获和分析，了解攻击方所使用的工具与方法，推测攻击意图和动机，能够让防御方清晰地了解他们所面对的安全威胁，并通过技术和管理手段来增强实际系统的安全防护能力。

蜜罐好比是情报收集系统，也好像是故意让人攻击的目标，引诱黑客前来攻击。所以攻击者入侵后，你就可以知道他是如何得逞的，随时了解针对服务器发动的最新的攻击和漏洞。还可以通过窃听黑客之间的联系，收集黑客所用的种种工具，并且掌握他们的社交网络等情况。

3.5.2　实验内容简介

HFish 是一款基于 Golang 开发的跨平台多功能主动诱导型开源蜜罐框架系统，为了企业安全防护做出了精心的打造，全程记录黑客攻击手段，实现防护自主化。本实验就是进行基于 HFish 的攻防对抗的练习。

3.5.3　实验步骤

登录蜜罐部署机，用户名为 root，密码为 123456。该机器上已经默认部署了 Hfish，并监听了 8080 等端口，因为现有配置无法满足本实验的需要，现在需要将正在运行的蜜罐停止并删除，重新部署更符合要求的蜜罐。删除时，所需要的命令行如图 3-29 所示，docker image 起到查看已有镜像的作用，docker ps -a 可以查看自己所有的容器，docker stop 以及 docker rm 起到查看、删除容器的作用。

```
[root@test /]#
[root@test /]# docker stop 913f
913f
[root@test /]# docker rm 913f
913f
[root@test /]# docker ps -a
CONTAINER ID        IMAGE               COMMAND             CREATED             STATUS              PORTS               NAMES
[root@test /]#
[root@test /]#
```

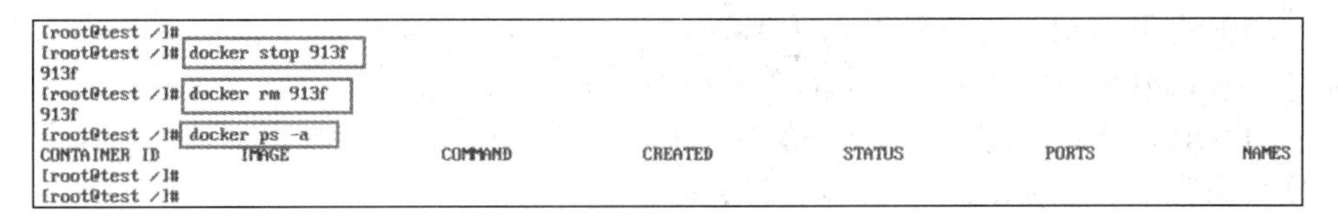

图 3-29　删除旧蜜罐

至此已经完成了旧版本蜜罐的删除操作，可以开始部署符合要求的新蜜罐。使用如图 3-30 所示命令部署蜜罐。docker ps 可以查看正在运行的容器，此命令用来查看蜜罐容器是否已经成功运行。21 为 FTP 端口，22 为 SSH 端口，23 为 Telnet 端口，3306 为 Mysql 端口，6379 为 Redis 端口，8080 为暗网端口，8989 为插件端口，9000 为 Web 端口，9001 为系统管理后台端口，11211 为 Memcache 端口，69 为 TFTP 端口，5900 为 VNC 端口，8081 为 HTTP 代理池端口，9200 为 Elasticsearch 端口。以上端口根据实际需要决定是否打开，并注意端口冲突。

```
[root@test /]#
[root@test /]# docker run -d --name hfish -p 21:21 -p 222:22 -p 23:23 -p 69:69 -p 3306:3306 -p 5900:5900 -p 6379:6379 -p 8080:80
80 -p 9000:9000 -p 9001:9001 -p 9200:9200 -p 11211:11211 --restart=always imdevops/hfish:latest
36e76a572d4b7a790ec28789a361061a9fe4b12c54a6f04a12133c27f64e4520
[root@test /]# docker ps
CONTAINER ID        IMAGE                   COMMAND             CREATED             STATUS              PORTS


            NAMES
36e76a572d4b        imdevops/hfish:latest   "/Entrypoint.sh"    5 seconds ago       Up 3 seconds        0.0.0.0:21->21/tcp, 0.0.
0.0:23->23/tcp, 0.0.0.0:69->69/tcp, 0.0.0.0:3306->3306/tcp, 0.0.0.0:5900->5900/tcp, 0.0.0.0:6379->6379/tcp, 7879/tcp, 8081/tcp,
0.0.0.0:8080->8080/tcp, 0.0.0.0:9000-9001->9000-9001/tcp, 0.0.0.0:9200->9200/tcp, 0.0.0.0:11211->11211/tcp, 8989/tcp, 0.0.0.0:22
2->22/tcp   hfish
[root@test /]# _
```

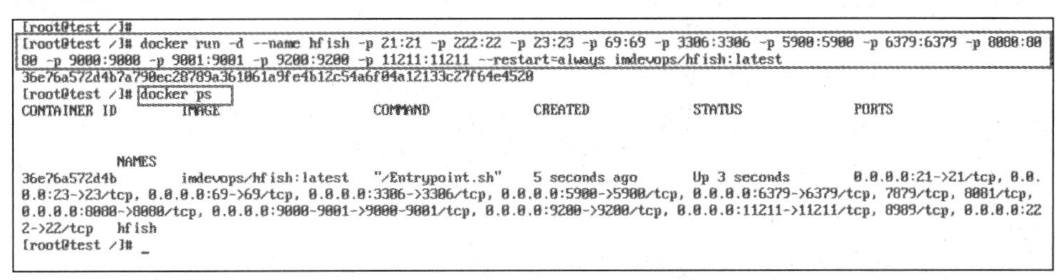

图 3-30　查看正在运行的蜜罐

登录蜜罐管理机，用户名为 hacker，密码为 hacker。访问蜜罐网页端，使用桌面上的 FireFox 浏览器访问 Hfish 网页端。http://IP:9001 是之前部署的蜜罐的管理后台的网址。IP 指的是蜜罐部署机的 IP，例如 192.168.111.111，因为每次开启场景都会随机分配 IP，所以此处的蜜罐部署机的 IP 需要学员在蜜罐部署机中使用 ifconfig 命令自行查询。

打开浏览器输入网址后会显示如图 3-31 所示的页面，输入用户名、密码进行登录。默认用户名为 admin，默认密码为 admin。登录成功后显示如图 3-31 所示界面，此时蜜罐平台已经搭建完毕。

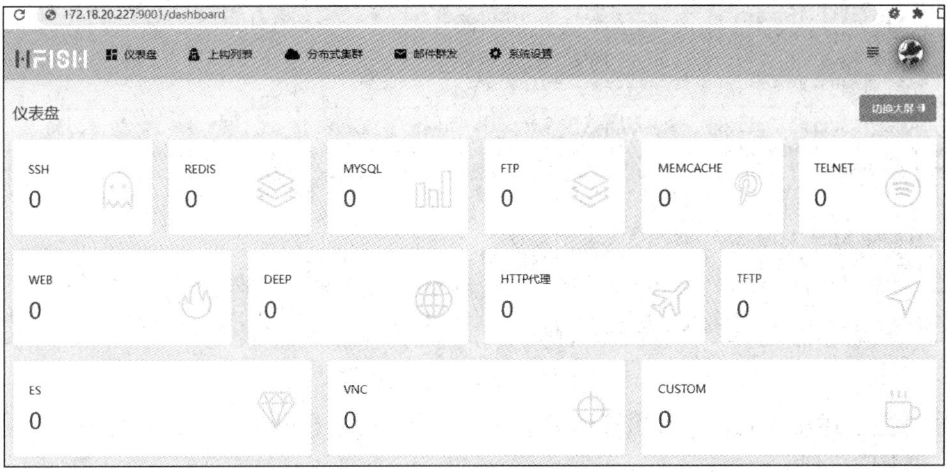

图 3-31　蜜罐平台

登录 Kali-攻击机，用户名为 root，密码为 root。打开浏览器访问站点，在浏览器地址栏输入网址：http://IP:9000。IP 指的是蜜罐部署机的 IP，格式为 xxx.xxx.xxx.xxx，例如 192.168.111.111，因为每次开启场景都会随机分配 IP，所以此处的蜜罐部署机的 IP 需要学员在蜜罐部署机中使用 ifconfig 命令自行查询。

输入网址后，可以看到存在一个登录页面，学员可以手动输入一些常见用户名密码尝试一下弱口令。此处可以自行尝试一些了解到的弱口令进行登录。常见的弱口令如 admin/admin；root/root；admin/123456；root/123456；123456/123456；root/toor 等。尝试过几次弱口令以后，使用蜜罐管理机查看蜜罐后台，可以看到显示 WEB 受到了弱口令爆破攻击。此处的数字对应了在之前的步骤尝试弱口令的次数，如图 3-32 所示。

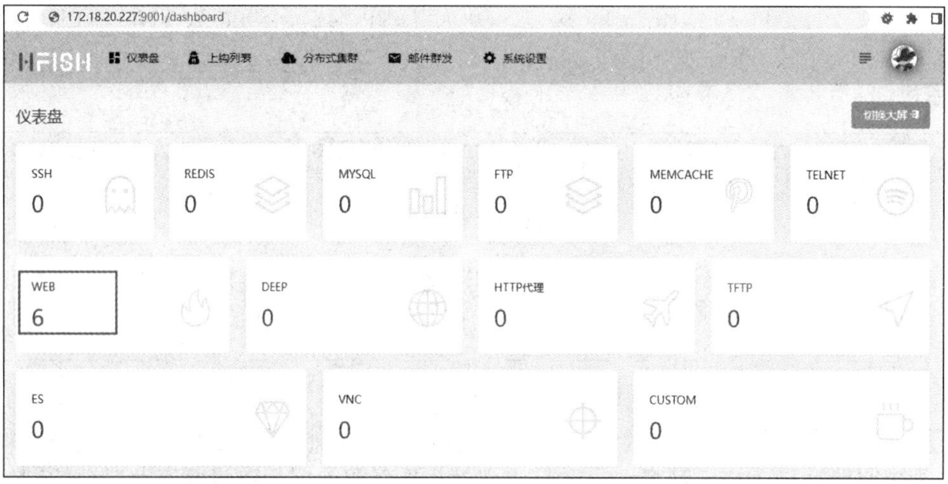
172.18.20.227:9001/dashboard
HFISH
仪表盘
上钩列表
分布式集群
邮件群发
系统设置
仪表盘
切换大屏
SSH
0
REDIS
0
MYSQL
0
FTP
0
MEMCACHE
0
TELNET
0
WEB
6
DEEP
0
HTTP代理
0
TFTP
0
ES
0
VNC
0
CUSTOM
0

图 3-32　尝试弱口令的次数显示

使用如图 3-33 所示的 hydra 命令爆破 ssh 的 222 端口。需要注意的是，此处在命令终端无法输入中文，因此路径中存在的“桌面”两个字无法正常输入。所以在需要输入路径时，需要先打开桌面上的 Tools 文件夹，按住鼠标左键将其中的字典文件拖入命令终端，这样会自动读取路径，不用手动输入，如图 3-33 所示。

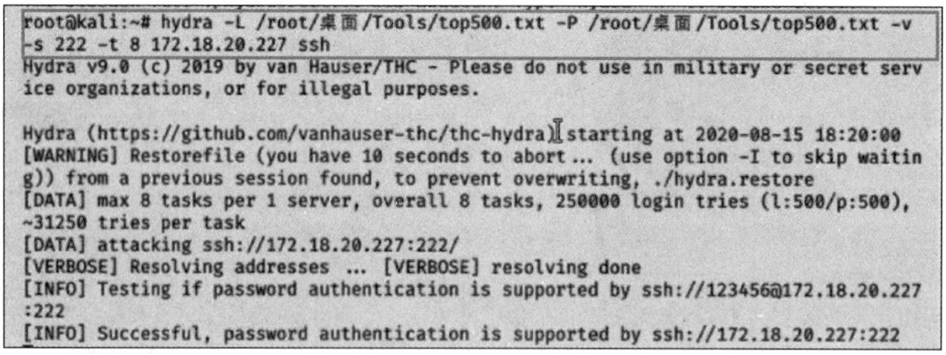
root@kali:~# hydra -L /root/桌面/Tools/top500.txt -P /root/桌面/Tools/top500.txt -v
-s 222 -t 8 172.18.20.227 ssh
Hydra v9.0 (c) 2019 by van Hauser/THC - Please do not use in military or secret serv
ice organizations, or for illegal purposes.
Hydra (https://github.com/vanhauser-thc/thc-hydra) starting at 2020-08-15 18:20:00
[WARNING] Restorefile (you have 10 seconds to abort... (use option -I to skip waitin
g)) from a previous session found, to prevent overwriting, ./hydra.restore
[DATA] max 8 tasks per 1 server, overall 8 tasks, 250000 login tries (l:500/p:500),
~31250 tries per task
[DATA] attacking ssh://172.18.20.227:222/
[VERBOSE] Resolving addresses ... [VERBOSE] resolving done
[INFO] Testing if password authentication is supported by ssh://123456@172.18.20.227
:222
[INFO] Successful, password authentication is supported by ssh://172.18.20.227:222

图 3-33　hydra 爆破示意图

执行完上述命令后，在蜜罐管理机中，通过蜜罐的后台网页可以查看蜜罐受到的攻击情况，如图 3-34 所示。

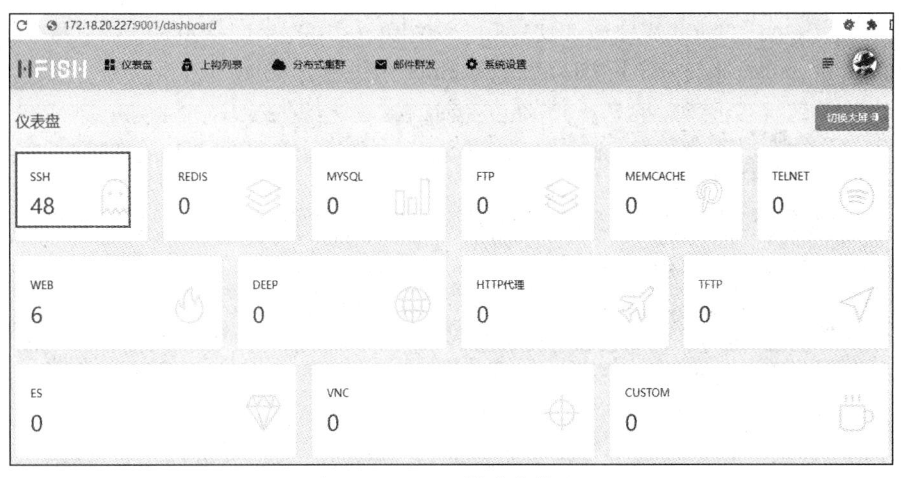

图 3-34　hydra 爆破次数显示

现在我们尝试进行 ftp 爆破攻击，使用指令 hydra -L /root/桌面/Tools/top500.txt -P /root/桌面/Tools/top500.txt -v -s 21 -t 8 172.18.20.227 ftp 来进行，如图 3-35 所示。注意，此处在命令终端无法输入中文，因此路径中存在的“桌面”两个字无法正常输入。

```
root@kali:~# hydra -L /root/桌面/Tools/top500.txt -P /root/桌面/Tools/top500.txt -v
-s 21 -t 8 172.18.20.227 ftp
Hydra v9.0 (c) 2019 by van Hauser/THC - Please do not use in military or secret serv
ice organizations, or for illegal purposes.

Hydra (https://github.com/vanhauser-thc/thc-hydra) starting at 2020-08-15 18:22:11
[WARNING] Restorefile (you have 10 seconds to abort... (use option -I to skip waitin
g)) from a previous session found, to prevent overwriting, ./hydra.restore
[DATA] max 8 tasks per 1 server, overall 8 tasks, 250000 login tries (l:500/p:500),
~31250 tries per task
[DATA] attacking ftp://172.18.20.227:21/
[VERBOSE] Resolving addresses ... [VERBOSE] resolving done
^C[ERROR] Received signal 2, going down ...
The session file ./hydra.restore was written. Type "hydra -R" to resume session.
```

图 3-35　ftp 爆破攻击示意图

执行完上述命令后，在蜜罐管理机中，通过蜜罐的后台网页可以查看蜜罐受到的攻击情况。如图 3-36 所示。

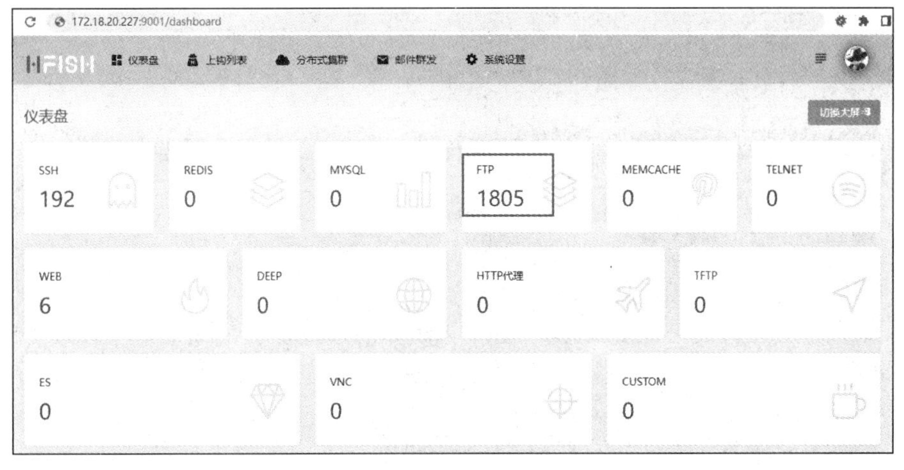

图 3-36　ftp 爆破攻击次数显示

现在我们尝试进行 telnet 连接，使用指令 hydra -L /root/桌面/Tools/top500.txt -P /root/桌面/Tools/top500.txt -v -s 23 -t 8 172.18.20.227 telnet 来进行，如图 3-37 所示。

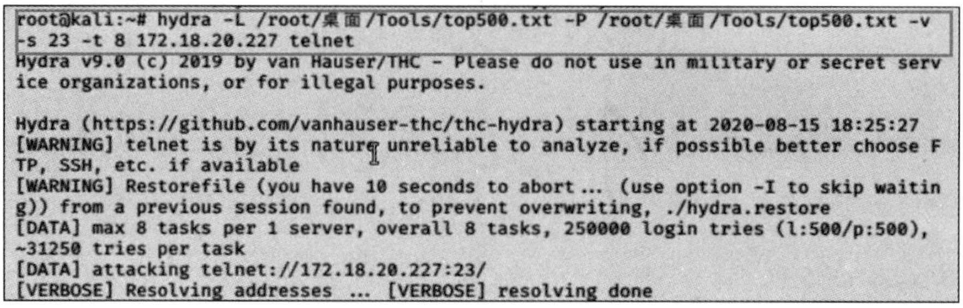

```
root@kali:~# hydra -L /root/桌面/Tools/top500.txt -P /root/桌面/Tools/top500.txt -v
-s 23 -t 8 172.18.20.227 telnet
Hydra v9.0 (c) 2019 by van Hauser/THC - Please do not use in military or secret serv
ice organizations, or for illegal purposes.

Hydra (https://github.com/vanhauser-thc/thc-hydra) starting at 2020-08-15 18:25:27
[WARNING] telnet is by its nature unreliable to analyze, if possible better choose F
TP, SSH, etc. if available
[WARNING] Restorefile (you have 10 seconds to abort... (use option -I to skip waitin
g)) from a previous session found, to prevent overwriting, ./hydra.restore
[DATA] max 8 tasks per 1 server, overall 8 tasks, 250000 login tries (l:500/p:500),
~31250 tries per task
[DATA] attacking telnet://172.18.20.227:23/
[VERBOSE] Resolving addresses ... [VERBOSE] resolving done
```

图 3-37　telnet 连接示意图

执行完上述命令后，在蜜罐管理机中，通过蜜罐的后台网页可以查看蜜罐受到的攻击情况，如图 3-38 所示。

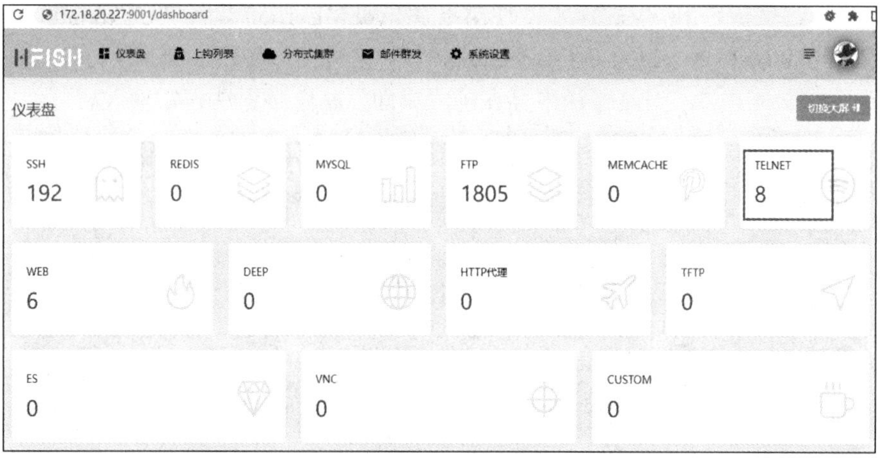

172.18.20.227:9001/dashboard

HFISH　仪表盘　上钩列表　分布式集群　邮件群发　系统设置

仪表盘　切换大屏

SSH	REDIS	MYSQL	FTP	MEMCACHE	TELNET
192	0	0	1805	0	8

WEB	DEEP	HTTP代理	TFTP
6	0	0	0

ES	VNC	CUSTOM
0	0	0

图 3-38　telnet 连接次数显示

接着进行 mysql 爆破攻击，如图 3-39 所示，使用指令 hydra -L /root/桌面/Tools/top500.txt -P /root/桌面/Tools/top500.txt -v -s 3306 -t 8 172.18.20.227 mysql 来进行。

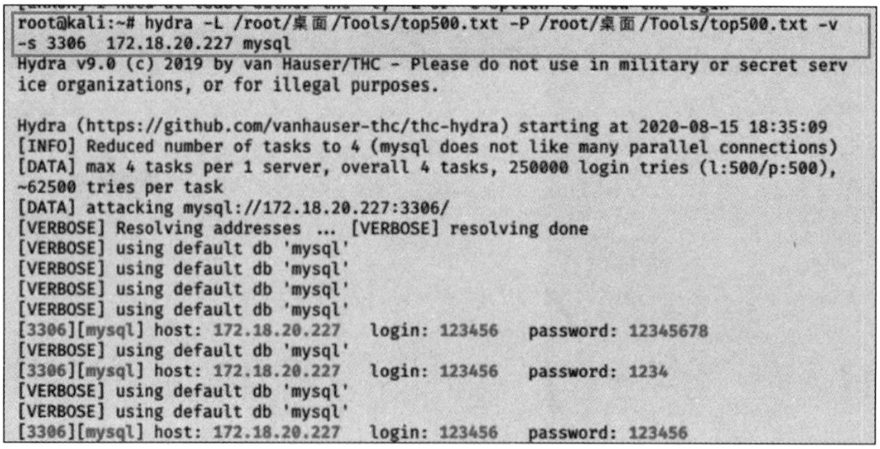

```
root@kali:~# hydra -L /root/桌面/Tools/top500.txt -P /root/桌面/Tools/top500.txt -v
-s 3306  172.18.20.227 mysql
Hydra v9.0 (c) 2019 by van Hauser/THC - Please do not use in military or secret serv
ice organizations, or for illegal purposes.

Hydra (https://github.com/vanhauser-thc/thc-hydra) starting at 2020-08-15 18:35:09
[INFO] Reduced number of tasks to 4 (mysql does not like many parallel connections)
[DATA] max 4 tasks per 1 server, overall 4 tasks, 250000 login tries (l:500/p:500),
~62500 tries per task
[DATA] attacking mysql://172.18.20.227:3306/
[VERBOSE] Resolving addresses ... [VERBOSE] resolving done
[VERBOSE] using default db 'mysql'
[VERBOSE] using default db 'mysql'
[VERBOSE] using default db 'mysql'
[VERBOSE] using default db 'mysql'
[3306][mysql] host: 172.18.20.227   login: 123456   password: 12345678
[VERBOSE] using default db 'mysql'
[3306][mysql] host: 172.18.20.227   login: 123456   password: 1234
[VERBOSE] using default db 'mysql'
[VERBOSE] using default db 'mysql'
[3306][mysql] host: 172.18.20.227   login: 123456   password: 123456
```

图 3-39　mysql 爆破攻击示意图

在进行完上述攻击操作后，返回蜜罐管理机查看蜜罐网页后台，验证蜜罐是否可以查看攻击载荷。打开上钩列表，可以看到日志分析，点击信息，可以看到蜜罐平台已经分析出了爆破攻击的 payload，记录了攻击的来源 IP 和攻击性行为，并显示了攻击者的连接状态，如图 3-40 所示。

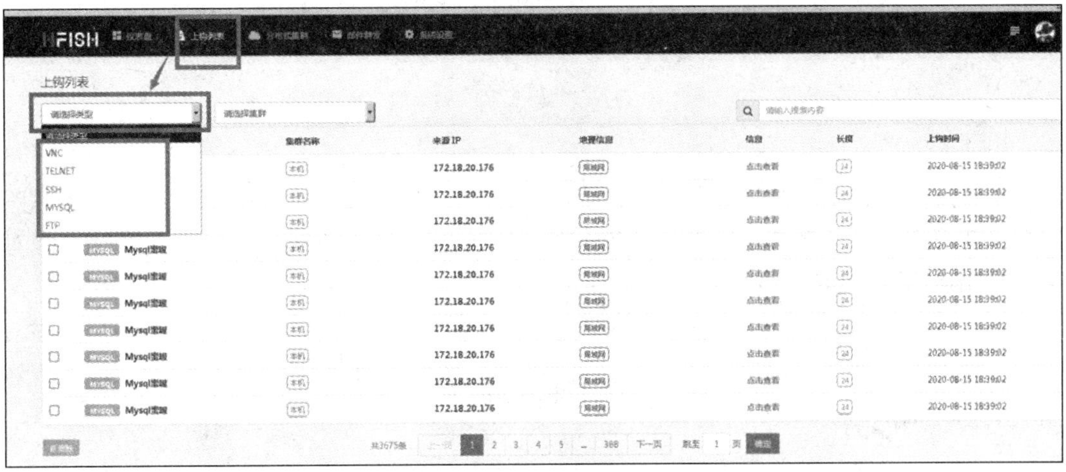

HFISH　上钩列表

上钩列表

VNC
TELNET
SSH
MYSQL
FTP

		集群名称	来源 IP	地理信息	信息	长度	上钩时间
		本机	172.18.20.176	局域网	点击查看	24	2020-08-15 18:39:02
		本机	172.18.20.176	局域网	点击查看	24	2020-08-15 18:39:02
		本机	172.18.20.176	局域网	点击查看	24	2020-08-15 18:39:02
□	MYSQL Mysql蜜罐	本机	172.18.20.176	局域网	点击查看	24	2020-08-15 18:39:02
□	MYSQL Mysql蜜罐	本机	172.18.20.176	局域网	点击查看	24	2020-08-15 18:39:02
□	MYSQL Mysql蜜罐	本机	172.18.20.176	局域网	点击查看	24	2020-08-15 18:39:02
□	MYSQL Mysql蜜罐	本机	172.18.20.176	局域网	点击查看	24	2020-08-15 18:39:02
□	MYSQL Mysql蜜罐	本机	172.18.20.176	局域网	点击查看	24	2020-08-15 18:39:02
□	MYSQL Mysql蜜罐	本机	172.18.20.176	局域网	点击查看	24	2020-08-15 18:39:02
□	MYSQL Mysql蜜罐	本机	172.18.20.176	局域网	点击查看	24	2020-08-15 18:39:02

共3675条　1　2　3　4　5　…　368　下一页　到第　1　页

图 3-40　攻击性行为显示

在实验场景中提供的 Kali-攻击机自带了很多渗透测试使用的工具，在完成本手册中设计的内容后学员可以选择一些 Kali 自带的工具去尝试攻击蜜罐，查看是否可以有效地检测到攻击，并对攻击/检测结果加以简单的分析。

第4章　拟态路由器技术实践

本章通过拟态路由器的黑盒漏洞利用攻击、注入虚拟路由的拟态功能验证以及拟态路由器夺旗三个实践，来加深学生对拟态路由器防御原理和技术的理解，进而使学生掌握对拟态路由器的攻击和防御方法。

4.1　拟态路由器技术简介

本节对拟态路由器技术进行原理上的简单介绍，将分别从功能、系统架构、关键技术和典型应用场景四个方面进行简述，以便读者可以更快速地完成本章拟态路由器的三个实践。

4.1.1　功能介绍

路由器是网络信息交互的“大脑”，决定网络数据从源到目的地端到端的路径。作为一种专用网络设备，路由器一般没有防火墙、防病毒等相关安全防护手段，大多数路由器对恶意攻击基本不设防或无法设防。由于设计与实现环节代码量极大，其潜在漏洞众多，一旦攻击者控制了路由器，就可以发起大规模的中间人攻击，导致敏感数据被窃取或篡改。因此，通过对路由器的攻击，可使网络大规模瘫痪。

为了提高路由器应对网络攻击的能力，邬江兴院士团队提出了支持拟态防御功能的路由器(以下简称“拟态路由器”)。拟态路由器采用拟态防御架构，用多个异构冗余的功能执行体对同一输入进行处理，并对多个功能执行体的输出消息进行拟态裁决，通过识别功能执行体输出消息异常，进行路由系统的安全防御，实现对基于未知漏洞后门的路由篡改攻击的发现与阻断，可提供“高可靠、高可信、高可用”三位一体的广义鲁棒性网络路由服务。

4.1.2　系统架构

拟态路由器总体架构如图 4-1 所示。在不改变原有设备架构的基础上，按照《支持拟态防御功能设备总体技术指南》，在行业规范指导下进行拟态化改造。在拟态功能层面包括输入/输出逻辑单元、协议代理单元、拟态裁决单元、动态调度单元、反馈控制与决策单元以及异构执行体池等。

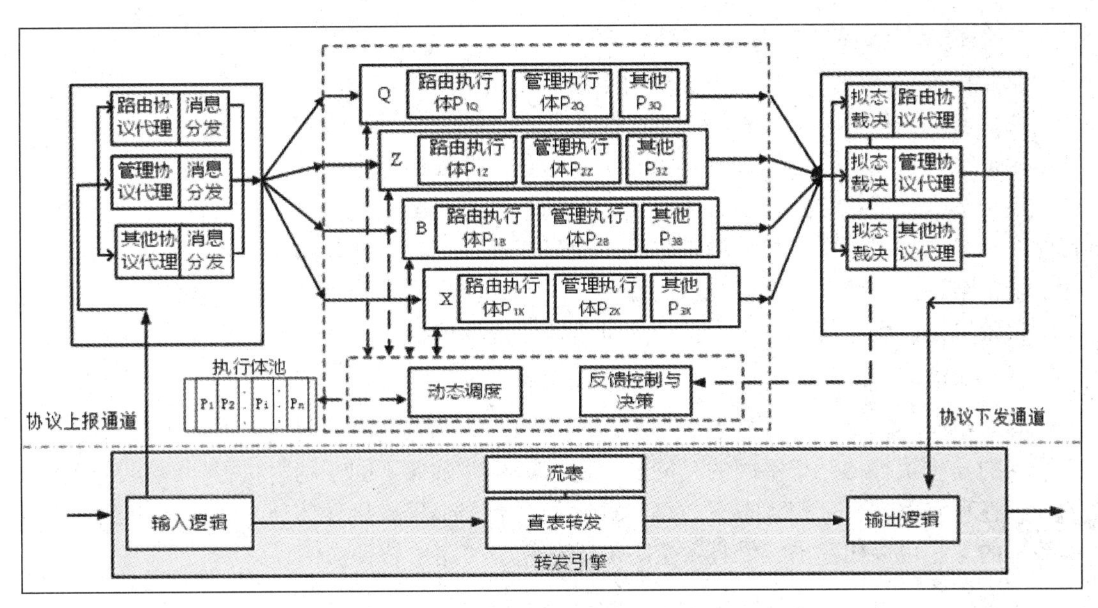

图 4-1　拟态路由器总体架构

输入/输出逻辑单元支持路由协议报文和网管协议报文等消息的输入和输出，按照代理的协议类型分为路由协议代理和管理协议代理等；依据裁决目标的不同，拟态裁决单元具备比特级/载荷级/行为级/内容级的比对功能，按照特定算法对同一个输入消息的多个响应进行投票选择，并具有对系统内部功能执行体异常的感知；异构执行体池中存储了具有不同元功能的异构执行体单元，这些单元具有异构性、冗余性、多样性的特点，保证了漏洞扫描工具的输出结果的多样性，增大了攻击者分析漏洞和利用后门的难度，可使整个路由系统具有入侵容忍能力；动态调度单元管理异构执行体池及其功能子池内执行体的运行，按照反馈控制与决策单元指定的调度策略调度多个异构功能执行体；反馈控制与决策单元根据输入逻辑单元、拟态裁决单元、动态调度单元、异构执行体池等收集的异常和状态信息进行系统环境感知和综合判决，从而实现对异构执行体的组合方式、调度策略、拟态裁决算法以及输入代理等运行参数的主动调整。

4.1.3　关键技术

下面介绍拟态路由器的三个关键技术，即动态执行体调度策略、多模表决算法和异构路由器机制。

1. 动态执行体调度策略

(1) **基于执行体可信度的随机调度策略**。根据异构执行体池中执行体的可信度属性值，确定在随机调度中的优先调度权重，可信度越高，被优先调度的可能性越大。该调度策略在保证系统基本性能的基础上，追求防御安全增益的最大化。

(2) **基于执行体性能权重的随机调度策略**。根据异构执行体池中的执行体的性能权重属性值，确定在随机调度中的优先调度权重，性能权重越高，被优先调度的可能性越大。该调度策略在为系统提供基本安全性保障的基础上，最大化系统性能。执行体性能权重生成算法与可信值生成算法类似。

2. 多模表决算法

感知决策单元依据安全等级要求指定该单元所采用的多模表决算法，如择多判决、权重判决、随机判决等。多模表决并不能准确判决出哪个异构执行体发生了异常，却能够识别出内部执行体发生了异常，并且将异常屏蔽掉。例如，路由器转发表的某个表项更改，当且仅当多数功能执行体输出结果完全一致的情况下才能实现更改操作。否则，仅一个执行体发出表项修改请求，这种请求将被多模表决裁决掉，从而使系统具备入侵容忍能力，保证输出结果的一致性和正确性。同时该判决单元会提取多维度的多模表决结果并反馈给感知决策单元，为决策单元对执行体的可信评估提供依据。

3. 异构路由器机制

具有相同功能的执行体被划分到不同的子网，彼此之间相互隔离不能通信，处于同一个子网的异构执行体属于不同的功能面，由代理插件确保不同子网内执行体数据和状态机的一致性和完整性。理想状态下，每一种功能对应一个异构执行体池，通过灵活组装功能执行体的方法可以构建出一个具备全路由器功能集的路由软件实例。

4.1.4 典型应用场景

拟态构造路由器采用增量部署模式，在已有的业务支撑网络之上通过拓展路由域，以负载分担的方式承载业务数据，可以提供高可信性、高可靠性和高安全性的业务传送。拟态路由器可部署于政府、企业、金融、电力、军事等高安全等级要求的网络，一般将其部署在内部网络的汇聚层，提供基础设施层面的安全防护。

4.2 针对拟态路由器的黑盒漏洞利用攻击实践

为了加深学生对拟态路由器黑盒攻击防御效果的理解，掌握通过对端口扫描结果进行漏洞的利用实现攻击的方法，重点是给出针对拟态路由器的黑盒漏洞利用攻击实践，并验证防御效果。因此本节具体将从实验内容、实验拓扑、实验步骤、实验结果及分析四个方面具体介绍本实践。

4.2.1 实验内容

本场景中包含了拟态路由器、管理主机、业务主机、办公主机。通过对拟态路由器内部参数的调整，大大增加了攻击者攻击的难度。该场景中考察了拟态路由器黑盒攻击防御效果，在实验中使用端口扫描工具对拟态路由器进行端口扫描，基于扫描结果进行漏洞利用。

4.2.2 实验拓扑

图 4-2 为本实践的实验拓扑图，包括拟态路由器、管理网络、业务网络、办公网络、Kali-攻击机、Win7-管理机、Web 服务器和 Win7 共八个部分。拟态路由器的 IP 地址为

172.29.90.1，拟态路由器中有四个执行体，分别为 10.250.250.129、10.250.250.131、10.250.250.132、10.250.250.133，10.250.250.130 不参与裁决，用于同步配置等。下面首先简单介绍除拟态路由器之外的其他部件的功能，并在表 4-1 中介绍本实践所需工具的名称和作用。

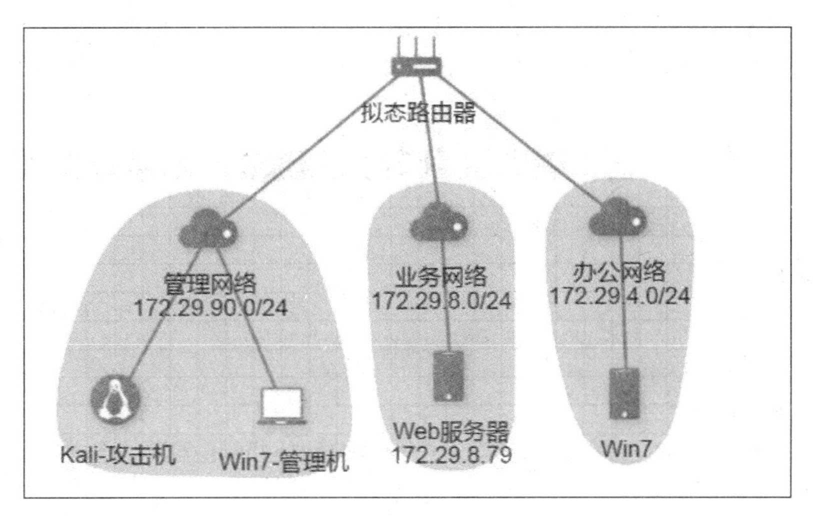

图 4-2　实验拓扑图

管理网络用于接入管理主机和攻击者的主机，业务网络用于接入受害者的主机，办公网络用于接入验证防御效果的主机。Win7-管理机用于老师管理拟态路由器，对拟态路由器内的参数进行调整等。Kali-攻击机用于对拟态路由器进行攻击。在 Web 服务器中部署网站，用于验证防御效果或者攻击效果。Win7 也用于验证防御效果或者攻击效果。

表 4-1　工具介绍

工具名称	作　　用
Nmap	支持各种操作系统的开源网络扫描工具，主要用来进行主机发现、端口扫描，并通过端口扫描推断运行系统以及运行软件的版本
Wfuzz	Wfuzz 是为评估 Web 应用而生成的 fuzz(fuzz 是一种爆破手段)工具，Wfuzz 基于一个简单的理念，即用给定的 Payload 去进行爆破攻击。它允许在 http 请求里注入任何输入的值，针对不同的 Web 用组件进行多种复杂的爆破攻击，比如参数、认证、表单、目录/文件、头部等
Hydra	爆破神器，可以对多种服务的账号和密码进行爆破，包括 Web 登录、数据库、SSH、FTP 等服务，支持 Linux、Windows、Mac 平台安装，其中 Kali Linux 中自带 Hydra

4.2.3　实验步骤

下面详细描述本实践的实验步骤，包括教师任务和学生任务。

1. 教师任务一：修改网关地址

将 Web 服务器的网关地址指向拟态路由器，使流量经过拟态路由器。登录 Web 服务器，使用 ipconfig 命令查看 IP 地址(只需要修改一次，重复操作之后不用再次修改，关闭场景后需要重新修改)。然后点击网络连接的小图标，点击【打开网络和共享中心】，点击【本地连接 2】，选择【属性】，双击【Internet 协议版本 4(TCP/IPv4)】，根据 ipconfig 中获取的 IP 地址进行设置(切勿设置成一样的，否则会导致 IP 地址冲突)，设置网关地址为 172.29.8.254，如图 4-3 所示。

```
管理员: C:\Windows\system32\cmd.exe

C:\Users\Administrator\Desktop>ipconfig

Windows IP 配置


以太网适配器 本地连接:

   连接特定的 DNS 后缀 . . . . . . . :
   本地链接 IPv6 地址. . . . . . . . : fe80::bd15:5d38:20fc:95a6%11
   IPv4 地址 . . . . . . . . . . . . : 172.29.8.79
   子网掩码  . . . . . . . . . . . . : 255.255.0.0
   默认网关. . . . . . . . . . . . . : 172.29.8.253

隧道适配器 isatap.localdomain:

   媒体状态  . . . . . . . . . . . . : 媒体已断开
   连接特定的 DNS 后缀 . . . . . . . :
```

图 4-3　查看 Web 服务器 IP 地址

2. 学生任务一：修改网关地址

将 Win7 的网关地址指向拟态路由器，使流量经过拟态路由器。登录 Win7 服务器，同教师任务一，将网关地址设置为 172.29.8.254。

3. 学生任务二：端口扫描

登录设备 Kali-攻击机，右键选择【在这里打开终端】，使用 Nmap 172.29.90.1 -p 1-65535 命令对 172.29.90.1(拟态路由器地址)进行全端口扫描。也可使用其他协议对拟态路由器进行扫描。通过端口扫描结果可知可以对 21、22、3306、8080 等端口进行攻击。

4. 学生任务三：目录扫描

点击屏幕左上角的第一个图标，选择右边一栏中的网络浏览器，使用网络浏览器访问 http://172.29.90.1:8080，打开该网页后发现是空白页面，猜测可能需要路径，则使用目录扫描工具对 http://172.29.90.1:8080 进行目录扫描。使用 wfuzz -w /root/桌面/Tools/Dic/dir.txt --hc 502,404,400,401http://172.29.90.1:8080/FUZZ 命令对目录进行扫描(在 Kali 中无法输入中文，选中字典文件拖入命令行中即可，字典位置：/root/桌面/Tools/Dic/dir.txt)。可自行查询该工具的使用方法，尝试用其他方式扫描。通过对 http://172.29.90.1:8080 进行目录扫描，得到如图 4-4 所示扫描结果，此结果表明未发现敏感目录。

```
root@kali:~# wfuzz -w /root/桌面/Tools/Dic/dir.txt --hc 502,404,400,401 htt
p://172.29.90.1:8080/FUZZ

Warning: Pycurl is not compiled against Openssl. Wfuzz might not work corre
ctly when fuzzing SSL sites. Check Wfuzz's documentation for more informati
on.

********************************************************
* Wfuzz 2.4.5 - The Web Fuzzer                         *
********************************************************

Target: http://172.29.90.1:8080/FUZZ
Total requests: 1667

===================================================================
ID           Response   Lines    Word     Chars       Payload
===================================================================


Total time: 2.546767
Processed Requests: 1667
Filtered Requests: 1667
Requests/sec.: 654.5553
```

图 4-4　目录扫描结果

5. 学生任务四：验证业务服务器网页访问情况

在拓扑图中，可以看到 Web 服务器的 IP 地址为 172.29.8.79(IP 是固定的)，登录设备 Win7，使用桌面上的 firefox，访问 http://172.29.8.79，验证攻击是否给拟态路由器造成影响。经过验证可以发现访问正常，说明攻击未能造成影响。攻击进行的同时要时不时地进行访问，以验证是否攻击成功。

6. 学生任务五：弱口令爆破

使用 hydra -l root -P/root/桌面/Tools/top500.txt 172.29.90.1mysql 命令对 mysql 口令进行暴力猜解(在 Kali 中无法输入中文，选中字典文件拖入命令行中即可)。可自行查询该工具的使用方法，尝试用其他方式扫描。图 4-5 所示为使用 hydra -l root -P /root/桌面/Tools/top500.txt 172.29.90.1 ssh 命令对 SSH 口令进行暴力猜解的界面。

```
root@kali:~# hydra -l root -P /root/桌面/Tools/top500.txt 172.29.90.1 ssh
Hydra v9.0 (c) 2019 by van Hauser/THC - Please do not use in military or se
cret service organizations, or for illegal purposes.

Hydra (https://github.com/vanhauser-thc/thc-hydra) starting at 2020-07-28 1
1:13:32
[WARNING] Many SSH configurations limit the number of parallel tasks, it is
 recommended to reduce the tasks: use -t 4
[DATA] max 16 tasks per 1 server, overall 16 tasks, 500 login tries (l:1/p:
500), ~32 tries per task
[DATA] attacking ssh://172.29.90.1:22/
[STATUS] 184.00 tries/min, 184 tries in 00:01h, 324 to do in 00:02h, 16 act
ive
█
```

图 4-5　对 SSH 口令进行暴力猜解

图 4-6 所示为对 FTP 使用 hydra -l root -P/root/桌面/Tools/top500.txt 172.29.90.1 ftp 命令进行暴力猜解的界面。由于未能攻击成功，导致没有裁决日志。

```
root@kali:~# hydra -l root -P /root/桌面/Tools/top500.txt 172.29.90.1 ftp
Hydra v9.0 (c) 2019 by van Hauser/THC - Please do not use in military or secret service organizations, or for illegal purpo
ses.

Hydra (https://github.com/vanhauser-thc/thc-hydra) starting at 2020-07-28 11:14:15
[WARNING] Restorefile (you have 10 seconds to abort... (use option -I to skip waiting)) from a previous session found, to p
revent overwriting, ./hydra.restore
[DATA] max 16 tasks per 1 server, overall 16 tasks, 500 login tries (l:1/p:500), ~32 tries per task
[DATA] attacking ftp://172.29.90.1:21/
█
```

图 4-6　对 FTP 口令进行暴力猜解

7. 教师任务二：内部参数调整

使用 ssh root@172.29.90.1 命令登录 Win7-管理机，密码为 NDSCmimic*，连接 ssh。使用 vim/var/mr/mrs/mrs/config.cfg 命令打开拟态路由器的配置文件，并将周期性调度开关打开，默认情况下 nperoidschedule=False。修改完成之后，使用 ps -aux| grep mrs.py 命令查看 mrs.py 的进程 ID，使用 kill -9 15140 命令将 mrs.py 进程删除，然后重启进程。使用 python/var/mr/mrs/mrs.py 命令启动之后，输入 ps -aux| grep mrs.py 命令，再次查看 mrs.py 是否启动。

8. 教师任务三：重复上述实验

调整完参数之后，让所有学生再次进行攻击，重复上述操作。

4.2.4 实验结果及分析

使用端口扫描工具进行端口扫描后，对拟态路由器进行攻击，结果发现攻击未能成功；再用弱口令进行暴力猜解，也未能成功攻击拟态路由器，故无裁决日志。实验表明，通过对拟态路由器内部参数进行调整，大大增加了攻击者攻击的难度，说明拟态路由器具备黑盒攻击防御效果。

4.3 注入虚拟路由的拟态功能验证

本节的实践将加深学生对拟态路由器执行体调度及屏蔽异常的理解，使学生掌握对拟态路由器进行篡改的方法。本节将完成注入虚拟路由的拟态功能验证实践，并验证篡改是否成功。我们将从实验内容、实验拓扑、实验步骤、实验结果及分析四个方面具体介绍本实践。

4.3.1 实验内容

本场景中包含了拟态路由设备、管理主机、业务主机、办公主机。通过对拟态路由器内部参数进行调整，大大增加了攻击者攻击的难度。该场景中考察了拟态路由器执行体调度及屏蔽异常的能力，在实验中对拟态路由器进行篡改，然后验证篡改是否成功。

4.3.2　实验拓扑

图 4-7 为本实验拓扑图，包括拟态路由器、管理网络、办公网络、业务网络、Win7-攻击机、Win7-管理机、Web 服务器和 Win7 共八个部分。拟态路由器的 IP 地址为 172.29.90.1，拟态路由器中有四个执行体，分别为 10.250.250.129、10.250.250.131、10.250.250.132、10.250.250.133，10.250.250.130 不参与裁决，用于同步配置等。下面简单介绍除拟态路由器之外的其他部件的功能，本实践所需工具的名称、版本和作用见表 4-1。

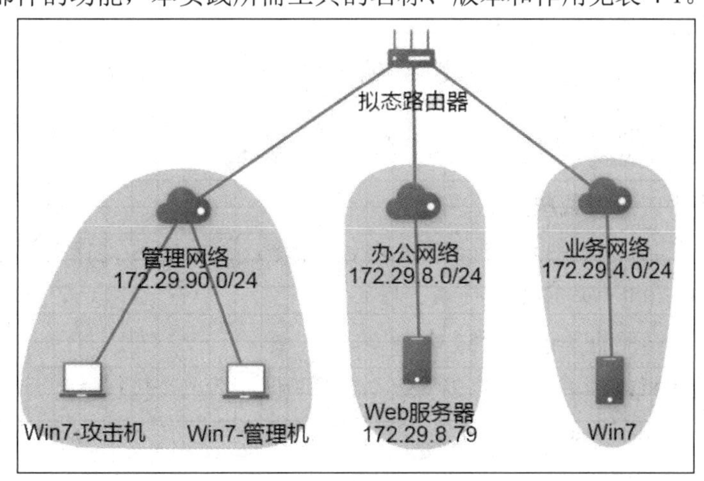

图 4-7　实验拓扑图

管理网络用于接入管理主机和攻击者主机；业务网络用于接入验证防御效果的主机；办公网络用于接入受害者的主机；Win7-管理机用于老师管理拟态路由器，对拟态路由器内部参数进行调整等；Win7-攻击机用于对拟态路由器进行攻击；在 Web 服务器中部署网站，用于验证防御效果或者攻击效果；Win7 也用于验证防御效果或者攻击效果。

4.3.3　实验步骤

下面详细描述本实践相关的实验步骤，包括教师任务和学生任务两个部分内容。

1. 教师任务一：修改网关地址

将 Web 服务器的网关地址指向拟态路由器，使流量经过拟态路由器(只需要修改一次，赋权之后学生不用再次修改，关闭场景后需要重新修改)。登录 Web 服务器，操作步骤与 4.2 节实验步骤 1 中的教师任务一相同，将网关地址设置为 172.29.8.254。将 Win7 的网关地址指向拟态路由器，使流量经过拟态路由器。登录 Win7 服务器，操作步骤与 4.2 节实验步骤 1 中的学生任务一相同，将网关地址设置为 172.29.4.254。

2. 学生任务一：修改网关地址

将 Win7 的网关地址指向拟态路由器，使流量经过拟态路由器。登录 Win7 服务器，操作步骤与 4.2 节实验步骤 2 中的学生任务一相同，将网关地址设置为 172.29.4.254。

3. 教师任务二：验证拟态路由器后面的业务服务器是否正常

在拓扑图中可以看到办公网络下的 PC 主机的 IP 地址为 172.29.8.74，在 Win7-攻击机中，使用桌面上的 Google Chrome 浏览器访问 http://172.29.8.74(关于 Win7 的 IP 地址，每次启动场景后会发生变化)，验证拟态路由器后面的服务器能够正常访问。

4. 教师任务三：登录拟态路由器

使用 ssh root@172.29.90.1 命令登录拟态路由器，密码为 NDSCmimic*。

5. 教师任务四：登录执行体

在命令行中输入 ssh frr@10.250.250.129，登录执行体，密码为 123456。

6. 教师任务五：篡改单个执行体

使用 vtysh 命令进入交换机配置模式，输入 Show interface eth7 命令查看当前端口配置信息，输入 Enable 命令进入特权模式，输入 Configure terminal 命令进入全局配置模式，输入 Interface eth7 命令进入端口模式，输入 no IP add 172.29.8.254/24 命令删除 eth7 的端口信息。

7. 教师任务六：查看裁决日志

新建命令行窗口，输入 ssh root@172.29.90.1 命令，使用 SSH 连接到拟态路由器，使用 tail -f/var/log/mr/mrs/mrs.log 命令查看裁决日志。

8. 学生任务二：验证篡改是否成功

登录 Win7-攻击机，使用 ping 172.29.8.254 命令验证篡改单个执行体是否成功(网关地址是 172.29.8.254)。结果如图 4-8 所示，此结果表明修改单个执行体对拟态路由器的功能不产生影响。

```
C:\Users\hacker\Desktop>ipconfig

Windows IP 配置


以太网适配器 本地连接 2:

   连接特定的 DNS 后缀 . . . . . . . : openstacklocal
   本地链接 IPv6 地址. . . . . . . . : fe80::1c13:775f:2508:585c%17
   IPv4 地址 . . . . . . . . . . . . : 172.29.8.155
   子网掩码  . . . . . . . . . . . . : 255.255.255.0
   默认网关. . . . . . . . . . . . . : 172.29.8.254

隧道适配器 isatap.openstacklocal:

   媒体状态  . . . . . . . . . . . . : 媒体已断开
   连接特定的 DNS 后缀 . . . . . . . : openstacklocal
C:\Users\hacker\Desktop>ping 172.29.8.254

正在 Ping 172.29.8.254 具有 32 字节的数据:
来自 172.29.8.254 的回复: 字节=32 时间=3ms TTL=255
来自 172.29.8.254 的回复: 字节=32 时间=2ms TTL=255
来自 172.29.8.254 的回复: 字节=32 时间=1ms TTL=255
来自 172.29.8.254 的回复: 字节=32 时间<1ms TTL=255

172.29.8.254 的 Ping 统计信息:
    数据包: 已发送 = 4，已接收 = 4，丢失 = 0 (0% 丢失)，
```

图 4-8　验证篡改是否成果的输出结果

9. 教师任务七：修改路由信息

这个操作只有教师能做。使用 ssh vsr@10.250.250.130 命令登录拟态路由器用于同步配

置的执行体，步骤同教师任务三，通过宿主机登录执行体，密码为 NDSCmimicVSR130。使用 SYS 命令进入交换机配置模式，使用 disaplay interface g1/4/0 命令查看 g1/4/0 的端口信息，使用 interface Gigabit-Ethernet 1/4/0 命令进入 1/4/0 端口，使用 undo IP address 172.29.4.254/24 命令删除 172.29.4.254 地址，然后使用 Confsync H3CmimicConf 同步命令。输入 cat /var/log/mr/mrs/mrs.log 命令，查看裁决日志，结果如图 4-9 所示。从此结果可以看出 172.29.4.254 地址已被删除，业务网络中的 Win7 主机 IP 地址也被删除。

```
20-09-15 20:00:26,423 - [MRS ]:   77 -   DEBUG - Route - ****************************
                                                  action     - del
                                                  net_prefix - 172.29.4.249
                                                  mask       - 32
                                                  next_hop   - 172.29.4.249
                                                  out_inf    - 4
                                                  mac_addr   - FA:16:3E:A8:08:9A
                                                  ****************************

20-09-15 20:00:32,546 - [MRS ]:   32 -   DEBUG - VSRNotificationHandler - VSR configuration changed!
20-09-15 20:00:33,316 - [MRS ]:  101 -   DEBUG - VSRConfigParser - Different labeled commands is - [{'command': '-  ip address 172.29.4.254 255.255
5.0', 'label': 'interface GigabitEthernet1/4/0'}]
20-09-15 20:00:33,482 - [MRS ]:   81 -   DEBUG - IPAddress - labeled_command - {'command': '-  ip address 172.29.4.254 255.255.255.0', 'label': 'in
face GigabitEthernet1/4/0'}
20-09-15 20:00:33,482 - [MRS ]:   82 -   DEBUG - IPAddress - command_kwargs - {'mask': '255.255.255.0', 'ip_address': '172.29.4.254'}
20-09-15 20:00:38,337 - [MRS ]:  338 -   DEBUG - MimicArbitrament - Recieve del route msg from 10.250.250.129: 172.29.4.0/24 via  int_index: 0
20-09-15 20:00:39,354 - [MRS ]:  338 -   DEBUG - MimicArbitrament - Recieve del route msg from 10.250.250.131: 172.29.4.0/24 via  int_index: 0
20-09-15 20:00:48,367 - [MRS ]:  338 -   DEBUG - MimicArbitrament - Recieve del route msg from 10.250.250.133: 172.29.4.0/24 via  int_index: 0
```

图 4-9　裁决日志

登录业务网络下的 Win7 主机，使用桌面上的 Firefox 访问 172.29.8.79，结果如图 4-10 显示，删除端口后 Ping 网关地址无法 Ping 通，同时访问 http://172.29.8.79，发现该网页无法正常访问。

图 4-10　无法正常访问 http://172.29.8.79

使用 ip address 172.29.4.254/24 命令，添加 172.29.4.254 地址端口信息，并使用 Confsync H3CmimicConf 同步命令。由于删除了拟态路由器端口地址，因此业务网络下 Win7 的 IP

地址也被删除，需要使用 ipconfig /renew 命令重新获取 IP 地址。访问 http://172.29.8.79，验证是否可以正常访问，并查看裁决日志，结果如图 4-11 和图 4-12 所示。

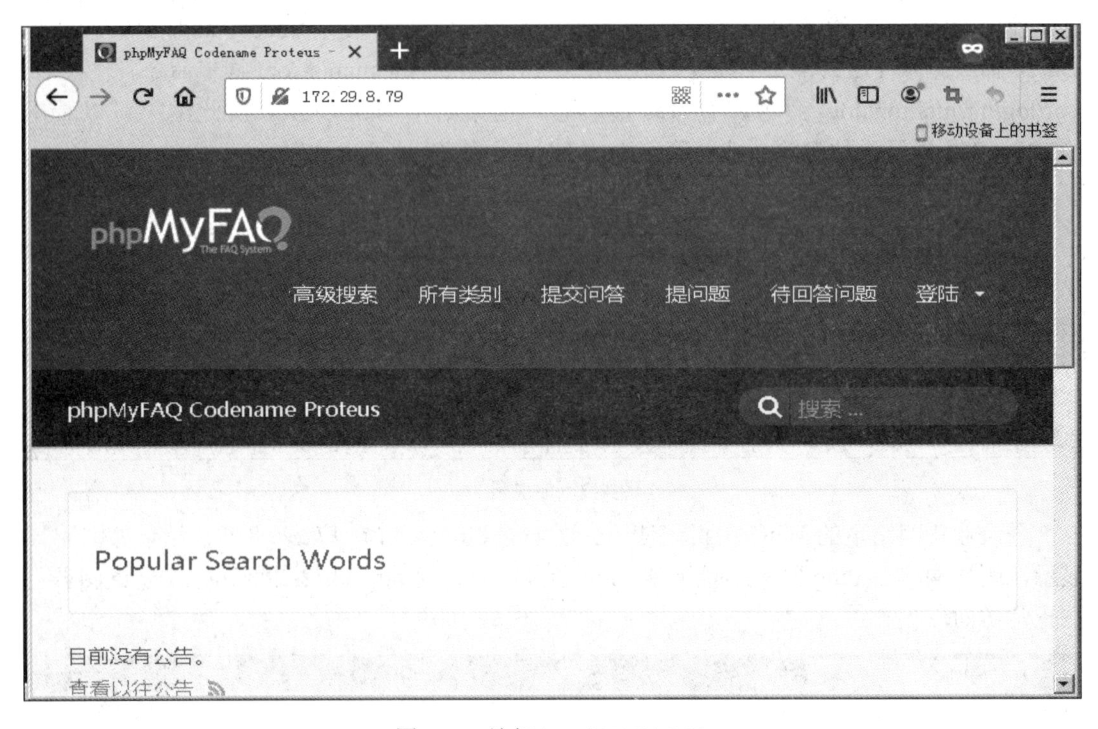

图 4-11　访问 http://172.29.8.79

```
2020-09-15 20:01:10,382 - [MRS ]:   32 -   DEBUG - VSRNotificationHandler - VSR configuration changed!
2020-09-15 20:01:11,152 - [MRS ]:  101 -   DEBUG - VSRConfigParser - Different labeled commands is - [{'command': '+  ip address 172.29.
255.0', 'label': 'interface GigabitEthernet1/4/0'}]
2020-09-15 20:01:11,328 - [MRS ]:   81 -   DEBUG - IPAddress - labeled_command - {'command': '+  ip address 172.29.4.254 255.255.255.0',
erface GigabitEthernet1/4/0'}
2020-09-15 20:01:11,328 - [MRS ]:   82 -   DEBUG - IPAddress - command_kwargs - {'mask': '255.255.255.0', 'ip_address': '172.29.4.254'}
2020-09-15 20:01:16,423 - [MRS ]:   77 -   DEBUG - Route - ***************************
                                                    action     - add
                                                    net_prefix - 172.29.4.249
                                                    mask       - 32
                                                    next_hop   - 172.29.4.249
                                                    out_inf    - 4
                                                    mac_addr   - FA:16:3E:A8:08:9A
                                                   ***************************
2020-09-15 20:05:49,115 - [MRS ]:  146 -   ERROR - StatsExtractor - Failed to extract ports updown states - list index out of range
```

图 4-12　查看裁决日志

4.3.4　实验结果及分析

实验结果显示，对拟态路由器进行篡改未成功，表明拟态路由器大大增加了攻击者攻击的难度，具有调度执行体及屏蔽异常的能力。

4.4　拟态路由器夺旗实践

为了加深学生对拟态路由器黑盒攻击防御效果的理解，使学生掌握利用业务网络访问办公网络下的 Web 服务并对其进行攻击的方法，本节将完成拟态路由器夺旗实践，并通过

CTF 验证防御效果。下面从实验内容、实验拓扑、实验步骤、实验结果及分析四个方面展开实践。

4.4.1　实验内容

本场景中包含了拟态路由设备、管理主机、业务主机、办公主机。拟态路由器的 IP 地址为 172.29.90.1，拟态路由器中有四个执行体，分别为 10.250.250.129、10.250.250.131、10.250.250.132、10.250.250.133，10.250.250.130 不参与裁决，用于同步配置等。通过对拟态路由器内部参数进行调整，大大增加了攻击者攻击的难度。该场景中考察了拟态路由器黑盒攻击防御效果，攻击者通过 Win7-攻击机对拟态路由器进行攻击，攻击成功之后对拟态路由器端口信息进行篡改，通过业务网络访问办公网络下的 Web 服务，对 Web 服务器进行攻击，成功后在 C 盘目录下获取 Flag。

CTF 是一种流行的信息安全竞赛形式，其英文名可直译为“夺得 Flag”，也可意译为“夺旗赛”。其大致流程是，参赛团队之间通过进行攻防对抗、程序分析等形式，率先从主办方给出的比赛环境中得到一串具有一定格式的字符串或其他内容，并将其提交给主办方，从而夺得分数。为了方便称呼，我们把这样的内容称为“Flag”。本实验的 Flag 为 flag{6c341e60d9c8c9ec28ae30138f0c3632}。

4.4.2　实验拓扑

图 4-13 为本实验拓扑图，其中包括拟态路由器、管理网络、业务网络、办公网络、Win7-管理机、Win7-攻击机、Web 服务器和 Win7-攻击机 1 共八个部分，下面简单介绍除拟态路由器外的其他部件的功能，并在表 4-2 中介绍本节实验所需工具的名称、版本和作用。

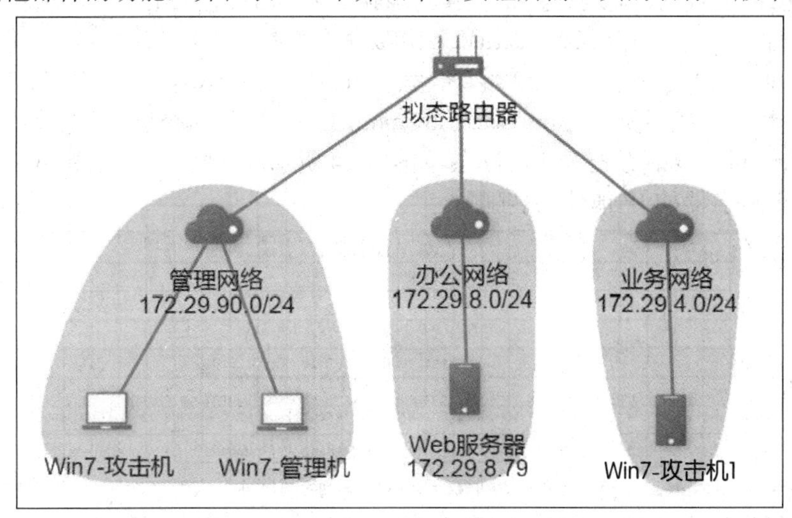

图 4-13　实验拓扑图

管理网络用于接入管理主机；业务网络用于接入受害者的主机；办公网络用于 Win7-管理机，用于老师管理拟态路由器，对拟态路由器内部参数进行调整等；Win7-攻击机用于对移动目标防御下的业务主机进行攻击；在 Web 服务器中部署网站，用于验证防御效果或者攻击效果；Win7-攻击机 1 也用于验证防御效果或者攻击效果。

表 4-2　实验工具介绍

工具名称	作　用	备　注
Burp Suite	用于攻击 Web 应用程序的集成平台，包含许多工具。Burp Suite 为这些工具设计了许多接口，以加快攻击应用程序的过程。所有工具都共享一个请求，并能处理对应的 HTTP 消息和持久性、认证、代理、日志、警报等要求	无
超级弱口令爆破工具	Windows 平台的弱口令审计工具，支持批量多线程检查，可快速发现弱密码、弱口令账号，密码支持和用户名结合进行检查，大大提高了攻击的成功率，支持自定义服务端口和字典	采用 C#开发，需要安装 .NETF ramework 4.0，所用工具目前支持 SSH、RDP、SMB、MySQL、SQLServer、Oracle、FTP、MongoDB、Memcached、PostgreSQL、Telnet、SMTP、SMTPSSL 、 POP3 、 POP3SSL 、 IMAP 、IMAP_SSL、SVN、VNC、Redis 等服务的弱口令检查工作

4.4.3　实验步骤

下面详细描述本实验的操作步骤，包括教师任务和学生任务。

1. 教师任务一：修改网关地址

将 Web 服务器的网关地址指向拟态路由器，使流量经过拟态路由器。登录 Web 服务器，操作步骤与 4.2 节实验步骤 1 中的教师任务一相同，网关地址设置为 172.29.8.254。

2. 教师任务二：修改拟态路由器端口信息

登录拟态路由器，操作步骤与 4.3 节实验步骤 2 中的教师任务七相同。使用 SYS 命令进入交换机配置模式，输入 disaplay interface g1/8/0 命令查看 g1/8/0 的端口信息，使用 Interface GigabitEthernet 1/8/0 命令进入 1/8/0 端口，执行 undo IP address 命令 172.29.8.25424 删除 172.29.8.254 地址，然后执行 Confsync H3CmimicConf 同步命令进行同步。最后使用 cat /var/log/mr/mrs/mrs.log 命令查看裁决日志，如图 4-14 所示。由图 4-14 可以看出，172.29.8.0/24 网段中的 Web 服务器的 IP 地址已被删除。

```
2020-09-18 17:45:49,123 - [MRS ]:  146 -   ERROR - StatsExtractor - Failed to extract ports updown states - list index out of range
2020-09-18 17:46:31,373 - [MRS ]:   77 -   DEBUG - Route - ***************************
                                                             action     - del
                                                             net_prefix - 172.29.8.111
                                                             mask       - 32
                                                             next_hop   - 172.29.8.111
                                                             out_inf    - 8
                                                             mac_addr   - FA:16:3E:60:38:41
                                                            ***************************
2020-09-18 17:46:38,046 - [MRS ]:   32 -   DEBUG - VSRNotificationHandler - VSR configuration changed!
2020-09-18 17:46:38,816 - [MRS ]:  101 -   DEBUG - VSRConfigParser - Different labeled commands is - [{'command': '-  ip address 17
.29.8.254 255.255.255.0', 'label': 'interface GigabitEthernet1/8/0'}]
2020-09-18 17:46:38,988 - [MRS ]:   81 -   DEBUG - IPAddress - labeled_command - {'command': '-  ip address 172.29.8.254 255.255.25
.0', 'label': 'interface GigabitEthernet1/8/0'}
2020-09-18 17:46:38,988 - [MRS ]:   82 -   DEBUG - IPAddress - command_kwargs - {'mask': '255.255.255.0', 'ip_address': '172.29.8.2
4'}
2020-09-18 17:46:43,985 - [MRS ]:  338 -   DEBUG - MimicArbitrament - Recieve del route msg from 10.250.250.129: 172.29.8.0/24 via
int_index: 0
2020-09-18 17:46:45,014 - [MRS ]:  338 -   DEBUG - MimicArbitrament - Recieve del route msg from 10.250.250.131: 172.29.8.0/24 via
int_index: 0
2020-09-18 17:46:53,879 - [MRS ]:  338 -   DEBUG - MimicArbitrament - Recieve del route msg from 10.250.250.133: 172.29.8.0/24 via
int_index: 0
2020-09-18 17:46:53,879 - [MRS ]:  391 -   DEBUG - MimicArbitrament - [frr_ready]Start arbitrament of route to: 172.29.8.0/24
2020-09-18 17:46:53,880 - [MRS ]:  499 -   DEBUG - MimicArbitrament - vote_list:[0, 3] top_votes:3
2020-09-18 17:46:53,880 - [MRS ]:  676 -   DEBUG - MimicArbitrament - Can not find route record when delete the route:172.29.8.0/24
```

图 4-14　查看裁决日志

3. 学生任务一：修改网关地址

将 Win7-攻击机 1 的网关地址指向拟态路由器，使流量经过拟态路由器。输入 ipconfig 命令登录 Win7-攻击机 1，查看当前 IP 地址。点击网络连接的小图标，再点击【网络和 Internet 设置】，选择【更改适配器选项】，右键点击【以太网】，选择【属性】，双击【Internet 协议版本 4(TCP/IPv4)】，根据用 ipconfig 命令获取的 IP 地址进行设置(切勿设置成一样的 IP，否则会导致 IP 地址冲突)，设置网关地址为 172.29.4.254。

4. 学生任务二：端口扫描

登录设备 Win7-攻击机，使用桌面上的 Nmap 软件对 172.29.90.1 进行端口扫描，在目标处输入 IP 地址，在配置处选择“Intense scan,all tcp port”，输入 Nmap -T4 -A -v -p 1-65535 命令，配置完成之后点击【扫描】(打开 Nmap 偶尔会出现无法输入目标的情况，稍等一会即可)，扫描结果如图 4-15 所示。

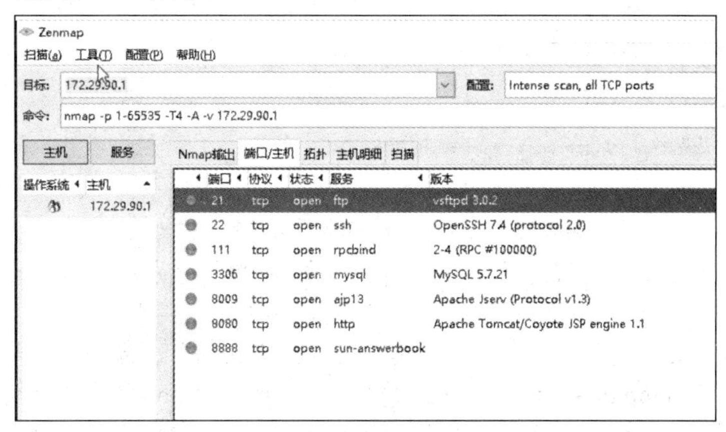

图 4-15　端口扫描结果

5. 学生任务三：弱口令爆破

使用桌面上的“弱口令爆破”工具对拟态 Web 路由器的 SSH 服务和 Mysql 服务进行弱口令猜解。

6. 学生任务四：查找敏感文件是否泄露

访问 http://172.29.90.1/MRMaster，用鼠标右键选择【查看网页源代码】，查看网站源代码中是否有敏感信息泄露。系统显示如图 4-16 所示，表明不存在敏感信息泄露。

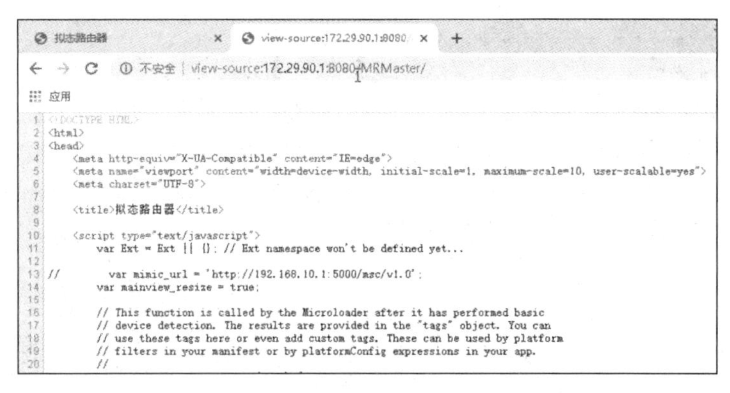

图 4-16　未发现网站源代码中有敏感信息泄露

7. 学生任务五：拟态路由器后台弱口令爆破

使用 Burp Suite 对拟态路由器后台系统进行弱口令猜解。首先双击桌面上的【Burp Suite】，依次点击【Run】、【Next】、【Start Burp】，成功启动 Burp Suite。设置浏览器代理(用于抓取数据包)，选择【Proxy】模块中的【Inrercept】，点击【Inrercept is on】，关闭抓包。在用户名与密码字段输入用户名 admin 和密码 pass，输入完成之后点击【登录】按钮，如图 4-17 所示，可以看到 Burp 页面收到刚刚页面提交的数据包。

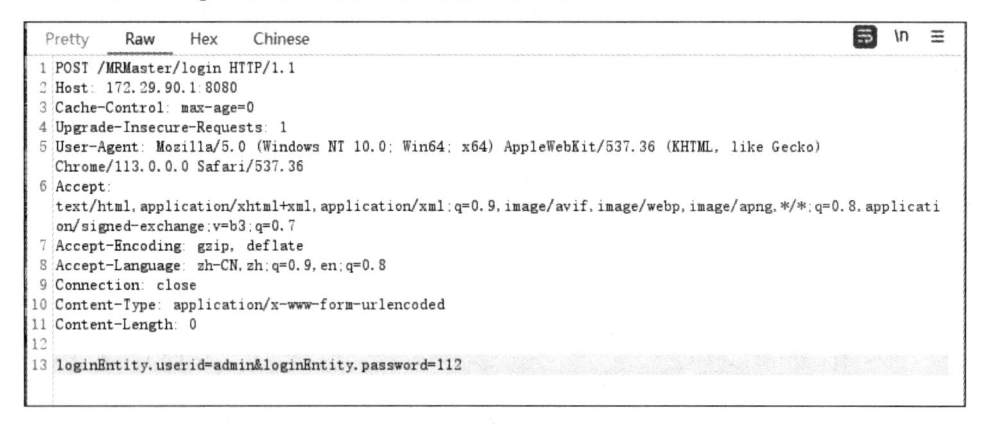

图 4-17　登录后看到 Burp 页面收到数据包

在数据包上点击右键，选择【Send to intruder】，将数据包发送到【Intruder】模块。选择【Intruder】模块中的【Positions】模块，再选择数据包中的密码字段，点击右边按钮【Add$】。然后点击【Payloads】模块，加载密码字典，再点击【Load】选择密码文件。密码文件在“c:\users\admin\desktoptools\dicts\passwordDict”中，选择“top500.txt”作为密码文件。配置好之后选择【Start attack】，开始对弱口令进行猜解。通过网站响应长度来判断，未发现弱口令密码，结果如图 4-18 所示，由于未能成功攻破路由器后台，因此未能获取 Flag 文件。

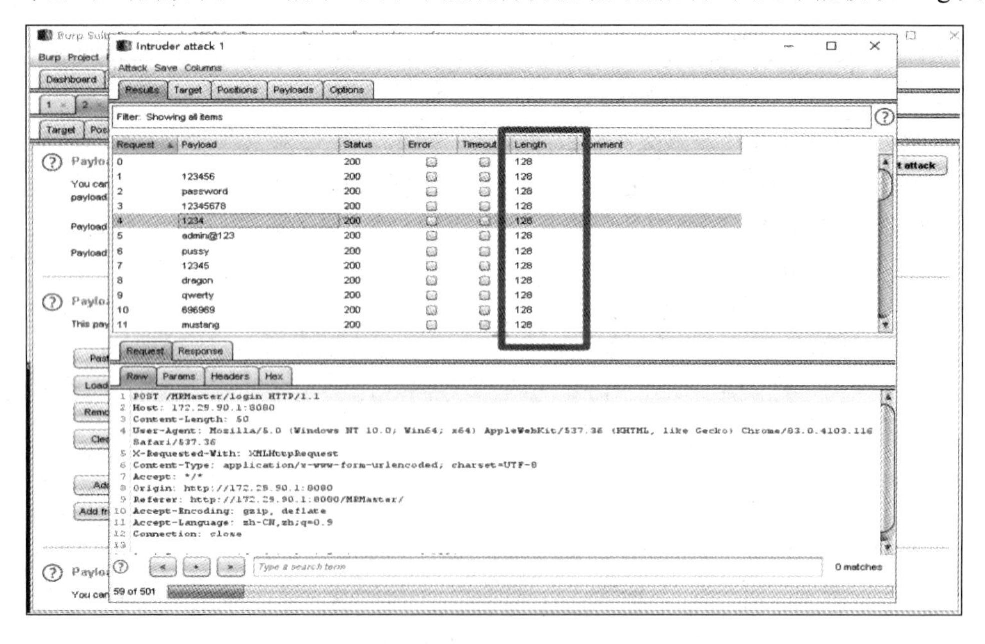

图 4-18　对弱口令进行猜解未能获取到 Flag 文件

8. 教师任务三：还原路由器端口信息

使用 ssh root@172.29.90.1 命令登录拟态路由器，等待学生测试完成之后，重新配置端口信息。首先利用 ssh vsr@10.250.250.130 命令通过宿主机登录执行体。利用 SYS 命令进入交换机配置模式，利用 Disaplay Interface g1/8/0 命令查看 g1/8/0 的端口信息，利用 Interface GigabitEthernet 命令 1/8/0 进入 1/8/0 端口，利用 IP address 172.29.8.25424 命令删除 172.29.8.254 地址，使用 confsync H3CmimicConf 同步命令进行同步，然后输入 cat /var/log/mr/mrs/mrs.log 命令查看裁决日志，结果如图 4-19 所示。

```
2020-09-18 17:49:41,308 - [MRS ]:  101 -   DEBUG - VSRConfigParser - Different labeled commands is - [{'command': '+  ip address 172
.29.8.254 255.255.255.0', 'label': 'interface GigabitEthernet1/8/0'}]
2020-09-18 17:49:41,490 - [MRS ]:   81 -   DEBUG - IPAddress - labeled_command - {'command': '+  ip address 172.29.8.254 255.255.255
.0', 'label': 'interface GigabitEthernet1/8/0'}
2020-09-18 17:49:41,491 - [MRS ]:   82 -   DEBUG - IPAddress - command_kwargs - {'mask': '255.255.255.0', 'ip_address': '172.29.8.25
4'}
2020-09-18 17:49:41,549 - [MRS ]:   77 -   DEBUG - Route - ***************************
                                                   action     - add
                                                   net_prefix - 172.29.8.111
                                                   mask       - 32
                                                   next_hop   - 172.29.8.111
                                                   out_inf    - 8
                                                   mac_addr   - FA:16:3E:60:38:41
                                                  ***************************
```

图 4-19　裁决日志

9. 教师任务四：内部参数调整

使用 ssh root@172.29.90.1 命令登录拟态路由器，登录后在桌面上按住【Shift】键并单击右键，选择“在此处打开命令行窗口”，连接 SSH 服务。使用 vim /var/mr/mrs/mrs/config.cfg 命令进入拟态路由器的配置文件并编辑，将周期性调度开关打开，默认情况下 n_peroids_chedule=False。修改完成之后，使用 ps -aux| grep mrs.py 命令查看 mrs.py 的进程 ID，使用 kill -9 15140 命令将 mrs.py 进程删除，使用 python/var/mr/mrs/mrs.py 命令重启进程，启动之后，输入 ps -aux| grep mrs.py 命令再次查看 mrs.py 是否启动，结果如图 4-20 所示，表明该进程已启动。

```
[root@7400-node4 ~]# ps -aux | grep mrs.py
root     16239 40.5  0.2 2015680 80828 ?      S1   09:10   0:23 python /var/mr/mrs/mrs.py
root     16354  0.0  0.0 112660   980 pts/1   R+   09:11   0:00 grep --color=auto mrs.py
[root@7400-node4 ~]# _
```

图 4-20　查看 mrs.py 进程

4.4.4　实验结果及分析

本实验结果显示未能成功攻破拟态路由器后台，导致未能获取到 Flag 文件，这表明通过对拟态路由器内部参数进行调整，大大增加了攻击者攻击的难度。

第 5 章　拟态 Web 服务器技术实践

本章通过拟态 Web 服务器的病毒木马攻击实践、黑盒漏洞攻击实践、功能验证以及夺旗四个实践，来加深学生对拟态 Web 防御原理和技术的理解，进而使学生掌握对拟态 Web 技术的攻击和防御方法。

5.1　拟态 Web 服务器技术简介

本节对拟态 Web 服务器技术进行原理上的简介，我们将分别从功能介绍、系统架构、关键技术和典型应用场景四个方面进行简述，以便更快速地完成本章拟态 Web 技术的四个实践。

5.1.1　功能介绍

Web 服务器作为当前最重要的互联网网站、服务承载和提供平台，是政府、企业以及个人在互联网上的虚拟代表。由于其中所存储的文档、所支持的业务以及对受害机构造成的有形损失与无形损失，Web 服务器已成为网络攻击的主要目标。Web 服务日趋复杂、Web 应用质量良莠不齐，绝大多数网络攻击都是以 Web 服务器作为攻击的发起点，其安全性和可用性已成为网络空间安全领域的焦点问题。已有的 Web 防御技术主要是基于已知攻击方法或漏洞信息进行防御，导致难以很好地应对未知攻击的威胁，从而难以全面防护 Web 服务器的安全。为了避免处于被植入后门的危险状态，需要基于可信性不能确保的组件来构造 Web 服务器，并使其能够在有漏洞后门的情况下，仍能提供可靠、可信的服务。基于以上背景，相关团队构建了基于动态异构冗余结构的拟态 Web 服务器，简称拟态 Web 服务器。

拟态 Web 服务器是依据拟态防御原理，构建功能等价的、多样化的、动态化的非相似 Web 虚拟机池，采用多余度表决、动态执行体调度、数据库指令异构化等技术，阻断攻击链，增大漏洞后门或病毒木马的利用难度，能够在较小开销的前提下防御全部的攻击类型，能够有效地提升系统安全性，保证 Web 服务的可用性和可信性。

5.1.2　系统架构

拟态 Web 服务器由请求分发均衡模块、响应多余度表决器、非相似 Web 虚拟机池、动态执行体调度器、数据库指令异构化模块、中心调度器组成，系统架构如图 5-1 所示。

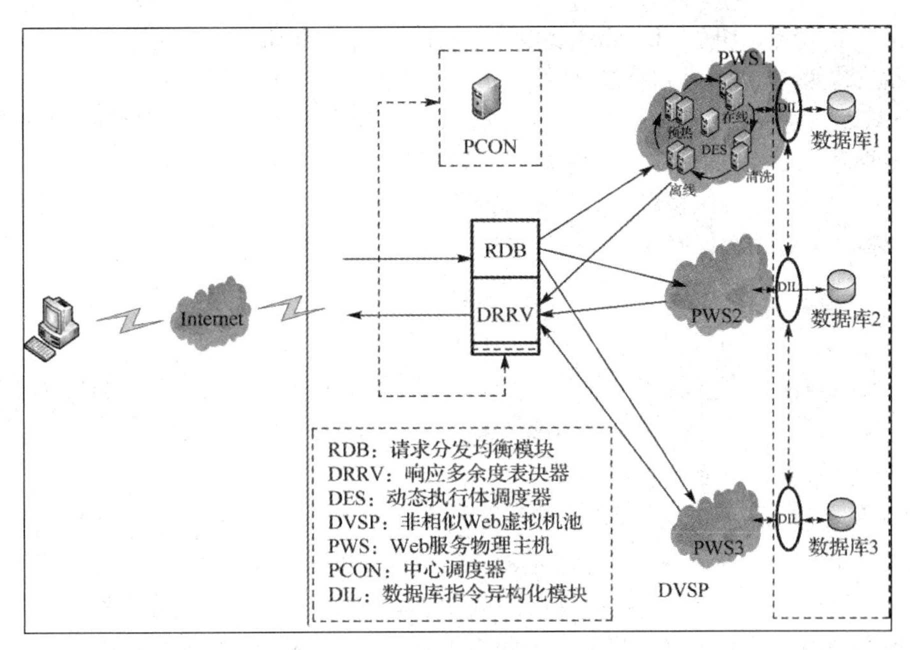

图 5-1　拟态 Web 服务器系统架构图

请求分发均衡模块(Request Dispatching and Balancing Module，RDB)是用户请求的真实入口，将用户访问请求按照资源异构性最大化策略，动态分发至非相似 Web 虚拟机池中的多个互相独立且隔离的 Web 服务执行体(也是动态调度的对象)，是实现执行体动态、多样和异构性的前提。

响应多余度表决器(Dissimilar Redundant Responses Voter，DRRV)是服务器响应的真实出口，根据安全等级要求，采用同/异步自适应大数表决算法对同一请求的多个异构执行体响应进行交叉判决，从中滤除不一致信息，保证输出结果的一致性，并将裁决结果传送到中心调度器的负反馈控制模块，它是拟态构造 Web 服务器最为关键的组成部分。

动态执行体调度器(Dynamiclly Executing Scheduler，DES)是非相似 Web 服务子池内执行体状态的控制管理单元。通过执行体在线/离线状态切换，减小执行体持续暴露时间，提高了 Web 服务执行体的安全性；接收中心调度器的负反馈控制模块传输裁决结果，通过认知裁决结果，决定采用事件或定时触发策略进行执行体的清洗或回滚，保证了 Web 服务执行体的完整性。

非相似 Web 虚拟机池(Dissimilar Virtual Web Server Pool，DVSP)是 Web 服务的真实提供者，由异构的、多样的、冗余的 Web 服务执行体组成。依据异构性最大化原则，将所有 Web 服务执行体聚合为物理上彼此独立且隔离的子池。多个隶属不同子池的执行体非协同地处理来自请求分发均衡模块复制后的同一个 Web 服务请求，并将各自的响应信息返回给响应多余度表决器。Web 服务执行体的异构性和多样性、子池间的独立性和隔离性是拟态构造 Web 服务器的实现基础。

中心调度器(Primary Controller，PCON)监测其他功能模块的运行状态，保证系统拥有足够的资源，同时使系统各个模块单元松耦合，避免系统单点故障而引起系统无法正常运行的现象；其中的负反馈控制模块负责接收响应多余度表决器的裁决结果，并将结果传送到动态执行体调度器。

数据库指令异构化模块(Database Instruction Labelling Module，DIL)包含三个子模块：SQL保留字指纹化模块、注入指令过滤模块、数据库一致性离线表决器。SQL保留字指纹化模块对Web应用程序中SQL保留字进行指纹化处理，实现了Web应用程序SQL指令的特征化。注入指令过滤模块依据指纹对数据库读写操作指令进行过滤，剔除攻击者注入的非法指令。数据库一致性离线表决器对不一致的数据库进行表决恢复，对出现故障的数据库进行还原保护，保证了数据库的一致性。

5.1.3 关键技术

本节对拟态Web的关键技术进行简单介绍，我们将分别从流量复制与子网隔离技术、动态执行体调度技术和数据库指令异构化技术三个方面进行介绍，以便使学生更快速地掌握实践所需的关键技术。

1. 流量复制与子网隔离技术

RDB通过划分子网隔离了后端非相似Web虚拟机池，保证非相似Web虚拟机池相互独立，增加攻击者探测的难度，避免了单点故障而影响系统的正常响应，增强系统的鲁棒性。RDB作为反向代理接收用户请求，复制3份，分别转发至不同子网内的在线状态Web服务器，利用多网卡转发用户请求提高了系统性能和自适应性。承载RDB的物理服务器采用VLAN技术或多网卡技术，采用4个独立的网卡实现请求分发均衡，一个网卡用于提供外部访问的IP和端口，其他网卡用于反向代理转发请求，使请求流量通过不同网卡发送至不同子网内的功能等价的异构Web服务器，这样可以减小单一网卡承受的流量压力。设计的关键技术在于实现请求动态复制转发和降低一对多复制对系统性能的损耗。

RDB使DRRV具备表决异构Web服务器对同一请求的异构响应的条件，保证处理同一请求的服务器之间的异构性，同时增大攻击者探测 Web 服务器真实信息的不确定性。RDB和DRRV是Web服务器原理中最重要的部分，是系统阻断攻击者通信链条的关键组件。RDB将攻击者的攻击行为在后端异构冗余的Web服务器执行体上共同执行，进而对大多数依赖环境的攻击行为产生不一致的执行结果，DRRV 通过对执行结果的表决发现异常响应，阻断攻击行为。

2. 动态执行体调度技术

动态执行体调度设计的关键环节是虚拟机调度策略。虚拟机调度方法采用非相似Web虚拟机子池独立调度，并由中心调度器通过跨平台消息传递机制实现远程协助调度，可以降低虚拟机管理的复杂性和动态执行体调度器调度的独立性。虚拟机调度方案基于可视化的编程脚本，完成非相似Web虚拟机池中虚拟机的启动、停止、快照恢复等调度任务并记录虚拟机的各个运行状态，然后将其存储到数据库中。

动态执行体调度技术保证Web服务器的多样性和周期性或以事件驱动形式清洗回滚可能存在漏洞的Web服务器。动态执行体调度机制缩短了攻击者探测某一台Web服务器的时间，增大了探测结果的不确定性，扰乱攻击者视线，使其无法确定攻击对象，显著增加了非配合条件下多元目标协同一致攻击的难度。

3. 数据库指令异构化技术

数据库指令异构化关键技术主要包括：Web应用程序SQL指令的特征化；依据指纹对

数据库读写操作指令进行过滤，剔除攻击者注入的非法指令；通过表决判断异常数据库，对出现故障的数据库进行还原保护。

同一非相似 Web 虚拟机子池中的 Web 应用通过 SQL 保留字指纹特征模块进行处理，保证不同的非相似 Web 虚拟机子池中的 Web 应用中 SQL 保留字异构。异构虚拟机子池中的注入指令过滤模块对 Web 应用的数据库访问 SQL 保留字进行过滤和去指纹化。子池间 SQL 指纹的差异化以及池内 SQL 过滤和特定去指纹方法，保证了数据库访问的安全性。数据库一致性离线表决器是为了同步不同非相似 Web 虚拟机子池内的数据库，对表决不一致的数据库表信息进行恢复，对出现故障的数据库进行还原，保证数据库中的数据的正确性。

5.1.4 典型应用场景

本节对拟态 Web 技术的典型应用场景进行简单介绍，我们将拟态 Web 技术的应用分为在金融企业中的应用和在政府网站中的应用两个方面并进行介绍。

1. 拟态 Web 服务器在某金融企业中的应用

根据该金融企业现状，对其进行拟态化改造，需要对异构执行体构造、拟态防御表决器接入、兼容现有防御手段和保证服务稳定性等问题逐一进行解决。本应用主要以保护网站静态资源为主，保证系统的高可用性和高安全性，针对安全和兼容性需求，设计拟态构造 Web 服务器。将网站动态资源和静态资源进行分离，并对静态资源进行拟态化改造。分发和表决模块将对静态资源和动态资源的请求分发到部署静态资源的执行体和动态资源的执行体，并对静态资源进行表决。为保证服务的高可用性和高可靠性，分发和表决模块采用双节点热备，如果主分发和表决节点发生异常，无法正常提供服务，则备份分发和表决节点立刻上线提供服务。为了实现和该金融企业现有防御手段的融合，将拟态防御表决器生成威胁日志并通过内部网络传输到该金融企业报警平台上，实现报警联动机制。

该拟态 Web 服务器应用到该金融企业网络环境后，至今稳定运行，且能够及时发现故障和攻击，保证了其电商网站静态资源管理的安全可靠。

2. 拟态 Web 服务器在政府某网站的应用

根据该政府网站现状，对其进行拟态改造。拟态 Web 服务器在工作时，原请求流量由交换机直接转发至该官网主站，由负载均衡设备负责将请求流量按照设定的比例分别均衡至原正常架构的官网和拟态架构的某官网中。其中，采用的负载均衡设备属国产品牌；拟态构造 Web 服务器负责承载拟态化升级的某官网应用，提供 Web 服务与安全防护能力。为了保证试点工作新引入的拟态构造 Web 服务器与其他附加设备不会影响政府网站正常服务，通过拟态构造 Web 服务器自身的冗余特性与设备层面的双机热备配置，在 Web 应用层面与设备层面实现了与原有系统同等程度的容灾能力，保证了官网在发生网络安全或者设备故障问题时，能最大限度地减少服务损失。

该拟态构造 Web 服务器于 2018 年 4 月通过功能一致性与安全性测试，正式提供对外服务。相关数据表明：拟态构造 Web 服务器达到了与其原防护措施同等的安全防护效果，甚至发现并拦截到更多异常行为，并且在全生命周期内，拟态构造 Web 服务器的性价比显著高于传统 Web 设备和安全防御措施的部署形态，是一个具有高可靠性、高安全性、高可用性、低成本的新一代内生安全的 Web 系统解决方案。

5.2 针对拟态 Web 服务器的病毒木马攻击实践

为了加深学生对拟态 Web 病毒木马攻击防御效果的理解，需要学生掌握利用端口扫描漏洞实现攻击的方法，理解拟态 Web 服务器流量复制和子网隔离技术的工作原理。下面我们将分别从实验内容、实验拓扑、实验步骤及其结果分析四个方面具体介绍本实践。

5.2.1 实验内容

本实验场景中包含了拟态 Web 服务器、Win7-攻击机和 Win7-管理机。该实验场景考察了拟态 Web 对抗网页病毒木马攻击的防御效果。实验场景中使用了木马连接测试、木马执行测试、恶意资源消耗病毒测试、服务器信息泄露病毒测试、系统瘫痪测试、网站内容篡改测试等。

5.2.2 实验拓扑

实验拓扑网络如图 5-2 所示，实验所需工具如表 5-1 所示。其中，默认网络用于接入 Win7-管理机和 Win7-攻击机。Win7-攻击机用于对拟态 Web 服务器进行攻击，Win7-管理机用于对拟态 Web 服务器进行管理。拟态 Web 服务器的 IP 地址为 172.18.20.10。拟态 Web 服务器中有 6 个执行体，执行体 IP 地址分别为 172.18.10.111，172.18.10.112，172.18.10.113，172.18.10.121，172.18.10.122，172.18.10.123。

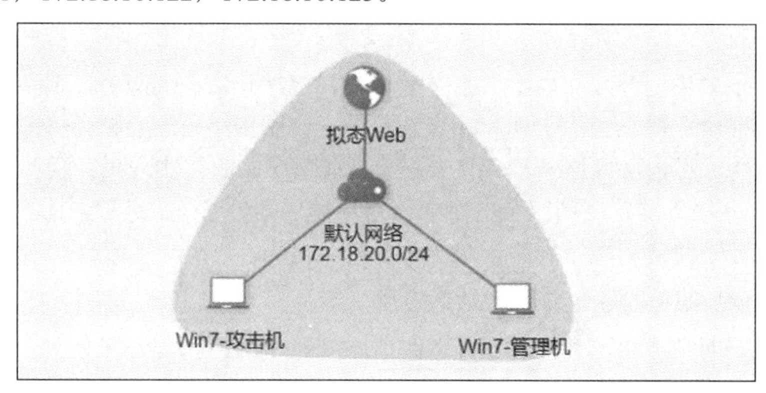

图 5-2 实验网络拓扑图

表 5-1 实 验 工 具

工具名称	作　　用
冰蝎(V2.0.1)	冰蝎是一款新型的加密网站管理客户端，在实际的渗透测试过程中能绕过目前市场上的大部分 WAF 和探针设备
Fiddler	Fiddler 是一个 http 调试代理工具，以代理服务器的方式监听系统的 http 网络数据流动，设置断点以及 Fiddle 所有的进出数据
Webpathbrute	Webpathbrute 是一个目录扫描工具，它支持 php、aspx、jsp 等脚本语言，其原理是通过请求返回的信息来判断当前目录或文件是否真实存在
Xshell	Xshell 是一个安全终端模拟软件，它支持 SSH1、SSH2、TELNET 协议

5.2.3　实验步骤

拟态 Web 服务器-网页相关病毒木马攻击实验步骤如下所述。

1. 学生任务一：验证网站能否正常访问

学生登录设备 Win7-攻击机，使用桌面上的 Google Chrome 浏览器访问 http://172.18.20.10，检查网站是否能够正常访问，在攻击的过程中不断访问拟态 Web 服务器，验证攻击是否对拟态 Web 服务器造成影响，如图 5-3 所示。

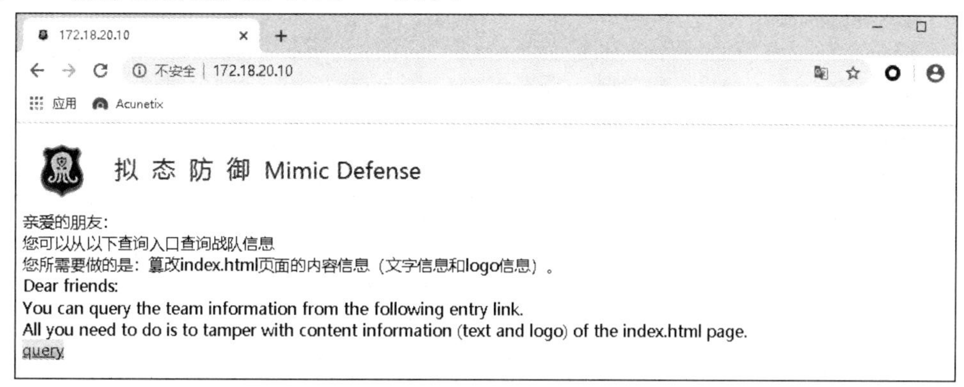

图 5-3　验证网站能否正常访问

2. 学生任务二：木马连接测试

学生使用桌面上的冰蝎工具进行木马连接测试，右键点击【添加】按钮，在 URL 处输入 http://172.18.20.10/shell.php，在密码处输入 pass，输入完成后点击【保存】按钮，如图 5-4 所示。在生成的 Shell 上，右键选择【打开】，在基本信息栏中，显示“页面返回 404 错误”。这是因为 Web 执行体是拟态的多执行体，在某个执行体中存在 Webshell 是无法连接成功的，如图 5-5 所示。

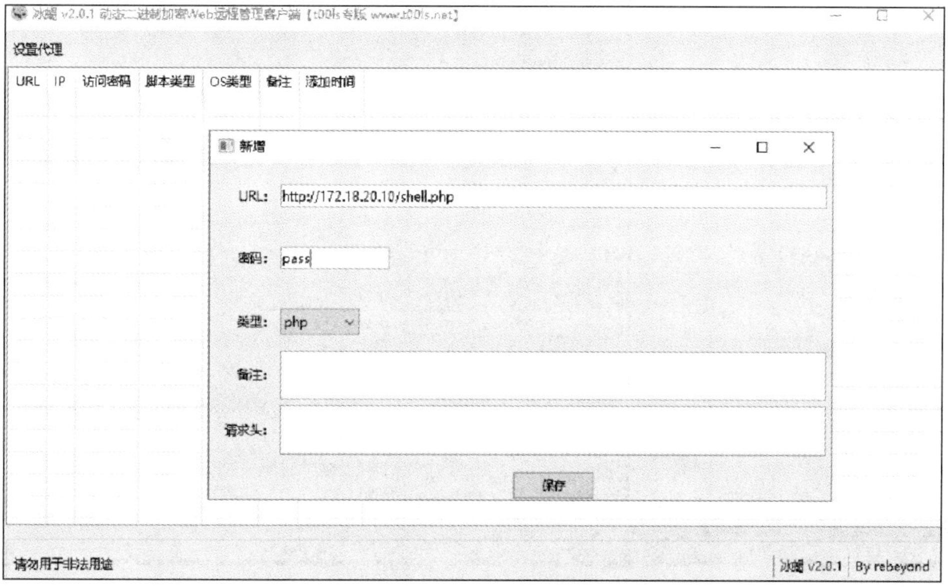

图 5-4　木马连接测试

设置代理

URL	IP	访问密码	脚本类型	OS类型	备注	添加时间
http://172.18.20.10/shell.php	172.18.20.10	pass	php			2020-07-15 06:53:04

http://172.18.20.10/shell.php 冰蝎 v2.0.1

URL: http://172.18.20.10/shell.php

基本信息 命令执行 虚拟终端 文件管理 Socks代理 反弹Shell 数据库管理 自定义代码 备忘录 更新信息

页面返回404错误

图 5-5　木马连接测试结果

3. 学生任务三：木马执行测试

由于连接失败，在命令执行栏中，显示“基本信息获取失败”，木马执行测试不成功。

4. 学生任务四：恶意资源耗尽病毒测试

学生双击打开桌面上的 Fiddler 工具，访问 http://172.18.20.10/show.php，在搜索框中输入 1，并点击【提交】，Fiddler 会收到对应的数据包。选择抓取到的数据，按住 Shift 点击【数据重放】，输入 500，同时发送 500 个请求，查看 Web 服务器是否正常运行，结果如图 5-6 所示。使用桌面上的 Google Chrome 浏览器访问 http://172.18.20.10，再次检查网站是否能够正常访问。

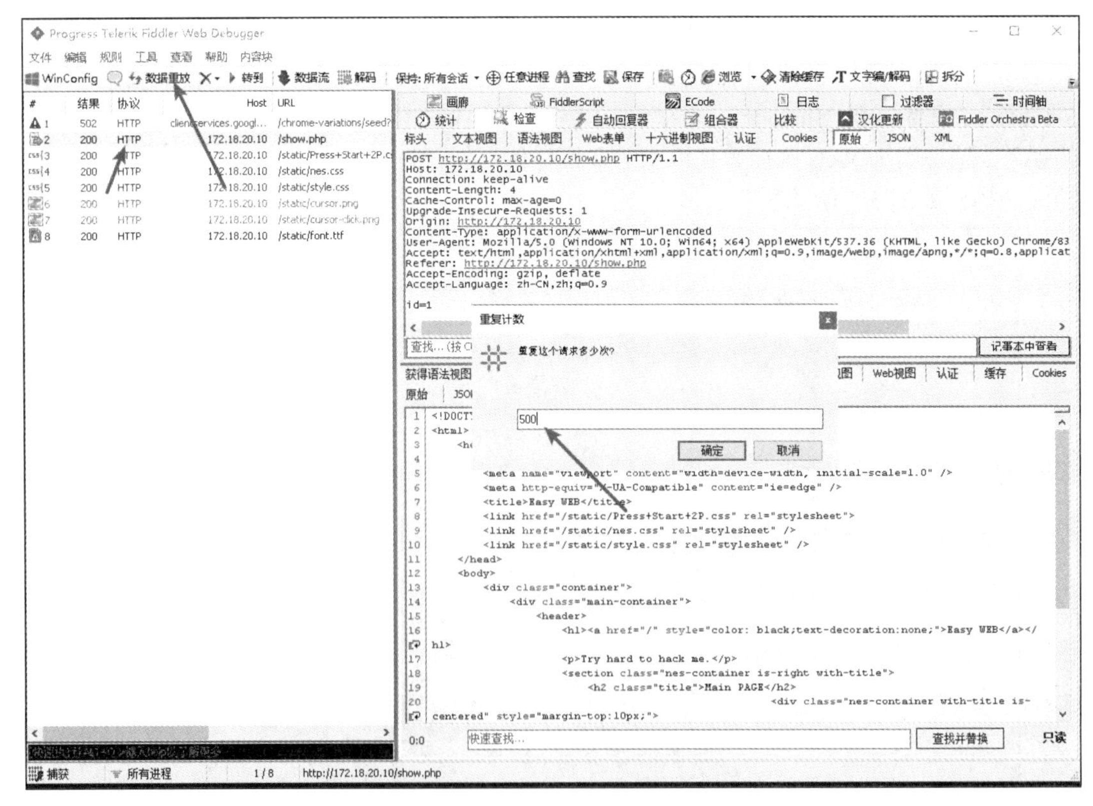

图 5-6　恶意资源耗尽测试

5. 学生任务五：服务器信息泄露病毒测试

学生使用桌面上的目录扫描工具对拟态 Web 服务器信息泄露病毒进行测试，在扫描目标中填入“http://172.18.20.10”，将并发线程数改成 5，操作修改完成之后点击【开始】按钮进行扫描。扫描完成之后观察结果，未发现敏感文件信息，结果如图 5-7 所示。

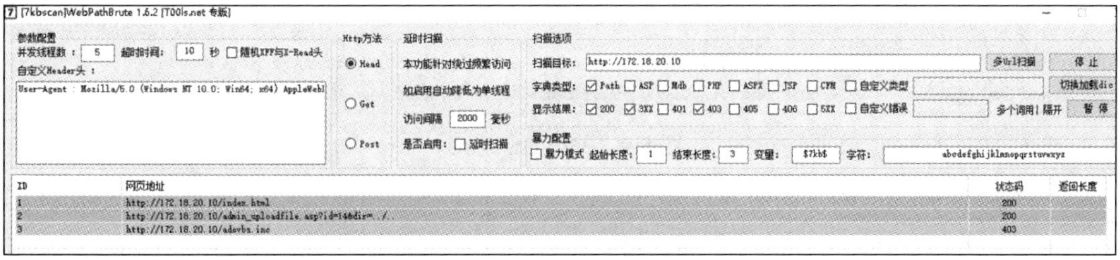

图 5-7 服务器信息泄露测试

6. 教师任务一：系统致瘫测试

教师输入拟态 Web 服务器账号信息：IP 地址为 172.18.20.20，用户名为 root，密码为 comleader@123。输入执行体账号信息：IP 地址为 72.18.10.121，用户名为 root，密码为 mimic。首先打开桌面上的 Xshell，点击【新建】按钮，输入拟态 Web 服务器的 IP 地址 172.18.20.10，输入完成之后点击【确定】按钮，结果如图 5-8 所示。

图 5-8 登录拟态 Web 服务器

使用“ps-aux | grep httpd”指令查看当前所有进程并搜索 http 进程，使用“killall httpd”指令结束所有 httpd 进程，结果如图 5-9 所示。kill 服务之后，使用桌面上的 Google Chrome 浏览器访问 http://172.18.20.10，查看对应网站，发现网站可以正常使用。测试完成之后使用“cd /usr/local/httpd/bin”指令进入 bin 目录，使用“./httpd”指令重启服务。

```
[root@localhost bin]# ps -aux | grep httpd
root      7071  0.0  0.1  81544  2564 ?        Ss   14:44   0:00 ./httpd
daemon    7075  0.0  0.2 700408  4964 ?        Sl   14:44   0:01 ./httpd
daemon    7076  0.0  0.2 765944  5152 ?        Sl   14:44   0:02 ./httpd
daemon    7077  0.0  0.2 765944  5236 ?        Sl   14:44   0:01 ./httpd
daemon    9864  0.1  0.2 962552  5396 ?        Sl   16:06   0:01 ./httpd
root     10382  0.0  0.0 112812   972 pts/1    R+   16:25   0:00 grep --color=auto httpd
[root@localhost bin]# killall httpd
[root@localhost bin]# ps -aux | grep httpd
root     10397  0.0  0.0 112812   972 pts/1    S+   16:25   0:00 grep --color=auto httpd
[root@localhost bin]# 
```

图 5-9 关闭 http 进程

7. 教师任务二：网站内容篡改测试

教师修改执行体中的 Index 页面，使用“vi /html/Web/index.html”指令进行修改，将“亲爱的朋友”改为“hacker”，结果如图 5-10 所示。修改完成之后，使用 Google Chrome 浏览器访问 http://172.18.20.10，多刷新几次，以保证每个执行体都能调度。可以看到网站是正常的，未出现被篡改的现象，结果如图 5-11 所示。

```
<!DOCTYPE html PUBLIC "-//W3C//DTD XHTML 1.0 Transitional//EN" "http://www.w3.org/TR/xhtml1/DTD/xhtml1-transitional.dtd">
<html xmlns="http://www.w3.org/1999/xhtml"><!-- -->
<head>
        <meta http-equiv="Content-Type" content="text/html; charset=utf-8" />
        <title></title>
        <link href="static/cwym.css" rel="stylesheet" type="text/css" />
</head>
<body>
        <div class="cwym">
                <div class="cwym_nr">
                        <div class="cwym_top">
                                <div class="logo">
                                        <img src="static/logo.gif" />
                                </div>
                        </div>
                        <div class="cwym_middle">
                                <div class="cwym_middlenr">
                                        <div> hacker<br/>您可以从以下查询入口查询战队信息 <br/>
                                                <span>您所需要做的是: 篡改index.html页面的内容信息（文字信息和logo信息）。</span>
                                        </div>
                                        <div>
                                                Dear friends:<br/>
                                                You can query the team information from the following entry link.<br/>
                                                All you need to do is to tamper with content information (text and logo) of the index.html page.<br/>
                                        </div>
                                </div>
                                <div class="button" style="font-size:15px;">
                                                <a href="show.php" style="background-image: url('static/btn.gif'); height:200px;width:100px;">query</a>
                                </div>
                </div>
        </div>
</body>
</html>
```

图 5-10 修改执行体的 Index 页面

```
172.18.20.10  ×    view-source:172.18.20.10  ×  +
← → C  ⓘ 不安全 | view-source:172.18.20.10
应用  Acunetix

1  <!DOCTYPE html PUBLIC "-//W3C//DTD XHTML 1.0 Transitional//EN" "http://www.w3.org/TR/xhtml1/DTD/xhtml1-transitional.dtd">
2  <html xmlns="http://www.w3.org/1999/xhtml"><!-- -->
3  <head>
4      <meta http-equiv="Content-Type" content="text/html; charset=utf-8" />
5      <title></title>
6      <link href="static/cwym.css" rel="stylesheet" type="text/css" />
7  </head>
8  <body>
9      <div class="cwym">
10         <div class="cwym_nr">
11             <div class="cwym_top">
12                 <div class="logo">
13                     <img src="static/logo.gif" />
14                 </div>
15             </div>
16             <div class="cwym_middle">
17                 <div class="cwym_middlenr">
18                     <div> 亲爱的朋友：<br/>您可以从以下查询入口查询战队信息 <br/>
19                         <span>您所需要做的是：篡改index.html页面的内容信息（文字信息和logo信息）。</span>
20                     </div>
21                     <div>
22                         Dear friends:<br/>
23                         You can query the team information from the following entry link.<br/>
24                         All you need to do is to tamper with content information (text and logo) of the index.html page.<br/>
25                     </div>
26                 </div>
27                 <div class="button" style="font-size:15px;">
28                         <a href="show.php" style="background-image: url('static/btn.gif'); height:200px;width:100px;">query</a>
29                 </div>
30         </div>
31     </div>
32 </body>
33 </html>
```

图 5-11 正常拟态 Web 网站

8. 教师任务三：裁决结果输出

教师将裁决日志输入给学生，教师登录拟态 Web 服务器，查看裁决日志；将裁决日志投至大屏让学生一起查看和分析。登录 Win7-管理机，打开桌面上的 Xshell，登录拟态 Web 服务器，账号信息与步骤 6 中信息一致。点击【新建】，输入拟态 Web 服务器的 IP 地址 172.18.20.10，输入完成之后点击【连接】。使用“cat /home/logs_2nd/error_local.txt”指令查看日志文件，结果如图 5-12 所示。由于在扫描的过程中存在 404 报错页面，每个执行体使用的中间件不一样，导致 http 响应长度不一样，造成拟态 Web 裁决异常。

```
[root@localhost ~]# cat /home/logs_2nd/error_local.txt

07/Sep/2020:23:14:38 -0400||402||/.bzr/||172.18.10.112:80,172.18.10.121:80,172.18.10.123:80||404,404,404||L
ength:555,196,341||remote_addr:172.18.20.69||remote_user:nil||RF:556,197,342||RS:0END

07/Sep/2020:23:14:39 -0400||402||/CVS/Entries/||172.18.10.111:80,172.18.10.113:80,172.18.10.122:80||404,404
,404||Length:196,341,555||remote_addr:172.18.20.69||remote_user:nil||RF:197,342,556||RS:0END

07/Sep/2020:23:14:39 -0400||2||/.hg/||172.18.10.112:80,172.18.10.121:80,172.18.10.122:80||404,404,404||Leng
th:555,196,555||remote_addr:172.18.20.69||remote_user:nil||RF:556,197,556||RS:0END

07/Sep/2020:23:14:39 -0400||402||/.svn/+{/.svn/entries}||172.18.10.111:80,172.18.10.113:80,172.18.10.122:80
||404,404,404||Length:196,341,555||remote_addr:172.18.20.69||remote_user:nil||RF:197,342,556||RS:0END

07/Sep/2020:23:14:39 -0400||402||/.git/||172.18.10.111:80,172.18.10.113:80,172.18.10.122:80||404,404,404||L
ength:196,341,555||remote_addr:172.18.20.69||remote_user:nil||RF:197,342,556||RS:0END

07/Sep/2020:23:14:39 -0400||402||/.DS_Store||172.18.10.112:80,172.18.10.121:80,172.18.10.123:80||404,404,40
4||Length:555,196,341||remote_addr:172.18.20.69||remote_user:nil||RF:556,197,342||RS:0END

07/Sep/2020:23:14:39 -0400||402||/WEB-INF/src/||172.18.10.112:80,172.18.10.121:80,172.18.10.123:80||404,404
,404||Length:555,196,341||remote_addr:172.18.20.69||remote_user:nil||RF:556,197,342||RS:0END

07/Sep/2020:23:14:39 -0400||3||/CVS/Root/||172.18.10.111:80,172.18.10.121:80,172.18.10.122:80||404,404,404|
|Length:196,196,555||remote_addr:172.18.20.69||remote_user:nil||RF:197,197,556||RS:0END

07/Sep/2020:23:14:39 -0400||402||/WEB-INF/lib/||172.18.10.111:80,172.18.10.113:80,172.18.10.122:80||404,404
,404||Length:196,341,555||remote_addr:172.18.20.69||remote_user:nil||RF:197,342,556||RS:0END

07/Sep/2020:23:14:39 -0400||402||/WEB-INF/database.properties||172.18.10.112:80,172.18.10.121:80,172.18.10.
123:80||404,404,404||Length:555,196,341||remote_addr:172.18.20.69||remote_user:nil||RF:556,197,342||RS:0END

07/Sep/2020:23:14:39 -0400||1||/WEB-INF/web.xml||172.18.10.112:80,172.18.10.113:80,172.18.10.123:80||404,40
```

图 5-12　分析裁决日志

5.2.4　实验结果及分析

本实验场景考察了拟态 Web 服务器对抗网页病毒木马攻击的能力，主要分为正常 Web 服务器和拟态 Web 服务器两个场景。针对木马连接测试和木马执行测试，拟态 Web 服务器是动态异构的多执行体结构，即使存在单个的执行体漏洞，也无法对整个拟态服务器造成影响；针对恶意资源消耗病毒测试，由于拟态 Web 服务器具有流量复制和监控功能，能够及时发现恶意攻击，切换执行体以及地址，无法对拟态 Web 服务器造成影响；针对服务器信息泄露病毒测试，利用目录扫描工具 Webpathbrute 来进行，无法对拟态 Web 服务器造成影响；针对 Web 服务器中单个执行体内容进行修改，由于具有多执行体表决功能，裁决之后会形成正确的结果，无法对拟态 Web 服务器造成影响。

本实验需要学生掌握相关工具的使用方法，同时通过对比正常 Web 服务器和拟态 Web 服务器的实验结果，使学生理解 Web 服务器的架构和工作原理，并掌握 Linux 下裁决日志的分析方法。

5.3 针对拟态 Web 服务器的黑盒漏洞利用攻击实践

为了加深学生对拟态 Web 技术黑盒攻击防御效果的理解，需要掌握对拟态 Web 服务器进行 SQL 漏洞注入和探测攻击的方法，理解拟态 Web 服务器数据库指令异构化技术的工作原理。本节将分别从实验内容、实验拓扑、实验步骤及其结果分析四个方面具体介绍本实验。

5.3.1 实验内容

本实验场景中包含了拟态 Web 服务器、Win7-攻击机和 Win7-管理机。该实验场景考察了拟态 Web 服务器对抗基于漏洞的黑盒攻击的防御效果，场景中对拟态 Web 服务器进行漏洞攻击，然后验证攻击是否对拟态 Web 服务器造成影响。

5.3.2 实验拓扑

本实验网络拓扑如图 5-13 所示，实验工具如表 5-2 所示。其中，默认网络用于接入 Win7-管理机和 Win7-攻击机，Win7-攻击机用于对拟态 Web 服务器进行攻击，Win7-管理机用于对拟态 Web 服务器进行管理。拟态 Web 服务器的 IP 地址为 172.18.20.10。拟态 Web 服务器中有 6 个执行体，执行体的 IP 地址分别为 172.18.10.111，172.18.10.112，172.18.10.113，172.18.10.121，172.18.10.122，172.18.10.123。

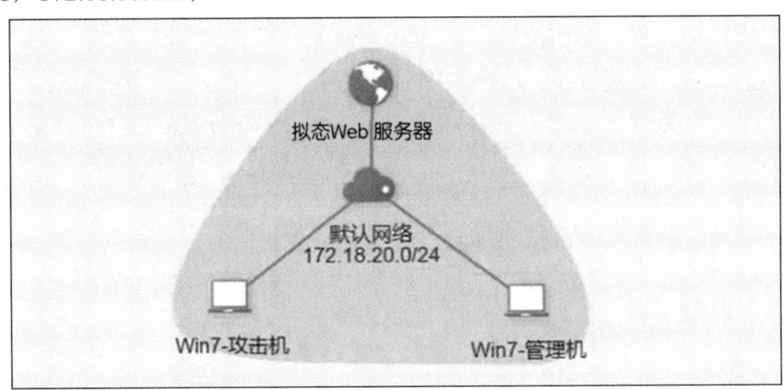

图 5-13　实验网络拓扑图

表 5-2　实 验 工 具

工具名称	作　　用	备注
Zenmap	Zenmap 主要用来进行主机发现、端口扫描，并通过端口扫描推断运行系统以及运行软件版本	
AWVS	AWVS 主要用来扫描任何可通过 Web 浏览器访问的和遵循 http/https 规则的 Web 站点和 Web 应用程序	
超级弱口令爆破工具	超级弱口令爆破工具主要用来支持批量多线程检查，可快速发现弱密码、弱口令账号，密码支持和用户名结合进行检查，支持自定义服务端口和字典	

5.3.3　实验步骤

针对拟态 Web 服务器，根据扫描的信息和漏洞等进行漏洞利用攻击实验，其实验流程如下所述。

1. 学生任务一：端口扫描

学生登录 Win7-攻击机，使用桌面上的 Zenmap 工具对 172.18.20.10 进行端口扫描，在目标处输入 IP 地址，在配置处选择【Intense scan,all tcp port】，在命令处输入“nmap -p 1-65535 -T4 -A -v 172.18.20.10”，配置完成之后点击【扫描】。扫描完成之后发现新端口，结果如图 5-14 所示。

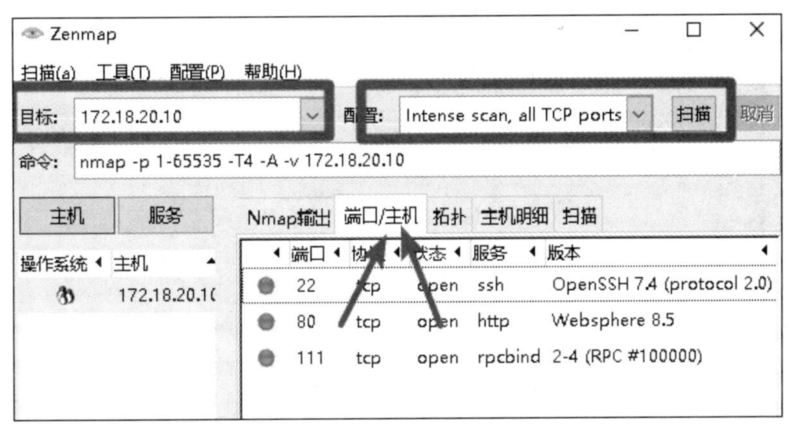

图 5-14　端口扫描

2. 学生任务二：查找敏感接口

学生使用桌面上的 Google Chrome 浏览器访问 http://172.18.20.10，在网页上点击右键，选择【查看网页源代码】。在网页源代码中未能发现敏感接口泄露(一般敏感接口会存在 js 文件中)，结果如图 5-15 所示。

```
Easy WEB    view-source:172.18.20.10/sho
不安全 | view-source:172.18.20.10/show.php
应用
1  <!DOCTYPE html>
2  <html>
3      <head>
4          <meta charset="utf-8"><!-- -->
5          <meta name="viewport" content="width=device-width, initial-scale=1.0" />
6          <meta http-equiv="X-UA-Compatible" content="ie=edge" />
7          <title>Easy WEB</title>
8          <link href="/static/Press+Start+2P.css" rel="stylesheet">
9          <link href="/static/nes.css" rel="stylesheet" />
10         <link href="/static/style.css" rel="stylesheet" />
11     </head>
12     <body>
13         <div class="container">
14             <div class="main-container">
15                 <header>
16                     <h1><a href="/" style="color: black;text-decoration:none;">Easy WEB</a></h1>
17                     <p>Try hard to hack me.</p>
18                     <section class="nes-container is-right with-title">
19                         <h2 class="title">Main PAGE</h2>
20                                         <form class="nes-field is-inline" action="show.php" method="POST">
21                             <input name="id" type="text" id="inline_field" class="nes-input is-primary" placeholder="input your teamId">
22                             <button type="submit" class="nes-btn is-primary">submit</button>
23                         </form>
24                                     </section>
25                 </header>
26             </div>
27         </div>
28     </body>
29 </html>
```

图 5-15　在网页中查找敏感接口

3. 学生任务三：使用 Acunetix Web Vulnerability Scanner(AWVS)进行漏洞扫描

学生点击桌面上的【Acunetix】，输入账号 admin@qq.com，密码 qq123456，登录后台，点击左侧的【Targets】目录下的【Add Target】，结果如图 5-16 所示。添加目标 IP：172.18.20.10，点击右上角的【Save】按钮，然后点击右上角的【Scan】按钮，弹出【Choose Scanning Opinions】对话框，点击【Create Scan】选项，使用 Acunetix 对拟态 Web 服务进行扫描，未能发现漏洞，结果如图 5-17 所示。

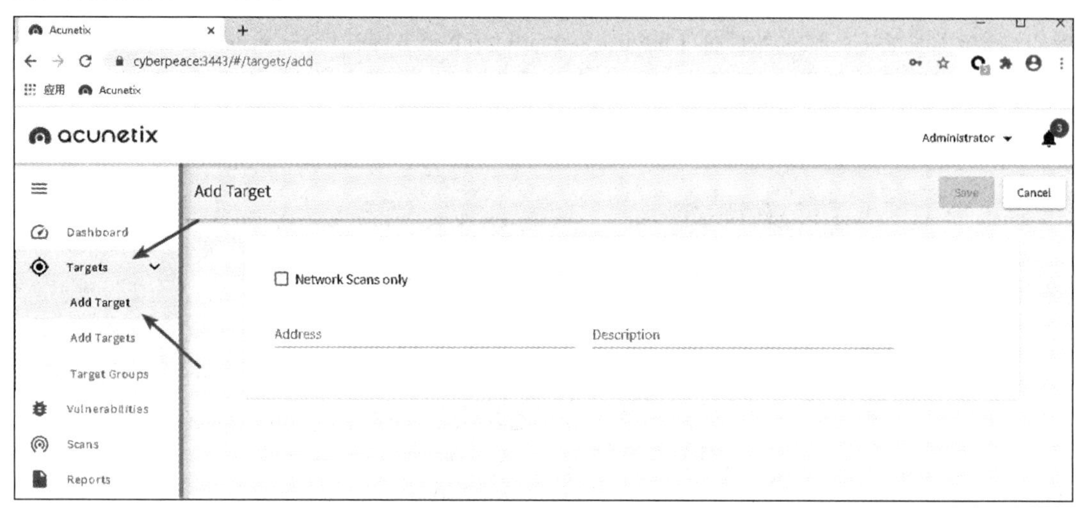

图 5-16 漏洞扫描

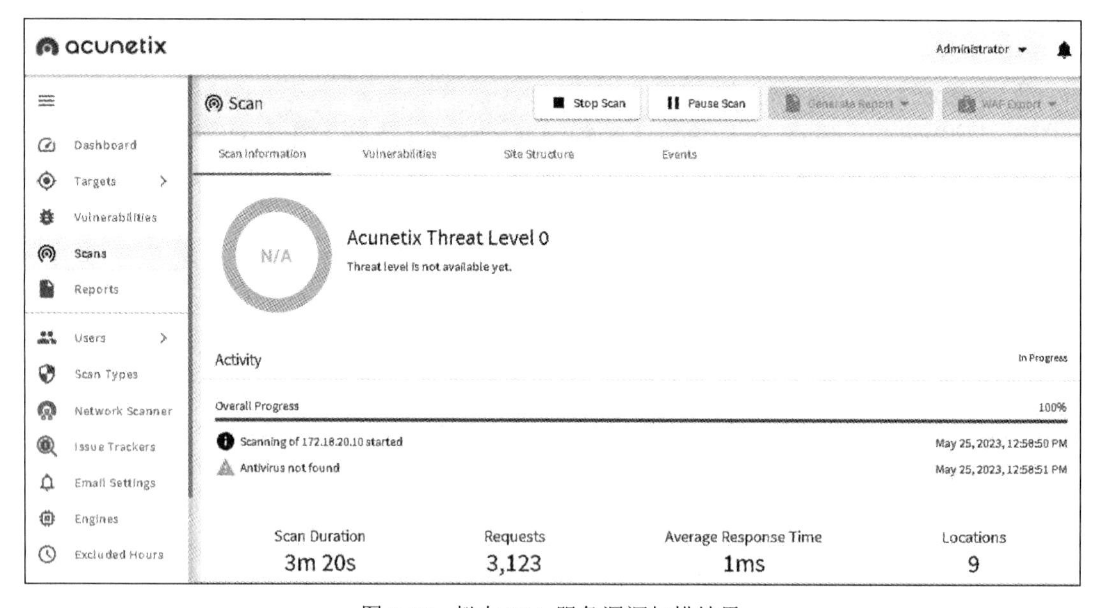

图 5-17 拟态 Web 服务漏洞扫描结果

4. 学生任务四：验证网站能否正常访问

学生使用桌面上的 Google Chrome 浏览器访问 http://172.18.20.10，检查网站是否能够正常访问。在攻击的过程中不断访问拟态 Web 服务器，验证攻击是否对拟态 Web 服务器造成影响。

5. 学生任务五：弱口令爆破

学生使用桌面上的“超级弱口令爆破”工具对拟态 Web 服务器(IP：172.18.20.10)的 SSH 服务进行弱口令猜解，填入目标 IP 地址，选择 SSH 服务器，设置完成之后点击【开始检查】按钮进行检查，结果如图 5-18 所示，说明口令爆破不成功。

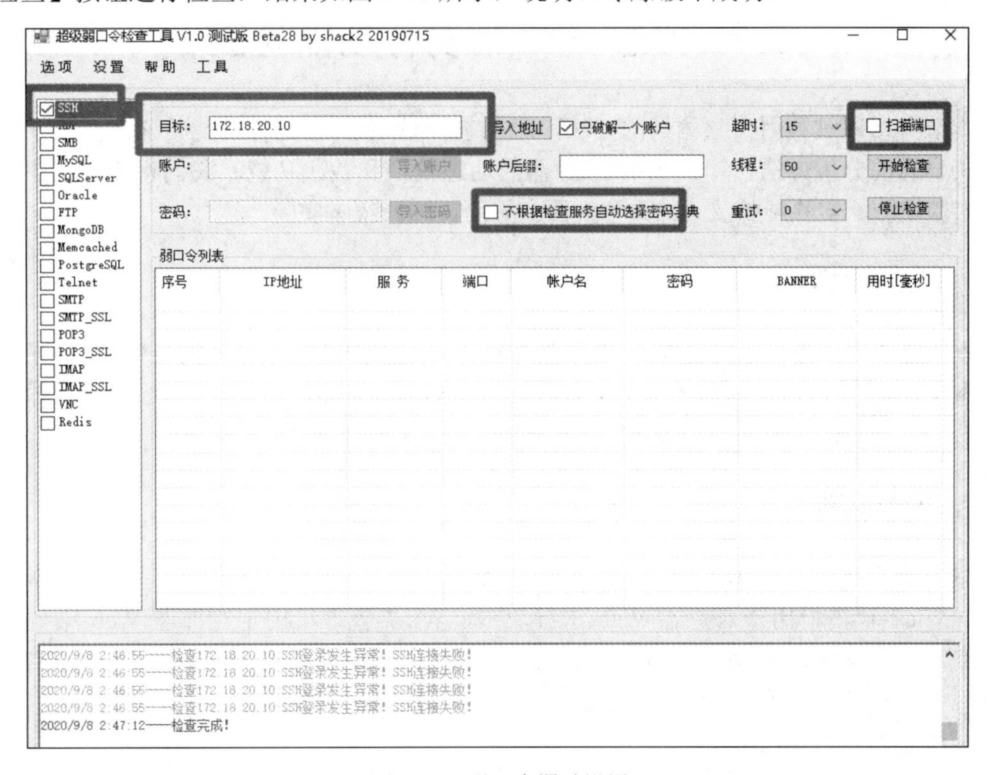

图 5-18　弱口令爆破设置

6. 教师任务一：裁决日志输出

首先教师登录拟态 Web 服务器，查看裁决日志，然后将裁决日志投至大屏，让学生一起查看和分析。具体操作为：登录 Win7-管理机，打开桌面上的 Xshell，登录拟态 Web 服务器；点击【新建】，输入拟态 Web 服务器的 IP 地址：172.18.20.10，输入完成之后点击【连接】；使用“cat /home/logs_2nd/error_local.txt”指令查看日志文件。由于在扫描的过程中存在 404 报错页面，每个执行体使用的中间件不一样，导致 http 响应长度不一样，造成拟态 Web 服务器裁决异常。

5.3.4　实验结果及分析

本实验场景考察了拟态 Web 服务器对抗基于漏洞的黑盒攻击能力。利用 Nmap 工具进行端口扫描，找出可以利用的端口信息；利用 js 文件查找可利用的敏感端口信息；再使用 AWVS 工具进行漏洞扫描，找出可以利用的漏洞信息。利用漏洞和对应的敏感端口信息，持续不断地向拟态 Web 服务器发起攻击，然后观察对应的网站，发现网站仍能够正常访问，说明无法利用单个执行体的漏洞或端口信息来破坏拟态 Web 服务器。利用超级弱口令爆破工具进行 SSH 连接测试，由于拟态 Web 服务器的执行体异构以及动态调度等特点，所以无法利用爆破工具连接到SSH服务。

本实验有助于学生掌握相关工具的使用方法，并通过对比正常Web服务器和拟态Web服务器的实验结果，理解Web服务器的架构和工作原理，掌握Linux下裁决日志的分析方法。

5.4 拟态Web服务器功能验证

本节介绍通过利用白盒测试的方法，对拟态Web服务器进行功能验证，要求学生掌握裁决日志的分析方法，理解Web服务器的动态轮换和裁决功能。我们将分别从实验内容、实验拓扑、实验步骤及其结果分析四个方面详细介绍本实验。

5.4.1 实验内容

本实验场景中包含了拟态Web服务器、Win7-攻击机和Win7-管理机。该实验场景考察了拟态Web对抗白盒攻击的能力。本实验场景中对拟态Web服务器中的单个执行体进行了篡改，然后验证篡改是否生效。

5.4.2 实验拓扑

本实验拓扑网络如图5-19所示。其中，默认网络用于接入Win7-管理机和Win7-攻击机，Win7-攻击机用于对拟态Web进行攻击，Win7-管理机用于对拟态Web服务器等进行管理。拟态Web服务器的IP地址为172.18.20.10。拟态Web服务器中有6个执行体，执行体的IP地址分别为172.18.10.111，172.18.10.112，172.18.10.113，172.18.10.121，172.18.10.122，172.18.10.123。

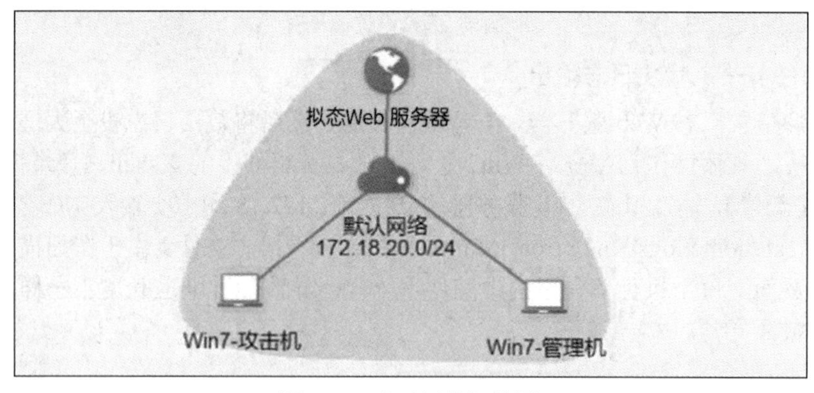

图5-19 实验网络拓扑图

5.4.3 实验步骤

拟态Web服务器功能验证和白盒测试的实验流程如下所述。

1. 学生任务一：验证网站能否正常访问

学生登录Win7-攻击机，使用桌面上的Google Chrome浏览器访问http://172.18.20.10，检查网站是否能够正常访问(在攻击的过程中不断访问拟态Web服务器，验证攻击是否对拟态 Web 服务器造成影响)。

2. 学生任务二：登录拟态 Web 服务器

学生使用 Xshell 登录拟态 Web 服务器，通过“ssh root@172.18.20.10”指令连接拟态 Web 服务器，其 IP 地址为 172.18.20.10，用户名为 root，密码为 comleader@123。完成登录后页面显示如图 5-20 所示。

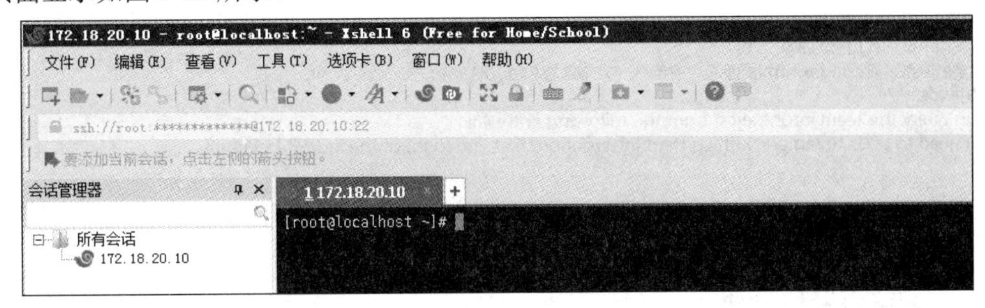

图 5-20　登录拟态 Web 服务器

3. 学生任务三：篡改执行体 Web 网页

学生在 Win7-攻击机中选择【拟态 Web 演示.exe】脚本程序，该脚本软件用于篡改执行体操作。右键选择【在此处打开命令行窗口】，把桌面上的“拟态 Web 演示.exe”拖进 cmd，然后按回车键，如图 5-21 所示。

```
C:\Users\Administrator\Desktop>C:\Users\Administrator\Desktop\拟态web演示.exe
[+] 拟态web服务器172.18.20.10连接成功，正在登录执行体: 172.18.10.121
[+] 172.18.10.121执行体篡改成功，请使用浏览器访问http://172.18.20.10 验证篡改是否成功
[+] 登陆服务器查看裁决日志  ip:172.18.20.10 user:root  pass:comleader@123

C:\Users\Administrator\Desktop>_
```

图 5-21　篡改 Web 执行体

4. 教师任务一：查看裁决日志

教师查看裁决日志，表决器告警日志路径为：tailf /home/logs_2nd/error_local.txt。裁决日志如图 5-22 所示。通过刷新 http://172.18.20.10 发现在裁决日志中日志信息不断增加，等待片刻会发现不再新增日志信息，说明有问题的执行体已经被清洗替换，拟态 Web 服务器可以正常访问，结果如图 5-23 所示。

```
[root@localhost ~]# tailf  /home/logs_2nd/error_local.txt
10/Apr/2021:17:03:13 +0800||2||/||172.18.10.112:80,172.18.10.121:80,172.18.10.123:80||200,200,200||Length:12
32,1230,1232||remote_addr:172.18.20.194||remote_user:nil||RF:1233,1231,1233||RS:0END

10/Apr/2021:17:03:13 +0800||2||/||172.18.10.112:80,172.18.10.121:80,172.18.10.123:80||200,200,200||Length:12
32,1230,1232||remote_addr:172.18.20.194||remote_user:nil||RF:1233,1231,1233||RS:0END

10/Apr/2021:17:03:14 +0800||2||/||172.18.10.112:80,172.18.10.121:80,172.18.10.123:80||200,200,200||Length:12
32,1230,1232||remote_addr:172.18.20.194||remote_user:nil||RF:1233,1231,1233||RS:0END

10/Apr/2021:17:03:14 +0800||2||/||172.18.10.111:80,172.18.10.121:80,172.18.10.122:80||200,200,200||Length:12
32,1230,1232||remote_addr:172.18.20.194||remote_user:nil||RF:1233,1231,1233||RS:0END

10/Apr/2021:17:03:14 +0800||2||/||172.18.10.112:80,172.18.10.121:80,172.18.10.123:80||200,200,200||Length:12
32,1230,1232||remote_addr:172.18.20.194||remote_user:nil||RF:1233,1231,1233||RS:0END
```

图 5-22　查看 Web 执行体裁决日志

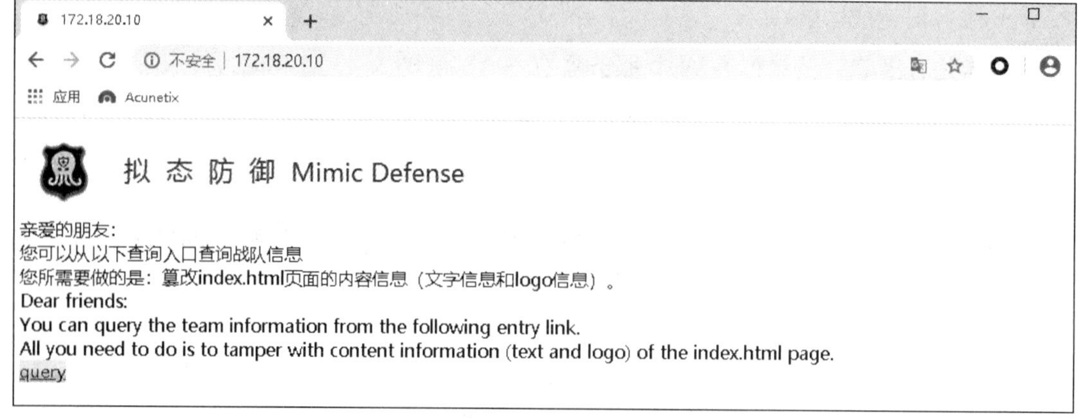

图 5-23 Web 执行体动态清洗

5.4.4 实验结果及分析

本实验场景考察了拟态 Web 服务器对抗白盒攻击的防御效果。教师利用 SSH 登录拟态 Web 服务器和执行体，进入 Web 目录，篡改单个 Web 执行体页面，发现单个执行体篡改成功；学生利用浏览器正常访问网站，发现网页显示正常，可以正常访问；教师到指定目录下观察裁决日志文件，发现篡改执行体反馈的响应结果和正常执行体的响应结果不同，刷新网页，执行体会进行动态切换，结果显示正常。

本实验需要学生掌握相关工具的使用方法，通过对拟态 Web 服务器白盒测试的实验结果进行分析，理解 Web 服务器的动态轮换和裁决功能。

5.5 拟态 Web 服务器夺旗实践

本节介绍利用黑盒测试的方法对拟态 Web 服务器进行功能测试，使学生掌握裁决日志的分析方法，理解 Web 服务器的执行体响应和裁决功能。我们将分别从实验内容、实验拓扑、实验步骤及其结果分析四个方面具体介绍本实验。

5.5.1 实验内容

本实验场景中包含了拟态 Web 服务器、Win7-攻击机和 Win7-管理机。该实验场景考察了拟态 Web 黑盒攻击的防御效果，攻击者对拟态 Web 服务器进行攻击，攻击目标是在代理服务器根目录中获取 Flag 文件。

5.5.2 实验拓扑

本实验的实验拓扑网络如图 5-24 所示，实验工具如表 5-3 所示。其中，默认网络用于接入 Win7-管理机和 Win7-攻击机，Win7-攻击机用于对拟态 Web 进行攻击，Win7-管理机用于对拟态 Web 服务器进行管理。拟态 Web 服务器的 IP 地址为 172.18.20.10。拟态 Web

服务器中有6个执行体，执行体的IP地址分别为172.18.10.111，172.18.10.112，172.18.10.113，172.18.10.121，172.18.10.122，172.18.10.123。

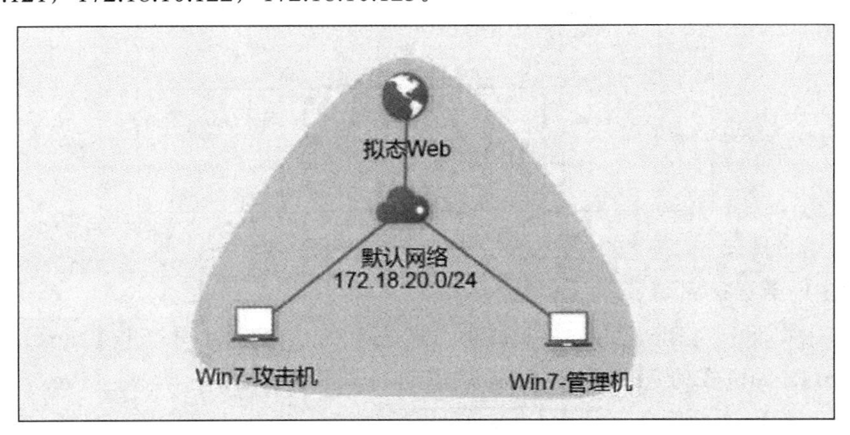

图 5-24　实验网络拓扑图

表 5-3　实 验 工 具

工具名称	作　用	备注
Zenmap	Zenmap 主要用来进行主机发现、端口扫描，并通过端口扫描推断运行系统及运行软件的版本	
Sqlmap	Sqlmap 是一个开放源代码的渗透测试工具，它可以自动检测和利用 SQL 注入漏洞并接管数据库服务器的过程	
Burp Suite	Burp Suite 是用于攻击 Web 应用程序的集成平台	
Webpathbrute	Webpathbrute 是一个目录扫描工具，它支持 php、aspx、jsp 等脚本语言，其原理是通过请求返回的信息来判断当前目录或文件是否真实存在	

5.5.3 实验步骤

拟态 Web 服务器 CTF 模式内部 Flag 窃取实验的实验流程如下所述。

1. 学生任务一：验证网站能否正常访问

学生登录 Win7-攻击机，使用桌面上的 Google Chrome 浏览器访问 http://172.18.20.10，检查网站是否能够正常访问(在攻击的过程中不断访问拟态 Web 服务器，验证攻击是否对拟态 Web 服务器造成影响)。

2. 学生任务二：端口扫描

学生使用桌面上的 Zenmap 工具对 172.18.20.10 进行端口扫描，在目标处输入 IP 地址，在配置处选择“Intense scan, all TCP ports”，命令处输入“nmap -p 1-65535 -T4 -A -v172.18.20.10”，配置完成之后点击【扫描】按钮。扫描完成之后，可以发现端口 22、80 和 111，如图 5-25 所示。

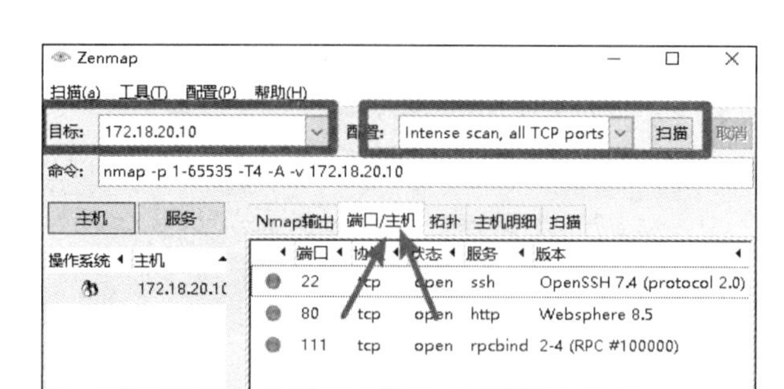

图 5-25　端口扫描

3. 学生任务三：启动 Burp Suite

学生双击桌面上的 Burp Suite 工具软件，点击【Run】按钮，再点击【Next】，然后点击【Start Burp】，即可成功完成 Burp Suite 的启动，如图 5-26 所示。点击【Proxy】模块中的【Inrercept is on】，关闭抓包。开启 Burp Suite 进行抓包，首先设置浏览器代理，在系统代理中选择【burp】，如图 5-27 所示。再点击【Proxy】模块中的【Intercept is off】，开启抓包。

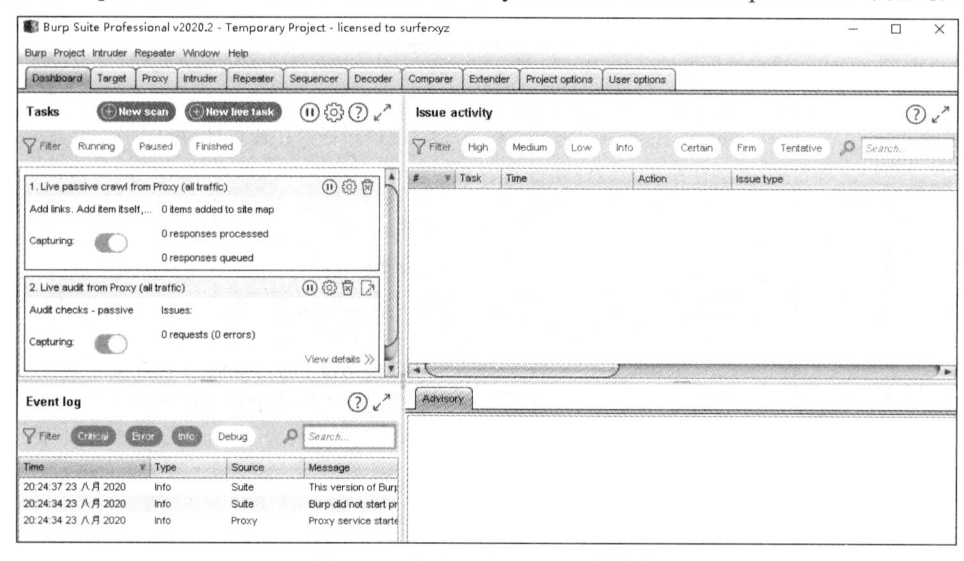

图 5-26　启动 Burp Suite 工具软件

图 5-27　浏览器设置代理

4. 学生任务四：SQL 注入漏洞测试

学生使用桌面上的 Google Chrome 浏览器访问 http://172.18.20.10/show.php/，在输入框中输入 111，点击【Submit】。可以在 Burp Suite 工具抓到的数据包中发现“id=111”。在桌面上新建 txt 文件，将 Burp Suite 数据包存在 txt 文件中，并重命名为 1.txt，如图 5-28 所示。打开 CMD 命令行，使用 sqlmap.py -r 1.txt --level 3 --batch 命令探测 SQL 注入漏洞，探测完成之后未发现漏洞，如图 5-29 所示。

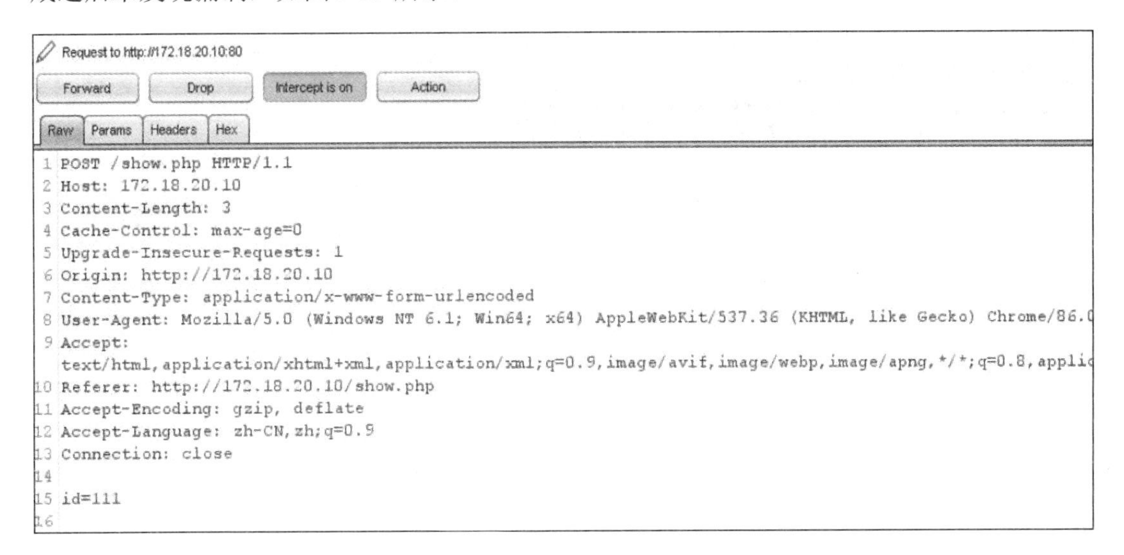

图 5-28　SQL 注入漏洞测试 1

```
[03:38:03] [INFO] testing 'MySQL >= 5.0.12 AND time-based blind (SLEEP - comment)'
[03:38:03] [INFO] testing 'MySQL >= 5.0.12 AND time-based blind (query SLEEP - comment)'
[03:38:04] [INFO] testing 'MySQL >= 5.0.12 RLIKE time-based blind'
[03:38:04] [INFO] testing 'MySQL >= 5.0.12 RLIKE time-based blind (query SLEEP)'
[03:38:04] [INFO] testing 'MySQL AND time-based blind (ELT)'
[03:38:05] [INFO] testing 'PostgreSQL > 8.1 AND time-based blind'
[03:38:05] [INFO] testing 'Microsoft SQL Server/Sybase time-based blind (IF)'
[03:38:05] [INFO] testing 'Oracle AND time-based blind'
[03:38:06] [INFO] testing 'MySQL >= 5.0.12 time-based blind - Parameter replace'
[03:38:06] [INFO] testing 'MySQL >= 5.0.12 time-based blind - Parameter replace (substraction)'
[03:38:06] [INFO] testing 'PostgreSQL > 8.1 time-based blind - Parameter replace'
[03:38:06] [INFO] testing 'Oracle time-based blind - Parameter replace (DBMS_LOCK.SLEEP)'
[03:38:06] [INFO] testing 'Oracle time-based blind - Parameter replace (DBMS_PIPE.RECEIVE_MESSAGE)'
[03:38:06] [INFO] testing 'MySQL >= 5.0.12 time-based blind - ORDER BY, GROUP BY clause'
[03:38:06] [INFO] testing 'PostgreSQL > 8.1 time-based blind - ORDER BY, GROUP BY clause'
[03:38:06] [INFO] testing 'Oracle time-based blind - ORDER BY, GROUP BY clause (DBMS_LOCK.SLEEP)'
[03:38:06] [INFO] testing 'Oracle time-based blind - ORDER BY, GROUP BY clause (DBMS_PIPE.RECEIVE_MESSAGE)'
[03:38:06] [INFO] testing 'Generic UNION query (NULL) - 1 to 10 columns'
[03:38:07] [INFO] testing 'Generic UNION query (random number) - 1 to 10 columns'
[03:38:08] [INFO] testing 'MySQL UNION query (NULL) - 1 to 10 columns'
[03:38:09] [INFO] testing 'MySQL UNION query (random number) - 1 to 10 columns'
[03:38:10] [WARNING] parameter 'User-Agent' does not seem to be injectable
[03:38:10] [CRITICAL] all tested parameters do not appear to be injectable. Try to increase values for '--level'/'--risk
 options if you wish to perform more tests. If you suspect that there is some kind of protection mechanism involved (e.
g. WAF) maybe you could try to use option '--tamper' (e.g. '--tamper=space2comment') and/or switch '--random-agent'

[*] ending @ 03:38:10 /2020-09-08/
```

图 5-29　SQL 注入漏洞测试 2

5. 学生任务五：XSS 漏洞测试

学生使用刚刚 SQL 注入的数据包，点击【Action】，选择【Send to Intruder】并将其发送到【Intruder】模块，如图 5-30 所示。然后选择【Payload】模块，在【Add from list】中

选择【Fuzzing -XSS】，载入 XSS Payload。配置完成之后点击【Start Attack】按钮，通过网站的相应长度进行判断，发现该接口不存在 XSS 漏洞，如图 5-31 所示。

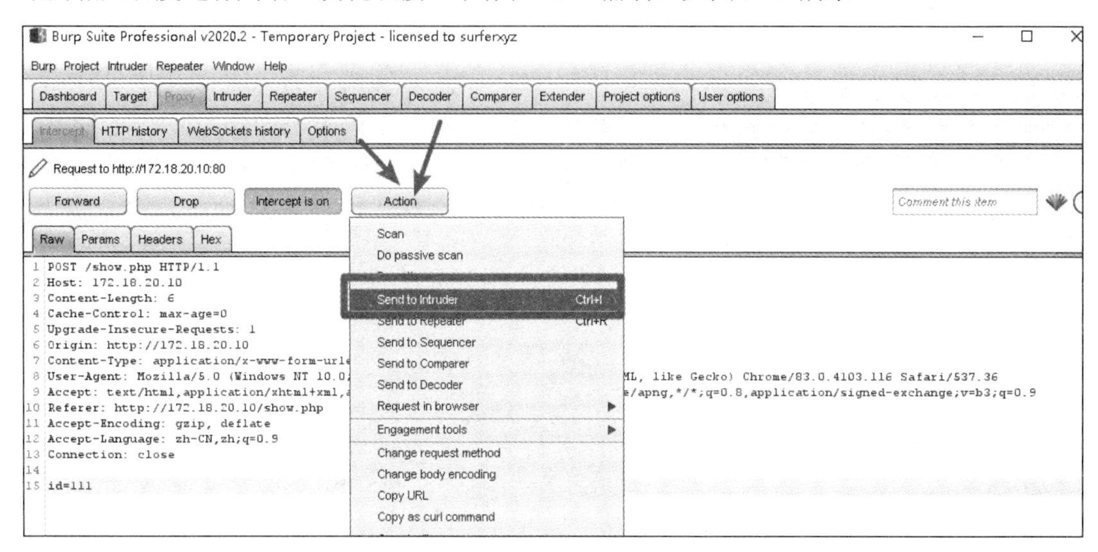

图 5-30　XSS 漏洞测试

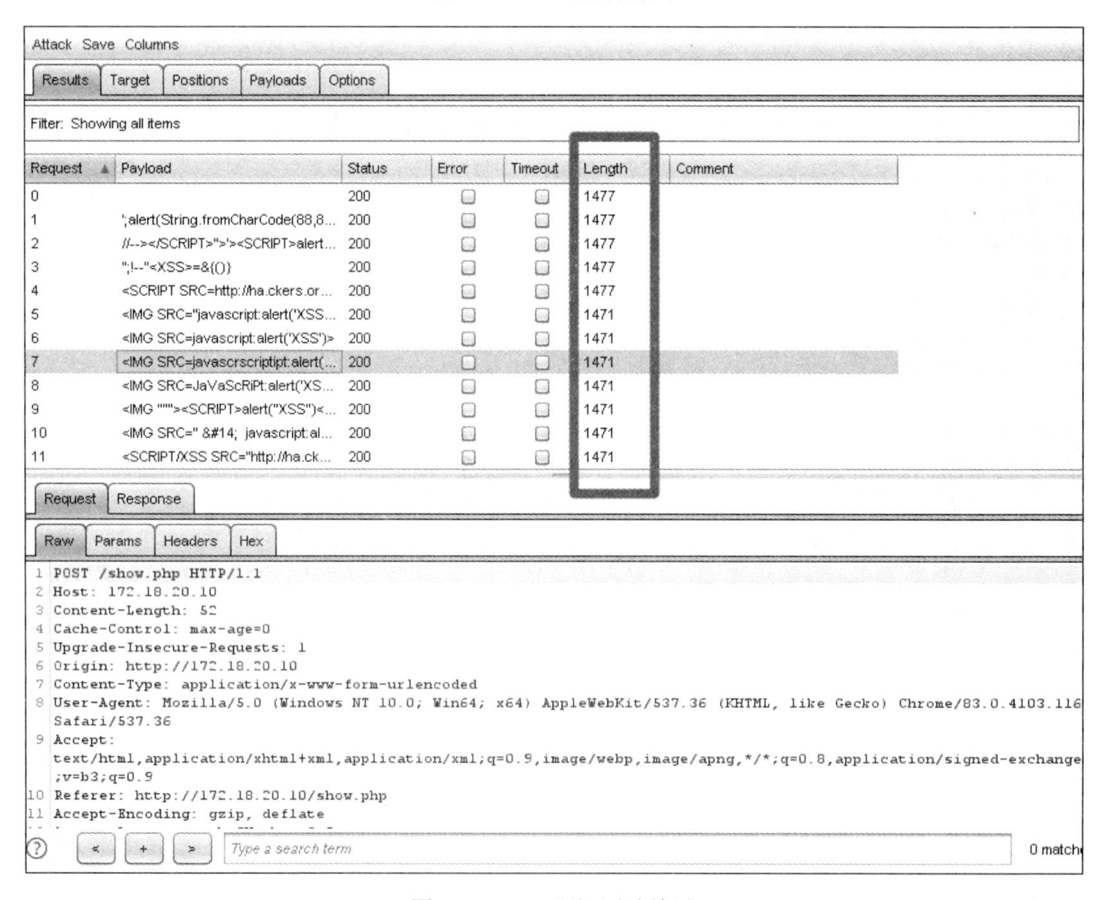

图 5-31　XSS 漏洞测试结果

6. 学生任务六：目录扫描

学生使用桌面上的目标扫描工具对网站目录进行扫描，首先在探测目标处填入目标的 IP 地址，将并发线程数修改为 5，点击【扫描】按钮即可。扫描完成之后未发现敏感目录，如图 5-32 所示。类似操作未发现敏感文件，如图 5-33 所示。

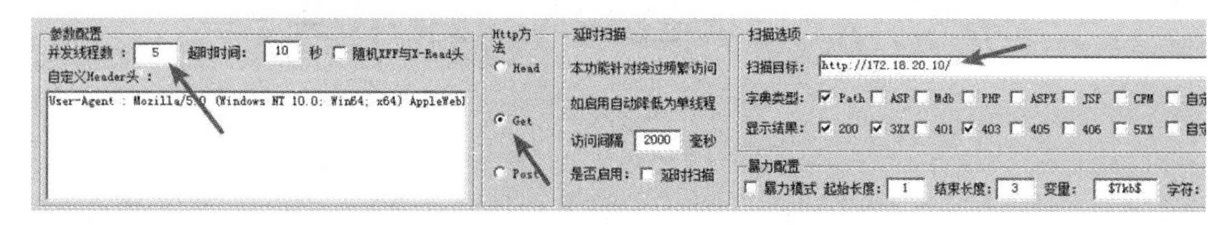

图 5-32　敏感目录扫描结果

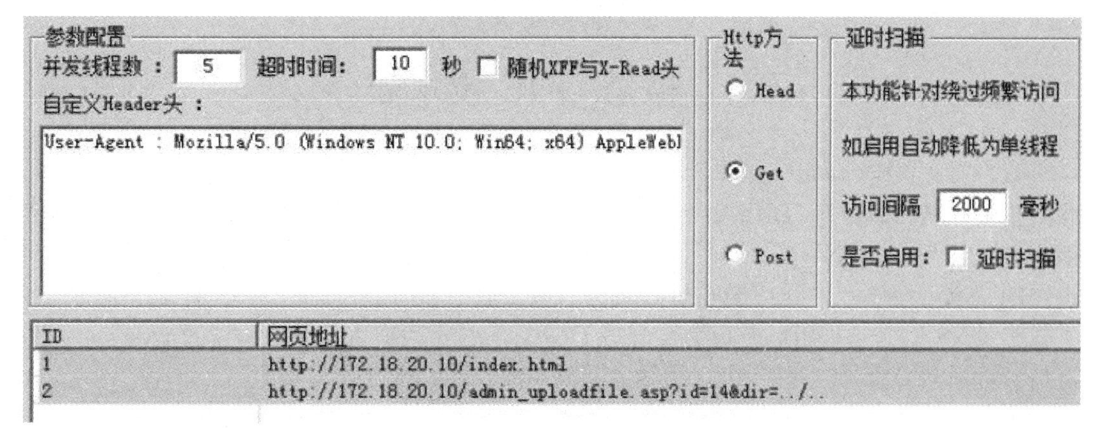

图 5-33　敏感文件扫描结果

7. 教师任务一：裁决日志输出

教师首先登录拟态 Web 服务器，查看裁决日志，然后将裁决日志投至大屏让学生一起查看和分析。登录 Win7-管理机，打开桌面上的 Xshell，登录拟态 Web 服务器。点击【新建】按钮，输入拟态 Web 服务器的 IP 地址 172.18.20.10，登录完成之后点击【连接】。使用 cat /home/logs_2nd/error_local.txt 指令查看日志文件。由于在扫描的过程中存在 404 报错页面，每个执行体使用的中间件不一样，导致 http 响应长度不一样，造成拟态 Web 裁决异常。

5.5.4　实验结果及分析

本实验场景考察了拟态 Web 服务器对抗黑盒攻击的防御效果。学生利用端口扫描、漏洞扫描工具获取漏洞信息，利用 SQL 注入漏洞进行测试，均未发现相关的异常信息。教师登录拟态 Web 服务器，查看相对应的裁决日志。由于在扫描的过程中存在 404 报错页面，每个中间件的 http 响应长度不一样，导致裁决异常。

本实验需要学生掌握相关工具的使用方法，通过对拟态 Web 服务器对抗黑盒测试的实验结果分析，使学生理解和掌握 Web 服务器的执行体响应和裁决功能。

第 6 章　拟态 DNS 技术实践

本章简要介绍拟态 DNS 技术，并通过对拟态 DNS 进行黑盒漏洞攻击、缓存投毒攻击以及功能验证等三个实践来加深学生对拟态 DNS 防御原理和技术的理解。

6.1　拟态 DNS 技术简介

域名服务器(Domain Name Server，DNS)是一种计算机网络服务器，包含许多 IP 地址及其相关域名的数据库。DNS 用于将域名转换为 IP 地址，以便计算机知道将请求的内容连接到哪个 IP 地址。DNS 在帮助我们方便地使用互联网方面发挥着重要作用，它是互联网最重要的基础设施之一。支持拟态防御功能的域名服务器(以下简称“拟态域名服务器”或“拟态 DNS”)是指采用拟态防御架构的 DNS，其在不改变现有域名协议的基础上，可以有效应对面向 DNS 的多种攻击，如黑盒漏洞利用攻击和缓存投毒攻击等。

6.1.1　功能介绍

拟态 DNS 整体功能上和现有 DNS 相同，依据拟态防御架构的特点，拟态 DNS 主要包含域名协议执行体、输入分配器、输出裁决器和反馈控制器四个关键功能模块，下面分别进行介绍。

1. 域名协议执行体

域名协议执行体实现现有 DNS 的主要功能，多个域名协议执行体之间功能等价、实现方式异构。

2. 输入分配器

输入分配器(也常被称作“输入代理”)主要将外部输入激励分配到指定的异构执行体，以便能动态地从所有 n 个异构执行体中选择出 m 个($m \leqslant n$)元素组成当前执行体服务集，并能够对输入激励报文进行缓存、修改和复制，能够滤除输入激励的指纹特征信息。

3. 输出裁决器

输出裁决器主要依据输出裁决策略执行裁决处理，并支持响应报文的缓存、修改和发送，能够滤除输出响应报文的指纹特征信息。

4. 反馈控制器

反馈控制器具备对输入分配器、域名协议执行体和输出裁决器等进行操作的能力，能够获取上述单元的状态并管理相关控制策略。

6.1.2　系统架构

拟态 DNS 的总体架构如图 6-1 所示，它将前述的输入分配器、域名协议执行体、输出裁决器以及反馈控制器等关键功能模块组合成一个有机的整体。

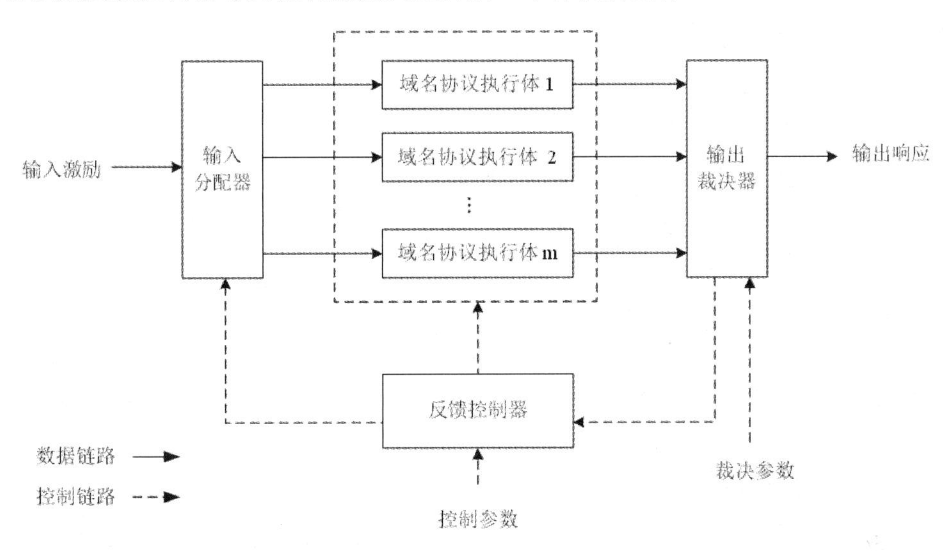

图 6-1　拟态 DNS 总体架构

输入分配器根据反馈控制器指令，将输入激励复制并导向到当前的异构执行体集，以便能动态地从所有 n 个异构执行体中选择出 m 个(m≤n)元素组成当前执行体集。输入分配器根据输入分配策略，完成输入激励报文的输入分配、数据代理和内容过滤功能，并把处理后的报文复制分发给被选择的执行体。域名协议执行体实现通用技术要求中规定的域名协议处理功能，并能够提供多个功能等价的利用不同结构或算法实现的软硬件域名协议执行体。域名协议执行体提供满足功能、性能、数量、异构性、动态性、安全性等设计要求的执行体集合。输出裁决器从收到的多个冗余输入中根据设定的裁决条件产生一个结果作为输出，产生结果输出的方式(融合或选择)由具体的裁决策略确定。输出裁决器可以通过反馈控制器动态地指定从 m 个当前服务域名协议执行体中选择出 k 个(k≤m)执行体的输出结果进行裁决。输出裁决器根据裁决策略，在线完成执行体响应报文的输出裁决、数据代理和内容过滤功能，并把裁决产生的响应报文输出给用户。反馈控制器根据输入分配器、域名协议执行体、输出裁决器等状态，基于给定的算法和参数或通过自学习机制生成的控制策略，动态生成到其他单元的反馈操作指令，实现对整个系统的安全鲁棒控制。

6.1.3　关键技术

本节对拟态 DNS 的关键技术进行简单介绍，主要包括输入分发技术、拟态裁决技术、异构执行体池技术、动态调度技术以及反馈控制与决策技术等。

1. 输入分发技术

输入分发技术主要对进入代理的消息进行检测和识别，实现授权输入消息的动态复制分发；根据消息协议不同分别进行有状态操作和无状态操作，有状态操作对复制分发的消息进行修改并记录状态，无状态操作仅进行复制分发；对非授权业务消息进行过滤及威胁感知，阻挡安全威胁；进行子网隔离，保证在消息分发过程中，使用相同的地址配置和功能配置的异构执行体并行运行程序。

2. 拟态裁决技术

拟态裁决技术可以完成比特级、载荷级、行为级、内容级的比对，对同一个输入消息的多个响应能按照特定算法投票选择，并具有对系统内部功能执行体异常的感知能力。

3. 异构执行体池技术

异构执行体池技术主要用于构建具有不同元功能的异构执行体单元，相同功能的执行体被划分到不同的子网，彼此之间相互隔离不能通信；同一个子网的异构执行体属于不同的功能面，由输入代理确保不同子网内执行体数据和状态机的一致性和完整性。

4. 动态调度技术

动态调度技术负责管理异构执行体池及其功能子池内执行体的运行，按照指定的调度策略(例如基于执行体可信度的随机调度策略和基于执行体性能权重的随机调度策略等)，动态调度多个异构功能执行体。

5. 反馈控制与决策技术

反馈控制与决策技术主要负责系统关键功能模块状态的感知和综合判决，例如，对异构执行体的组合方式、调度策略、拟态裁决算法以及输入代理等运行参数进行主动调整，对不可信的功能执行体进行下线清洗和数据回滚。

6.1.4 典型应用场景

拟态 DNS 可用于对域名解析具有较高安全等级要求的各类专用和民用场合，如政务内部网络域名解析、互联网骨干网络的域名解析等。

6.2 针对拟态 DNS 技术的黑盒漏洞利用攻击实践

6.2.1 实验内容

考察拟态 DNS 对抗黑盒漏洞利用攻击的能力，使用端口扫描工具对拟态 DNS 进行端口扫描，并利用扫描结果进行漏洞攻击。

6.2.2 实验拓扑

本次实验的网络拓扑结构如图 6-2 所示。本实验网络结构由拟态 DNS 设备、默认网络、Kali-攻击机和 Win7-管理机等四个部分组成。拟态 DNS 设备亦称为拟态 DNS(下同)，用于提供该实践所需的域名解析服务，它包含 5 个异构执行体，5 个执行体的 IP 地址分别为 192.168.11.11，192.168.11.12，192.168.11.13，192.168.11.14，192.168.11.15；裁决器的 IP 地址为 192.168.11.16。默认网络用于对拟态 DNS 设备、Win7-管理机和 Kali-攻击机进行组网，其中，拟态 DNS 设备的 IP 地址为 192.168.11.17。Win7-管理机用于教师管理拟态 DNS 设备，调整拟态 DNS 内部参数等。Kali-攻击机用于对拟态 DNS 进行攻击，验证攻防效果。

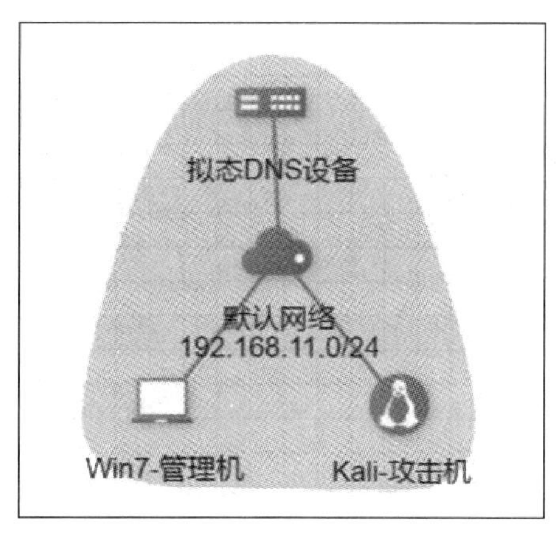

图 6-2　拟态 DNS 技术的黑盒漏洞利用攻击实验网络拓扑

6.2.3　实验步骤

1. 学生任务一：使用 Nmap 进行网段扫描

学生登录 Kali-攻击机，进入命令行终端，并使用 Nmap 软件对 192.168.11.0 网段进行半开放扫描，命令为 nmap -sS -p1 -65535 192.168.11.1/24，结果如图 6-3 所示，从扫描结果中可以看出存活的主机及开放的服务端口，学生即攻击者可以利用这些信息对相应的主机进行攻击。

```
root@kali:~# nmap -sS -p1-65535 192.168.11.1/24
Starting Nmap 7.80 ( https://nmap.org ) at 2020-09-16 11:38 CST
Nmap scan report for 192.168.11.1
Host is up (0.0014s latency).
Not shown: 65534 closed ports
PORT   STATE SERVICE
53/tcp open  domain
MAC Address: FA:16:3E:E3:18:C2 (Unknown)

Nmap scan report for 192.168.11.2
Host is up (0.0012s latency).
Not shown: 65534 closed ports
PORT   STATE SERVICE
22/tcp open  ssh
MAC Address: 00:0C:29:E9:DB:CC (VMware)

Nmap scan report for 192.168.11.11
Host is up (0.00035s latency).
Not shown: 65530 closed ports
PORT      STATE SERVICE
53/tcp    open  domain
953/tcp   open  rndc
9222/tcp  open  teamcoherence
12347/tcp open  unknown
12348/tcp open  unknown
MAC Address: 00:0C:29:22:87:32 (VMware)
```

图 6-3　Nmap 扫描结果

2. 学生任务二：目录扫描

学生在Kali-攻击机中打开网络浏览器，使用浏览器访问网址https://192.168.11.17:9090，提示404信息，结果如图6-4所示，表明无法直接通过IP+端口对拟态DNS设备进行访问。

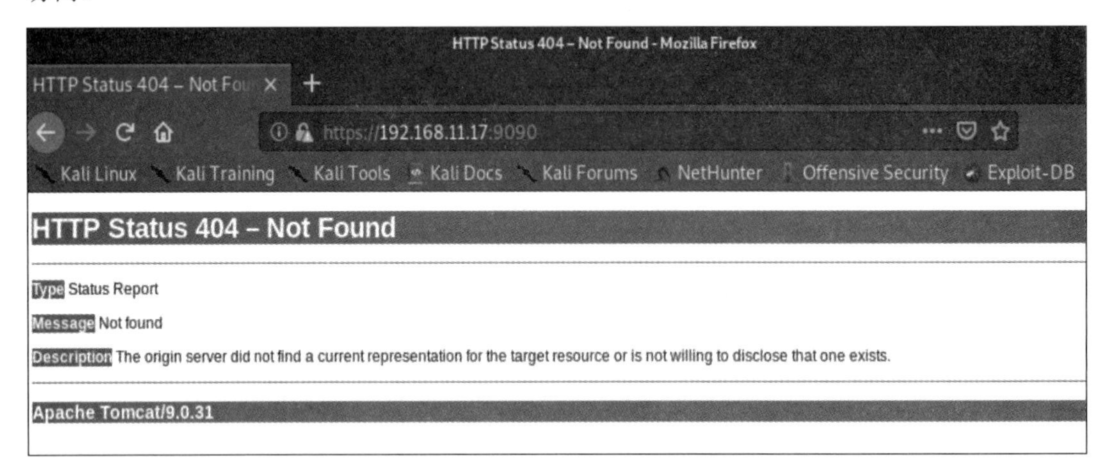

图 6-4　访问出错

学生尝试使用Wfuzz工具对拟态DNS设备目录进行扫描，在Kali-攻击机命令终端中使用命令：wfuzz -w /root/桌面/Tools/Dic/dir.txt –hc 502,404,400,401 https://192.168.11. 17:9090/FUZZ，结果如图6-5所示，表明无法扫描到有效目录。

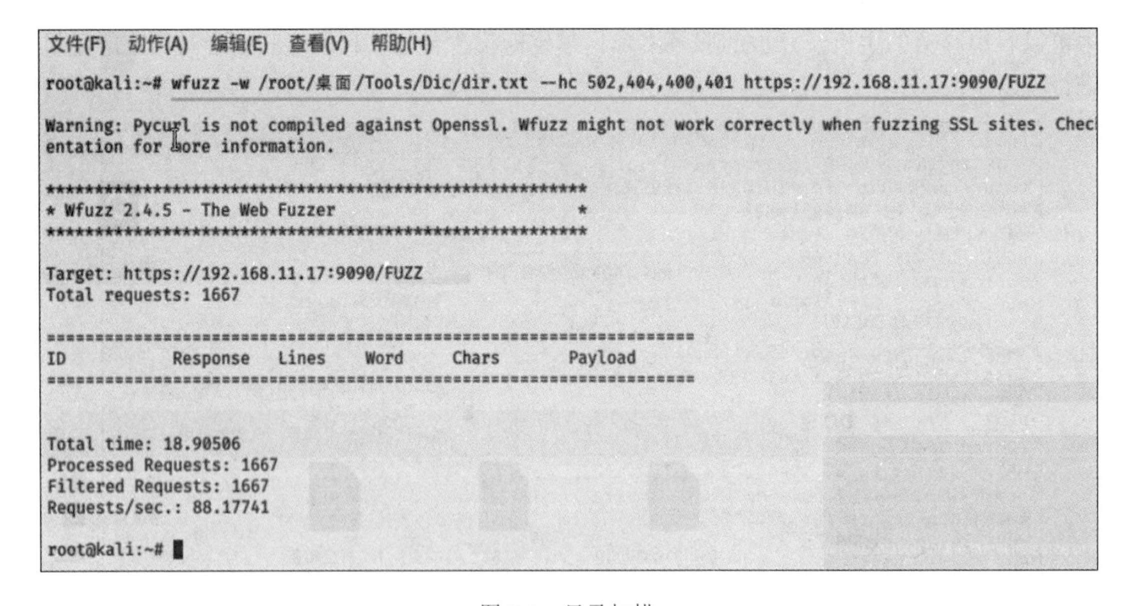

图 6-5　目录扫描

3. 学生任务三：弱口令爆破

在Kali-攻击机中，学生使用Hydra工具对SSH进行弱口令猜解，具体命令为hydra -l root -P /root/桌面/Tools/top500.txt -s 9222 ssh://192.168.11.17，结果如图6-6所示，表明未发现弱口令。

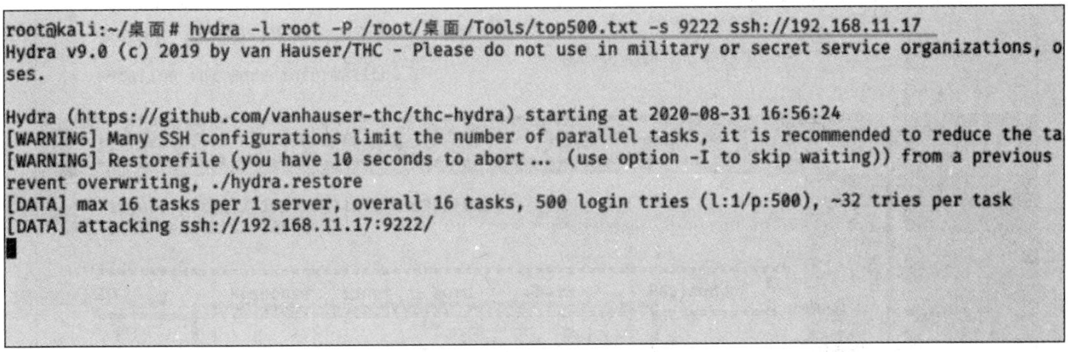

```
root@kali:~/桌面# hydra -l root -P /root/桌面/Tools/top500.txt -s 9222 ssh://192.168.11.17
Hydra v9.0 (c) 2019 by van Hauser/THC - Please do not use in military or secret service organizations, o
ses.

Hydra (https://github.com/vanhauser-thc/thc-hydra) starting at 2020-08-31 16:56:24
[WARNING] Many SSH configurations limit the number of parallel tasks, it is recommended to reduce the ta
[WARNING] Restorefile (you have 10 seconds to abort... (use option -I to skip waiting)) from a previous
revent overwriting, ./hydra.restore
[DATA] max 16 tasks per 1 server, overall 16 tasks, 500 login tries (l:1/p:500), ~32 tries per task
[DATA] attacking ssh://192.168.11.17:9222/
```

图 6-6　弱口令扫描

4. 学生任务四：验证攻击效果

学生在 Kali 中修改 DNS 解析记录，使用命令 vim /etc/resolv.conf 打开域名解析的配置文件，使用命令 nameserver 192.168.11.16 添加新的 DNS 服务器，如图 6-7 所示。然后，使用 nslookup 命令验证百度解析是否正常，设定百度域名对应的正确 IP 地址为 61.135.169.121，解析结果如图 6-8 所示，表明解析正常。在前述攻击过程中需要通过不断验证百度域名解析是否正常来判定攻击是否成功。

```
文件(F)   动作(A)   编辑(E)   查看(V)   帮助(H)

# Generated by NetworkManager
search openstacklocal
nameserver 8.8.8.8
nameserver 192.168.11.16
~
~
```

图 6-7　配置域名服务器

```
root@kali:~/桌面# nslookup www.baidu.com
Server:         192.168.11.16
Address:        192.168.11.16#53

Name:   www.baidu.com
Address: 61.135.169.121

root@kali:~/桌面#
```

图 6-8　解析百度域名

5. 教师任务一：解析内部域名

授课教师在 Win7-管理机中使用桌面上的 Google Chrome 浏览器登录拟态 DNS 设备后台，后台地址为 https://192.168.11.17:9090/rssmc/loginpc.jsp，后台用户名为 admin，后台密码为 Stone#2020!。登录成功之后，点击左边功能栏中的【DNS 管理工具】→【域名解析工具】，在查询域名处输入“www.baidu.com”，再点击【查询】按钮进行解析，检查是否存在异常，如图 6-9 所示。

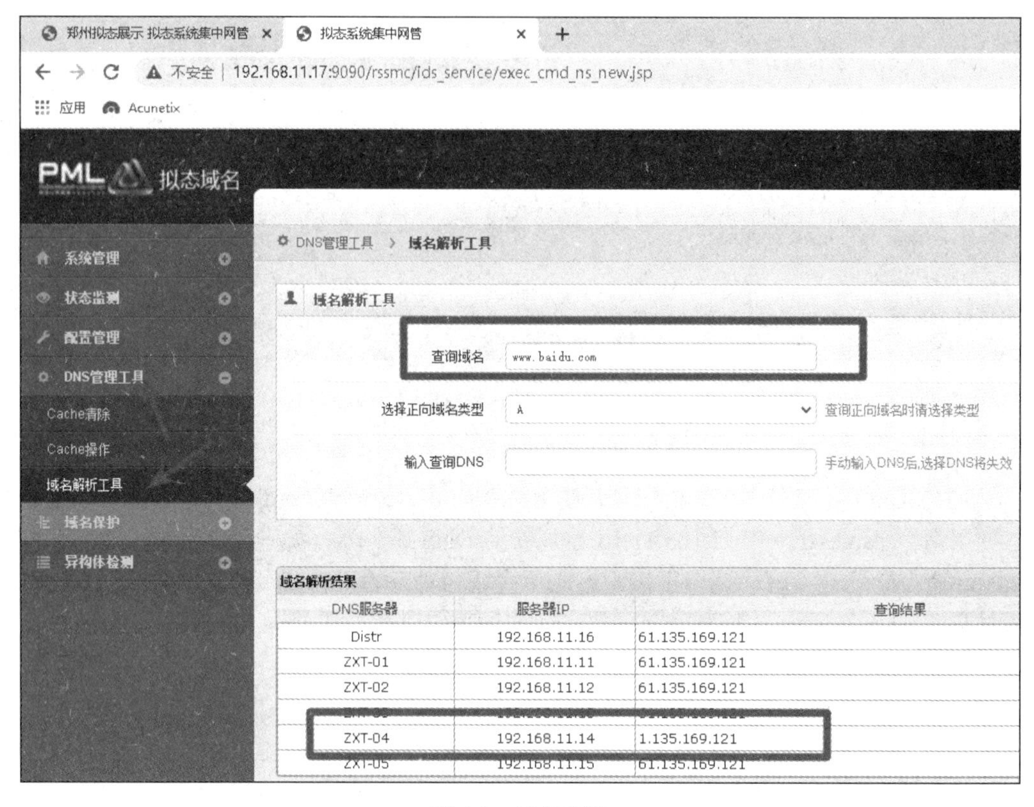

图 6-9　域名查询

6. 教师任务二：查看轮换记录

授课教师在左边功能栏中选择【异构体检测】→【异构体检测结果】查看各执行体轮换记录，如图 6-10 所示。

异构体检测 > 异构体检测结果

异构体列表

设备名称	设备ip	设备状态	设备版本	服务状态	裁决体设备信息
ZXT-01	192.168.11.11	正常	bind 9.5以上	上线	Distr
ZXT-02	192.168.11.12	正常	bind 9.5以上	上线	Distr
ZXT-03	192.168.11.13	正常	bind 9.5以上	上线	
ZXT-04	192.168.11.14	正常	bind 9.5以上	上线	
ZXT-05	192.168.11.15	正常	bind 9.5以上	上线	Distr

检测日志表

异构体名称	异构体ip	处理类型	处理信息	处理时间
ZXT-04	192.168.11.14	上线	备用异构体上线成功	2020-09-01 16:07:14
ZXT-04	192.168.11.14	修复	备用异构体恢复成功	2020-09-01 16:07:14
ZXT-04	192.168.11.14	下线	备用异构体下线	2020-09-01 16:07:14
ZXT-04	192.168.11.14	检测结果	类型A存在的异常解析： 域名：www.baidu.com　正确解析：[61.135.169.	2020-09-01 16:07:14
ZXT-04	192.168.11.14	上线	备用异构体上线成功	2020-09-01 15:57:14
ZXT-04	192.168.11.14	修复	备用异构体恢复成功	2020-09-01 15:57:14
ZXT-04	192.168.11.14	下线	备用异构体下线	2020-09-01 15:57:14
ZXT-04	192.168.11.14	检测结果	类型A存在的异常解析： 域名：www.baidu.com　正确解析：[61.135.169.	2020-09-01 15:57:14
ZXT-04	192.168.11.14	上线	上线成功	2020-09-01 15:55:14
ZXT-04	192.168.11.14	修复	恢复成功	2020-09-01 15:55:14

图 6-10　执行体轮换记录

7. 教师任务三：调整内部参数

由授课教师选择功能栏中的【系统管理】→【设备管理】分发裁决体列表，点击修改下面的按钮。在此，可以手动对执行体进行上/下线操作，也可以进行手动轮换。现将“ZXT-03”执行体挂载上去，将“ZXT-05”执行体下线。具体操作为选择“ZXT-05”，点击【卸载】，点击“ZXT-03”，再点击【挂载】，修改完成后点击【确认】，如图 6-11 所示。再次查看在线执行体，可以看到修改成功，如图 6-12 所示。

图 6-11　修改挂载执行体

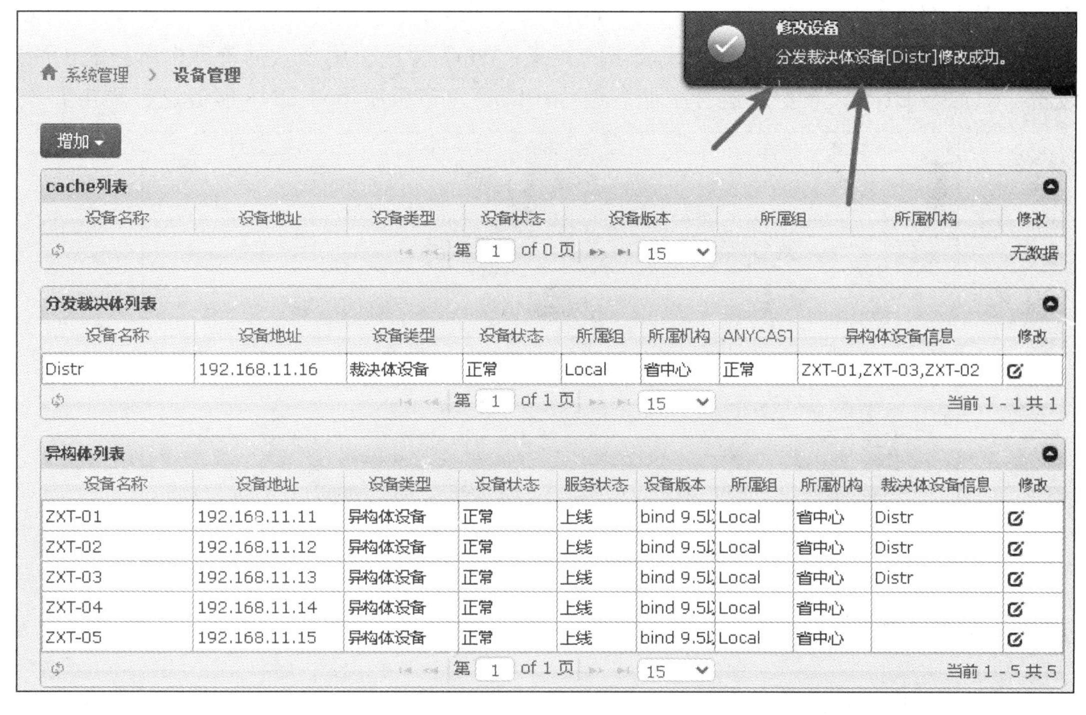

图 6-12　在线执行体信息

8. 教师任务四：重复实验

教师调整参数后，提示学生重复进行实验，验证实验结果是否符合预期。

6.2.4 实验结果及分析

本实验场景考察了拟态 DNS 抵抗黑盒漏洞利用攻击的可行性，证明了拟态防御机制在 DNS 防护中的有效性。

6.3 针对拟态 DNS 技术的缓存投毒攻击实践

6.3.1 实验内容

本次实验内容主要考察拟态 DNS 应对缓存投毒攻击的能力。具体地，学生对虚拟 DNS(在虚拟机中搭建 DNS 服务)和拟态 DNS 分别进行缓冲投毒攻击，通过对比攻击结果来验证拟态 DNS 应对投毒攻击的有效性。

6.3.2 实验拓扑

本次实验的网络拓扑如图 6-13 所示，由拟态 DNS 设备、默认网络、DNS 服务器、Web 服务器、PC-1、PC-2、Win7-管理机、Kali-攻击机等八个部分组成。其中，拟态 DNS 设备亦称为拟态 DNS(下同)；默认网络用于连接本实验用到的所有设备；DNS 服务器即虚拟 DNS；Web 服务器用于部署网站，验证攻防效果；PC-1 用于验证针对虚拟 DNS 攻击的效果；PC-2 可用于验证针对拟态 DNS 攻击的效果；Win7-管理机用于教师管理控制拟态 DNS 设备，对拟态 DNS 设备参数进行主动调整等；Kali-攻击机用于对 DNS 服务进行攻击。

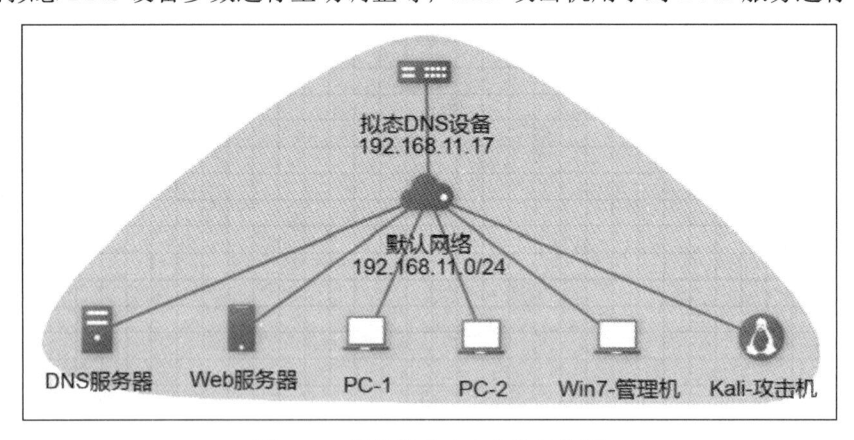

图 6-13 缓存投毒攻击实验拓扑图

6.3.3 实验步骤

1. 学生任务一：配置缓存投毒工具

学生登录 Kali-攻击机，打开终端，在命令行中输入命令 vim /etc/ettercap/etter.DNS，打开 etter.DNS 文件。然后，在 etter.DNS 中新增解析记录，如图 6-14 所示，图中的 IP 地址为 Web 服务器的 IP 地址。在拓扑图中可看到对应设备的 IP 地址，每次启动场景 IP 地址会变化。

```
63 www.microsoft.com  PTR 107.170.40.56      # Wildcards in PTR are not allowed
64 * A   192.168.11.23
65 ##############################################
66 # no one out there can have our domains ...
67 #
68
69 www.alor.org  A 127.0.0.1 2147483647        # It shall last forever!
70 www.naga.org  A 127.0.0.1 30                # Or only 30 seconds
71 www.naga.org  AAAA 2001:db8::2              # Default is 3600 seconds (1 hour)
72
73 ##############################################
74 # dual stack enabled hosts does not make life easy
75 # force them back to single stack
76
77 www.ietf.org   A    127.0.0.1
78 www.ietf.org   AAAA ::
79
80 www.example.org  A    0.0.0.0
-- 插入 --
```

图 6-14　查看 Web 的 IP 地址

2. 学生任务二：配置 DNS 服务器

学生登录 DNS 服务器，查看 DNS 服务器的 IP 地址，在 DNS 中增加域名，在 DNS 管理器中，右键选择【新建主机】，如图 6-15 所示，在名称中填入 www，在 IP 地址处填入 Web 服务器的 IP 地址 192.168.11.233，填好之后点击【添加主机】，在拓扑图中可看到 Web 服务器对应的 IP 地址。需要注意的是每次启动场景，Web 服务器的 IP 地址都会变化。

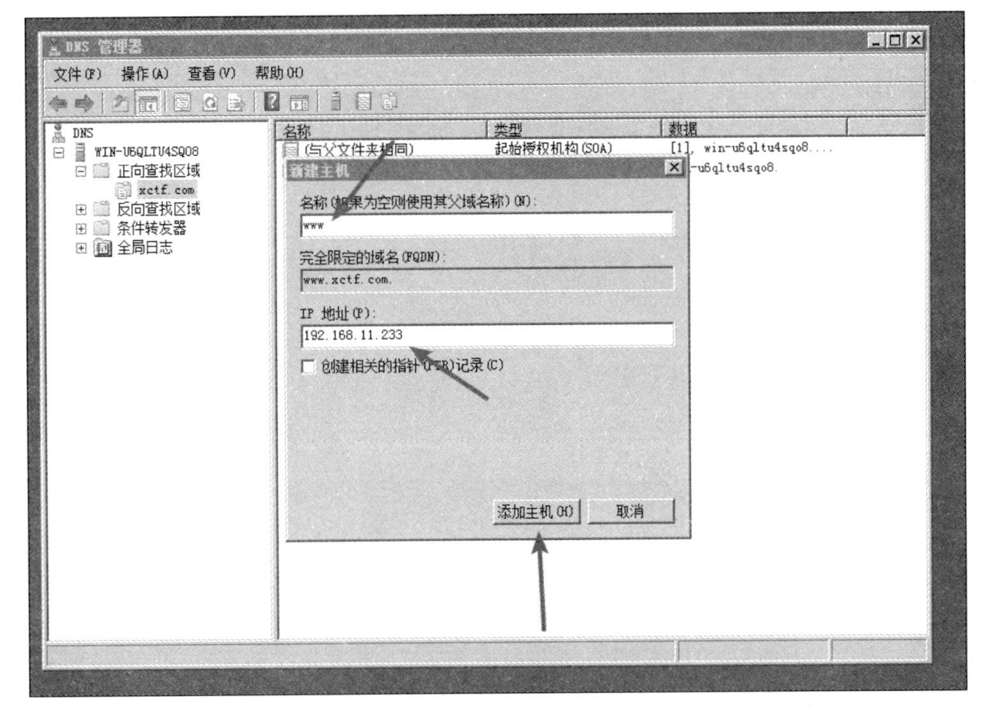

图 6-15　添加域名解析

3. 学生任务三：设置 DNS 解析记录

学生将拓扑图中的 Win7-管理机、Web 服务器、PC-1 和 PC-2 的 DNS 服务器的 IP 地址配置为 192.168.11.200。

4. 学生任务四：测试域名解析

学生在刚配置的 DNS 解析记录的设备上使用 nslookup 命令测试域名解析是否正常，如图 6-16 所示。

```
C:\Users\Administrator\Desktop>nslookup www.xctf.com
DNS request timed out.
    timeout was 2 seconds.
服务器:  UnKnown
Address:  192.168.11.220

DNS request timed out.
    timeout was 2 seconds.
DNS request timed out.
    timeout was 2 seconds.
名称:    www.xctf.com
Address:  192.168.11.233
```

图 6-16　使用 nslookup 命令测试域名解析

5. 学生任务五：对 DNS 服务器进行攻击

学生登录 Kali-攻击机，打开终端，在命令行中输入命令 ettercap -i eth0 -Tq -P dns_spoof -M arp/192.168.11.220//，对虚拟 DNS 服务器进行攻击，其中，192.168.11.220 是虚拟 DNS 服务器的 IP 地址，结果如图 6-17 所示。

```
root@kali:~# ettercap -i eth0 -Tq -P dns_spoof -M arp /192.168.11.220//

ettercap 0.8.3 copyright 2001-2019 Ettercap Development Team

Listening on:
  eth0 -> FA:16:3E:98:CF:F4
          192.168.11.211/255.255.255.0
          fe80::f816:3eff:fe98:cff4/64

SSL dissection needs a valid 'redir_command_on' script in the etter.conf file
Privileges dropped to EUID 65534 EGID 65534...

  34 plugins
  42 protocol dissectors
  57 ports monitored
24609 mac vendor fingerprint
1766 tcp OS fingerprint
2182 known services
Lua: no scripts were specified, not starting up!

Randomizing 255 hosts for scanning...
Scanning the whole netmask for 255 hosts...
* |==================================================>| 100.00 %

Scanning for merged targets (1 hosts)...

* |==================================================>| 100.00 %

17 hosts added to the hosts list...
```

图 6-17　对虚拟 DNS 服务器进行攻击

6. 学生任务六：验证是否攻击成功

学生登录 PC-1，使用桌面上的 Google Chrome 浏览器访问百度网址：www.baidu.com，测试是否跳转到我们制作的网站上。测试成功，如图 6-18 所示。正常情况下，在内网环境无法访问百度网址，当使用任意域名时都会跳转到 phpMyAdmin 的网站，说明攻击成功。

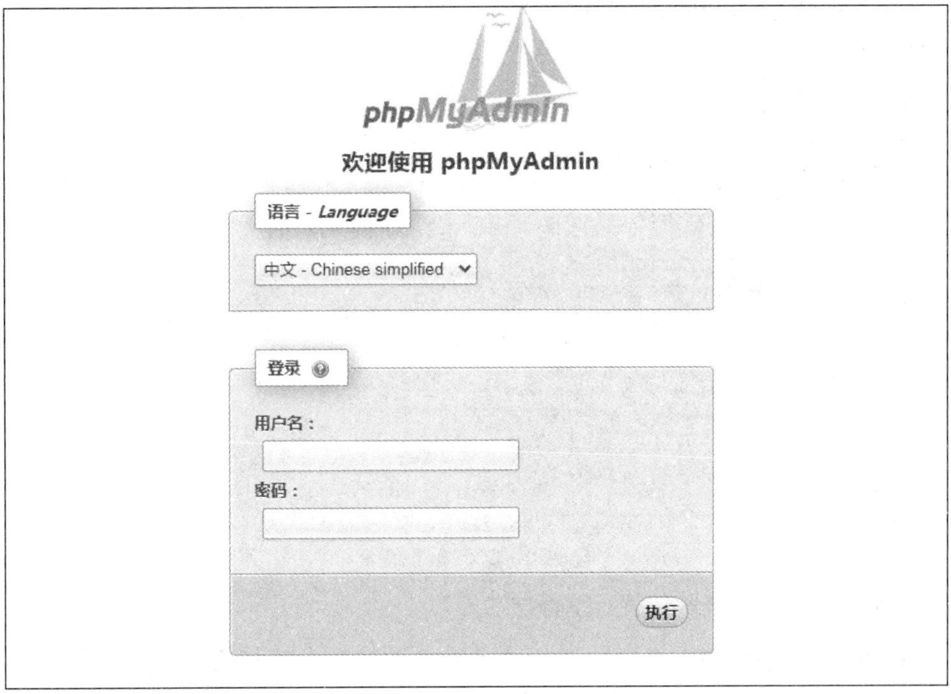

图 6-18　对虚拟 DNS 服务器进行攻击结果

7. 学生任务七：对拟态 DNS 服务器进行攻击

学生登录设备 Kali-攻击机，使用命令 ettercap -i eth0 -T -P DNS_spoof -M arp /192.168.11.11 对拟态 DNS 执行体进行攻击，拟态 DNS 的 IP 地址为 192.168.11.11，如图 6-19 所示。

```
root@kali:~# ettercap -i eth0 -T -P dns_spoof -M arp /192.168.11.11//

ettercap 0.8.3 copyright 2001-2019 Ettercap Development Team

Listening on:
  eth0 -> FA:16:3E:96:03:FF
          192.168.11.216/255.255.255.0
          fe80::f816:3eff:fe96:3ff/64

SSL dissection needs a valid 'redir_command_on' script in the etter.conf file
Ettercap might not work correctly. /proc/sys/net/ipv6/conf/eth0/use_tempaddr is not set to 0.
Privileges dropped to EUID 65534 EGID 65534...

  34 plugins
  42 protocol dissectors
  57 ports monitored
24609 mac vendor fingerprint
1766 tcp OS fingerprint
2182 known services
Lua: no scripts were specified, not starting up!

Randomizing 255 hosts for scanning...
Scanning the whole netmask for 255 hosts...
* |==================================================>| 100.00 %

Scanning for merged targets (1 hosts)...

* |==================================================>| 100.00 %

15 hosts added to the hosts list...
```

图 6-19　对拟态 DNS 执行体进行攻击

将 PC-2 的 DNS 解析设置为 192.168.11.16。这个 IP 地址对应拟态 DNS 的裁决器，在 PC-2 中使用 nslookup 命令对 team2.dns.com 域名进行解析，结果如图 6-20 所示。因 team2.dns.com 对应的域名解析为 1.2.3.9，以上攻击未能对拟态 DNS 设备造成影响，攻击之后解析正常，未能攻击成功。

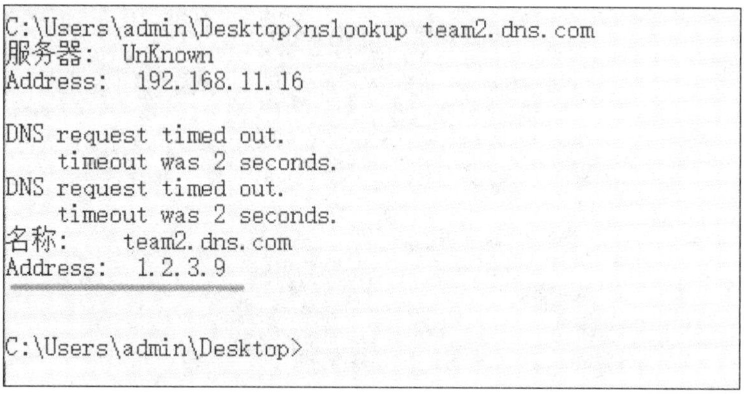

```
C:\Users\admin\Desktop>nslookup team2.dns.com
服务器:  UnKnown
Address:  192.168.11.16

DNS request timed out.
    timeout was 2 seconds.
DNS request timed out.
    timeout was 2 seconds.
名称:    team2.dns.com
Address:  1.2.3.9

C:\Users\admin\Desktop>
```

图 6-20 DNS 解析查询

8. 教师任务一：检查域名解析是否存在异常

授课教师登录设备 Win7-管理机，使用桌面上的 Google Chrome 浏览器登录拟态 DNS 设备管理后台，后台地址为 https://192.168.11.17:9090/rssmc/loginpc.jsp，后台用户名为 admin，后台密码为 Stone#2020!。登录成功之后，选择左边功能栏的【域名保护】→【域名保护状态】，检查 team3.DNS.com 是否存在异常。如图 6-21 所示，结果无异常，表明拟态 DNS 相比虚拟 DNS 而言，具有更好的抵御投毒攻击的能力。

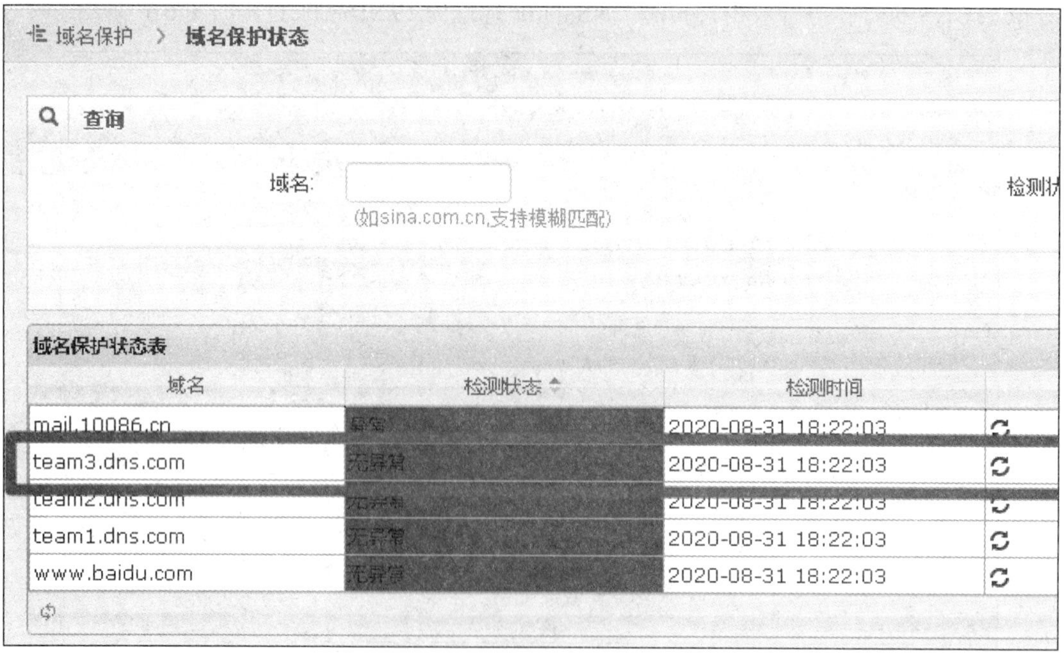

域名保护 > 域名保护状态

查询

域名: (如sina.com.cn,支持模糊匹配)　检测状

域名保护状态表

域名	检测状态	检测时间
mail.10086.cn	异常	2020-08-31 18:22:03
team3.dns.com	无异常	2020-08-31 18:22:03
team2.dns.com	无异常	2020-08-31 18:22:03
team1.dns.com	无异常	2020-08-31 18:22:03
www.baidu.com	无异常	2020-08-31 18:22:03

图 6-21 检查域名解析是否存在异常

9. 教师任务二：查看轮换记录

由授课教师在功能栏中选择【异构体检测】→【异构体检测结果】，查看执行体轮换记录。

6.3.4　实验结果及分析

本实验场景考察了拟态 DNS 抵抗缓存投毒攻击的可行性，证明了拟态防御机制的有效性。

6.4　拟态 DNS 功能验证

6.4.1　实验内容

本实验考察拟态 DNS 执行体调度及屏蔽异常机制的能力，通过白盒测试对拟态 DNS 执行体中的域名解析记录进行篡改，然后分析裁决结果。

6.4.2　实验拓扑

本白盒测试实验拓扑如图 6-22 所示，其由三部分组成。其中，默认网络用于接入 Win7-管理机和 Win7-攻击机，Win7-管理机用于教师管理拟态 DNS，对拟态 DNS 设备参数进行调整等，Win7-攻击机用于对拟态 DNS 设备进行攻击。

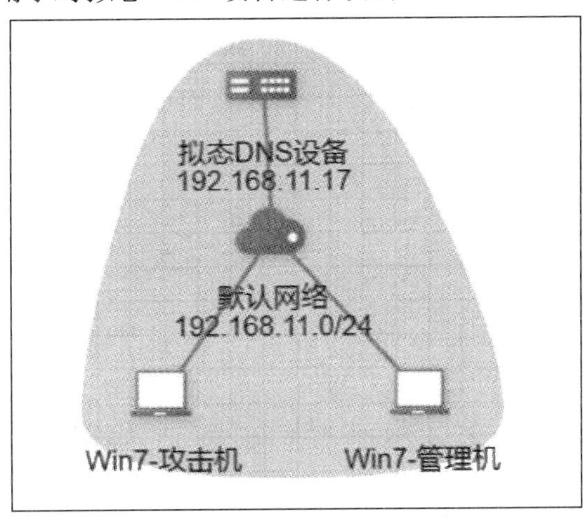

图 6-22　白盒测试实验拓扑图

6.4.3　实验步骤

1. 教师任务一：查看在线执行体

由授课教师登录 Win7-管理机，使用桌面上的 Google Chrome 浏览器登录拟态 DNS 设备管理后台，后台地址为 https://192.168.11.17:9090/rssmc/loginpc.jsp，后台用户名为 admin，

后台密码为Stone#2020!。登录成功之后，点击左边功能栏中的【系统管理】→【设备管理】查看分发裁决体列表，点击修改对应的按钮，查看哪些执行体在线，通过查看可以发现“”“ZXT-01”“ZXT-02”“ZXT-03”执行体在线，如图6-23所示。

系统管理 > 设备管理 > 修改设备

修改设备

服务器 Distr 必填　服务器IP 192.168.11. 必填

设备类型 分发裁决　设备状态 正常

所属组 Local　所属机构 省中心

ANYCAST状态 正常　最小挂载值 3

卸载\挂载异构体 ZXT-04 ZXT-05　挂载>>　卸载<<　ZXT-01 ZXT-03 ZXT-02

确认　取消

图6-23　查看在线执行体

在【系统管理】→【设备管理】异构体列表中可以看到执行体及其IP地址，找到在线执行体及其IP地址，这里选择“ZXT-04”和“192.168.11.14”作为例子，如图6-24所示。

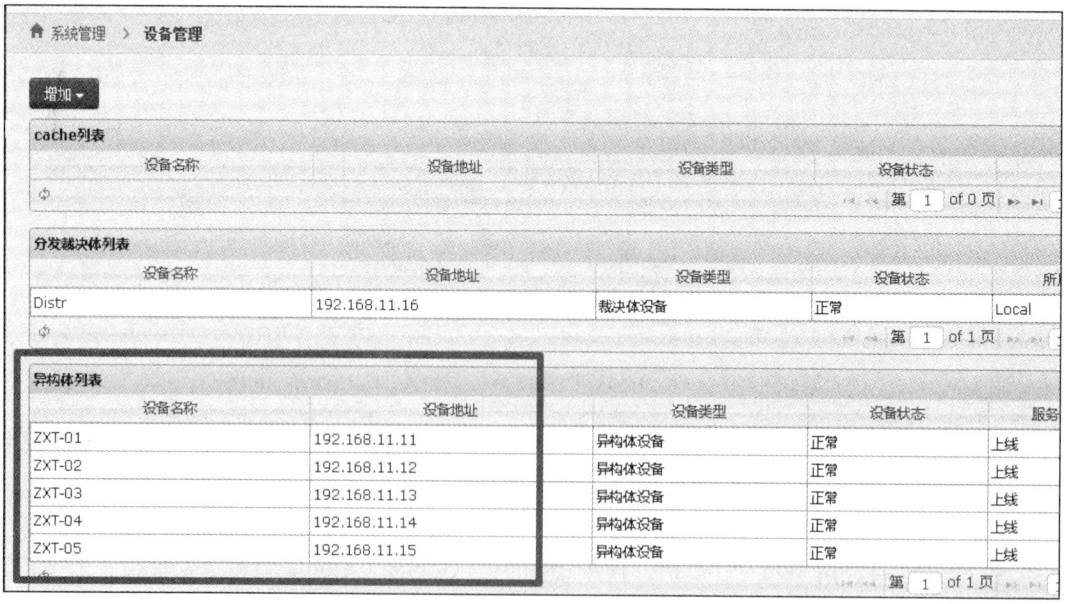

系统管理 > 设备管理

增加

cache列表

设备名称	设备地址	设备类型	设备状态

第 1 of 0 页

分发裁决体列表

设备名称	设备地址	设备类型	设备状态	所
Distr	192.168.11.16	裁决体设备	正常	Local

第 1 of 1 页

异构体列表

设备名称	设备地址	设备类型	设备状态	服务
ZXT-01	192.168.11.11	异构体设备	正常	上线
ZXT-02	192.168.11.12	异构体设备	正常	上线
ZXT-03	192.168.11.13	异构体设备	正常	上线
ZXT-04	192.168.11.14	异构体设备	正常	上线
ZXT-05	192.168.11.15	异构体设备	正常	上线

第 1 of 1 页

图6-24　执行体的IP地址

2. 教师任务二：篡改在线执行体

由授课教师登录 Win7-攻击机，打开命令窗口，在终端中输入命令 ssh runstone@192.168.11.14 -p 9222，连接执行体命令，密码为 Stone&Run(所有的执行体密码都一样)，如图 6-25 所示。

```
C:\Users\admin\Desktop>ssh runstone@192.168.11.14 -p 9222
The authenticity of host '[192.168.11.14]:9222 ([192.168.11.14]:9222)' can't be estab
ECDSA key fingerprint is SHA256:OD3MiM68mTY+Z3qkNvPyYyJph+8gaDZzhCxdaQs254A.
Are you sure you want to continue connecting (yes/no)? yes
Warning: Permanently added '[192.168.11.14]:9222' (ECDSA) to the list of known hosts.
Watch Your Manners!
Password for runstone@ZXT-04:
Last login: Fri Aug  7 16:05:58 2020 from 192.168.11.87
FreeBSD 11.1-RELEASE (GENERIC) #0 r321309: Fri Jul 21 02:08:28 UTC 2017

###########################################################
       This area is restricted to authorized users only.
             Unauthorized access is prohibited,
          If you are not authorized,Please logout!
###########################################################
Last login: Fri Aug  7 16:05:58 2020 from 192.168.11.87
FreeBSD 11.1-RELEASE (GENERIC) #0 r321309: Fri Jul 21 02:08:28 UTC 2017

###########################################################
       This area is restricted to authorized users only.
             Unauthorized access is prohibited,
          If you are not authorized,Please logout!
###########################################################
If you want df(1) and other commands to display disk sizes in
kilobytes instead of 512-byte blocks, set BLOCKSIZE in your
environment to 'K'.  You can also use 'M' for Megabytes or 'G' for
Gigabytes.  If you want df(1) to automatically select the best size
then use 'df -h'.
```

图 6-25　连接执行体

由于权限不够，需要将权限提升到管理员，在命令行终端输入命令 sudo su，密码是 Stone&Run。使用命令 vi /var/named/baidu.com.hosts 修改百度的域名解析记录，将 localhost 改为不存在的 IP 地址。命令修改完后，输入命令 rndc reload，重新加载解析记录文件。教师需要将篡改的执行体 IP 告诉学生，便于学生设置 DNS 解析记录，如图 6-26 所示。

```
C:\Users\admin\Desktop>nslookup www.baidu.com
服务器:  UnKnown
Address:  192.168.11.14

DNS request timed out.
    timeout was 2 seconds.
DNS request timed out.
    timeout was 2 seconds.
名称:    www.baidu.com
Address:  61.135.169.121
```

图 6-26　重新加载解析文件

3. 学生任务一：验证篡改是否成功

学生修改 Win7-攻击机上的 DNS 解析地址，由教师告诉学生修改了哪个执行体，学生根据教师提供的执行体 IP 进行修改，这里选用 IP 地址为 192.168.11.14 的执行体。然后，在 Win7-攻击机上使用命令 nslookup www.baidu.com 进行 DNS 解析。学生将 DNS 解析设置成裁决器的 IP 地址：192.168.11.16，发现域名没有篡改，如图 6-27 所示。

```
C:\Users\admin\Desktop>nslookup www.baidu.com
服务器:  UnKnown
Address:  192.168.11.16

DNS request timed out.
    timeout was 2 seconds.
DNS request timed out.
    timeout was 2 seconds.
名称:    www.baidu.com
Address:  61.135.169.121
```

图 6-27　重新解析百度域名

4. 教师任务三：验证篡改是否成功

授课教师登录 Win7-管理机，使用桌面上的 Google Chrome 浏览器登录拟态 DNS 设备管理后台，后台网络地址为 https://192.168.11.17:9090/rssmc/loginpc.jsp。后台用户名为 admin，后台密码为 Stone#2020!。登录成功之后，点击左边功能栏中的【DNS 域名管理工具】→【域名解析工具】，在查询域名处输入 www.baidu.com，然后点击【查询】进行解析，发现解析异常，如图 6-28 所示。

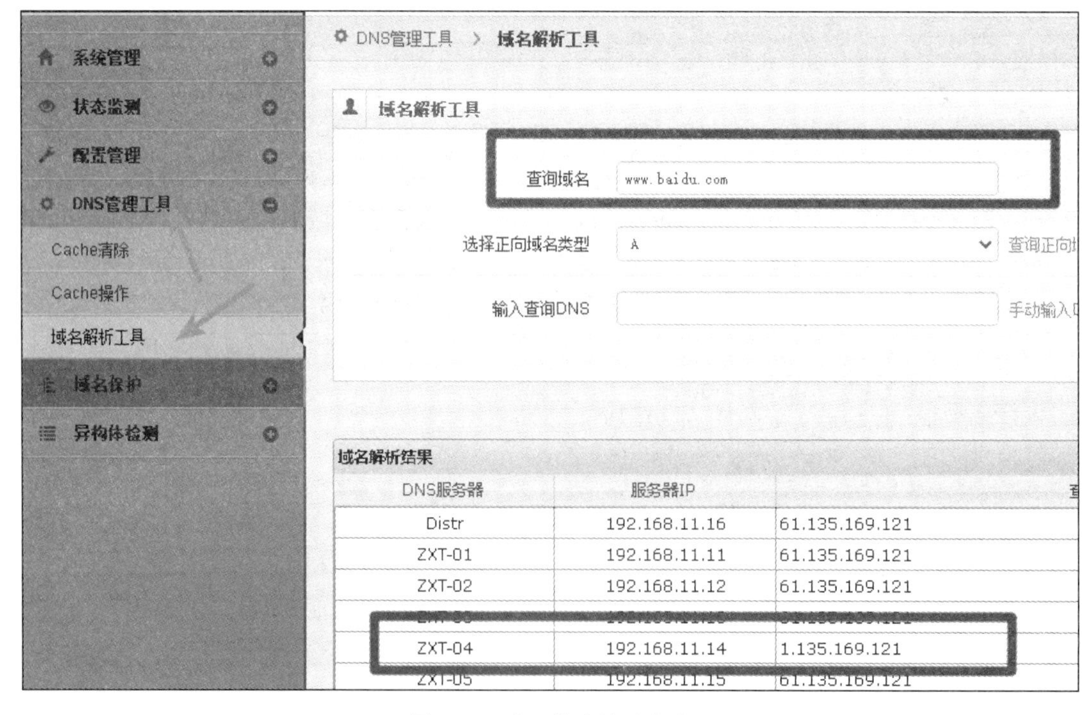

图 6-28　验证篡改是否成功

点击左边功能栏中的【域名保护】→【域名保护状态】，发现解析 www.baidu.com 存在异常，点击【异常】可以查看详细异常记录信息，如图 6-29 所示。

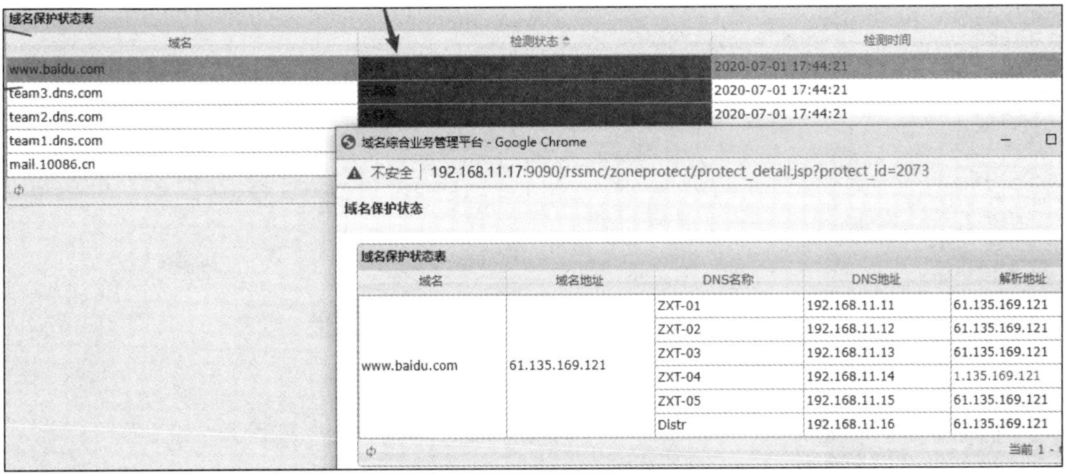

域名保护状态表

域名	检测状态	检测时间
www.baidu.com	[illegible]	2020-07-01 17:44:21
team3.dns.com	[illegible]	2020-07-01 17:44:21
team2.dns.com	[illegible]	2020-07-01 17:44:21
team1.dns.com		
mail.10086.cn		

域名综合业务管理平台 - Google Chrome

不安全 | 192.168.11.17:9090/rssmc/zoneprotect/protect_detail.jsp?protect_id=2073

域名保护状态

域名保护状态表

域名	域名地址	DNS名称	DNS地址	解析地址
www.baidu.com	61.135.169.121	ZXT-01	192.168.11.11	61.135.169.121
		ZXT-02	192.168.11.12	61.135.169.121
		ZXT-03	192.168.11.13	61.135.169.121
		ZXT-04	192.168.11.14	1.135.169.121
		ZXT-05	192.168.11.15	61.135.169.121
		Distr	192.168.11.16	61.135.169.121

图 6-29　查看篡改记录

5. 教师任务四：查看轮换记录

在上一步骤之后，在管理后台的功能栏中选择点击【异构体检测】→【异构体检测结果】，可以看到执行体清洗和轮换记录，如图 6-30 所示。

异构体检测 > 异构体检测结果

异构体列表

设备名称	设备ip	设备状态	设备版本	服务状态
ZXT-01	192.168.11.11	正常	bind 9.5以上	上线
ZXT-02	192.168.11.12	正常	bind 9.5以上	上线
ZXT-03	192.168.11.13	正常	bind 9.5以上	上线
ZXT-04	192.168.11.14	正常	bind 9.5以上	上线
ZXT-05	192.168.11.15	正常	bind 9.5以上	上线

检测日志表

异构体名称	异构体ip	处理类型	处理信息
ZXT-04	192.168.11.14	上线	备用异构体上线成功
ZXT-04	192.168.11.14	修复	备用异构体恢复成功
ZXT-04	192.168.11.14	下线	备用异构体下线
ZXT-04	192.168.11.14	检测结果	类型A存在的异常解析： 域名：www.baidu.com　正确解析：[61.135.169.121]
ZXT-04	192.168.11.14	上线	备用异构体上线成功
ZXT-04	192.168.11.14	修复	备用异构体恢复成功
ZXT-04	192.168.11.14	下线	备用异构体下线
ZXT-04	192.168.11.14	检测结果	类型A存在的异常解析： 域名：www.baidu.com　正确解析：[61.135.169.121]

图 6-30　查看执行体清洗和轮换记录

6. 教师任务五：调整内部参数

在管理后台的功能栏中选择【系统管理】→【设备管理】，分发裁决体列表，点击修改对应的按钮，选中“ZXT-03”后再点击【挂载】，可以将 ZXT-03 执行体挂载上去；选中“ZXT-05”后再点击【卸载】，可以将“ZXT-05”执行体下线，修改完成后点击【确认】，再次查看在线执行体，发现修改成功，如图 6-31 所示。

修改完成后可重复步骤 1～5 进行实验。

图 6-31　调整内部参数

6.4.4　实验结果及分析

本实验场景考察了在少数执行体的域名记录被篡改的情况下拟态 DNS 基本的域名解析功能，证明了拟态防御机制抵御域名篡改攻击的有效性。

第 7 章　拟态网关技术实践

本章在介绍拟态网关技术的基础上，通过拟态网关的黑盒漏洞利用和网关功能验证两个实践，加深学生对拟态网关防御原理和技术的理解，使学生掌握对拟态网关的基本攻击和防御方法。

7.1　拟态网关简介

拟态网关是指在通用网关功能要求的基础上，采用多种与拟态伪装类似的技术，增强内网抵御和感知各类已知及未知威胁能力的安全设备。拟态网关基于先进防御技术的相关理论，结合随机化、动态化的地址与端口跳变技术，并具备嵌入第三方蜜罐的能力，可有效地应对未知后门与漏洞威胁攻击，隐藏接入主机真实特征信息，保护内网终端安全。另外，拟态网关摆脱了传统的依赖先验知识的防御思路，采用高性能的硬件架构设计以及灵活的组网模式，可以非侵入式地部署于目标网络中，适用于安全需求较高的应用场景。

7.1.1　功能介绍

拟态网关提供的基本功能包括会话控制(阻止非授权会话接入)、IP/MAC 地址绑定(拦截盗用 IP 地址的主机)、安全审计(操作系统及安全事件记录与分析)、黑白名单(按照安全需求控制接入主机)等。此外，在内生安全能力提升方面，拟态网关具备拟态伪装、状态监控以及拟态 Web 管理能力。下面重点对内生安全机制相关的三个功能进行简要介绍。

1. 拟态伪装功能

拟态网关通过采用如动态指纹变换、拟态节点伪装、拓扑变换、自动封堵、IP 跳变、端口虚开等技术，为所管理的设备配置灵活的伪装参数(如 IP、端口、节点等)，从而实现网络层的拟态伪装。

2. 状态监控功能

拟态网关提供全面的状态监控功能，包括硬件系统、物理线路、接入主机、异构执行体状态、渗透统计等功能。其中，对 CPU/硬盘/内存等硬件系统的运行状态，拟态网关可精确到按分钟级统计信息；对于物理线路，拟态网关可监控上下行流量、丢包等详细信息；对于接入主机，拟态网关可监控主机上下线时间、真实 IP、跳变 IP、会话、速率等信息；对于异构执行体，拟态网关可监控每个执行体的运行、热备、离线以及清洗调度等状态信息。另外，网关也可统计攻击主机发起攻击的渗透测试相关信息，包含 IP 地址、时间、攻击类型等。通过监控这些全面的状态信息，可对网关系统的安全环境做到全面掌握。

3. 拟态Web管理功能

拟态网关提供了高安全性的Web管理服务，该部分基于拟态思想设计，采用DHR(动态异构冗余)架构，在反馈控制环节引入了策略分发与调度机制，增强了功能等价条件下目标对象的不确定性，使攻击者探测感知或预测防御行为的难度呈指数级增加。

7.1.2 系统架构

拟态网关在设计和实现上引入了拟态防御机制，并采用了转控分离的技术架构，包括管理层和业务层，如图7-1所示，相关层次在设备的硬件和软件中均有所体现。

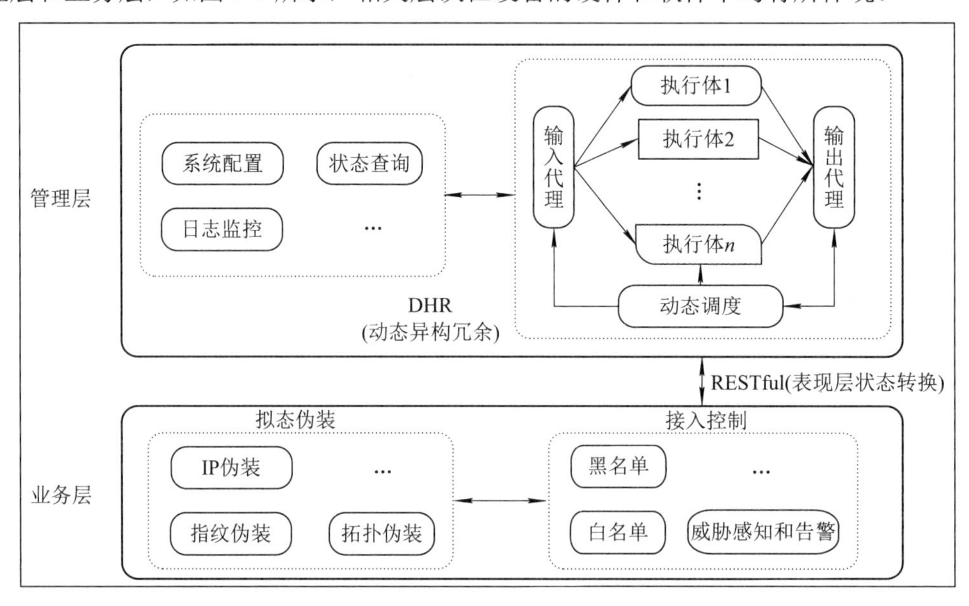

图7-1 拟态网关的系统架构

1. 硬件架构

在硬件设计上，拟态网关采用先进的ATCA(Advanced Telecom Computing Architecture)架构，并采用主控单元与业务单元分离的结构。主控板设计采用多核心异构硬件平台，支持至少三种不同的CPU平台类型，满足拟态化需要。

2. 软件架构

在逻辑软件架构上，拟态网关分为拟态数据平面、控制平面、第三方蜜场接口以及运维管理等组件。其中，拟态数据平面主要负责报文快速转发，并执行拟态变换功能；控制平面包含关联运维管理平面以及数据平面的相关控制子系统，提供统一的配置读写和状态监控接口，另外，也可根据参数配置管理随机化功能的表项映射、欺骗及拟态伪装等操作。第三方蜜场接口提供第三方蜜场的子系统API接口，实现灵活的蜜罐管理功能。运维管理平面支持Web管理功能，其Web平台采用动态异构冗余(DHR)架构设计，实现系统内生性安全。

7.1.3 关键技术

拟态网关具备高安全能力的关键在于对网络的拟态化伪装，通过对安全设备参数的动态调整来迷惑攻击者，从而能够实时保障接入用户的网络内生安全。其主要技术包括动态指纹变换、拓扑变换、自动封堵、IP 动态跳变、拟态节点伪装和端口虚开等。

1. 动态指纹变换

动态指纹变换技术通过对网络数据包的特征指纹进行动态修改，可以避免攻击者通过流量分析来识别目标的操作系统、服务依赖等敏感信息，干扰攻击者在渗透攻击的初级阶段的信息收集。

2. 拓扑变换

拓扑变换技术通过对网络的拓扑信息进行虚假动态变换，在攻击者角度下能够产生拓扑跳变的效果，从而隐藏真实的物理拓扑信息，进一步干扰攻击者收集网络信息。

3. 自动封堵

自动封堵技术通过配置内网主机命中拟态节点的次数阈值来自动切断主机间的通信链路，并通过灵活设置自动封堵时长来恢复链路通信。

4. IP 动态跳变

IP 动态跳变技术通过为主机以及拟态节点分配虚假 IP 地址段与真实 IP 地址段来配置拟态网关。拟态网关在配置完成之后，会在网关内部保存虚假 IP 地址与真实 IP 地址的对应关系(称之为动态变换映射表)，以此来支撑拟态伪装中的动态变换功能，达到攻击难度呈指数级增加的效果，并且支持静态与 DHCP 动态分配两种方式。

5. 拟态节点伪装

拟态节点伪装技术通过在系统中产生虚拟伪装节点，对疑似恶意流量，如攻击者的探测扫描行为进行虚假回应，来达到欺骗攻击者并且隐藏真实节点的目的。

6. 端口虚开

端口虚开技术将网络中真实主机的开放端口隐藏起来，提前做好“替身”，进行虚假端口与真实端口的变换映射，防止网络攻击者探测真实主机的真实端口服务。端口虚开技术与地址跳变技术相得益彰，为拟态伪装增加了多维度的攻击抑制效果。

7.1.4　典型应用场景

拟态网关可以应用在安全需求较高的场景中，如进行工业控制系统风险隔离与实时监测，保证网上银行数据中心网络数据传输与存储的安全性，为政府部门及各类企业的内外网服务提供多方安全调度支持等。

7.2　针对拟态网关技术的黑盒漏洞利用实践

7.2.1　实验内容

本实验旨在考察拟态网关黑盒攻击防御效果，通过使用端口扫描工具、渗透工具、注入工具等对含有拟态网关的网络系统进行恶意扫描和漏洞利用，并查看拟态网关对来自不同区域攻击的应对情况。

7.2.2 实验拓扑

该实验网络拓扑如图 7-2 所示，包括管理网络、拟态网关和业务网络三部分。管理网络包括了两台 Win7 主机，其中 Win7-管理机用于管理拟态网关，可对拟态网关后台参数进行调整，Win7-攻击机 1 用于对拟态网关进行攻击。拟态网关中有三个执行体池，每个执行体池中有五个执行体(包括一个在线状态执行体和四个热备状态执行体)。业务网络包括一台 Web 服务器和一台 Win7-攻击机 2。其中 Web 服务器基于其部署网站对防御效果或者攻击效果进行验证，Win7-攻击机 2 用于验证防御效果或者攻击效果。

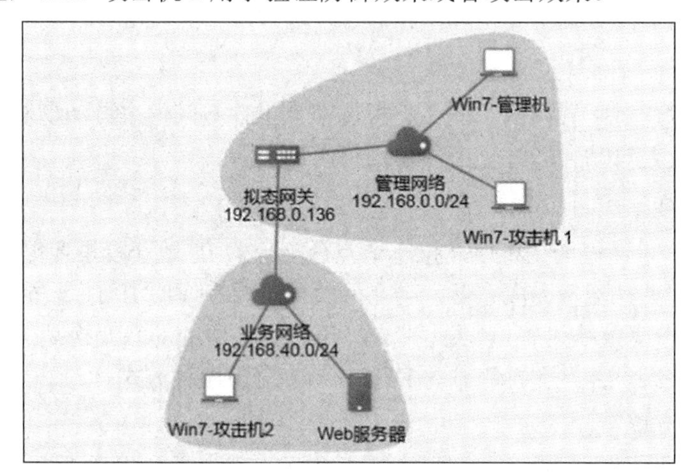

图 7-2 拟态网关黑盒测试拓扑图

表 7-1 为该实验所需工具及其相应作用介绍，具体包括开源网络扫描工具 Nmap、攻击 Web 应用程序的集成平台 Burp Suite、开源代码渗透测试工具 SQLMAP，以及自动化 Web 应用程序安全测试工具 AWVS。

表 7-1 实验工具及其作用

工具名称	作　用
Nmap	主要用来进行主机发现、端口扫描，并通过端口扫描推断运行系统及运行软件版本
Burp Suite	用于攻击 Web 应用程序的集成平台，其中包含了许多工具及接口。所有工具都共享一个请求，并能处理对应的 HTTP 消息、认证、代理、日志、警报等
SQLMAP	自动检测和利用 SQL 注入漏洞并接管数据库服务器
AWVS (Acunetix Web Vulnerability Scanner)	为自动化的 Web 应用程序安全测试工具，它可以扫描任何可通过 Web 浏览器访问的和遵循 HTTP/HTTPS 规则的 Web 站点与 Web 应用程序，通过检查 SQL 注入攻击漏洞、跨站脚本攻击漏洞等来审核 Web 应用的安全性

7.2.3 实验步骤

1. 利用黑名单技术模拟攻击成功后的 Web 服务器状态

1) 教师任务一：查看 Web 服务器的虚拟 IP 地址

(1) 登录 Web 服务器，在桌面上按住 Shift 键再点击右键，选择“在此处打开命令行窗口”，使用 IPconfig 查看当前服务器的 IP 地址(每次启动场景时 IP 地址会变化)。

(2) 登录 Win7-管理机，使用桌面上的 Google Chrome 登录拟态网关管理后台(后台地址为 http://192.168.0.136，用户名为 zs，密码为 123)。

(3) 登录成功之后点击左边功能栏【状态监控】下的【接入主机状态】，如图 7-3 所示，查看 Web 服务器对应的虚拟 IP 地址，将 IP 地址告诉学生，让学生使用浏览器进行访问。

序号	真实ip	虚拟ip	外网ip	端口	MAC	虚拟域名	上行速率	下行速率	会话数	上线时间
1	40.40.63.225	30.30.63.13	192.168.2.84	lan0	FA:16:3E:45:D4:C9	0B0j.nd	0bps	0bps	0	2020-07-10 10:57:26
2	40.40.63.193	30.30.63.17	192.168.2.181	lan0	FA:16:3E:6F:6E:70	3p5G.nd	295bps	0bps	0	2020-07-10 10:57:42

图 7-3　查看 Web 服务器对应的虚拟 IP 地址

2) 学生任务一：验证 Web 服务器网站访问是否正常

登录设备 Win7-攻击机 2，使用桌面上的 Google Chrome 访问 Web 服务器，地址为 http://IP(该 IP 即为教师告知学生的那个虚拟 IP 地址)，验证是否可以正常访问(在下述攻击过程中，可以持续访问 Web 服务器，验证攻击是否对拟态网关造成影响)。

3) 教师任务二：将 Web 服务器拉黑

将 Web 服务器拉黑，用于验证攻击成功后的效果。点击左边功能栏【网络配置】下的【封堵黑名单配置】，点击【添加】按钮，主机类型选择“内网”，填入 Web 服务器的 MAC 地址，如图 7-4 所示。

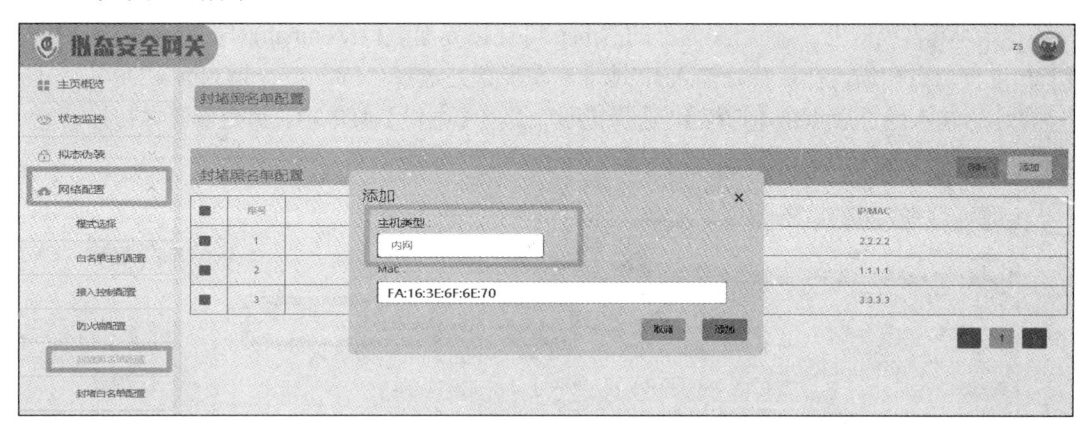

图 7-4　将 Web 服务器添加至拟态网关黑名单

4) 学生任务二：再次验证 Web 服务器网站访问是否正常

拟态网关将 Web 服务器拉入黑名单后，重复学生任务一的查看方式，此时发现 Win7-攻击机 2 无法正常访问 Web 服务器，通过 F12 进入开发者模式，在 Network 菜单栏下可以看到服务器状态为失败(Failed)，如图 7-5 所示。

图 7-5　服务器拉黑后的访问状态

5) *教师任务三：删除黑名单*

要恢复正常工作状态，点击左边功能栏【网络配置】下的【封堵黑名单配置】，选择要删除的主机，选中后点击【删除】按钮即可。

2. 端口扫描嗅探

- *学生任务三：端口扫描*

登录 Win7-攻击机 2，使用桌面上的 Nmap 可视化界面软件(Zenmap)对拟态网关(192.168.0.136)进行端口扫描，在目标处输入 IP 地址，在配置处选择“Intense scan plus UDP”，如图 7-6 所示。输入地址后点击【扫描】，选择【端口】→【主机】菜单栏，可查看具体扫描信息。

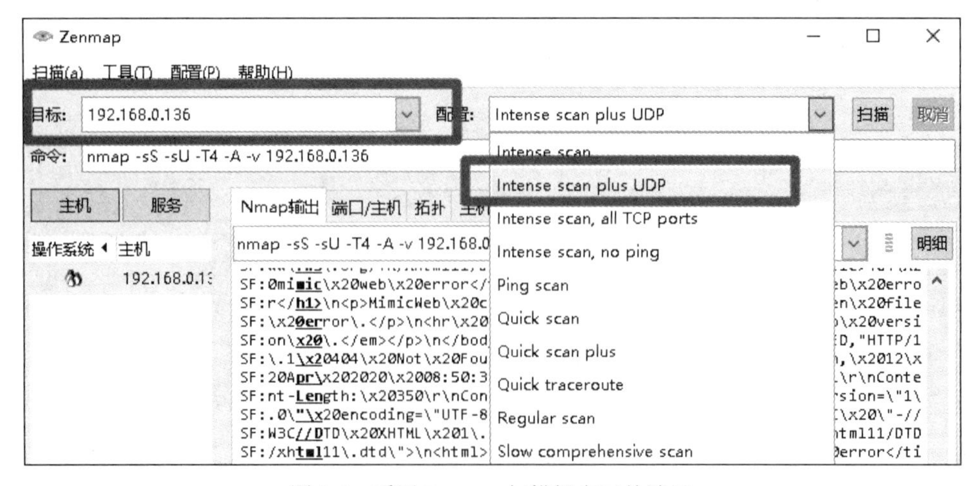

图 7-6　采用 Zenmap 扫描拟态网关端口

3. 弱口令爆破

• 学生任务四：弱口令爆破

(1) 双击桌面上的“Burp Suite”进行程序加载，接着点击页面中的【Run】加载已经选好的文件，并在新弹出来的界面中点击【Next】跳过选项，最终选择“Start Burp”开启应用。

(2) 在“Burp Suite”的标签栏中选择【Proxy】模块，在其中的【Intercept】栏中点击【Intercept is on】”，关掉抓包，如图 7-7 所示。

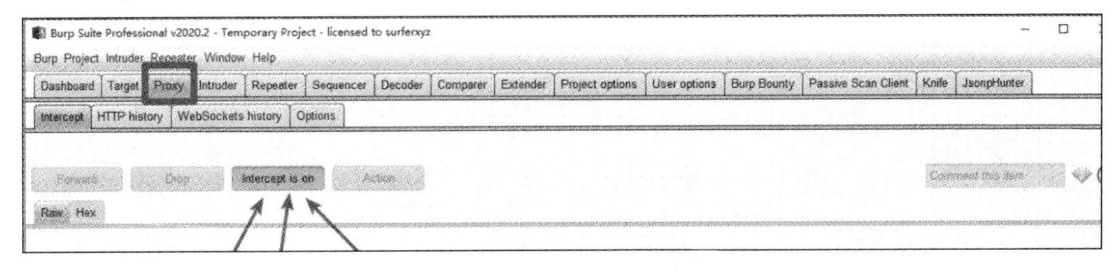

图 7-7　在 Burp Suite 中关掉抓包

(3) 设置浏览器代理，选择 Burp(提示隐私错误，点击继续前往)，具体如图 7-8 所示。

图 7-8　在 Chrome 浏览器中设置 Burp 代理

(4) 返回 Burp Suite 软件，点击【Proxy】模块中的【Intercept】栏的【Intercept off】按钮，刷新页面并输入用户登录信息，用户名为 admin，密码为 12345，重新开启抓包。图 7-9 所示为测试抓包效果画面。

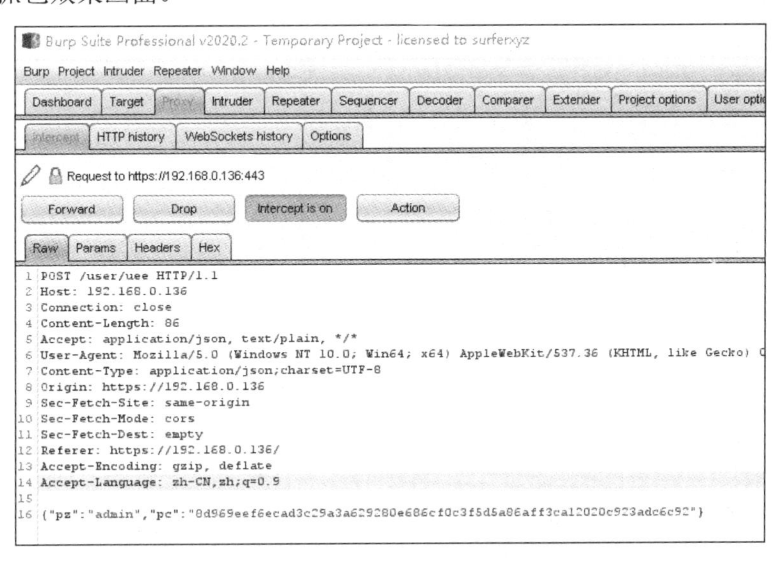

图 7-9　在拟态网关中输入数据进行抓包测试

(5) 在数据包上(即图 7-9 中左侧 Raw 区域内)点击鼠标右键，选择【Send to Repeater】，将数据包发送到【Intruder】模块。

(6) 选择【Intruder】模块中的【Positions】模块，点击右侧【clear$】清除选择。

(7) 选择数据包中的用户名字段(如图 7-9 中的测试用的是【admin】)，点击右边按钮【add$】。

(8) 点击上方紧挨着【Positions】的【Payloads】模块，加载密码字典，点击【Load】选择密码文件，密码文件在目录 c:\users\admin\desktoptools\dicts\usernamedict 中，具体如图 7-10 所示。

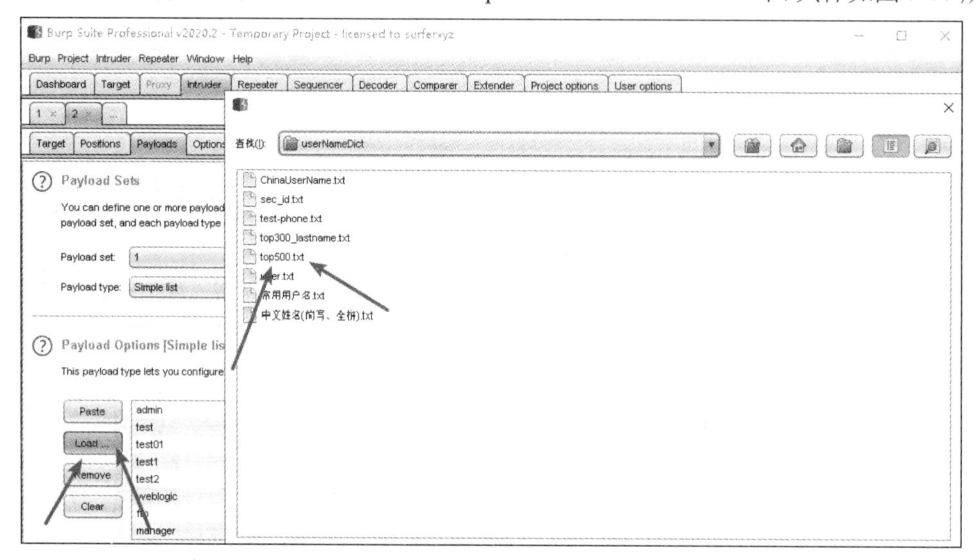

图 7-10 加载密码字典

(9) 测试弱口令爆破情况，通过查看网站的响应长度和返回结果进行判断。如图 7-11 所示，显然拟态网关不存在弱口令。

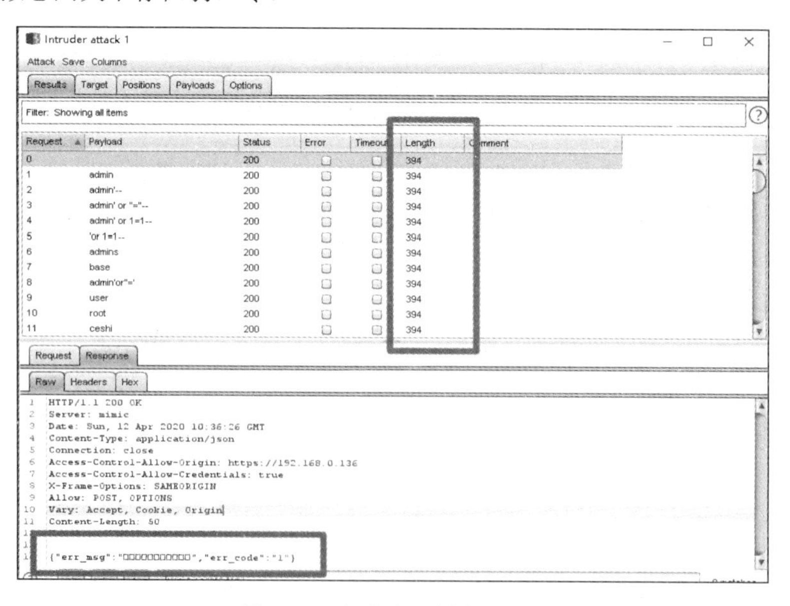

图 7-11 查看弱口令爆破结果

4. SQL 注入漏洞检测

• 学生任务五：SQL 注入漏洞测试

(1) 将 Burp Suite 抓取的数据包复制保存到桌面新建的 1.txt 文本中。

(2) 在桌面上按住 Shift 键再击右键，选择“在此处打开命令行窗口”，并使用 SQLMAP 检测是否存在 SQL 注入(sqlmap.py -r 1.txt --batch)，如图 7-12 所示。

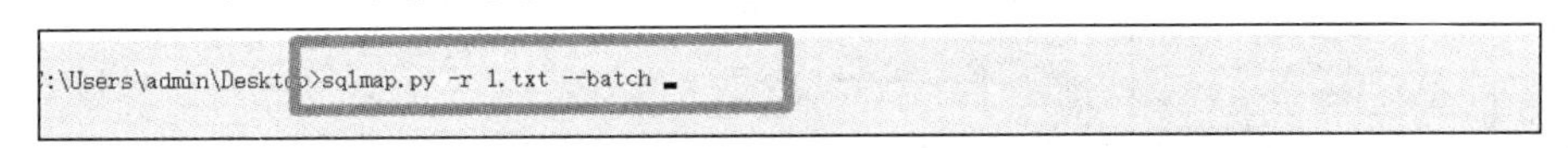

图 7-12　利用 SQLMAP 检测是否存在 SQL 注入漏洞

(3) 扫描完成之后未发现 SQL 注入漏洞，如图 7-13 所示。

```
09:54:13] [INFO] testing 'Generic UNION query (NULL) - 1 to 10 columns'
09:54:15] [WARNING] (custom) POST parameter 'JSON pz' does not seem to be injectable
09:54:15] [WARNING] (custom) POST parameter 'JSON pc' does not appear to be dynamic
09:54:16] [WARNING] heuristic (basic) test shows that (custom) POST parameter 'JSON pc' might not be injectable
09:54:16] [INFO] testing for SQL injection on (custom) POST parameter 'JSON pc'
09:54:16] [INFO] testing 'AND boolean-based blind - WHERE or HAVING clause'
09:54:17] [INFO] testing 'Boolean-based blind - Parameter replace (original value)'
09:54:18] [INFO] testing 'MySQL >= 5.0 AND error-based - WHERE, HAVING, ORDER BY or GROUP BY clause (FLOOR)'
09:54:19] [INFO] testing 'PostgreSQL AND error-based - WHERE or HAVING clause'
09:54:20] [INFO] testing 'Microsoft SQL Server/Sybase AND error-based - WHERE or HAVING clause (IN)'
09:54:22] [INFO] testing 'Oracle AND error-based - WHERE or HAVING clause (XMLType)'
09:54:23] [INFO] testing 'MySQL >= 5.0 error-based - Parameter replace (FLOOR)'
09:54:23] [INFO] testing 'Generic inline queries'
09:54:23] [INFO] testing 'PostgreSQL > 8.1 stacked queries (comment)'
09:54:24] [INFO] testing 'Microsoft SQL Server/Sybase stacked queries (comment)'
09:54:25] [INFO] testing 'Oracle stacked queries (DBMS_PIPE.RECEIVE_MESSAGE - comment)'
09:54:26] [INFO] testing 'MySQL >= 5.0.12 AND time-based blind (query SLEEP)'
09:54:28] [INFO] testing 'PostgreSQL > 8.1 AND time-based blind'
09:54:29] [INFO] testing 'Microsoft SQL Server/Sybase time-based blind (IF)'
09:54:30] [INFO] testing 'Oracle AND time-based blind'
09:54:31] [INFO] testing 'Generic UNION query (NULL) - 1 to 10 columns'
09:54:34] [WARNING] (custom) POST parameter 'JSON pc' does not seem to be injectable
09:54:34] [CRITICAL] all tested parameters do not appear to be injectable. Try to increase values for '--level'/'--ris
 options if you wish to perform more tests. If you suspect that there is some kind of protection mechanism involved (e
. WAF) maybe you could try to use option '--tamper' (e.g. '--tamper=space2comment') and/or switch '--random-agent'

*] ending @ 09:54:34 /2020-08-14/
```

图 7-13　未检测到 SQL 注入漏洞

5. XSS 漏洞检测

• 学生任务六：XSS 漏洞测试

(1) 使用前文弱口令猜解的数据包，将字典清除，具体如图 7-14 所示。

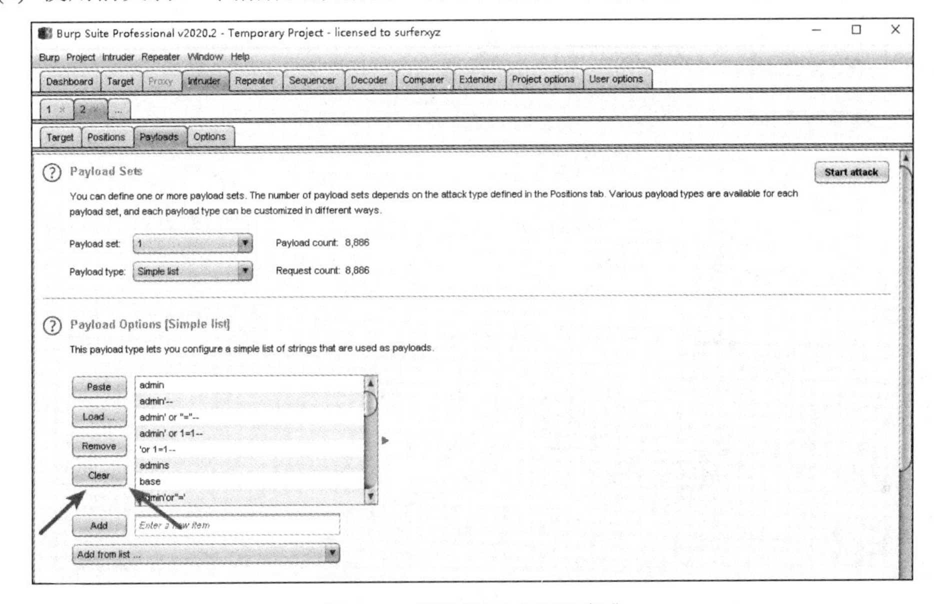

图 7-14　清除弱口令爆破字典

(2) 点击【Clear】下方的【Add from list】，并选择【fuzzing-XSS】选项，点击右上角的【Start attack】进行攻击测试，如图 7-15 所示，结果未发现拟态网关的 XSS 漏洞。

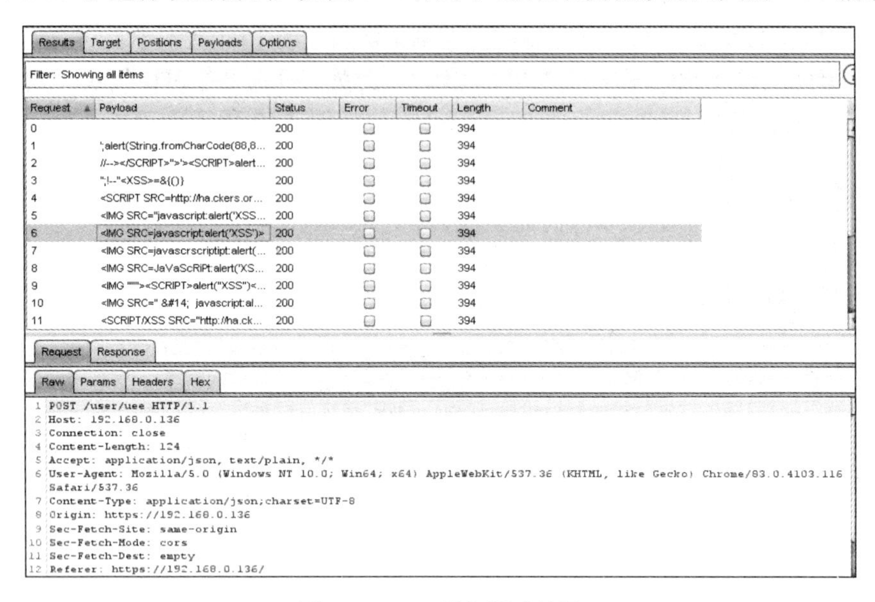

图 7-15 XSS 模糊测试结果

6. AWVS 漏洞扫描

- 学生任务七：使用 Acunetix 进行漏洞扫描

(1) 打开 Acunetix 软件，输入账号信息，用户名为 admin@qq.com，密码为 qq123456。

(2) 登录后台，点击 Targets 侧边栏下的【Add Target】，添加拟态网关目标 IP，点击右上角的【Save】进行保存。

(3) 如图 7-16 所示，点击右上角的【Scan】后，直接点击【Create Scan】进行漏洞扫描。

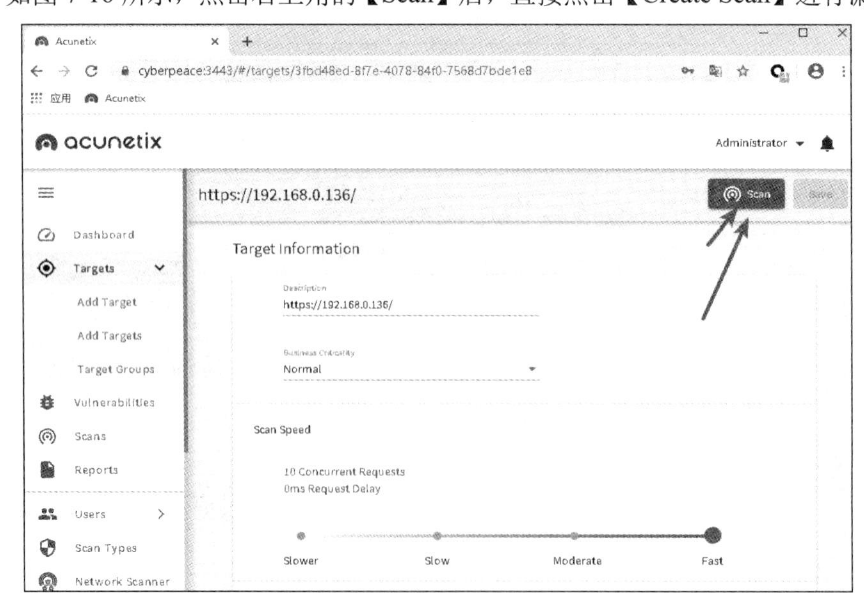

图 7-16 选择漏洞扫描

(4) 扫描结果如图 7-17 所示，并未发现拟态网关漏洞。

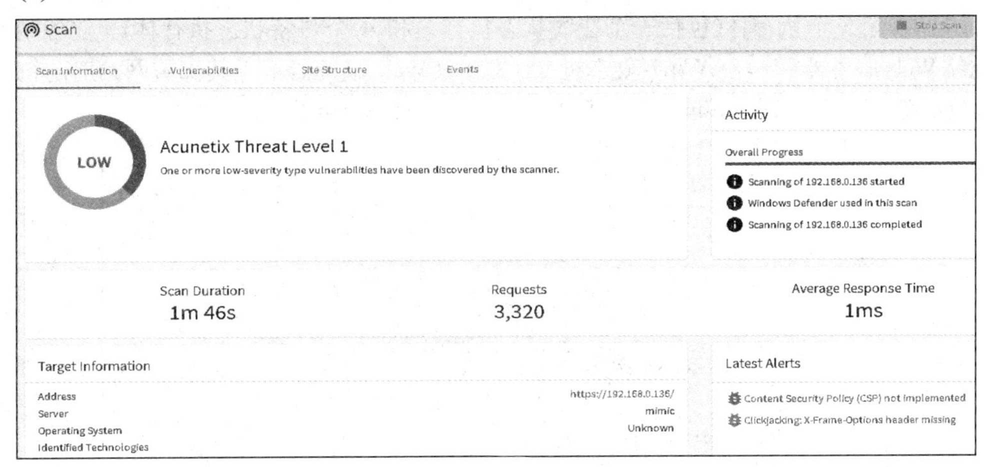

图 7-17　Acunetix 扫描结果

7.2.4　实验结果及分析

从上述实验中可以得到以下结论：

(1) 虚假 IP 地址可以有效迷惑攻击者。由于拟态网关配有 IP 动态跳变功能，因此，为局域网内外联通分配的地址为虚假的，使得攻击者无法直接获取其真正 IP。

(2) 黑名单模式下会禁用访问。拟态网关通过黑/白名单措施可以针对访问的对象进行响应拦截或放行，本实验中通过白名单模拟了完全绕过网关攻击成功后服务器的情况。

(3) 攻击者通过嗅探得到的信息不准确。拟态网关通过指纹变换以及端口虚开来隐藏真实信息，干扰攻击者在攻击初级阶段的信息收集。

(4) 拟态网关可抵抗弱口令爆破攻击。由 Burp Suite 软件密码口令测试可以看出，拟态网关的口令要求较高，无法进行简单弱口令破解。

(5) 拟态网关几乎无可利用的漏洞。由 SQL 注入测试、XSS 漏洞测试和 AWVS 漏洞扫描的结果来看，面对多种漏洞的安全检测，拟态网关几乎实现了零漏洞的安全能力。

7.3　拟态网关功能验证

7.3.1　实验内容

本实验旨在考察拟态网关在白盒攻击下的容错能力，测试拟态网关执行体调度及屏蔽异常机制。在实验中，对拟态网关进行篡改，然后查看是否影响网络正常业务。

7.3.2　实验拓扑

该实验网络拓扑如图 7-18 所示。实验网络包括管理网络、拟态网关和业务网络三部分。管理网络包括两台 Win7 主机，其中 Win7-管理机用于管理拟态网关，可对拟态网关后台参数进行调整，Win7-攻击机 1 用于对拟态网关进行攻击。拟态网关中有三个执行体池，每个执行体池中有 5 个执行体(包括一个在线状态执行体和 4 个热备状态执行体)。业务网络包括一台 Web 服务器和一台 Win7-攻击机 2。其中，Web 服务器基于其部署网站对防御效果或者攻击效果进行验证，Win7-攻击机 2 用于验证防御效果或者攻击效果。

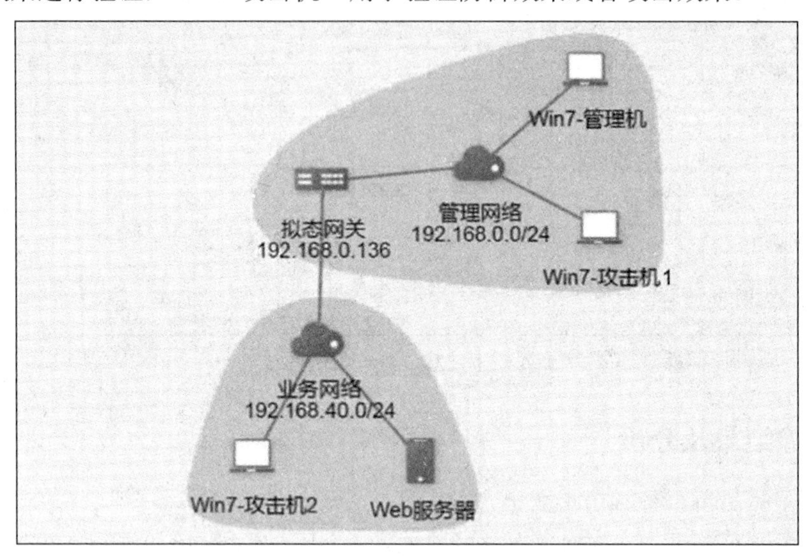

图 7-18　拟态网关黑盒测试拓扑图

表 7-2 为该实验所需工具及其作用介绍，具体包括开源网络扫描工具 Nmap 和开源跨平台网站管理工具 AntSword。

表 7-2　实验工具及其作用

工具名称	作　　用
Nmap	该开源网络扫描工具主要用来进行主机发现、端口扫描，并通过端口扫描推断运行系统及运行软件的版本
AntSword	此网站管理工具主要面向合法授权的渗透测试安全人员以及进行常规操作的网站管理员

7.3.3　实验步骤

1. 利用黑名单技术模拟攻击成功后 Web 服务器的状态

该部分实验步骤与 7.2 节实验中教师任务一至三以及学生任务一和二一致。

2. 白盒环境攻击测试

1) 教师任务四：查找在线执行体

(1) 登录 Win7-管理机，使用桌面上的 Google Chrome 登录拟态网关管理后台(后台地址为 http://192.168.0.136，用户名为 zs，密码为 123)。

(2) 登录成功之后点击左边功能栏中的【状态监控】下的【执行体状态】，查看在线执行体，选择正在运行的执行体。图 7-19 中选择的是 ID 为 5 的执行体。

执行体 ID	操作系统	CPU	IP
2	Ubuntu	ARM_64	192.168.10.101
3	Ubuntu	ARM_64	192.168.10.101
4	Ubuntu	ARM_64	192.168.10.101
5	Ubuntu	ARM_64	192.168.10.101

图 7-19　查找并选择在线执行体

2) 教师任务五：对执行体进行攻击

(1) 在 Win7-攻击机 1 桌面上按住 Shift 键再点击右键，选择【在此处打开命令行窗口】，进入命令行模式。

(2) 使用 SSH 命令连接到拟态网关的 IP(ssh root@IP)，可以发现无法直接连接拟态网关 IP，如图 7-20 所示。

(3) 通过连接代理服务器进行访问(代理服务器 IP 地址为 192.168.0.136，用户名为 root，密码为 comleader@123)，如图 7-20 所示。

(4) 利用 docker ps 命令可以查看到拟态网关的功能是使用 docker 方式运行的，结果如图 7-20 所示。

(5) 通过 docker kill 加容器 ID 命令可以将某个 docker 中的容器关掉，结果如图 7-20 所示。

(6) 反复进行(4)和(5)步的操作可以删除攻击测试并查看当前执行体的运行情况。

```
:\Users\admin>ssh root@192.168.0.136
he authenticity of host '192.168.0.136 (192.168.0.136)' can't be established.
CDSA key fingerprint is SHA256:BTK1sF8PJG+5UuAawnsueeZiht0KOha0+RNVW5MoAik.
re you sure you want to continue connecting (yes/no)? yes
arning: Permanently added '192.168.0.136' (ECDSA) to the list of known hosts.
oot@192.168.0.136's password:
ast login: Mon Mar  9 10:20:10 2020 from 192.168.0.240
oot@t2080rdb:~# ssh root@192.168.10.101
he authenticity of host '192.168.10.101 (192.168.10.101)' can't be established.
CDSA key fingerprint is SHA256:LW9vps+Z5EAkTgo0MS1EwC4ZkFYYMeqfmFiATYuNgw0.
re you sure you want to continue connecting (yes/no)? yes
arning: Permanently added '192.168.10.101' (ECDSA) to the list of known hosts.
oot@192.168.10.101's password:
elcome to Ubuntu 18.04.4 LTS (GNU/Linux 4.19.26-dirty aarch64)

 * Support:        https://www.nxp.com/lsdk
 * Documentation:  https://lsdk.github.io
ast login: Mon Apr 20 19:57:47 2020 from 192.168.0.119
oot@localhost:~# docker ps
ONTAINER ID    IMAGE             COMMAND            CREATED                  STATUS         PORTS                      NAMES
0a0bf15feb3    cemimicweb8004    "/home/rcsh.sh"    Less than a second ago   Up 6 days      0.0.0.0:8004->8006/tcp     mimimgw8004
1c00c4562d7    cemimicweb        "/home/rcsh.sh"    2 minutes ago            Up 2 minutes   0.0.0.0:8003->8006/tcp     mimimgw8003
b0f15ed9b07    cemimicweb        "/home/rcsh.sh"    5 minutes ago            Up 5 minutes   0.0.0.0:8001->8006/tcp     mimimgw8001
15d8809e784    cemimicweb        "/home/rcsh.sh"    24 hours ago             Up 24 hours    0.0.0.0:8002->8006/tcp     mimimgw8002
a1d8eaa8523    cemimicweb        "/home/rcsh.sh"    6 days ago               Up 6 days      0.0.0.0:8005->8006/tcp     mimimgw8005
oot@localhost:~# docker kill cemimicweb
rror response from daemon: Cannot kill container: cemimicweb: No such container: cemimicweb
oot@localhost:~# docker kill 91c00c4562d7
1c00c4562d7
oot@localhost:~# docker kill cb0f15ed9b07
rror response from daemon: Cannot kill container: cb0f15ed9b07: No such container: cb0f15ed9b07
oot@localhost:~# docker ps
ONTAINER ID    IMAGE             COMMAND            CREATED                  STATUS         PORTS                      NAMES
0a0bf15feb3    cemimicweb8004    "/home/rcsh.sh"    Less than a second ago   Up 6 days      0.0.0.0:8004->8006/tcp     mimimgw8004
5326abbcab4    cemimicweb        "/home/rcsh.sh"    2 minutes ago            Up 2 minutes   0.0.0.0:8001->8006/tcp     mimimgw8001
15d8809e784    cemimicweb        "/home/rcsh.sh"    24 hours ago             Up 24 hours    0.0.0.0:8002->8006/tcp     mimimgw8002
a1d8eaa8523    cemimicweb        "/home/rcsh.sh"    6 days ago               Up 6 days      0.0.0.0:8005->8006/tcp     mimimgw8005
oot@localhost:~# docker kill a5326abbcab4
5326abbcab4
oot@localhost:~#
```

图 7-20　利用 docker kill 对拟态网关执行体进行攻击的测试结果

3) 教师任务六：查看执行体日志

教师将裁决日志输入给学生，有两种输入方式：一是教师登录拟态网关后台，查看执行体日志，将执行体日志投至大屏让学生一起查看和分析；二是教师将拟态网关后台的 IP

地址、用户名、密码、执行体日志位置告诉学生，让学生自行查看(叮嘱学生不得做其他事，不得修改)。具体操作步骤如下：

(1) 登录 Win7-管理机，使用桌面上的 Google Chrome 登录拟态网关管理后台(后台地址为 http://192.168.0.136，用户名为 zs，密码为 123)。

(2) 登录成功之后点击左边功能栏中的【日志管理】下的【执行体日志】，可以查看在线执行体和轮换执行体的情况，如图 7-21 所示。

执行体日志

查找条件

执行体ID　来源　IP　时间范围　至

ID	IP	端口	来源	操作系统	CPU	原因	动作	时间
10-20190228114126	192.168.10.103	8001	调度模块	CentOS	X86_64	定时调度	下线	2020-05-22 13:30:09
9-20190228114426	192.168.10.103	8002	调度模块	CentOS	X86_64	定时调度	上线	2020-05-22 13:30:09
4-20200428035125	192.168.10.101	8002	调度模块	Ubuntu	ARM_64	定时调度	下线	2020-05-22 13:29:09
5-20200427041638	192.168.10.101	8001	调度模块	Ubuntu	ARM_64	定时调度	上线	2020-05-22 13:29:09
14-20200323050444	192.168.10.104	8005	调度模块	Ubuntu	X86_64	定时调度	下线	2020-05-22 13:28:09
13-20200323050744	192.168.10.104	8001	调度模块	Ubuntu	X86_64	定时调度	上线	2020-05-22 13:28:09
5-20200427041417	192.168.10.101	8001	分发模块	Ubuntu	ARM_64	响应状态码异常	下线	2020-05-22 13:26:31
4-20200428035125	192.168.10.101	8002	分发模块	Ubuntu	ARM_64	响应状态码异常	上线	2020-05-22 13:26:31
9-20190228113826	192.168.10.103	8002	调度模块	CentOS	X86_64	定时调度	下线	2020-05-22 13:26:09
10-20190228114128	192.168.10.103	8001	调度模块	CentOS	X86_64	定时调度	上线	2020-05-22 13:26:09
13-20200323050144	192.168.10.104	8001	调度模块	Ubuntu	X86_64	定时调度	下线	2020-05-22 13:25:09
14-20200323050444	192.168.10.104	8005	调度模块	Ubuntu	X86_64	定时调度	上线	2020-05-22 13:25:09

图 7-21　查看执行体日志

(3) 点击左边功能栏中的【裁决异常日志】，查看到某个执行体异常。可以发现拟态网关会自动调度清洗，使得此异常不影响执行体的正常功能，如图 7-22 所示。

执行体序号	异常类型
5-2020427041417	数据包接收超时
5-2020427041417	数据包接收超时
5-2020427041417	数据包接收超时
5-2020427041417	数据包接收超时

图 7-22　查看裁决异常日志

4) 教师任务七：内部参数调整

点击左边功能栏中的【网络配置】下的【封堵黑名单配置】，再点击【添加】，主机类型选择【外网】，填入 1.1.1.1(注：填入 1.1.1.1、2.2.2.2、3.3.3.3 都会触发网关的清洗调度，如果这三个地址都被添加了，则将这三个地址删除并重新添加即可)。

7.3.4　实验结果及分析

从上述实验中可得到以下结论：

(1) 拟态网关具有较高安全性。白盒环境下恶意关闭执行体后，拟态网关会自动进行执行体上线补充，并对执行体异常情况进行日志记录，还能够对异常执行体进行自动调度清洗，保证不影响拟态网关的整体运行。

(2) 封堵黑名单功能会激活网关的清洗调度。当网络配置发生变化后，拟态网关会重新进行执行体的分配，并进行清洗调度。

第 8 章　拟态 IPS 技术实践

本章通过对拟态 IPS 的黑盒漏洞利用攻击和 IPS 功能验证两个实践，加深学生对拟态 IPS 防御原理和技术的理解，使学生掌握对拟态 IPS 攻击和防御的基本方法。

8.1　拟态 IPS 技术简介

入侵预防系统(Intrusion Prevention System，IPS)是一种能够监视网络流量的计算机网络安全设备，能够即时中断、调整或隔离一些异常的网络流量，是对防病毒软件和防火墙的有益补充。拟态 IPS 是指在 IPS 功能的基础上，对 IPS 中的关键模块进行拟态化改造后的安全设备。拟态 IPS 系统通过 Suricata 检测引擎对收集到的网络流量进行威胁检测，把特征规则作为主要的威胁判定依据，保障内部网络流量数据的安全。拟态 IPS 的整体结构如图 8-1 所示，数据采集单元以企业内网流量作为流量采集的数据源，同时可以定义采集的规则和简单的流量分析；数据分析单元进一步对流量进行威胁分析和检测，同样可以对相关规则进行配置；威胁展示单元则会对威胁数据分析结果进行可视化展示，便于安全人员掌握网络的安全态势。

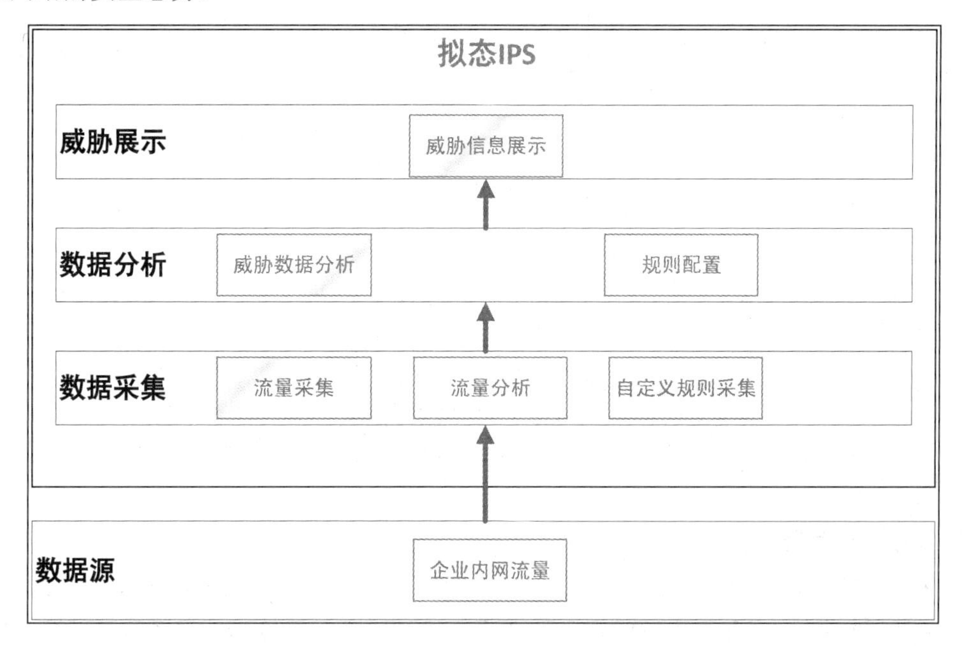

图 8-1　拟态 IPS 整体结构

8.1.1 功能介绍

拟态 IPS 作为实时检测网络流量的系统，主要功能包括实时流量处理、日志数据分析、拟态 Web 展示等功能。

1. 实时流量处理

流量处理是拟态 IPS 的首要功能，通过实时监测流量数据来收集信息，为后续威胁分析做基础，其整体流程如图 8-2 所示。首先，拟态 IPS 捕获来自内网主机的流量，并对其中数据包和应用层协议进行解码。其次，通过多种不同的既定规则或者自定义规则对数据包进行检测。最后，综合输出检测结果和常规协议相关日志等。

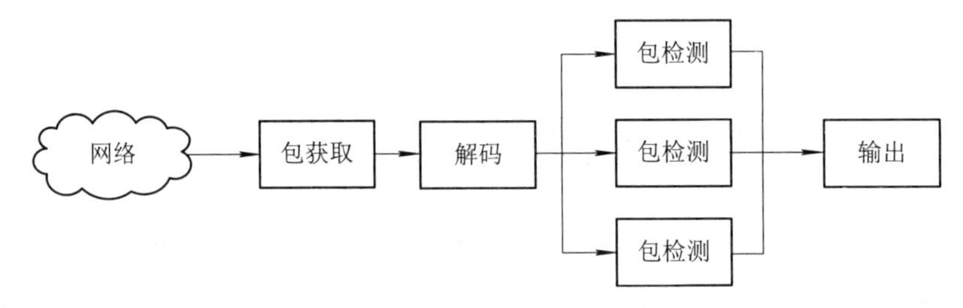

图 8-2 实时流量处理实现流程

2. 日志数据分析

日志数据分析功能是指拟态 IPS 系统可对实时流量处理后的数据进行分析，其整体流程如图 8-3 所示。系统将 Suricata 产生的威胁日志以 JSON 的形式传给 Logstash 的输入模块，Logstash 对 Suricata 传来的威胁数据进行过滤处理，将加工后的威胁数据存入 Elasticsearch 数据库，Elasticsearch 数据库提供数据的存储、查询、聚合、排序等功能。

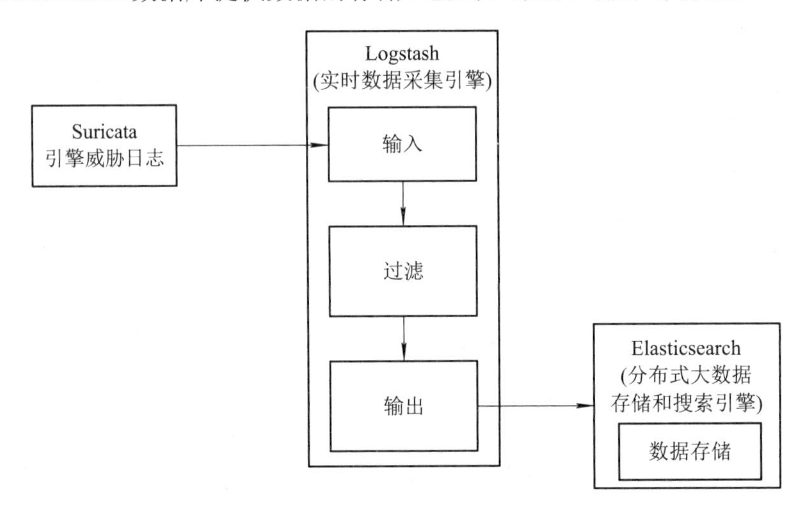

图 8-3 日志数据分析实现流程

3. 拟态 Web 展示

拟态 Web 展示功能是将拟态 IPS 系统分析的结果进行相应的执行并展示，其整体流程如图 8-4 所示。拟态 Web 对于前端输入的请求，通过输入分发输出裁决模块分发到执行体池，裁决模块将裁决结果传送给后端，后端获取请求的数据，最终提供给前端进行展示。拟态 Web 提供执行体状态、执行体异常日志及执行体调度日志上报功能，其中 Httpd、Nginx 和 Openresty 是三种不同的 Web 容器。

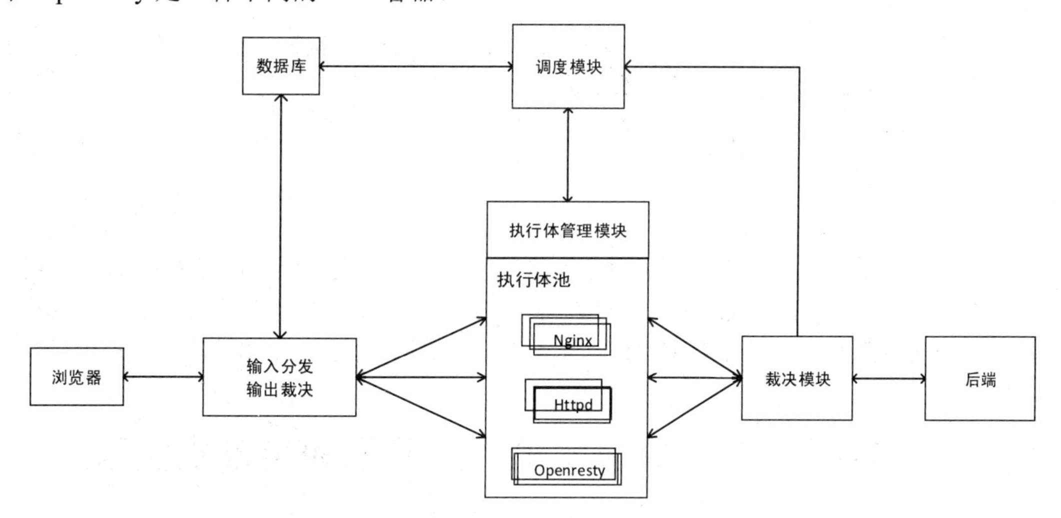

图 8-4　拟态 Web 展示实现流程

8.1.2　系统处理流程

拟态 IPS 系统处理流程如图 8-5 所示，Suricata 引擎监控网络流量，并能通过规则集的匹配来触发警报事件，Suricata 基于多线程架构，支持高性能的多核和多处理器系统，采用 Logstash 和 Elasticsearch 架构存储、分析威胁日志，最后通过拟态 Web 系统进行信息可视化呈现。

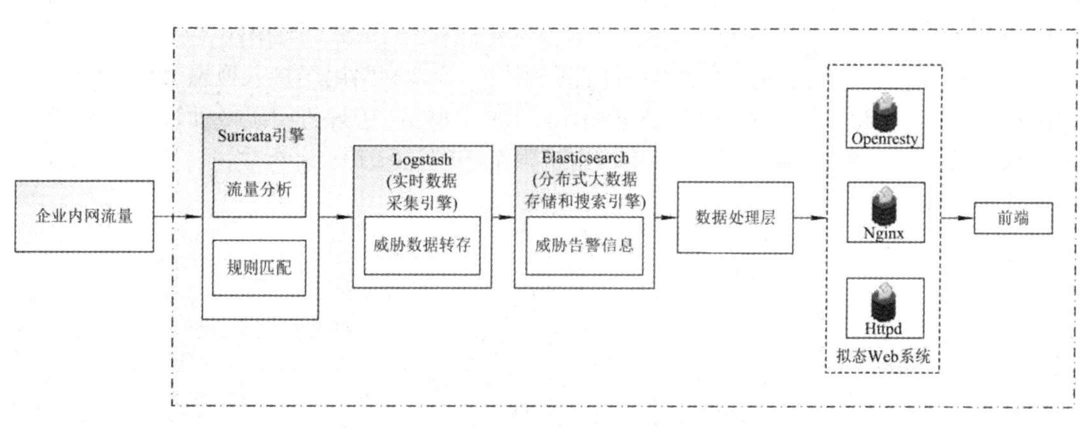

图 8-5　拟态 IPS 系统处理流程

8.1.3　关键技术

1. 流量威胁检测

拟态 IPS 主要利用开源网络威胁检测引擎 Suricata 来检测已知的威胁、策略违反和恶意行为。Suricata 可以自动检测任何端口上的协议，如 HTTP 协议和 FTP 协议。Suricata 还可以记录 HTTP 请求、记录和存储 TLS 证书、从流中提取文件并将它们存储到磁盘。此外，Suricata 还支持通过编写自定义规则 Lua 脚本进行高级分析来检测规则集语法中无法检测的内容。

2. 执行体调度

拟态 IPS 系统将 Nginx、Httpd、Openresty 等作为拟态化数据处理的执行体，对前端的请求数据进行动态调度执行。当请求数据发生异常导致执行体无法进行正常工作时，拟态 IPS 会将其他空闲执行体激活，并将异常执行体进行关闭清洗处理。

8.1.4 典型应用场景

拟态 IPS 通过收集并分析网络流量来检测潜在威胁，并利用拟态执行体和裁决方式实现可靠准确的判断和输出。拟态 IPS 可以部署在网络流量较大且安全程度需求高的环境中，比如电商云服务器集群、银行交易系统、大型企业跨域网、能源物联网等。

8.2 针对拟态 IPS 技术的黑盒漏洞利用攻击实践

8.2.1 实验内容

本实验考察拟态 IPS 黑盒的攻击防御效果，主要使用端口扫描工具对拟态 IPS 进行端口扫描，然后利用扫描结果进行漏洞攻击，验证拟态 IPS 应对黑盒漏洞利用攻击的有效性。其中，拟态 IPS 中有 9 个执行体，同时在线 3 个执行体，且有 3 个是有问题的执行体，用于触发裁决日志。

8.2.2 实验拓扑

本实验主要由管理网络和采集网络两部分组成。管理网络用于接入拟态 IPS、Win7-管理机和 Win7-攻击机，拓扑关系如图 8-6 所示。其中，Win7-管理机用于教师管理拟态 IPS，可对拟态 IPS 参数进行调整，而 Win7-攻击机则用于对拟态 IPS 进行攻击，验证防御效果或者攻击效果。

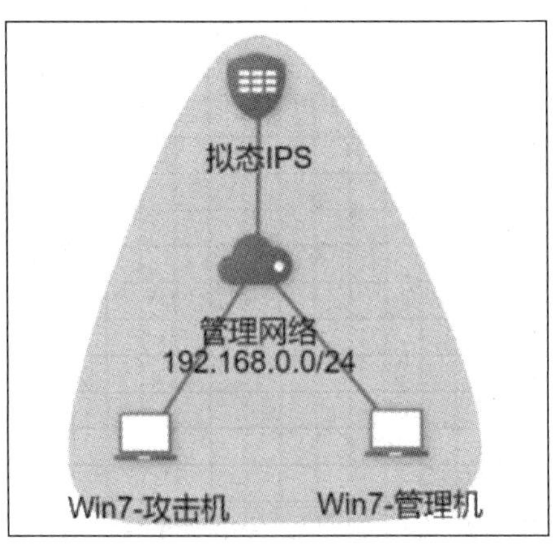

图 8-6 管理网络拓扑图

采集网络用于采集拟态 IPS 流量，并通过默认路由接入学生主机和靶机，拓扑关系如图 8-7 所示。其中，Win7-攻击机用于验证防御效果或者攻击效果，Web 服务器中部署了网站，用于验证防御效果或者攻击效果，PC 为电脑端，本实验没有使用。

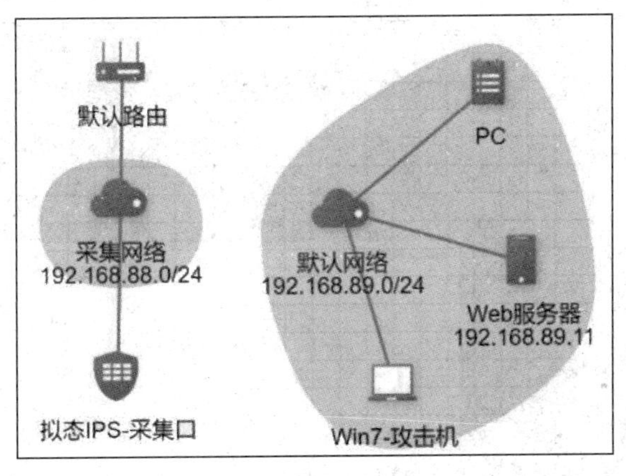

图 8-7　采集网络拓扑图

表 8-1 为该实验所需工具及其相应作用介绍，具体包括网络扫描工具 Nmap、攻击 Web 应用的集成平台 Burp Suite、Web 组件爆破工具 Wfuzz、超级弱口令爆破工具，以及目录扫描工具 Webpathbrute。

表 8-1　实验工具及其作用

工具名称	作　用
Nmap	该开源网络扫描工具主要用来进行主机发现、端口扫描，并通过端口扫描推断运行系统及运行软件版本
Burp Suite	该平台为用于攻击 Web 应用程序的集成平台，其中包含了许多工具及接口，所有工具都共享一个请求，并能处理对应的 HTTP 消息、认证、代理、日志、警报等
Wfuzz	这是评估 Web 应用而产生的 Fuzz(Fuzz 是爆破的一种手段)工具，它基于一个简单的理念，即用给定的 Payload 去 Fuzz。它允许在 HTTP 请求里注入任何输入的值，针对不同的 Web 应用组件进行多种复杂的爆破攻击。比如参数、认证、表单、目录/文件、头部等
超级弱口令爆破工具	这是一款 Windows 平台的弱口令审计工具，支持批量多线程检查，可快速发现弱密码、弱口令账号，密码支持和用户名结合进行检查，大大提高了审计的成功率，支持自定义服务端口和字典
Webpathbrute	这是一款目录扫描工具，支持 php、aspx、jsp 等脚本语言，其原理是通过请求返回的信息来判断当前目录或文件是否真实存在

8.2.3　实验步骤

1. 模拟拟态 IPS 攻击成功效果

1) 教师任务一：演示验证攻击成功效果

(1) 登录 Win7-管理机，使用桌面上的 Google Chrome 浏览器，访问网址为 http://192.168.

0.215，然后输入用户名和密码登录系统，其中，用户名为cmpadmin，密码为cmpadmin。

(2) 点击上方菜单栏中的【系统管理】下的【规则库】，添加新的规则，让正常业务流量变成恶意流量，点击【新建】，填入如图8-8所示的相关信息(测试完之后将该规则删除)。

图8-8 流量规则

2) 学生任务一：访问Web服务器

登录Win7-攻击机，打开桌面上的Google Chrome浏览器，访问http://192.168.89.207/login.php，其中192.168.89.207为Web服务器的IP地址。

3) 教师任务二：查看告警日志

(1) 登录Win7-管理机，打开桌面上的Google Chrome浏览器，访问http://192.168.0.215(用户名为cmpadmin，密码为cmpadmin)。

(2) 点击上方菜单栏中【系统监控】下的【攻击事件】查看告警日志，通过攻击事件可知，正常流量已经被识别为攻击流量(教师将该页面投至大屏，学生观察攻击成功的效果)，如图8-9所示。

严重	潜在恶意流量	2020-09-22 15:29:07	192.168.89.150	49730	通过	【潜在恶意流量】	对目标主机	192.168.89.207	80	发起 严重攻击	功能验证
严重	潜在恶意流量	2020-09-22 15:29:07	192.168.89.150	49730	通过	【潜在恶意流量】	对目标主机	192.168.89.207	80	发起 严重攻击	功能验证
严重	潜在恶意流量	2020-09-22 15:28:38	192.168.89.150	49728	通过	【潜在恶意流量】	对目标主机	169.254.169.254	80	发起 严重攻击	功能验证
严重	潜在恶意流量	2020-09-22 15:28:38	169.254.169.254	80	通过	【潜在恶意流量】	对目标主机	192.168.89.150	49728	发起 严重攻击	功能验证
严重	潜在恶意流量	2020-09-22 15:28:37	169.254.169.254	80	通过	【潜在恶意流量】	对目标主机	192.168.89.150	49728	发起 严重攻击	功能验证
严重	潜在恶意流量	2020-09-22 15:28:37	192.168.89.150	49728	通过	【潜在恶意流量】	对目标主机	169.254.169.254	80	发起 严重攻击	功能验证
严重	潜在恶意流量	2020-09-22 15:26:37	169.254.169.254	80	通过	【潜在恶意流量】	对目标主机	192.168.89.150	49727	发起 严重攻击	功能验证
严重	潜在恶意流量	2020-09-22 15:26:37	192.168.89.150	49727	通过	【潜在恶意流量】	对目标主机	169.254.169.254	80	发起 严重攻击	功能验证
严重	潜在恶意流量	2020-09-22 15:26:37	192.168.89.150	49727	通过	【潜在恶意流量】	对目标主机	169.254.169.254	80	发起 严重攻击	功能验证

图8-9 告警日志

2. 端口扫描嗅探

• 学生任务二：端口扫描

登录Win7-攻击机，使用桌面上的Nmap软件对192.168.0.215进行端口扫描，在目标处输入 IP 地址(nmap -T4 -A -v -p 1-65535)，在配置处选择“Intense scan, all TCP ports”，如图 8-10 所示，配置完成之后点击【扫描】。(打开 Nmap 偶尔会出现无法出入目标的情况，此时稍等一会即可)。学生也可以使用其他协议进行扫描。

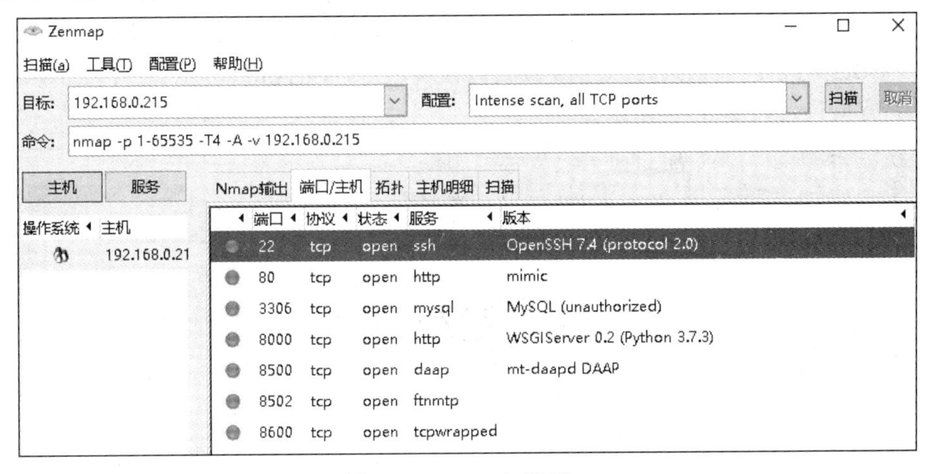

图 8-10　Nmap 扫描端口

3. 弱口令爆破

- 学生任务三：弱口令爆破

使用桌面上的“弱口令爆破”工具对拟态 IPS 的 MySQL 服务进行弱口令猜解，填入目标 IP 地址，选择 SSH 服务器，取消“不根据检查服务自动选择密码字典”，取消“扫描端口”，设置完成之后点击【开始检查】按钮进行检查，如图 8-11 所示。

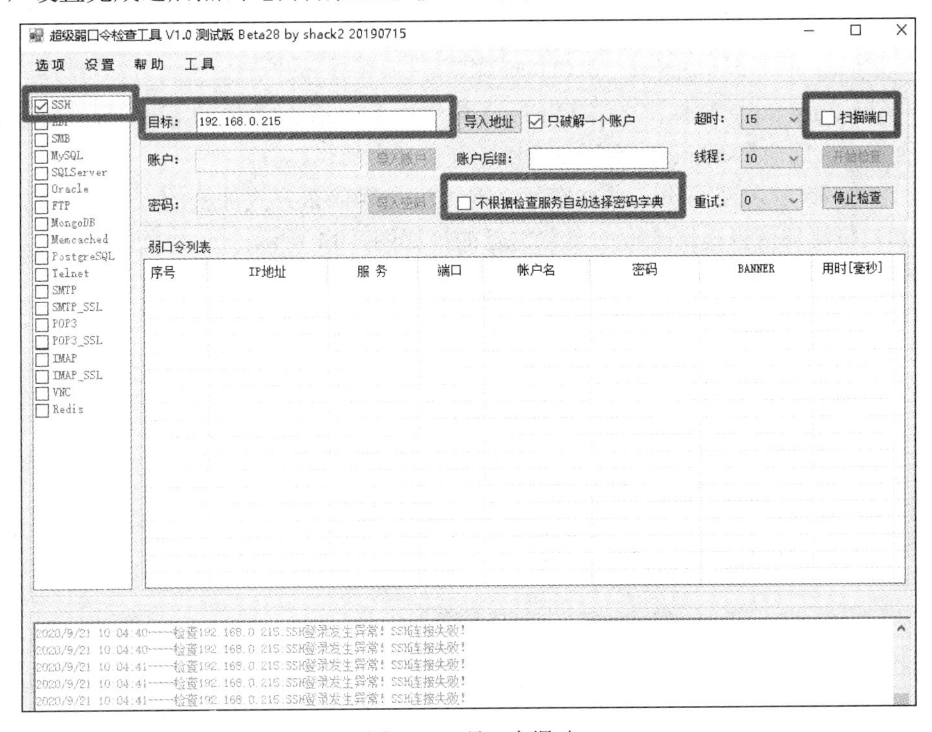

图 8-11　弱口令爆破

4. 端口漏洞攻击

1) 学生任务四：80 端口漏洞攻击

(1) 打开桌面上的 Burp Suite 程序，接着点击页面中的【Run】加载已经选好的文件，并在新跳出来的界面中点击【Next】跳过选项，最终选择【Start Burp】开启应用。

(2) 在 Burp Suite 的标签栏中选择【Proxy】模块，在其中的【Intercept】栏中点击【Inrercept is on】，关掉抓包，如图 8-12 所示。

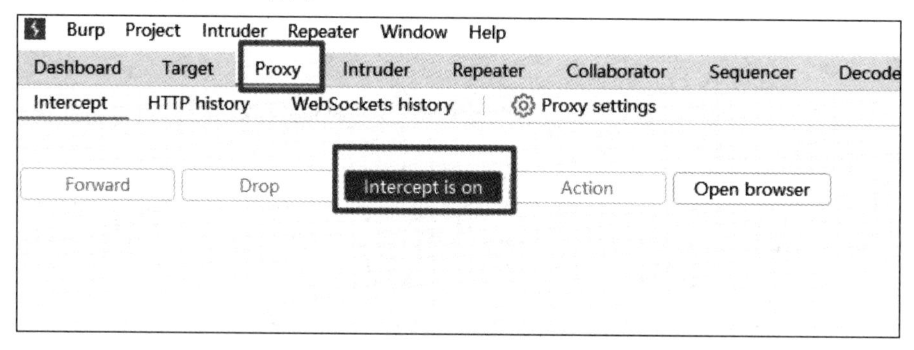

图 8-12　在 Burp Suite 中关掉抓包

(3) 设置浏览器代理，选择【burp】(提示隐私错误，点击继续前往)，具体如图 8-13 所示。

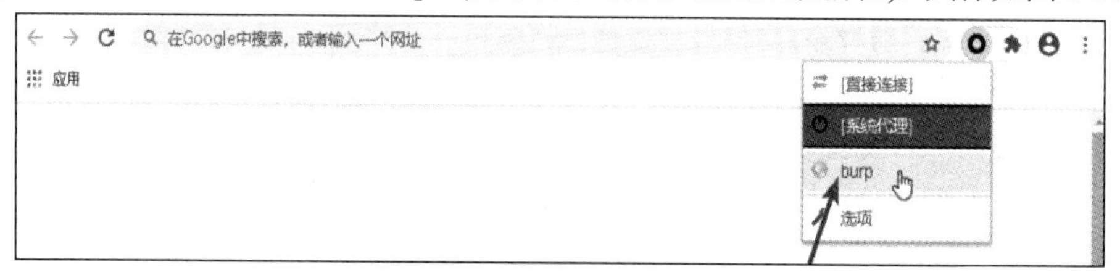

图 8-13　在 Chrome 浏览器中设置 Burp 代理

(4) 返回 Burp Suite 软件，点击【Proxy】模块中【Intercept】栏的【Intercept off】按钮，刷新页面并输入用户名 admin，密码 12345，重新开启抓包。

(5) 通过抓包发现密码明文被加密了，看不出是用什么方式加密的。发现密码字段为 pass_word，猜测加密也是用类似的名称进行的，如图 8-14 所示。

```
Raw  Params  Headers  Hex
1  POST /api/user/login/ HTTP/1.1
2  Host: 192.168.0.215
3  Content-Length: 305
4  Accept: application/json
5  User-Agent: Mozilla/5.0 (Windows NT 10.0; Win64; x64) AppleWebKit/537.36 (KHTML, like Gecko) Chrome/83.0.4103.116 Safari/537.36
6  Content-Type: multipart/form-data; boundary=----WebKitFormBoundaryEvsW9SB5ameuCWx9
7  Origin: http://192.168.0.215
8  Referer: http://192.168.0.215/login/
9  Accept-Encoding: gzip, deflate
10 Accept-Language: zh-CN,zh;q=0.9
11 Cookie: csrftoken=4wBh7opXK3eMCKnhlCf7YZ9PAnFukOGabRzriVVyQPUt1K9M6RbmNUEK18zeFCdY
12 Connection: close
13
14 ------WebKitFormBoundaryEvsW9SB5ameuCWx9
15 Content-Disposition: form-data; name="user_name"
16
17 admin
18 ------WebKitFormBoundaryEvsW9SB5ameuCWx9
19 Content-Disposition: form-data; name="pass_word"
20
21 8d969eef6ecad3c29a3a629280e686cf0c3f5d5a86aff3ca12020c923adc6c92
```

图 8-14　在拟态网关中输入数据进行抓包测试

(6) 打开桌面上的Google Chrome浏览器，并访问http://192.168.0.215，在Google Chrome页面中按F12键，然后刷新页面，如图8-15所示。由于网站默认为防止调试，点击图中所示按钮，按钮将变为蓝色，即可绕过，重新刷新页面即可进行调试。

(7) 定位到网页中的“11.7eb69ffc.async.js”文件上，点击【Pretty-print】，会将JS代码格式化，方便阅读，按Ctrl + F键进行搜索，如图8-16所示。

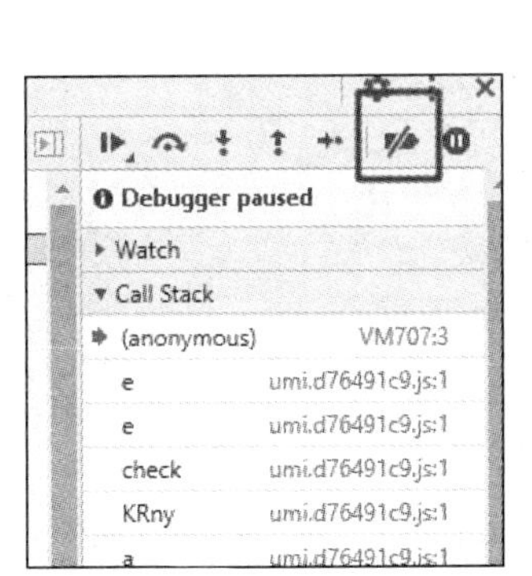

图 8-15　开发者界面

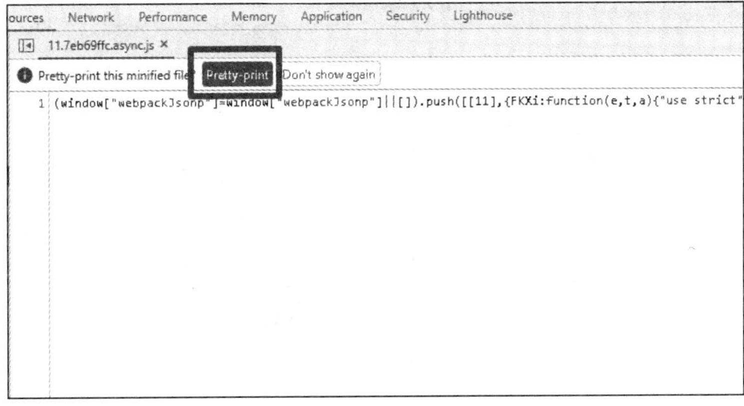

图 8-16　开发者界面的“Pretty-print”菜单栏

(8) 在搜索栏中输入password并进行搜索，可以看到其上一句代码使用SHA256加密，如图8-17所示。

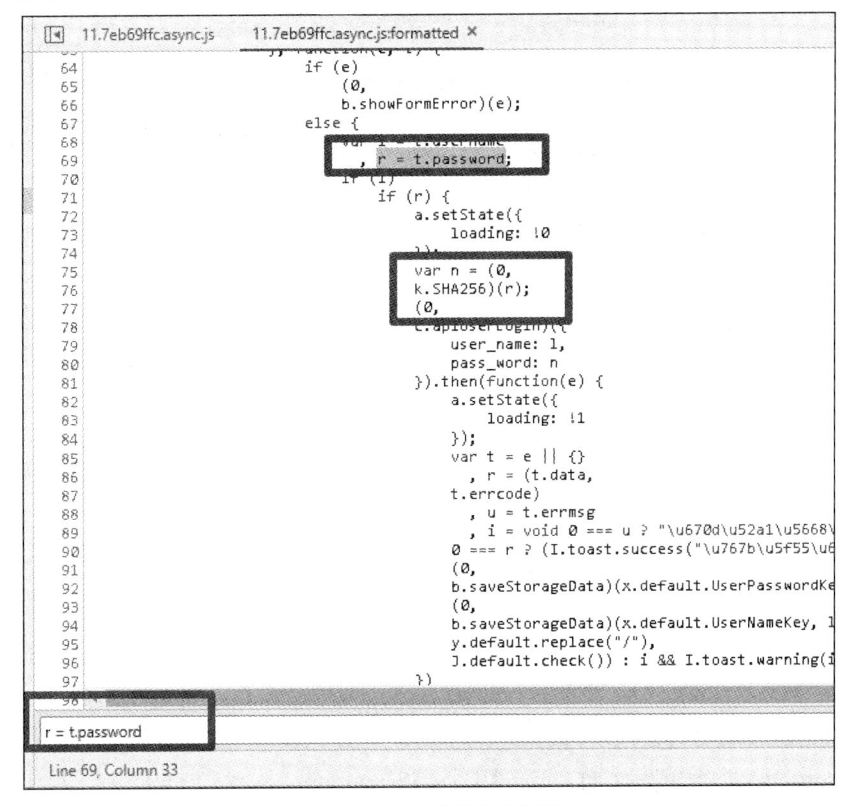

图 8-17　在页面搜索密码

(9) 将加密的密码输入网址 https://www.cmd5.com/default.aspx 中进行查询，查询到的结果是 sha256，与上述代码内容一致，如图 8-18 所示。

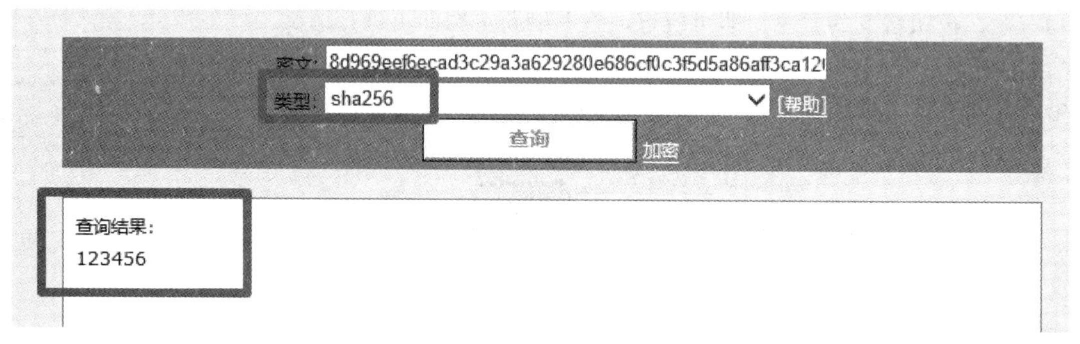

图 8-18　核对密码 SHA 结果

(10) 在 Burp Suite 数据包上右键选择【Send to Repeater】，将数据包发送到【Intruder】模块，并选中【Intruder】模块中的【Positions】子模块，选择数据包中的密码字段，点击右边按钮【Add§】，具体如图 8-19 所示。

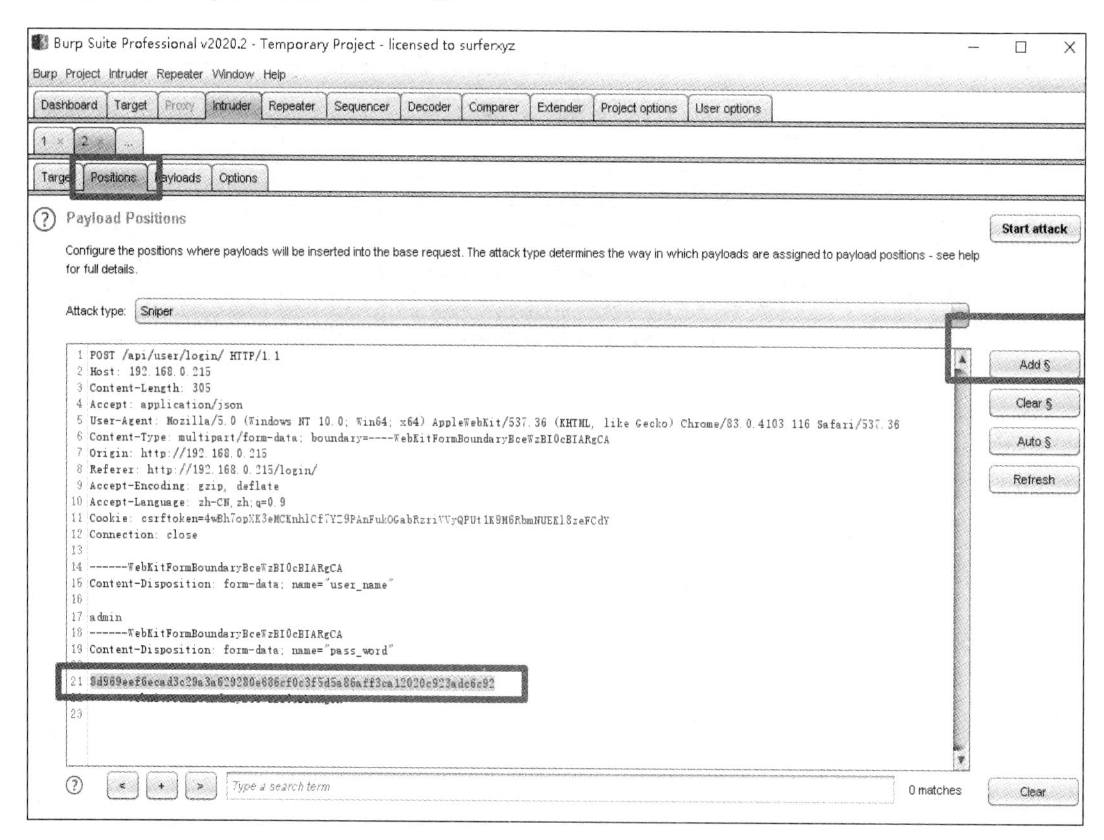

图 8-19　Burp Suite 添加密码字段

(11) 点击【Payloads】子模块，依据密码字典所在目录位置 C:\Users\admin\Desktop\Tools\Dicts\passwordDict 加载密码字典，点击【Load】选择密码文件为 top500.txt，再点击【打开】，如图 8-20 所示。

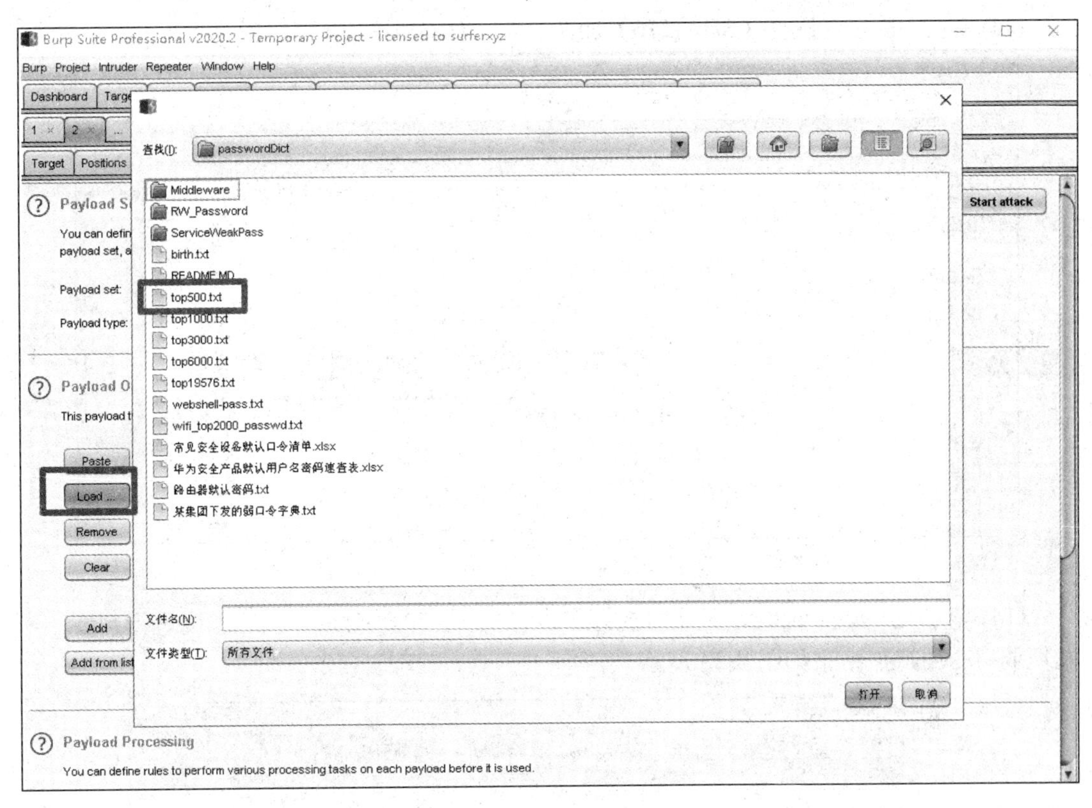

图 8-20　添加密码文件

(12) 由于密码是加密的，在【Intrudre】下的【Payload】子模块中，点击【Add】选择加密方式为【Hash】，如图 8-21 所示。

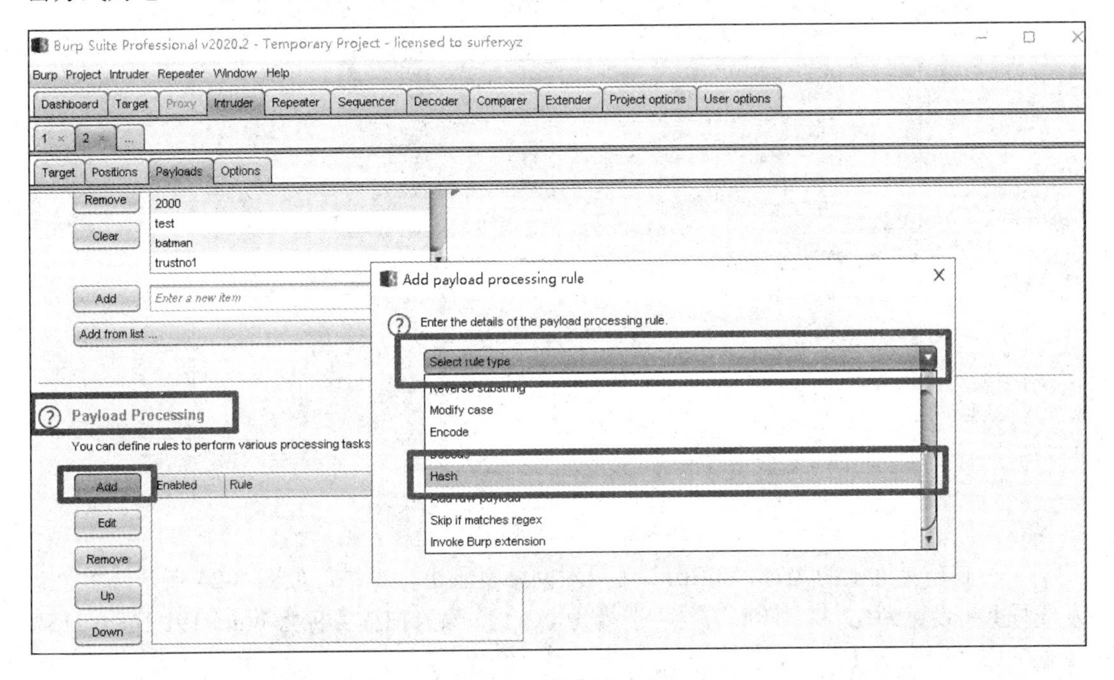

图 8-21　加密方式(1)

(13) 通过 JS 方式选择【SHA-256】加密方式，如图 8-22 所示。

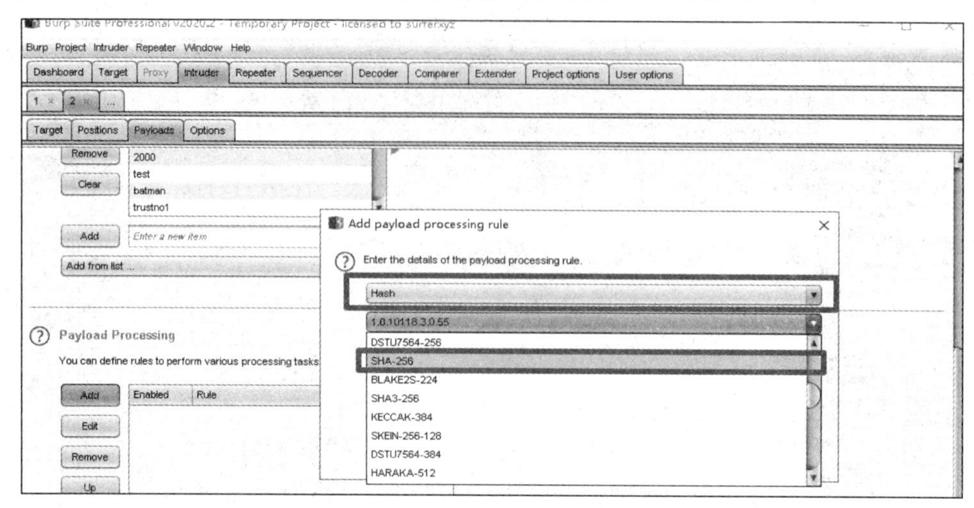

图 8-22 加密方式(2)

(14) 选择【Start attack】，开始对弱口令进行猜解，通过对口令相应长度进行判断，未发现弱口令用户，结果如图 8-23 所示。

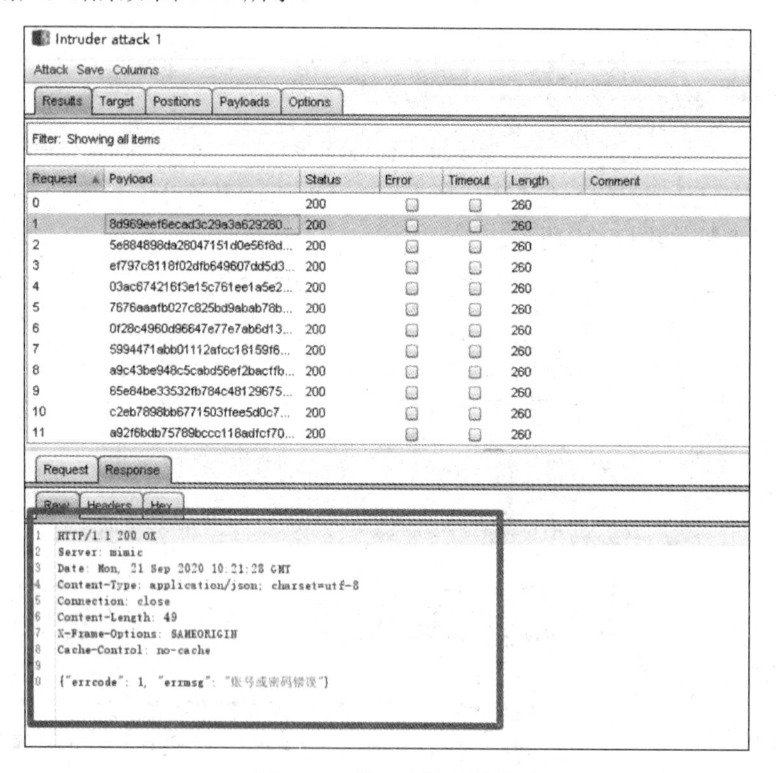

图 8-23 弱口令爆破结果

(15) 使用桌面上的 WebPathBrute 工具对网站目录进行扫描，如图 8-24 所示，将“并发线程数”设置为 5，将“Http 方法”选择为【Get】，输入扫描目标为 http://192.168.0.215/，设置完成之后点击【开始】按钮进行扫描。

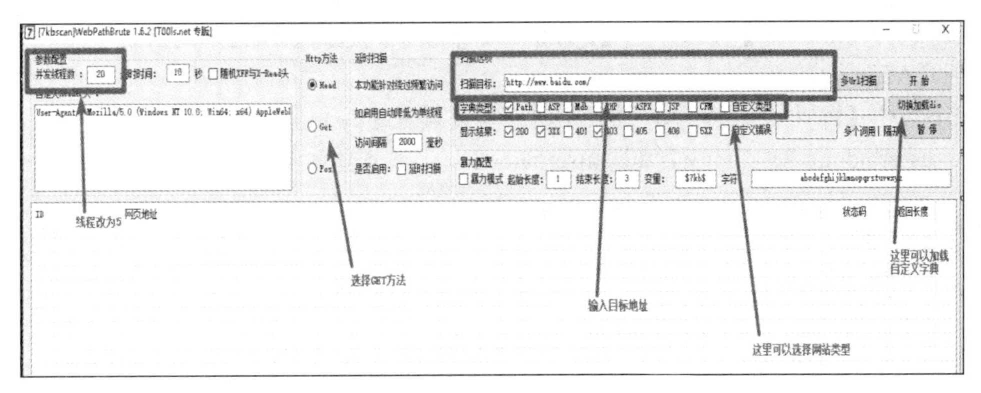

图 8-24　目录扫描工具设定

扫描结果如图 8-25 所示，显示未发现敏感目录。

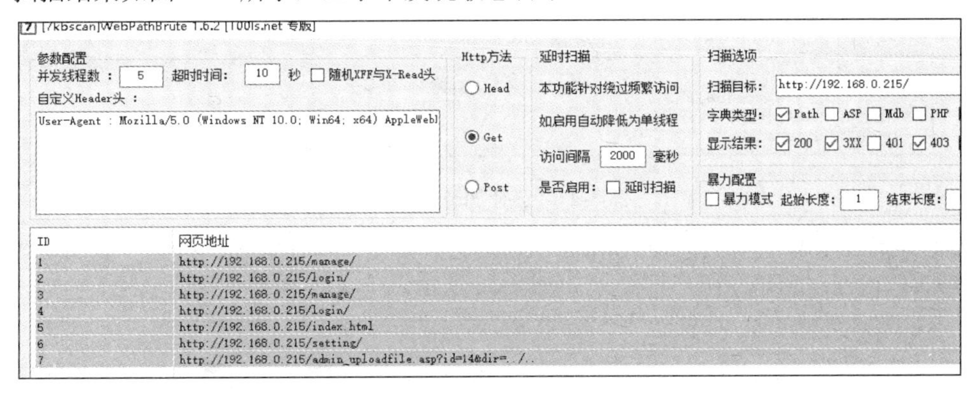

图 8-25　目录扫描结果

2) 学生任务五：8000 端口漏洞攻击

(1) 使用桌面上的 Google Chrome 浏览器，访问网址为 http://192.168.0.215:8000/，发现是基于 Django 架构，网站返回结果提示的二级目录如图 8-26 所示。

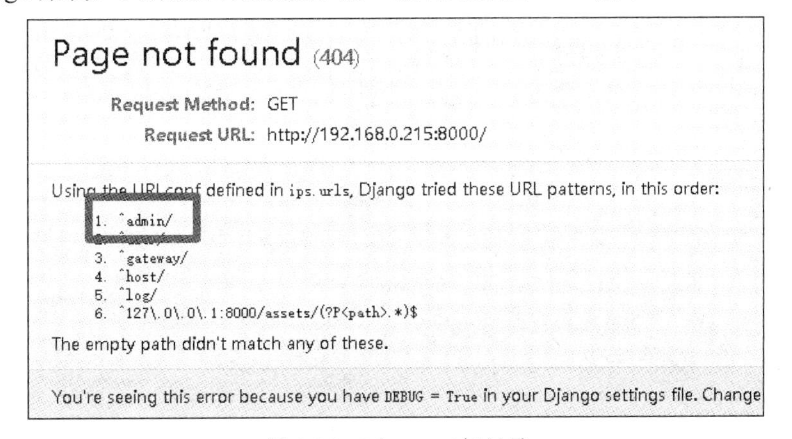

图 8-26　Django 二级目录

(2) 对该网页进行弱口令爆破，与学生任务四中部分步骤类似，利用 Burp Suite 软件，刷新页面，并输入用户名 admin，密码 12345，点击【登录】进行抓包。

(3) 在数据包上右键选择【Send to intruder】，将数据包发送到【Intruder】模块。

(4) 选择【Intruder】模块中的【Positions】子模块，选择数据包中的密码字段，点击右边按钮【Add§】。

(5) 点击【Payloads】模块，加载密码字典，点击【Load】选择密码文件，密码文件在目录 c:\users\admin\desktoptools\dicts\usernamedict 中，具体如图 8-27 所示。

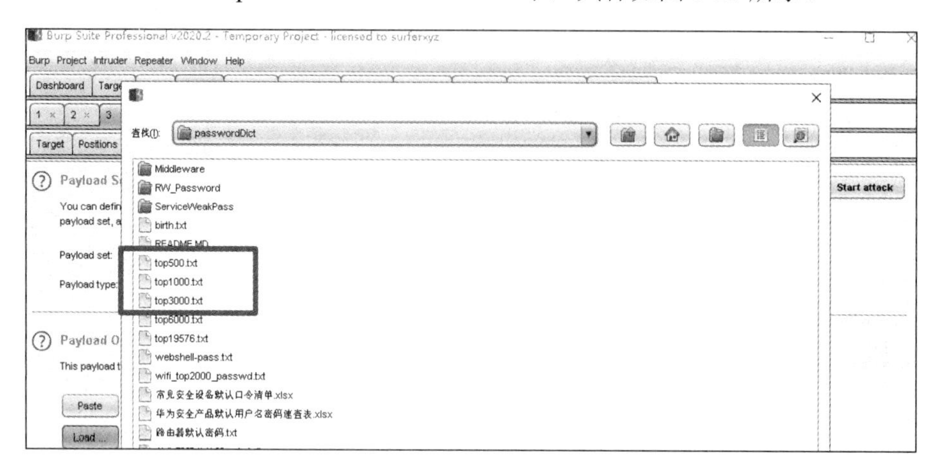

图 8-27 选择加载密码字典

(6) 配置好之后，选择【Start attack】，开始对弱口令进行猜解，通过对口令相应长度进行判断，未发现弱口令用户，结果如图 8-28 所示。

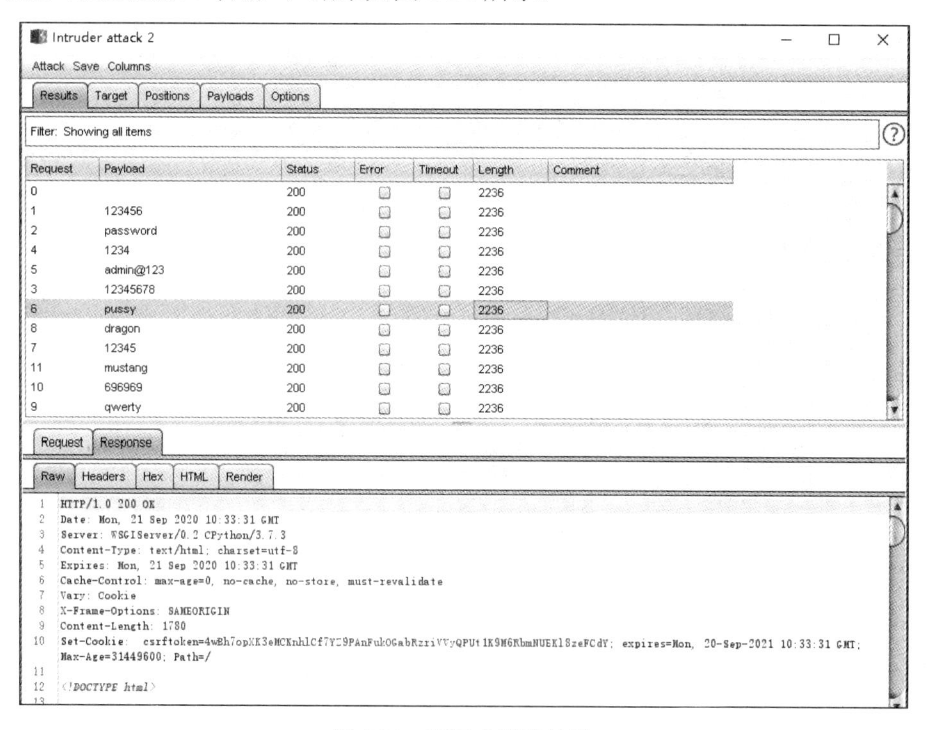

图 8-28 弱口令爆破结果

3) 学生任务六：8500 端口漏洞攻击

使用桌面上的 Google Chrome 浏览器，访问 http://192.168.0.215:8500/，发现漏洞 Consul

1.7.2，而在谷歌未能搜索到相关漏洞(遇到不认识的 cms 或者业务系统，可以去百度或者 Bing 搜索相关漏洞，比如 Consul 1.7.2 漏洞)，如图 8-29 所示。

图 8-29　Consul 1.7.2 漏洞

4) 教师任务三：查看裁决日志

教师可以将两种方式裁决日志输入给学生：① 教师登录拟态 IPS 后台，查看裁决日志，将裁决日志投至大屏让学生一起查看和分析；② 教师将拟态 IPS 后台的 IP 地址、后台用户名、后台密码、裁决日志位置告诉学生，让学生自行查看。

接着执行以下操作：

(1) 登录设备 Win7-管理机，打开桌面上的 Google Chrome 浏览器，访问 http://192.168.0.215(输入用户名为 cmpadmin，密码为 cmpadmin)。

(2) 点击菜单栏中的【系统管理】下【日志管理】的【执行体异常日志】，查看执行体异常日志，结果如图 8-30 所示。

执行体ID：请输入执行体ID　查询

执行体ID	异常类型	日志产生时间
3-20200922192907	数据包长度异常	2020-09-22 19:29:19
4-20200922192907	数据包长度异常	2020-09-22 19:29:19
3-20200922192907	数据包长度异常	2020-09-22 19:29:19
3-20200922192907	数据包长度异常	2020-09-22 19:29:19
7-20200922192904	数据包长度异常	2020-09-22 19:29:19
7-20200922192904	数据包长度异常	2020-09-22 19:29:19

图 8-30　执行体异常日志

(3) 点击菜单栏中的【系统管理】下【日志管理】的【执行体调度日志】，查看执行体调度日志，结果如图 8-31 所示。

执行体ID	操作系统	CPU	IP	端口	调度类型	上下线
3-20200922153302	CentOS	X86_64	127.0.0.1	81	调度模块	下线
2-20200922153602	CentOS	X86_64	127.0.0.1	85	调度模块	上线
2-20200922153202	CentOS	X86_64	127.0.0.1	85	调度模块	下线
4-20200922153502	CentOS	X86_64	127.0.0.1	82	调度模块	上线
4-20200922153102	CentOS	X86_64	127.0.0.1	82	调度模块	下线
1-20200922153402	CentOS	X86_64	127.0.0.1	84	调度模块	上线
1-20200922153002	CentOS	X86_64	127.0.0.1	84	调度模块	下线

图 8-31　执行体调度日志

5. 内部参数调整

- 教师任务四：内部参数调整

(1) 在桌面上按住 Shift 键的同时点击右键，选择“在此处打开命令行窗口”，使用 SSH

命令连接拟态 IPS，其中，IP 地址为 192.168.0.215，用户名为 root，密码为 comleader@123。

(2) 利用 vim 命令打开并修改配置文件“/root/ooo/mimic/lua/config.lua”，调整拟态 IPS 轮换周期，原始内容如图 8-32 所示，将定时调度改为 50s(timer_schedule_interval=50)。

```
local _M = {
    consul_ip          = "127.0.0.1",
    consul_port        = 8500,
    udp_ip             = "127.0.0.1",
    udp_port           = 514,
    ups_names          = {"he1", "he2", "he3"},
    shm_expire_time = 15,
    timer_schedule_interval = 60,
    --ups_keep_stable_time = 7500,
    redis_ip           = "127.0.0.1",
    redis_port         = 6379,
    backend_ip         = "127.0.0.1",
    backend_port       = 8000,
    schedule_ip        = "127.0.0.1",
    schedule_port      = 8099,
}

return _M
~
~
```

图 8-32 修改拟态 IPS

(3) 修改完成之后重启程序(报错信息无需关注)，命令如图 8-33 所示。

```
[root@ips ~]# sh /root/ooo/mimic/lua/stop 8099
[root@ips ~]# sh /root/ooo/mimic/lua/start 8099
mimic: [error] ===== /root/ooo/mimic/license/key
mimic: [error] +++++ /root/ooo/mimic/license/license
mimic: [error] lua_mimic_init_module: check license failed
[root@ips ~]#
```

图 8-33 重启模块

(4) 登录 Win7-管理机，打开桌面上的 Google Chrome 浏览器，访问 http://192.168.0.215，并输入用户名 cmpadmin，密码 cmpadmin。

(5) 在首页查看在线执行体，如图 8-34 中的执行体是 4、7、2。

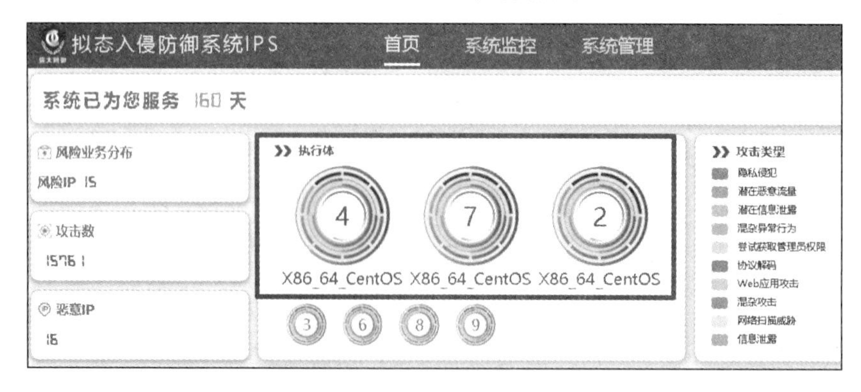

图 8-34 当前在线执行体

(6) 在线执行体的相关序号如图 8-35 所示，4、7、2 对应的在线执行体的 IP 地址和端口号分别为 127.0.0.1:82、127.0.0.1:87、127.0.0.1:85。

```
+-----------+-----------+------+
| mimic_id | ip        | port |
+-----------+-----------+------+
|         1 | 127.0.0.1 | 84   |
|         2 | 127.0.0.1 | 85   |
|         3 | 127.0.0.1 | 81   |
|         4 | 127.0.0.1 | 82   |
|         5 | 127.0.0.1 | 83   |
|         6 | 127.0.0.1 | 86   |
|         7 | 127.0.0.1 | 87   |
|         8 | 127.0.0.1 | 88   |
|         9 | 127.0.0.1 | 89   |
+-----------+-----------+------+
```

图 8-35　执行体序号

(7) 可通过连接进入数据库查询在线执行体，命令为 mysql -uroot -pRoot123...，结果如图 8-36 所示。

```
[root@ips ~]# mysql -uroot -pRoot123...
mysql: [Warning] Using a password on the command line interface can be insecure.
Welcome to the MySQL monitor.  Commands end with ; or \g.
Your MySQL connection id is 106122
Server version: 5.7.29 MySQL Community Server (GPL)

Copyright (c) 2000, 2020, Oracle and/or its affiliates. All rights reserved.

Oracle is a registered trademark of Oracle Corporation and/or its
affiliates. Other names may be trademarks of their respective
owners.

Type 'help;' or '\h' for help. Type '\c' to clear the current input statement.
```

图 8-36　用数据库查找在线执行体

(8) 可以通过命令 select*from IPS.mimic_status 来查看执行体状态，如图 8-37 所示，flag 为 0 代表执行体在线，flag 为 4 代表有问题的执行体。

```
mysql> select * from ips.mimic_status;
+----+-----------+------+--------+--------+------+----------------------------+----------------------------+-----------+
| id | ip        | port | os     | arch   | flag | update_time                | created_time               | is_delete |
+----+-----------+------+--------+--------+------+----------------------------+----------------------------+-----------+
|  1 | 127.0.0.1 | 81   | CentOS | x86_64 | 0    | 2020-09-22 18:51:01.000000 | 2020-05-21 02:12:26.000000 |         0 |
|  2 | 127.0.0.1 | 82   | CentOS | x86_64 | 1    | 2020-09-22 18:51:01.000000 | 2020-05-21 02:12:26.000000 |         0 |
|  3 | 127.0.0.1 | 83   | CentOS | x86_64 | 4    | 2020-09-22 18:51:01.000000 | 2020-05-21 02:12:26.000000 |         0 |
|  4 | 127.0.0.1 | 86   | CentOS | x86_64 | 4    | 2020-09-22 18:51:01.000000 | 2020-05-21 02:12:26.000000 |         0 |
|  5 | 127.0.0.1 | 87   | CentOS | x86_64 | 1    | 2020-09-22 18:51:01.000000 | 2020-05-21 02:12:26.000000 |         0 |
|  6 | 127.0.0.1 | 88   | CentOS | x86_64 | 0    | 2020-09-22 18:51:01.000000 | 2020-05-21 02:12:26.000000 |         0 |
|  7 | 127.0.0.1 | 89   | CentOS | x86_64 | 4    | 2020-09-22 18:51:01.000000 | 2020-05-21 02:12:26.000000 |         0 |
|  8 | 127.0.0.1 | 84   | CentOS | x86_64 | 1    | 2020-09-22 18:51:01.000000 | 2020-05-21 02:12:26.000000 |         0 |
|  9 | 127.0.0.1 | 85   | CentOS | x86_64 | 0    | 2020-09-22 18:51:01.000000 | 2020-05-21 02:12:26.000000 |         0 |
+----+-----------+------+--------+--------+------+----------------------------+----------------------------+-----------+
9 rows in set (0.00 sec)
```

图 8-37　执行体状态

(9) 手动关闭在线执行体，关闭之后需要再开启，关闭命令为 sh /root/ooo/mimic/lua/stop87，开启命令为 sh /root/ooo/mimic/lua/start87。

(10) 查看在线执行体(需要手动刷新页面)，如图 8-38 所示，可以看到当前执行体变为了 3、8、2。

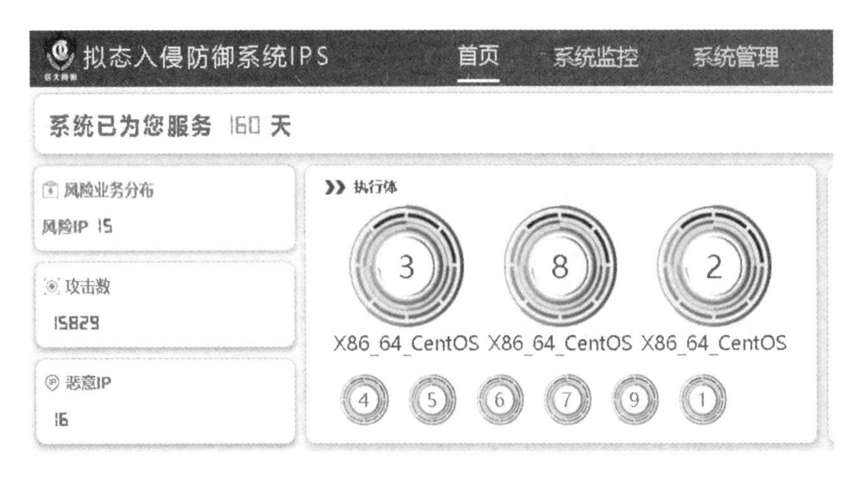

图 8-38 当前在线执行体

8.2.4 实验结果及分析

从上述实验中可得到以下结论：

(1) 拟态 IPS 面对黑盒利用攻击时仍能提供正常服务。拟态 IPS 检测到恶意流量时会对其进行处理，并将其存储在异常日志中以供管理者查看分析，同时执行体仍能为正常用户提供服务。

(2) 拟态 IPS 可抵抗弱口令爆破攻击。根据 Burp Suite 软件密码口令测试可以看出，拟态 IPS 的口令要求较高，无法进行简单弱口令破解。

(3) 拟态 IPS 几乎无可利用漏洞，尤其是面对常见的 80、8000 和 8500 端口测试结果较好。通过 Burp Suite 抓包破解端口连接密码无法成功。

(4) 拟态 IPS 支持管理员手动快速进行执行体调度。当管理员发现执行体异常后，可进行手动快速操作终止当前执行体工作，拟态 IPS 会根据执行体池中正常的执行体进行上线操作。

8.3 拟态 IPS 功能验证

8.3.1 实验内容

本实验主要考察了拟态 IPS 执行体能否正常轮换，以及在对拟态 IPS 执行体进行篡改后，拟态 IPS 执行体能否正常轮换。其中，拟态 IPS 中有 9 个执行体，同时在线 3 个执行体，且有 3 个是有问题的执行体，用于触发裁决日志。

8.3.2 实验拓扑

本实验主要由管理网络和采集网络两部分组成。管理网络用于接入拟态 IPS、Win7-管理机和 Win7-攻击机，拓扑关系如图 8-39 所示。其中，Win7-管理机用于教师管理拟态 IPS，可对拟态 IPS 参数进行调整，而 Win7-攻击机则用于对拟态 IPS 进行攻击，验证防御效果或者攻击效果。

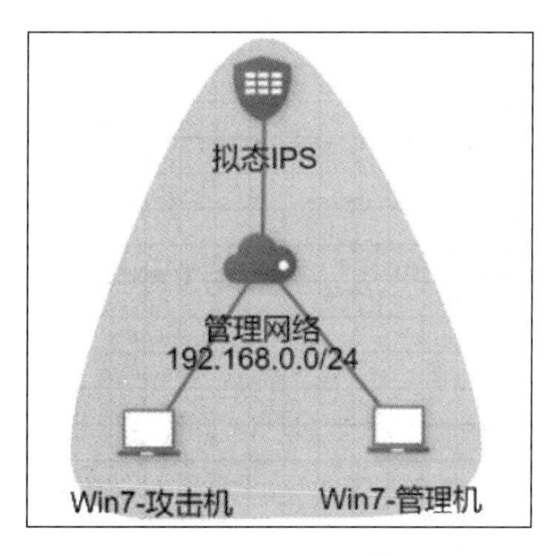

图 8-39　管理网络拓扑图

采集网络用于采集拟态 IPS 流量，并通过默认路由接入学生主机和靶机，拓扑关系如图 8-40 所示。其中，Win7-攻击机用于验证防御效果或者攻击效果，Web 服务器中部署了网站，用于验证防御效果或者攻击效果，PC 为电脑端，本实验没有使用。

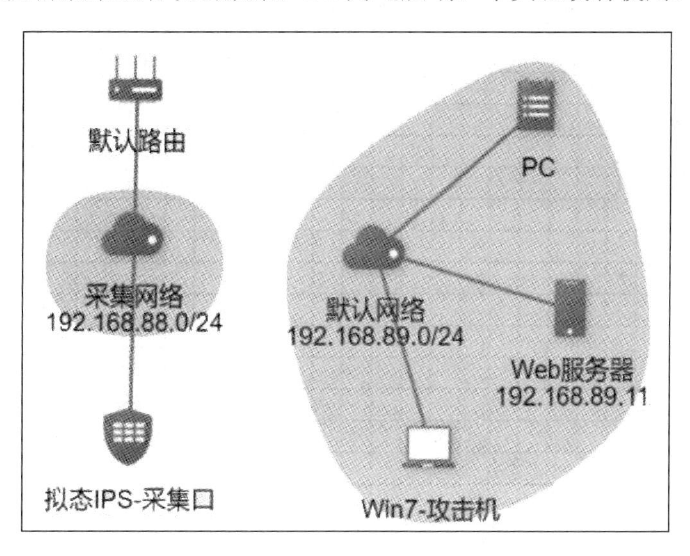

图 8-40　采集网络拓扑图

8.3.3　实验步骤

1. API 触发异常

• 教师任务一：白盒 API 触发异常

(1) 登录 Win7-管理机，打开桌面上的 FireFox，将代理关掉，点击网站栏右边的小按钮，选择工作模式“完全禁用 FoxProxy”，如图 8-41 所示。

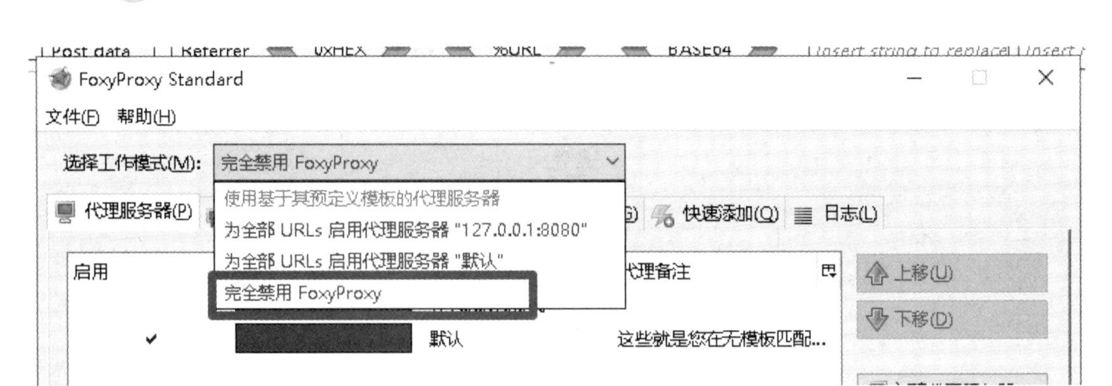

图 8-41　完全禁用 FoxProxy

(2) 点击【启动】按钮(左侧有✓)取消启动，如图 8-42 所示。

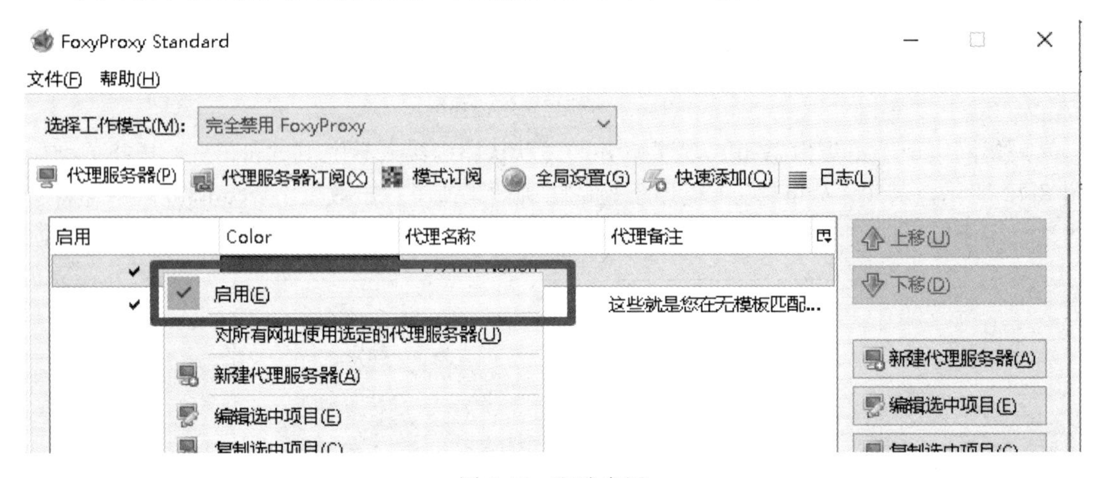

图 8-42　取消启用

(3) 勾选【Post data】，输入【Payload】信息，输入完成之后点击【Execute】，具体内容如图 8-43 所示。

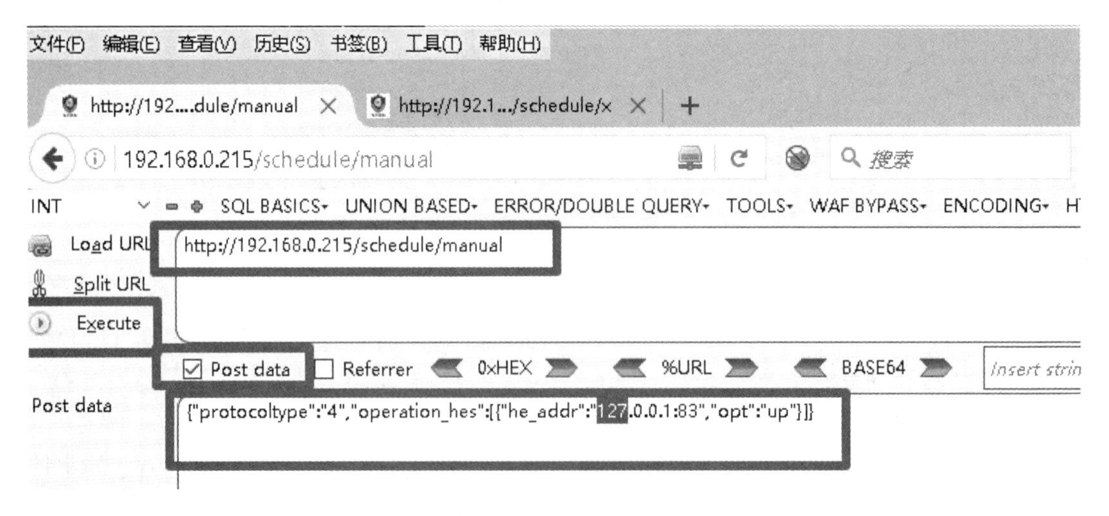

图 8-43　执行 Payload

(4) 登录 Win7-管理机，打开桌面上的 Google Chrome 浏览器，访问 http://192.168.0.215，输入用户名为 cmpadmin，密码为 cmpadmin。

(5) 点击菜单栏中的【系统管理】下【日志管理】的【执行体异常日志】，查看执行体异常日志，结果如图 8-44 所示。

执行体ID：请输入执行体ID　查询

执行体ID	异常类型	日志产生时间
3-20200922192907	数据包长度异常	2020-09-22 19:29:19
4-20200922192907	数据包长度异常	2020-09-22 19:29:19
3-20200922192907	数据包长度异常	2020-09-22 19:29:19
3-20200922192907	数据包长度异常	2020-09-22 19:29:19
7-20200922192904	数据包长度异常	2020-09-22 19:29:19
7-20200922192904	数据包长度异常	2020-09-22 19:29:19
3-20200922192907	数据包长度异常	2020-09-22 19:29:19
4-20200922192907	数据包长度异常	2020-09-22 19:29:19
4-20200922192907	数据包长度异常	2020-09-22 19:29:18
4-20200922192907	数据包长度异常	2020-09-22 19:29:18
7-20200922192904	数据包长度异常	2020-09-22 19:29:18
4-20200922192907	数据包长度异常	2020-09-22 19:29:18

图 8-44　执行体异常日志

2. 轮换记录

• 教师任务二：手动触发轮换记录

(1) 在桌面上按住 Shift 键并点击右键，选择【在此处打开命令行窗口】，使用 SSH 命令连接拟态 IPS，IP 地址为 192.168.0.215，用户名为 root，密码为 comleader@123。

(2) 通过连接进入数据库查询在线执行体，命令为 mysql -uroot -pRoot123...，并通过命令 select*from IPS.mimic_status 查看执行体状态，其中，flag 为 0 代表执行体在线，flag 为 4 代表有问题的执行体。

(3) 手动关闭在线执行体，例如输入 sh /root/ooo/mimic/lua/stop 87(在线执行体端口号)。关闭执行体后，172.0.0.1:85 的执行体 is_delete 的状态为 1，如图 8-45 所示。

```
mysql> select * from ips.mimic_status;
+----+-----------+------+--------+--------+------+----------------------------+----------------------------+-----------+
| id | ip        | port | os     | arch   | flag | update_time                | created_time               | is_delete |
+----+-----------+------+--------+--------+------+----------------------------+----------------------------+-----------+
|  1 | 127.0.0.1 | 81   | CentOS | x86_64 | 1    | 2020-09-22 19:38:58.000000 | 2020-05-21 02:12:26.000000 |         0 |
|  2 | 127.0.0.1 | 82   | CentOS | x86_64 | 0    | 2020-09-22 19:38:58.000000 | 2020-05-21 02:12:26.000000 |         0 |
|  3 | 127.0.0.1 | 83   | CentOS | x86_64 | 4    | 2020-09-22 19:38:58.000000 | 2020-05-21 02:12:26.000000 |         0 |
|  4 | 127.0.0.1 | 86   | CentOS | x86_64 | 4    | 2020-09-22 19:38:58.000000 | 2020-05-21 02:12:26.000000 |         0 |
|  5 | 127.0.0.1 | 87   | CentOS | x86_64 | 1    | 2020-09-22 19:38:58.000000 | 2020-05-21 02:12:26.000000 |         0 |
|  6 | 127.0.0.1 | 88   | CentOS | x86_64 | 0    | 2020-09-22 19:38:58.000000 | 2020-05-21 02:12:26.000000 |         0 |
|  7 | 127.0.0.1 | 89   | CentOS | x86_64 | 4    | 2020-09-22 19:38:58.000000 | 2020-05-21 02:12:26.000000 |         0 |
|  8 | 127.0.0.1 | 84   | CentOS | x86_64 | 0    | 2020-09-22 19:38:58.000000 | 2020-05-21 02:12:26.000000 |         0 |
|  9 | 127.0.0.1 | 85   | CentOS | x86_64 | 0    | 2020-09-22 19:38:38.000000 | 2020-05-21 02:12:26.000000 |         1 |
+----+-----------+------+--------+--------+------+----------------------------+----------------------------+-----------+
9 rows in set (0.00 sec)
```

图 8-45　关闭执行体后的状态

(4) 手动开启执行体，如使用 sh /root/ooo/mimic/lua/start87(执行体端口号)命令开启。开启执行体后，172.0.0.1:85 的执行体 is_delete 的状态为 0。

3. 查看裁决日志

该部分实验步骤同 8.2 节实验中的教师任务三的一致。

4. 内部参数调整

该部分实验步骤同 8.2 节实验中的教师任务四的一致。

8.3.4 实验结果及分析

从上述实验中可得到以下结论：执行体在白盒测试条件下遭到强制关闭后，新的执行体仍能正常轮转且生成异常日志。具体地讲就是，当拟态 IPS 系统的某个执行体在白盒环境下通过 API 或 SSH 方式进行强制关闭后，拟态 IPS 会立即将关闭的执行体进行轮转调度，并上线状态正常的执行体，同时保存异常日志以供管理者进行检查分析。

第 9 章　移动目标防御技术实践

本章通过对动态 IP、动态端口、动态主机名、动态协议指纹等四个典型移动目标防御技术实践的介绍，加深学员对移动目标防御技术原理和技术实现的理解，使学员们掌握对移动目标防御技术的攻击和防御方法。

9.1　动态 IP 技术实践

9.1.1　实验内容

本场景中包括了移动防御目标防御设备、业务主机、管理机等，其中管理机通过移动目标防御设备管理业务主机，通过对移动目标防御设备内部参数进行调整，验证攻击者在不同情形下对业务主机攻击成功的可能性。该场景中使用了移动目标防御设备的动态 IP 功能，使用端口扫描工具对原主机 IP 和端口虚拟 IP 地址进行扫描，然后对比扫描结果。

9.1.2　实验拓扑

实验拓扑如图 9-1 所示，其中主要包括管理网络和业务网络两部分，二者通过移动目标防御设备相连接。

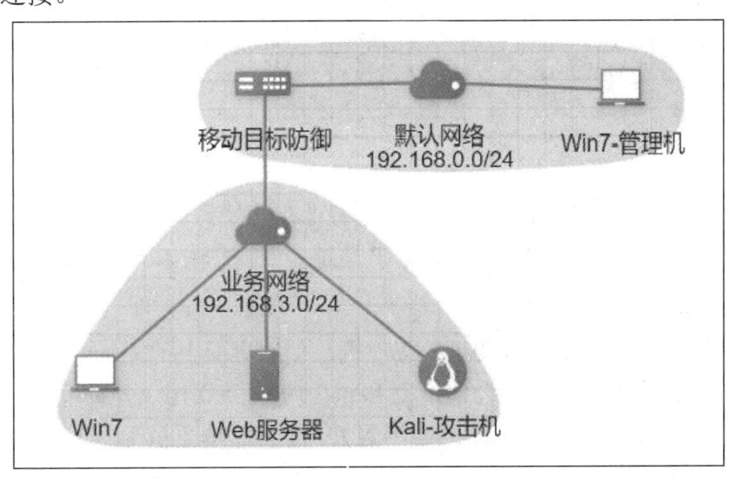

图 9-1　实验拓扑

在管理网络中部署了一台 Win7-管理机，用于管理移动目标防御设备、调整设备跳变周期等参数。在业务网络中部署了三台设备用于验证移动目标防御设备的功能，其中在Web服务器中部署了Web应用以验证攻防效果，Kali-攻击机用于对Web服务器进行攻击，Win7主机用于浏览Web服务器并验证动态IP的功能。

9.1.3 实验步骤

1. 教师任务一：查看虚拟Web服务器IP地址

(1) 在控制面板上点击连接到【网络和共享中心】。

(2) 点击【管理网络连接】，然后右键点击【本地连接】，再点击【属性】。

(3) 对属性进行配置，IP地址设置为192.168.3.70，子网掩码设置为255.255.255.0，默认网关设置为192.168.3.1，如图9-2所示。

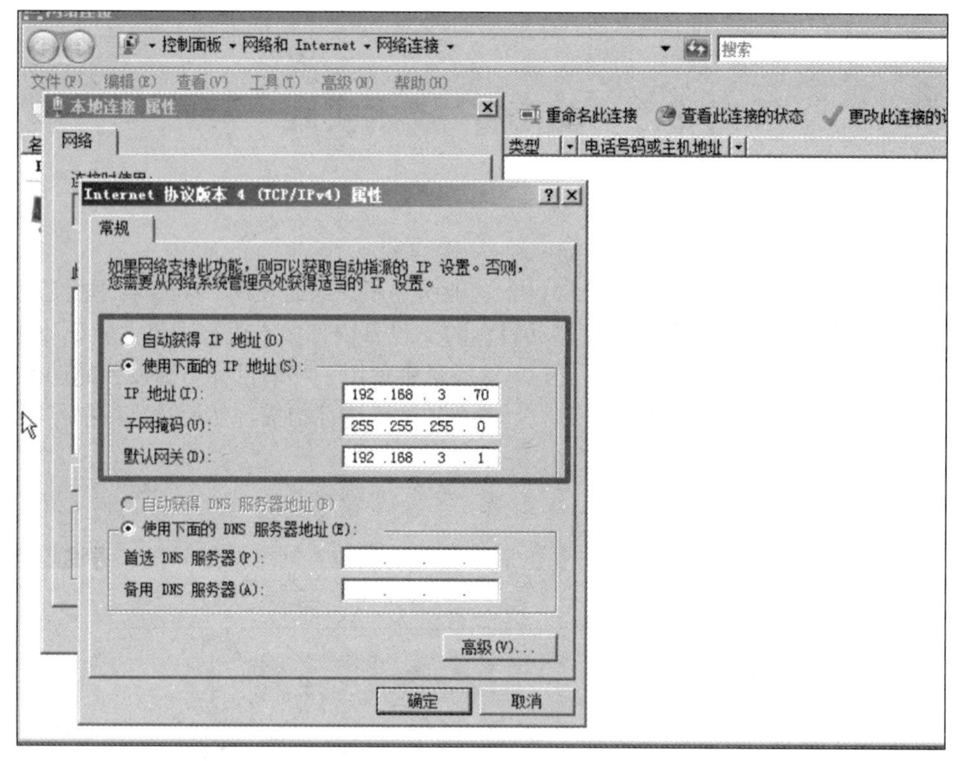

图9-2 设置IPv4地址

在桌面上按住Shift键并点击鼠标右键，选择【在此处打开命令行窗口】，使用ipconfig查看当前服务器的IP地址(每次启动场景时IP地址会发生变化)，记录IP地址和MAC地址。

2. 教师任务二：设置白名单主机

由授课教师根据页面提示登录Win7-管理机，使用桌面上的Google Chrome浏览器登录移动目标防御设备管理后台，后台地址为https://192.168.0.10，登录用户名为zs，密码为123。登录成功之后选择左边功能栏【网络配置】→【白名单主机配置】，然后点击【添加】，如图9-3所示。然后，将Web服务器的IP地址、MAC地址、网段地址、子网掩码填入到相应的位置，添加完成之后可以看到添加的主机，同时在功能栏【状态监控】→【白名单主机状态】下可以看到有主机上线。

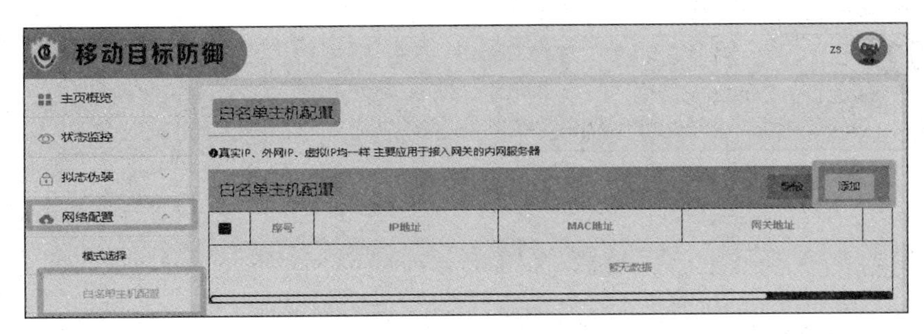

图 9-3　系统管理界面

3. 教师任务三：设置端口虚开

在功能栏单击【拟态防御】→【端口虚开配置】，依次添加“原主机 IP”(Web 服务器对应的真实 IP)、“原主机端口”“虚拟主机 IP”“虚拟主机端口”等信息，如图 9-4 所示，并将上述信息告知学生，便于学生扫描和访问。在功能栏的【状态伪装】→【功能配置】中，将端口跳变时长改为 300 s，教师也可以自主设置其他时间。

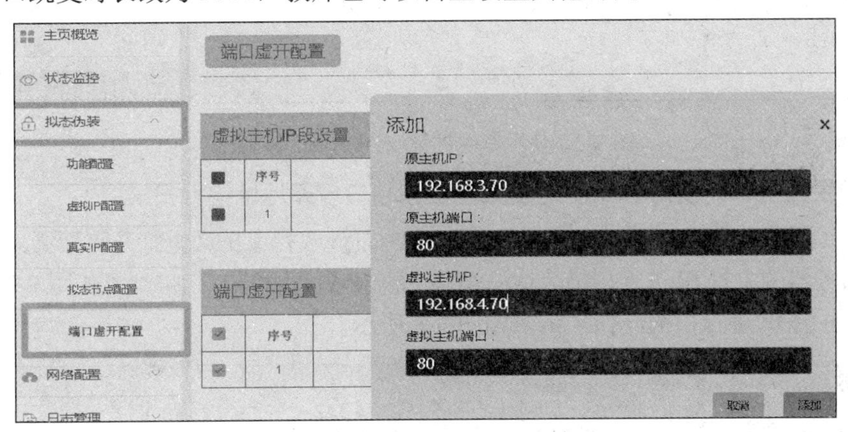

图 9-4　设置端口虚开

4. 学生任务一：访问 Web 服务器

由学员根据页面提示登录 Kali-攻击机，点击左上角的第一个图标，选择网络浏览器，首先使用虚拟主机 IP 加 80 端口访问 http 服务，即在浏览器地址栏输入 http://IP:端口，如图 9-5 所示；然后使用原主机 IP 地址和端口访问 Web 服务器，如图 9-6 所示。可以看到，设置端口虚开之后通过原主机 IP 无法访问 Web 服务器，只能通过端口虚开的虚拟主机 IP 地址进行访问。

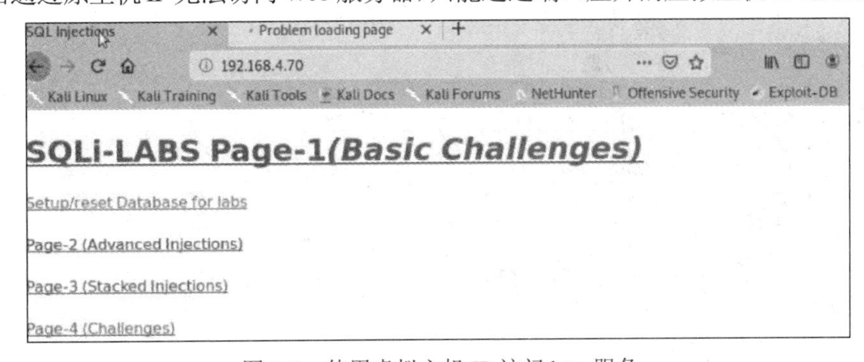

图 9-5　使用虚拟主机 IP 访问 http 服务

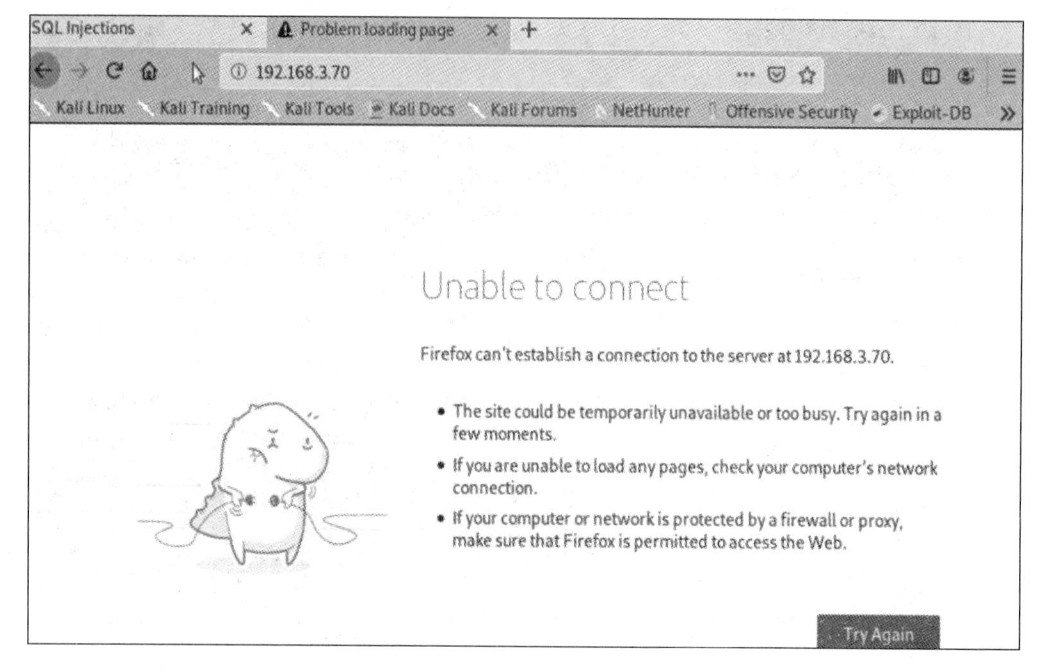

图 9-6　使用原主机 IP 无法访问 http 服务

5. 学生任务二：使用 Nmap 对虚拟地址和端口虚开地址进行扫描

根据页面提示登录 Kali-攻击机，在桌面点击右键选择【在这里打开终端】。使用 Nmap 对 Web 服务器的主机 IP 进行扫描。首先对原主机 IP 进行扫描，扫描结果如图 9-7 所示；然后对虚拟主机 IP 进行扫描，扫描结果如图 9-8 所示。

```
root@kali:~# nmap -Pn 192.168.3.70
Starting Nmap 7.80 ( https://nmap.org ) at 2020-09-12 11:00 CST
Nmap scan report for 192.168.3.70
Host is up (0.00053s latency).
Not shown: 985 closed ports
PORT      STATE    SERVICE
53/tcp    filtered domain
80/tcp    filtered http
135/tcp   open     msrpc
139/tcp   open     netbios-ssn
445/tcp   open     microsoft-ds
3306/tcp  open     mysql
3389/tcp  open     ms-wbt-server
5357/tcp  open     wsdapi
6000/tcp  open     X11
49152/tcp open     unknown
49153/tcp open     unknown
49154/tcp open     unknown
49155/tcp open     unknown
49156/tcp open     unknown
49158/tcp open     unknown

Nmap done: 1 IP address (1 host up) scanned in 21.03 seconds
root@kali:~# 1
```

图 9-7　Web 服务器扫描结果

```
root@kali:~# nmap -Pn 192.168.4.70
Starting Nmap 7.80 ( https://nmap.org ) at 2020-09-12 11:25 CST
Nmap scan report for 192.168.4.70
Host is up (0.0013s latency).
Not shown: 999 filtered ports
PORT   STATE SERVICE
80/tcp open  http

Nmap done: 1 IP address (1 host up) scanned in 17.37 seconds
root@kali:~# █
```

图 9-8　虚拟主机扫描结果

通过对端口虚开的 IP 地址即虚拟主机 IP 进行扫描，发现该 IP 只有一个开放端口，即 80 端口，该端口是教师通过移动目标防御设备设置的端口，相当于端口映射。

6. 教师任务四：设置端口虚开

重复步骤 3，给 Web 服务器配置上不同的虚拟 IP，并将相关信息告知学生，便于学生验证和扫描。

7. 学生任务三：验证和扫描

重复上面的步骤 4 和 5，并记录相关结果。

9.1.4　实验结果及分析

设置端口虚开之后，主机所承载的服务不能通过真实 IP 地址和端口进行访问，只能通过虚拟 IP 和虚拟端口进行访问，而虚拟 IP、端口和真实 IP、端口之间的映射关系是不固定的、可动态配置的，这就给攻击者实施攻击侦查活动带来了困难。映射关系改变的频率越快，攻击者侦查得到有效信息的可能性就越小。

9.2　动态端口技术实践

9.2.1　实验内容

Web 程序中对于用户提交的参数如果未做过滤而直接拼接到 SQL 语句中执行，将导致参数中的特殊字符破坏 SQL 语句原有逻辑，此时 Web 程序中的 SQL 注入漏洞，攻击者可以利用该漏洞执行任意 SQL 语句，如查询数据、下载数据、写入 Webshell、执行系统命令以及绕过登录限制等。本次实验中，在业务主机服务端口不断动态变换的情况下，让攻击者使用 SQL 注入工具对业务主机中的服务进行攻击，然后通过观察是否攻击成功来验证移动目标防御设备对该攻击类型进行防御的有效性。

9.2.2　实验拓扑

实验拓扑如图 9-9 所示，其中主要包括管理网络和业务网络两部分，二者通过移动目标防御设备相连接。在管理网络中部署了一台 Win7-管理机，用于管理移动目标防御设备、调整设备跳变周期等参数。在业务网络中部署了 2 个实体设备，其中，在 Web 服务器中部署了 Web 网站，用作攻击目标，Kali-攻击机用于对 Web 服务器实施攻击。

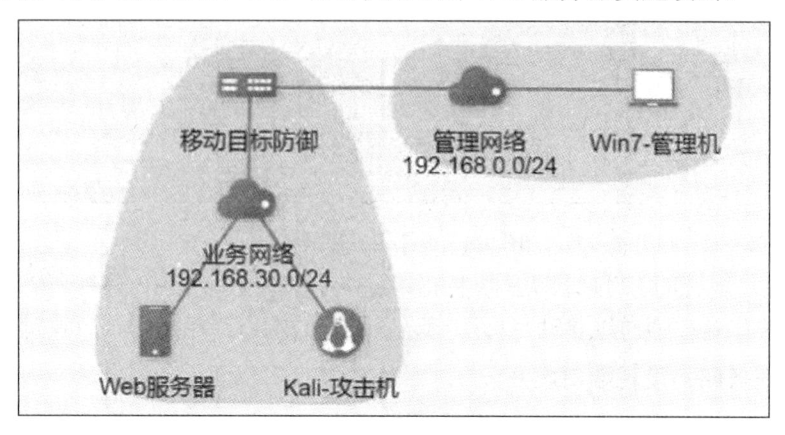

图 9-9　实验拓扑

9.2.3　实验步骤

1. 教师任务一：查看虚拟 Web 服务器 IP 地址

参考本章实验 1(9.1 节实验)的步骤 1。

2. 教师任务二：设置白名单主机

参考本章实验 1(9.1 节实验)的步骤 2。

3. 教师任务三：设置端口虚开

参考本章实验 1(9.1 节实验)的步骤 3。

4. 学生任务一：对 Web 服务器进行漏洞攻击

由学员根据页面提示登录 Kali-攻击机，右键选择在【这里打开终端】。使用 Nmap 对端口虚开的 IP 地址进行扫描，命令为 nmap -Pn 192.168.4.70，扫描结果如图 9-10 所示。

```
root@kali:~# nmap -Pn 192.168.4.70
Starting Nmap 7.80 ( https://nmap.org ) at 2020-09-12 11:25 CST
Nmap scan report for 192.168.4.70
Host is up (0.0013s latency).
Not shown: 999 filtered ports
PORT   STATE SERVICE
80/tcp open  http

Nmap done: 1 IP address (1 host up) scanned in 17.37 seconds
root@kali:~# 
```

图 9-10　扫描结果

在 Kali-攻击机中运行浏览器，访问端口虚开地址 http://192.168.4.70/Less-1/?id=1'(注意在 id=1 后面要加上单引号)，提示发现 SQL 语句错误，如图 9-11 所示，据此可怀疑目标系统可能存在 SQL 注入漏洞。

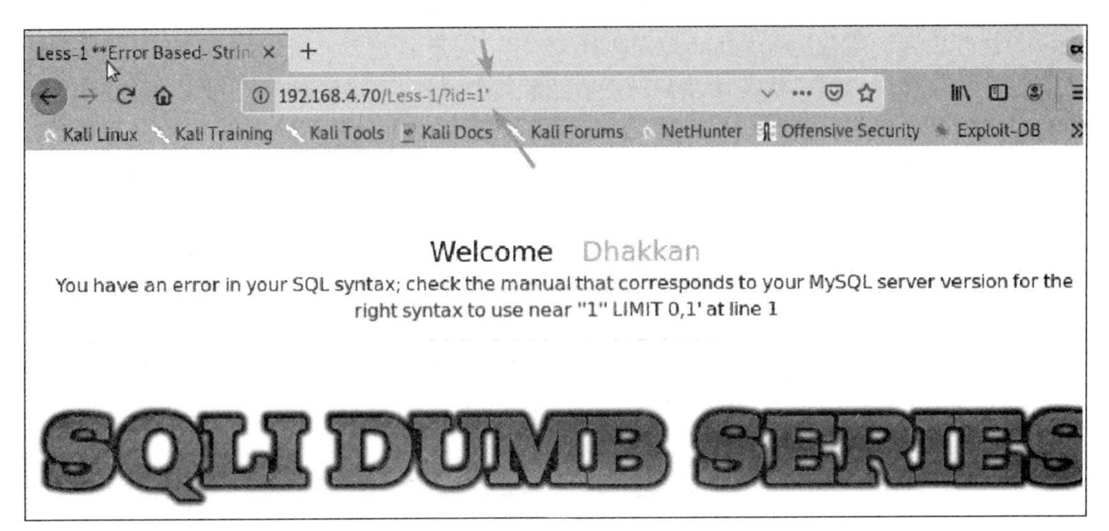

图 9-11　访问网页

为验证上述猜测，打开终端，使用 sqlmap(一种常用 SQL 注入测试工具)对网站进行 SQL 注入漏洞测试，即输入命令 sqlmap -u "http://192.168.4.70:88/Less-1/?id=1" --batch --dbs，如图 9-12 所示，命令运行完成后会显示数据库的部分信息。如果学生想了解 sqlmap 命令的详细使用规范，可以使用 sqlmap -h 查看命令帮助信息。

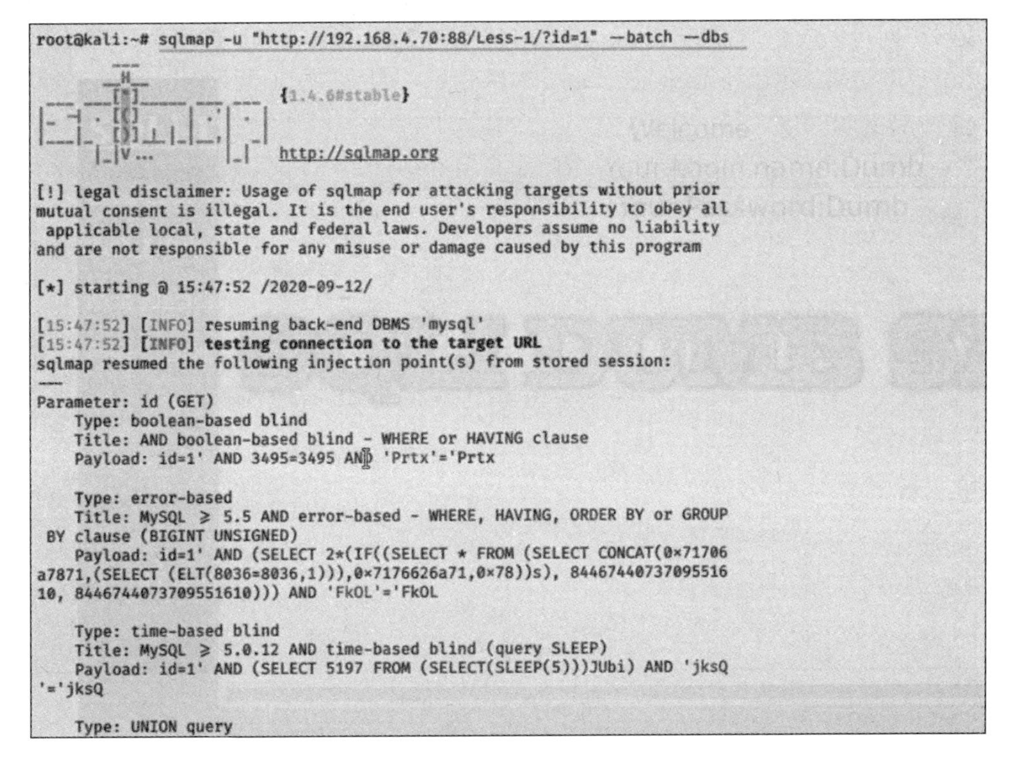

图 9-12　SQL 注入

5. 教师任务四：修改端口跳变周期

由授课教师登录 Win7-管理机，使用桌面上的 Google Chrome 浏览器登录移动目标防御设备管理后台，后台地址为 https://192.168.0.10，用户名为 zs，密码为 123。登录成功之后点击左边功能栏中的【状态伪装】→【功能配置】，将端口跳变时长改为 25 s，教师也可以自主设置其他时长。同时，查看虚拟 IP 地址和端口、端口虚开 IP 地址和端口等信息，如图 9-13 所示，并将上述信息告知学生，便于学生再次进行攻击。

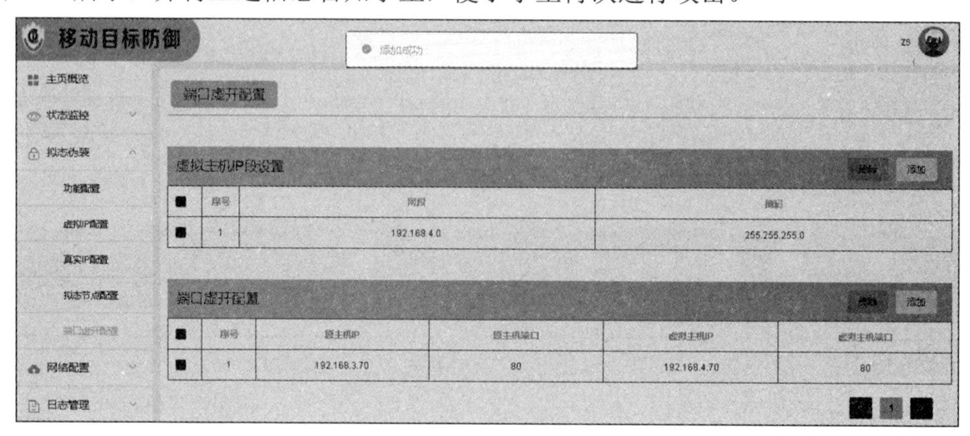

图 9-13　配置页面

6. 学生任务二：再次对网站进行攻击

学生在 Kali-攻击机上通过浏览器访问端口虚开地址 http://192.168.4.70:2086/Less-1/?id=1，结果发现访问可以成功；再次访问 http://192.168.4.70:2086/Less-1/?id=1'(注意要在 id=1 后面加上单引号)，结果显示已经无法连接，如图 9-14 所示，原因是端口已经变化，无法进行攻击。

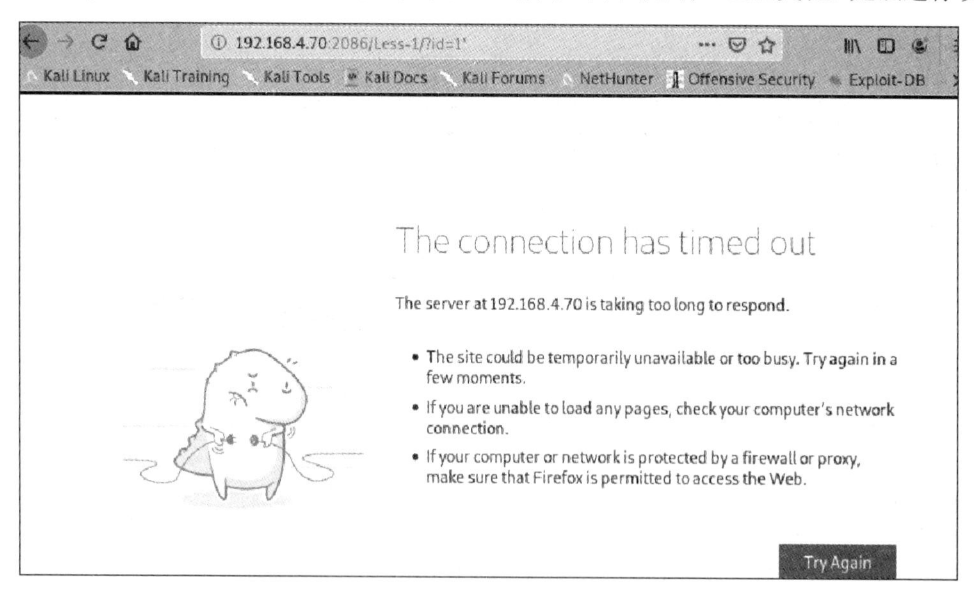

图 9-14　访问结果

9.2.4　实验结果及分析

学生在第一次攻击时漏洞利用成功，而在第二次攻击时漏洞利用失败，两者对比表明设置端口虚开可以使得之前暴露的漏洞无法利用，同时，跳变周期长短的设置也会对系统的安全性带来较大影响，这些结果均表明动态端口技术对于此类攻击防御的有效性。

9.3　动态主机名技术实践

9.3.1　实验内容

本场景中包括了移动防御目标防御设备、业务主机、管理主机等，其中管理主机通过移动目标防御设备管理业务主机，通过对移动目标防御设备内部参数进行调整，验证攻击者在不同情形下对业务主机攻击成功的可能性。该场景中使用了移动目标防御设备中的动态主机名功能，通过改变主机名的跳变周期使得在一定条件下攻击者对目标主机域名的解析失败，以此验证了防御的有效性。

9.3.2　实验拓扑

实验拓扑如图 9-15 所示，其中主要包括管理网络和业务网络两部分，二者通过移动目标防御设备相连接。在管理网络中部署了一台 Win7-管理机，用于管理移动目标防御设备、调整设备跳变周期等参数。在业务网络中部署了 3 台设备，其中，Windows 主机用于部署 Web 网站以验证攻防效果，Kali-攻击机用于对 Web 服务器实施攻击，Linux 主机用作浏览客户端。

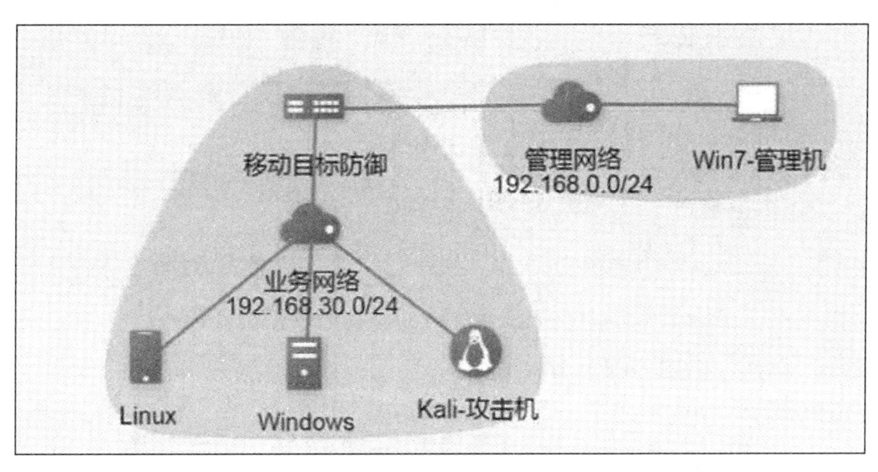

图 9-15　实验拓扑图

9.3.3　实验步骤

1. 教师任务一：查看 IP 地址

由授课教师根据页面提示登录 Linux 主机，在桌面打开终端，并输入命令 ifconfig，查看设备当前的 IP 地址。为了防止该主机从移动目标防御设备后台掉线，需要一直 ping 网关，使用指令 ping192.168.3.1 -t 来进行操作。由于移动目标防御设备禁止 ping 操作，所以 ping 网关是超时的，如图 9-16 所示。

```
root@kali:~/桌面# ping 192.168.3.1
PING 192.168.3.1 (192.168.3.1) 56(84) bytes of data.
```

图 9-16　ping 网关

2. 教师任务二：查看虚拟域名地址

由授课教师根据页面提示登录 Win7-管理机，使用桌面上的 Google Chrome 浏览器登录移动目标防御设备管理后台，后台地址为 https://192.168.0.10，登录用户名为 zs，密码为 123。登录成功之后选择左边功能栏【状态监控】→【接入主机状态】，查看 Windows 和 Linux 主机的虚拟域名，并将虚拟域名告知学生，虚拟域名一般是用来查询虚拟 IP 的，它自己不能解析自己的虚拟域名。

3. 教师任务三：设置虚拟域名的跳变时间

由授课教师继续点击左边功能栏中的【拟态伪装】→【功能配置】，设置虚拟域名的跳变周期(教师可调整为其他时间)，默认为 300 s。

4. 学生任务一：解析域名

由学生根据页面提示登录 Kali-攻击机，在桌面打开终端，使用 nslookup 命令解析教师告知的虚拟域名，获取虚拟 IP 地址，解析结果如图 9-17 和图 9-18 所示。

```
root@kali:~/桌面# nslookup J2yh.nd
Server:         192.168.239.2
Address:        192.168.239.2#53

Non-authoritative answer:
Name:   J2yh.nd
Address: 40.40.54.193
```

图 9-17　虚拟域名跳变周期为 300 s 时的域名解析结果(1)

```
root@kali:~/桌面# nslookup Aldh.nd
Server:         192.168.239.2
Address:        192.168.239.2#53

Non-authoritative answer:
Name:   Aldh.nd
Address: 40.40.54.229
```

图 9-18　虚拟域名跳变周期为 300 s 时的域名解析结果(2)

5. 教师任务四：修改虚拟域名的跳变周期

由授课教师根据页面提示登录 Win7-管理机，使用桌面上的 Google Chrome 浏览器登录移动目标防御设备管理后台，后台地址为 https://192.168.0.10，登录用户名为 zs，密码为 123。登录成功之后选择左边功能栏的【拟态伪装】→【功能配置】，修改虚拟域名的跳变时间为 25 s(教师可调整为其他时间)。再选择左边功能栏的【状态监控】→【接入主机状态】，查看设备 Windows 和 Linux 的虚拟域名，并将虚拟域名告知学生。

6. 学生任务二：再次解析域名

由学生根据页面提示登录 Kali-攻击机，在桌面打开终端，使用 nslookup 命令解析教师告知的虚拟域名，获取虚拟 IP 地址，解析结果如图 9-19 和图 9-20 所示。由于虚拟域名 25 s 变化一次，变化频率较快，在查询时主机对应的域名已经发生变化，导致解析失败。

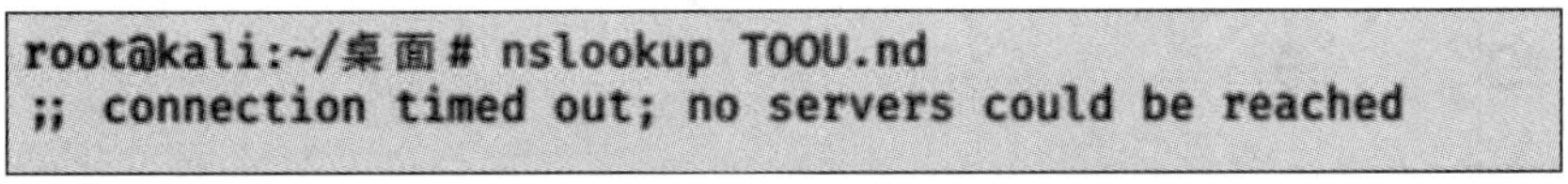

```
root@kali:~/桌面# nslookup TOOU.nd
;; connection timed out; no servers could be reached
```

图 9-19　虚拟域名跳变周期为 25 s 时的域名解析结果(1)

```
root@kali:~/桌面# nslookup cOcy.nd
;; connection timed out; no servers could be reached

root@kali:~/桌面#
```

图 9-20　虚拟域名跳变周期为 25 s 时的域名解析结果(2)

9.3.4　实验结果及分析

综合两次域名解析结果来看，由于首次设置的虚拟域名跳变周期略长，域名解析工具有足够的时间进行处理，最终能成功获取目标主机的 IP 地址；第二次设置的虚拟域名的跳变周期大为缩短，导致域名解析失败。而虚拟域名的跳变周期对应躲藏频率，频率越高越不容易被发现。

9.4　动态协议指纹技术实践

9.4.1　实验内容

本场景中包括了移动目标防御设备、业务主机、管理主机等，其中管理主机通过移动目标防御设备管理业务主机，通过对移动目标防御设备内部参数进行调整，分析攻击者在不同情形下对业务主机攻击成功的可能性。该场景中使用了移动目标防御设备中的动态指纹协议功能，对不同系统的主机进行扫描以识别相应的操作系统，在实验过程中使用 Wireshark 抓包，对比两次数据包结果进行分析。

9.4.2　实验拓扑

该实验拓扑图如图 9-21 所示，其中主要包括管理网络和业务网络两部分，二者通过移动目标设备相连接。在管理网络中部署了一台 Win7-管理机，用于管理移动目标设备、调整设备跳变周期等参数。在业务网络中部署了 Windows 服务器和 Linux 服务器，均安装了 Web 服务器程序，用于验证攻防效果；Win7-攻击机用于对这些 Web 服务器实施攻击。

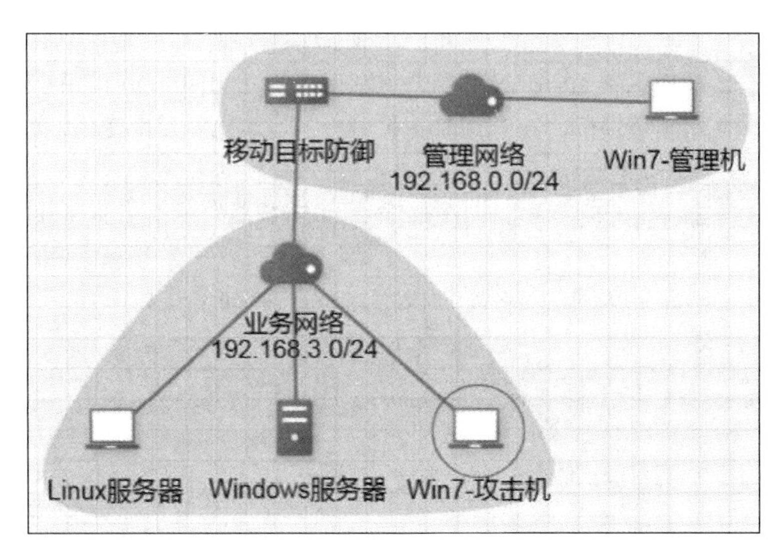

图 9-21 实验拓扑

9.4.3 实验步骤

1. 教师任务一：查看服务器 IP 地址

由授课教师根据页面提示登录 Linux 服务器，在桌面上打开终端，输入命令 ifconfig，查看网卡 ens3 的 IP 地址；然后登录 Windows 服务器，在桌面上按住 Shift 键后再点击右键，选择【在此处打开命令行窗口】，输入 ipconfig 查看当前 IP 地址。

2. 教师任务二：登录移动目标防御设备后台查看虚拟 IP 段地址

由授课教师根据页面提示登录 Win7-管理机，使用桌面上的 Google Chrome 浏览器登录移动目标防御设备管理后台，后台地址为 https://192.168.0.10，登录用户名为 zs，密码为 123。登录成功之后选择左边功能栏的【拟态伪装】→【功能配置】，将虚拟 IP 变化时间修改为 62640。由于无法关闭动态 IP 功能，所以需要将跳变时间间隔调长一些，将查看到的虚拟 IP 地址告知学生。

点击左边功能栏中的【状态监控】→【接入主机状态】，查看 Windows 服务器的虚拟 IP 地址、Linux 服务器的虚拟 IP 地址。

点击左边功能栏中的【拟态伪装】→【功能配置】，开启动态指纹开关，默认为开启状态。

3. 学生任务一：对 Windows 服务器进行扫描

由学生根据页面提示登录 Win7-攻击机，使用桌面上的扫描工具 Zenmap 对 Windows 服务器进行扫描，基本命令格式为 nmap -T -A -v IP，扫描结果如图 9-22 所示。在 Nmap 中点击【端口/主机】可以看到开放的端口信息，如图 9-23 所示，从图中可以发现存在 80 端口，据此可知目标服务器可能存在 Web 服务。

图 9-22　Windows 服务器扫描结果

图 9-23　Windows 服务器端口信息

4. 学生任务二：使用 Wireshark 查看动态指纹协议

在设备 Win7-攻击机上，由学生使用桌面上的 Google Chrome 浏览器访问 http://40.40.47.117，发现网站为 phpMyAdmin。如图 9-24 所示，打开桌面上的 Wireshark，选择以太网卡；

同时，由学生根据页面提示登录 Windows 服务器，打开桌面上的 Wireshark，选择【本地连接2】，在过滤器上输入 http，在 Win7-攻击机上多次刷新网站，抓取流量并进行分析，在 Wireshark 中查看到数据包，找到 Time to live 和 Window size value，如图 9-25 和图 9-26 所示。

phpMyAdmin
不安全 | 40.40.47.117
应用
Acunetix
phpMyAdmin
欢迎使用 phpMyAdmin
语言 - Language
中文 - Chinese simplified
登录
用户名:
密码:
执行

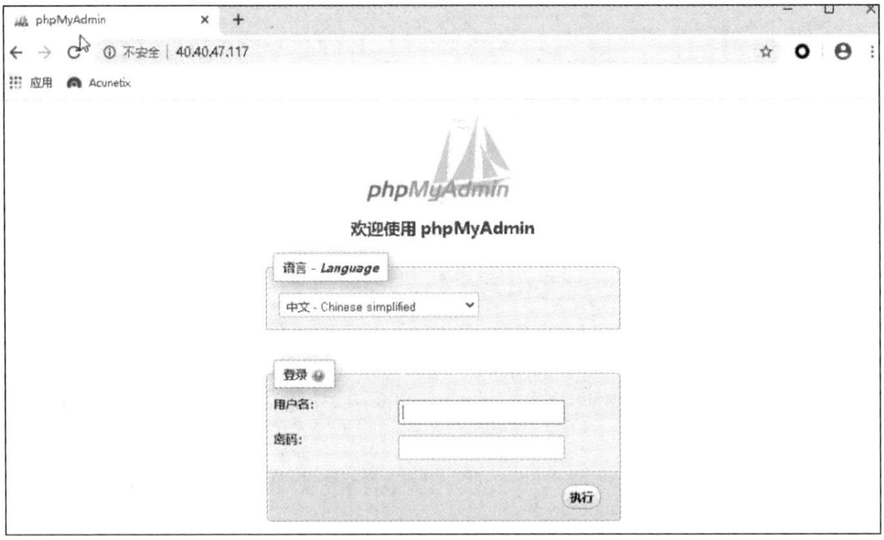

图 9-24 访问结果

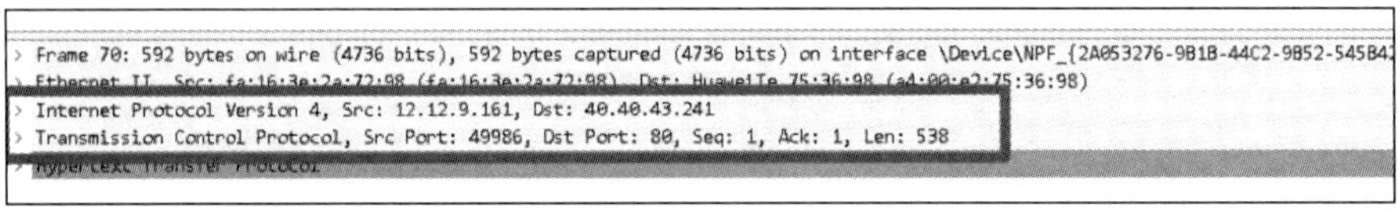

Frame 70: 592 bytes on wire (4736 bits), 592 bytes captured (4736 bits) on interface \Device\NPF_{2A053276-9B1B-44C2-9B52-545B4
Internet Protocol Version 4, Src: 12.12.9.161, Dst: 40.40.43.241
Transmission Control Protocol, Src Port: 49986, Dst Port: 80, Seq: 1, Ack: 1, Len: 538

图 9-25 数据包

Time to live: 128
Header checksum: 0x05af [validation disabled]
[Header checksum status: Unverified]
Source: 12.12.9.161
Destination: 40.40.44.1
Transmission Control Protocol, Src Port: 49947, Dst Port: 80, Seq: 1, Ack: 1, Len: 513
Source Port: 49947
Destination Port: 80
Window size value: 516
[Window size scaling factor: 256]

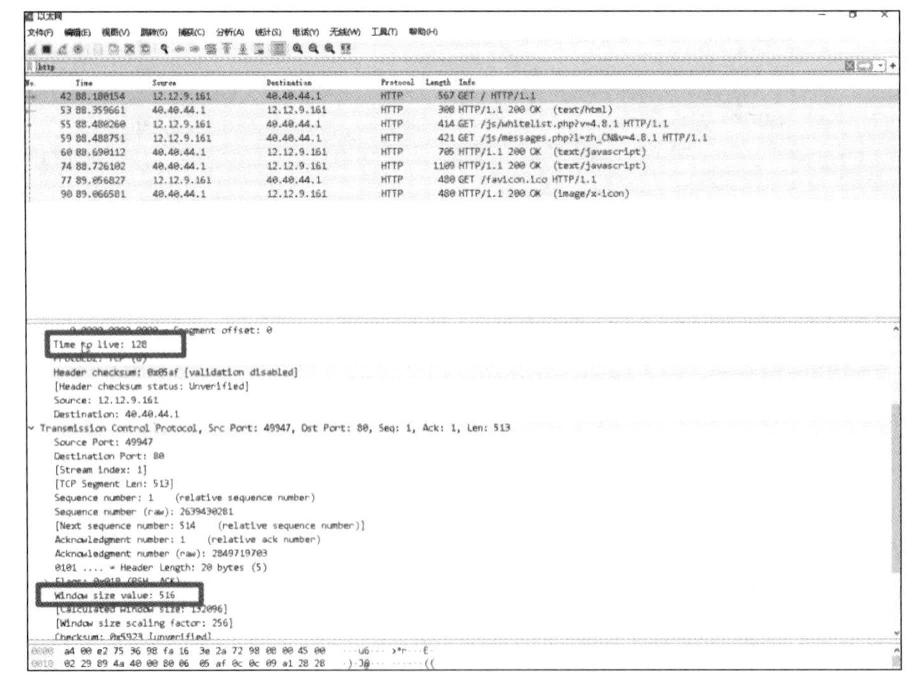

图 9-26 Win7-攻击机的 Window size value(wsv)和 Time to live(ttl)

登录 Windows 服务器，查看 Wireshark 中的数据包，找到 Time to live 和 Window size value，如图 9-27 和图 9-28 所示。

通过对比分析两台主机的抓包，可以发现发送者和接受者的主要 wsv 和 ttl 的值不一样。

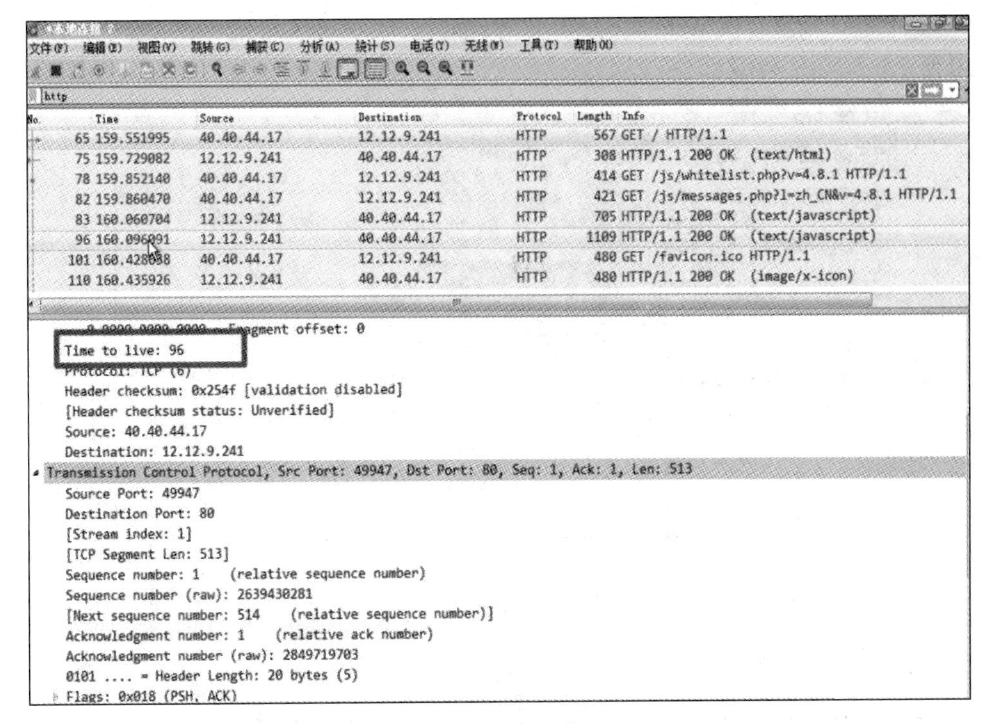

图 9-27　Windows 服务器的 Time to live

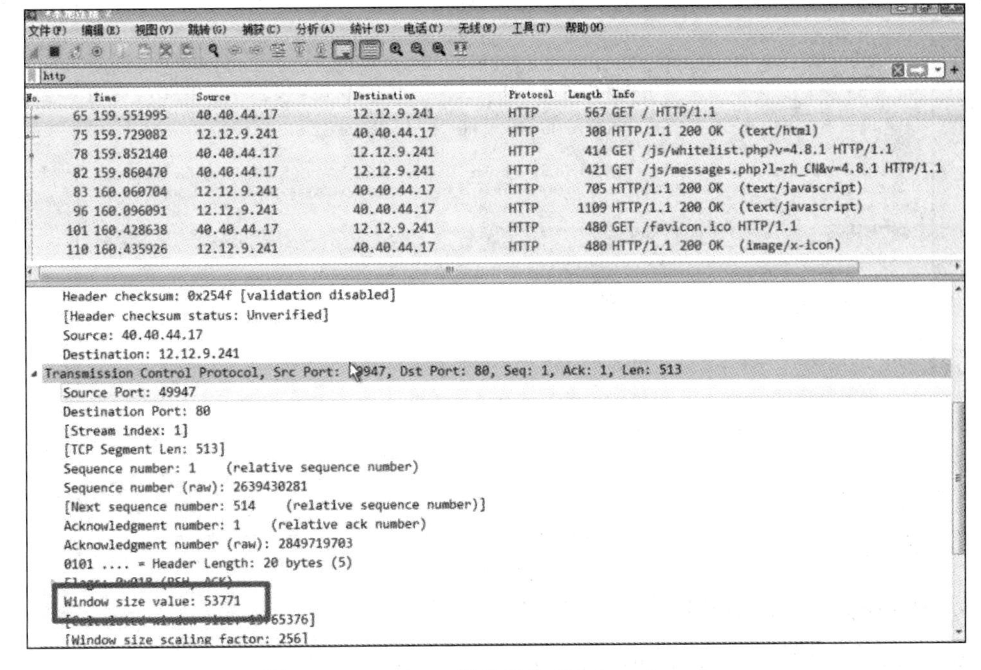

图 9-28　Windows 服务器的 Window size value

5. 学生任务三：对 Linux 服务器进行扫描

由学生根据页面提示登录 Win7-攻击机，使用桌面上的扫描工具 Zenmap 对 Linux 服务器进行扫描，扫描完成后选择【端口/主机】查看扫描结果，如图 9-29 所示，可以看到 80 端口处在开放状态，猜测存在 Web 服务，可使用桌面上的 Google Chrome 浏览器进行访问，如图 9-30 所示。

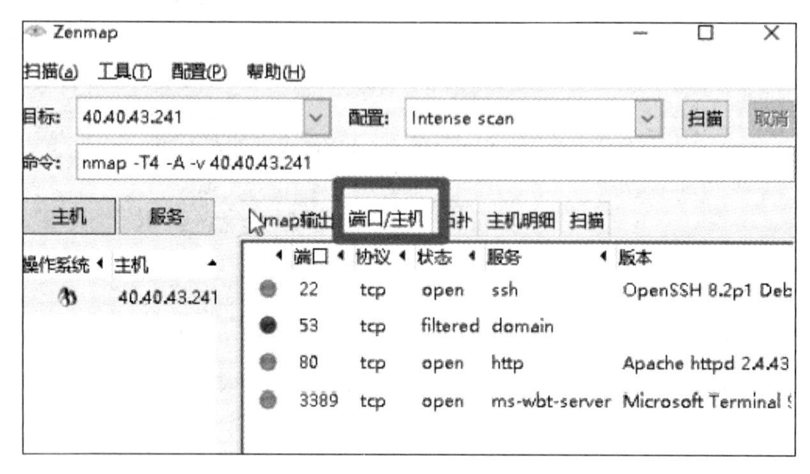

图 9-29 Linux 服务器扫描结果

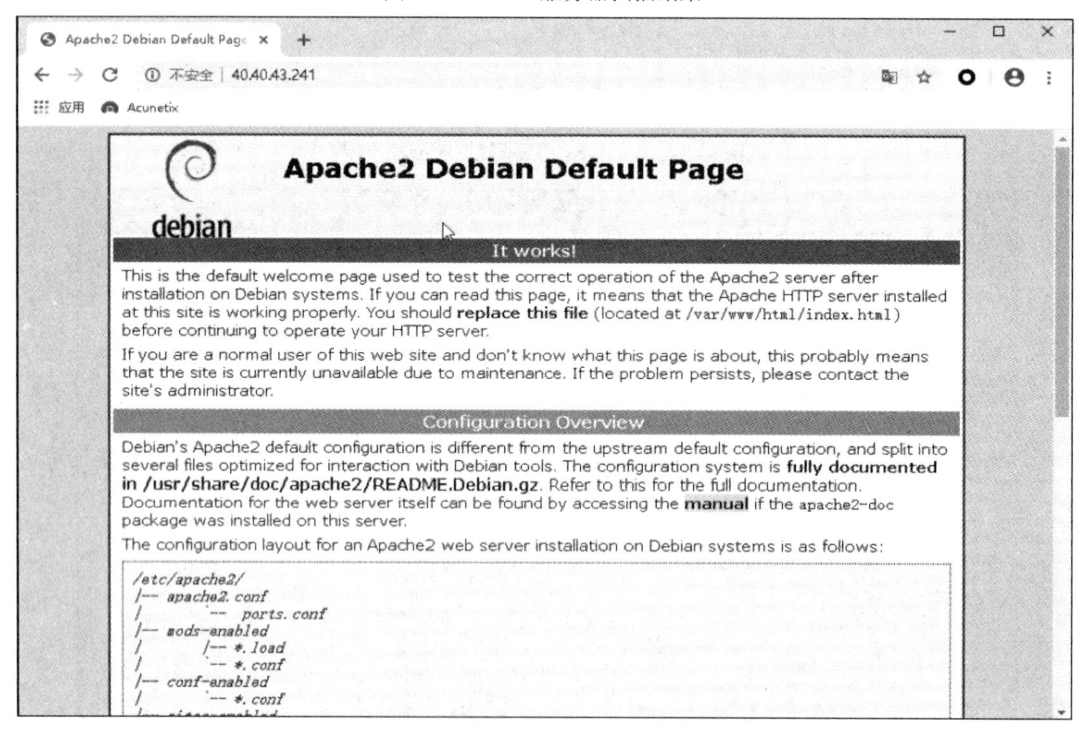

图 9-30 Linux 服务器访问结果

6. 学生任务四：使用 Wireshark 查看动态指纹协议

由学生根据页面提示登录 Win7-攻击机，打开 Wireshark，选择以太网，输入过滤规则“http”；登录 Linux 服务器，在桌面上右键选择“在这里打开终端”，在命令行中输入命令

wireshark，选择【eth0】网卡，输入过滤规则 http。分别在 Win7-攻击机和 Linux 服务器上点开所抓到数据包的【Internet Protocol Version4】和【Transmission Control Protocol】字段，可以查看到数据包内容，找到 Window size value(wsv)和 Time to live(ttl)字段，通过 Win7-攻击机和 Linux 服务器两台设备上的抓包分析比较，可以发现发送者和接收者的主要 wsv 和 ttl 的值是不一样的。

9.4.4 实验结果及分析

实验结果表明，使用动态指纹防御技术可以改变受保护系统的攻击面，使得攻击者无法获取目标系统的准确信息，从而达到迷惑攻击者、增加攻击难度的目的。

第 10 章　拟态云组件技术实践

本章通过对拟态云组件技术中执行体创建和执行体动态轮换两个实验进行操作，加深学生对拟态云组件技术原理的理解，并使学生掌握对拟态云组件进行攻击和防御的技术与方法。

10.1　拟态云组件技术简介

拟态云组件位于云平台之上，与一般拟态产品不同，拟态云组件不是一个拟态设备，是将云服务改造为拟态构造的服务中间件。拟态云组件拥有云平台的管理控制权限，根据租户提出的服务类型、安全级别等需求在云平台上进行拟态云服务的部署，并保证云服务正常运行。根据综合的裁决信息对服务执行体进行动态轮换策略控制，同时保证云服务的服务质量。拟态云组件生成的云服务具有拟态防御效应，服务执行体间具有异构性。

10.1.1　功能介绍

拟态云组件以兼容式、增量式进行部署，部署完成之后，在其上运行云服务，并对外提供安全的云服务以及服务的申请。拟态云组件负责对拟态云服务实例进行自动化管理和运维，实现适配用户需求、应用场景和安全等级的云应用拟态封装技术，实现资源的动态回收、性能优化与自动管理。

10.1.2　系统架构

拟态云组件的系统架构如图 10-1 所示，拟态云组件就是图中虚线框所标注的区域，其中包括两个主要部分，一个是反馈控制单元，一个是拟态封装 API 单元。拟态云组件通过标准的软件接口与云基础设施交互，即通过云基础设施管理系统提供的标准 Rest API 在管理网络进行交互，生成拟态云服务实例，并与拟态云服务中的代理进行通信交互，开展拟态云服务在线执行体的动态轮换。拟态云服务实例是指租户通过拟态云组件生成的云服务，并在云基础设施上运行，管理员可以对拟态云组件进行控制和管理。拟态云组件与云基础设施的交互是松耦合的，可以非常方便地移植到符合标准要求的云基础设施之上。

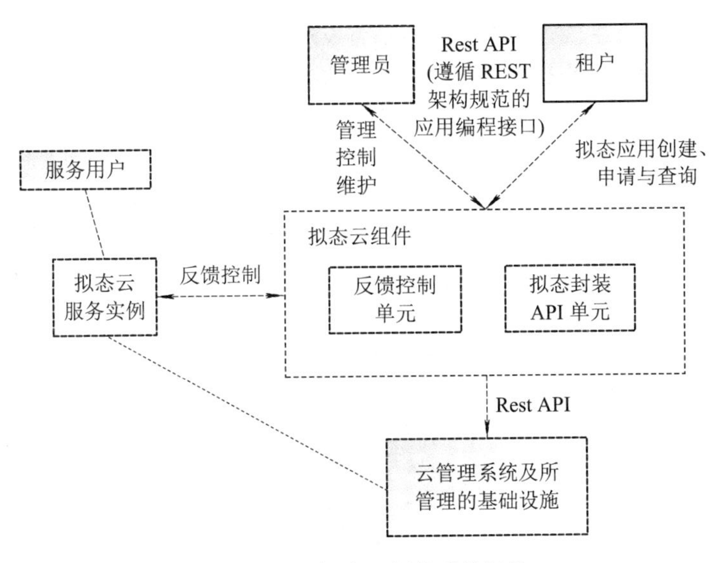

图 10-1 拟态云组件系统架构

10.1.3 关键技术

1. 动态异构冗余(DHR)架构

DHR 架构是拟态防御的核心架构，该架构由输入代理、执行体池、表决器、策略调度器、异构资源池等组成。策略调度器控制各模块协同工作，并接收表决器的裁决反馈，输入代理接收用户请求，并向执行体池进行分发，执行体池进行请求处理，并将结果返回给表决器，表决器接收到各执行体的处理结果后进行一致性大数裁决，最终产生唯一输出，同时将裁决信息反馈给策略调度器。DHR 架构如图 10-2 所示。

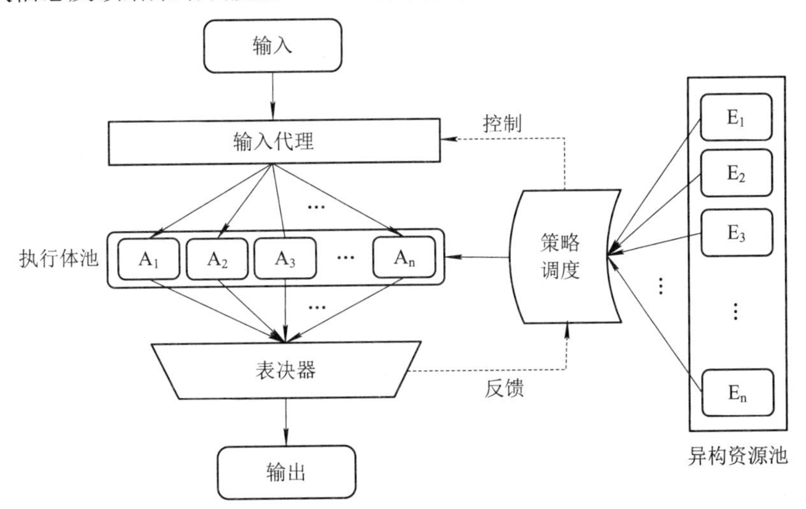

图 10-2 DHR 架构

2. 执行体调度机制

执行体调度机制是拟态云组件保持动态性、异构性、冗余性的关键，有以下三种情况能够触发调度机制。

(1) **裁决触发**：表决器执行输出裁决后，若发现有少数不一致的输出，则把对应执行体信息反馈给控制器，控制器根据相关策略触发调度，把该执行体换出当前执行池，并按策略调入另一个执行体组成新的执行池，对于拟态云组件来说，相当于换了当前执行池配置表。

(2) **条件触发**：用户根据实际情况调整执行体池的余度参数，控制器需要根据新的余度参数生成新的执行池列表，并启动策略调度更换当前正在使用的执行体池。

(3) **策略触发**：控制器按照相关策略触发执行体的调度，生成新的执行体池并下发给拟态云组件。例如：时间分片策略的时间分片结束时启动调度过程，随机余度策略为随机启动调度过程，监控策略发现执行体异常或无响应时启动调度过程。

拟态云组件通过上述调度机制可以增减攻击难度、降低拟态逃逸概率和平衡安全性与成本。

3. 输出裁决机制

输出裁决机制能够发现执行体的异常，进而通过表决器裁决反馈和策略调度阻止可能的攻击行为。输出裁决机制简述如下：

拟态云组件先采用预定义的接口数据进行一致性比对，把各执行体的输出内容进行分组，然后对各分组数据进行大数裁决，选出占多数的分组结果作为唯一的输出。

10.1.4 典型应用场景

金融云是运用拟态云组件技术的典型场景，金融云将金融产品、信息、服务细化到云网络中，提高金融机构迅速发觉并处理问题的能力，进而提高总体工作效率。拟态云组件把云平台向用户提供的服务构造成基于拟态防御技术的云服务，使金融云的应用服务具有拟态构造带来的内生安全特性和鲁棒性。

10.2 拟态执行体创建

本节是针对拟态云组件中的拟态执行体创建的实验，该实验共有四个组成部分，分别是实验内容、实验拓扑、实验步骤以及实验结果及分析。

10.2.1 实验内容

本场景中包含了一台 Win7 主机和一台 Win7-管理机以及拟态云组件等实体设备。在该场景中学生需要完成四个任务，包括进入拟态虚拟机创建页面、提交创建拟态虚拟机请求、等待消息回显和验证执行体创建成功。学生需要在本场景中使用拟态云组件的接口，提交参数让拟态云组件自动创建一组拟态虚拟机。通过本实验可使学生对拟态云组件有一个明确的认知，进一步学习和了解拟态云组件的基本原理。

10.2.2 实验拓扑

实验拓扑如图 10-3 所示，默认网络用于接入 Win7-管理机、Win7 主机和拟态云组件。其中云组件网络包括拟态虚拟机和多样化虚拟机，Win7-管理机用于教师管理拟态云组件，Win7 主机用于学生向拟态云组件提交拟态请求等操作。

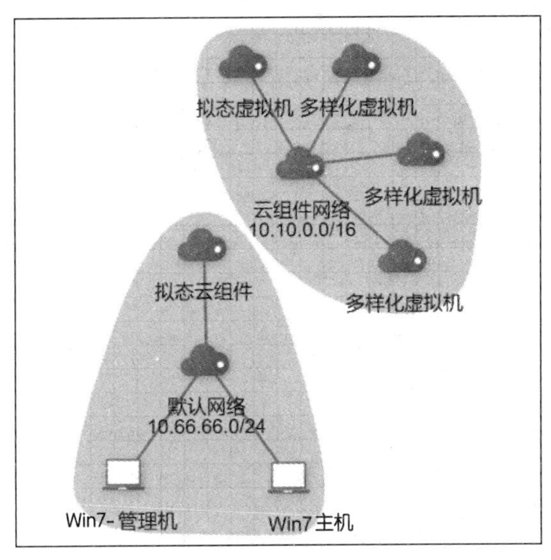

图 10-3　实验拓扑图

10.2.3　实验步骤

学生与教师需要共同按顺序完成自身角色相应的任务。学生在完成相应的任务后，需要及时告知教师任务完成情况，按照实验中的提示将各自需要的参数信息告知对方，相互配合完成本实验。实验流程如下所述。

1. 学生任务一：进入拟态虚拟机创建页面

学生登录 Win7 主机，用户名为 admin，密码为 123456，点击桌面上的 Google Chrome 浏览器，输入网址 10.66.66.10:8000/mcloudapi/mimicintecontrol/。进入该页面后可能存在与图 10-4 中不一致的情况，但是这不影响实验结果，只要能够顺利进行学生任务二即可。

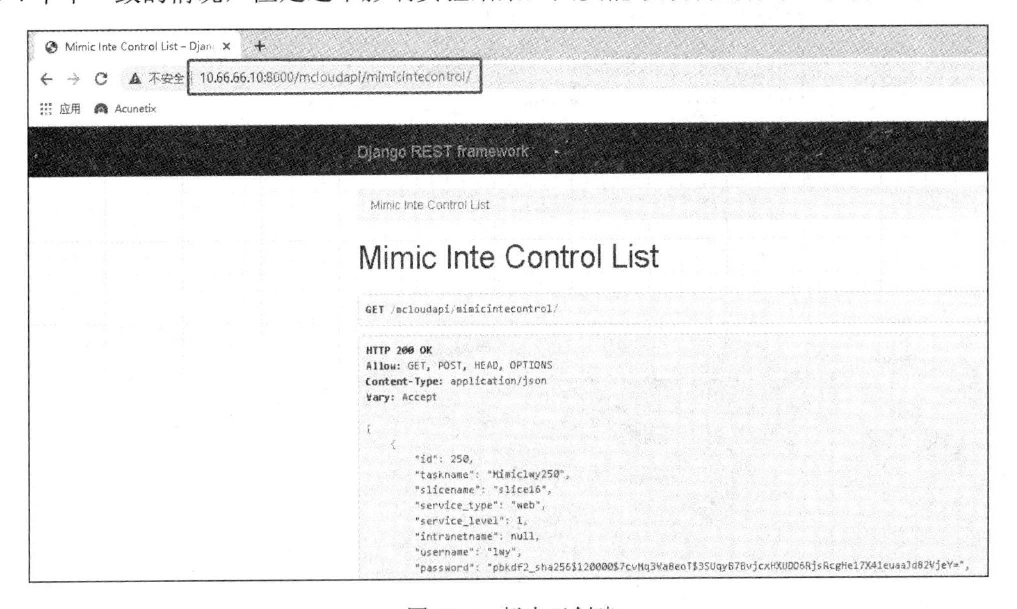

图 10-4　拟态云创建

2. 学生任务二：提交创建拟态虚拟机请求

学生在图 10-5 所示页面中最底部提交创建拟态虚拟机的请求，在该窗口中输入参数信息为{"slicename": "slice16", "service_type": "Web", "service_level": 1,"username": "lwy", "password": "123456"}。输入完成后点击【POST】按钮，创建拟态虚拟机请求，如图 10-5 所示。

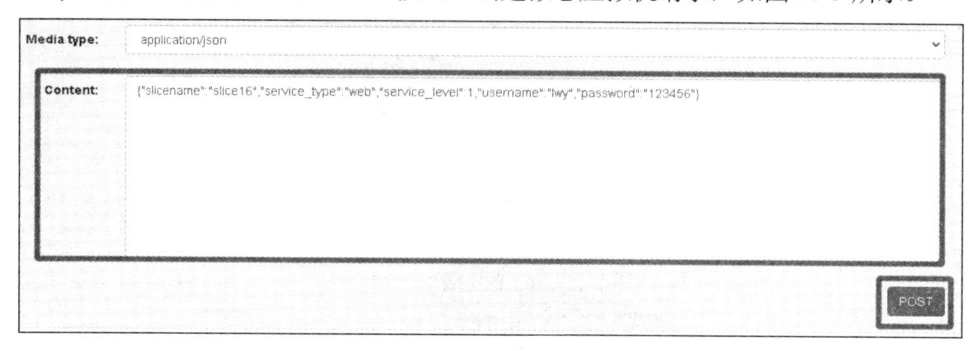

图 10-5　虚拟机创建请求

3. 学生任务三：等待创建成功后信息回显

学生在提交了创建请求后，需要一直等待，直到页面回显创建成功的信息。创建成功的信息如图 10-6 所示，创建成功的信息中会显示拟态虚拟机的 IP 地址和主机名以及一些其他信息。此时需要告知教师，等待教师完成后续任务。图中的 agentvmname 指代理机的主机名，vm1name、vm2name、vm3name 分别是三个执行体的主机名，agentimagename 是代理机使用的基础镜像的名称，image1name、image2name、image3name 分别是三个执行体的基础镜像名称，extranet_IP 是代理机的真实 IP 地址，可以与外部网络进行通信，intranet_IPagent 是代理机的虚拟 IP 地址，可以与执行体进行通信，intranet_IP1、intranet_IP2、intranet_IP3 是三个执行体的虚拟 IP，可以与代理机进行通信。

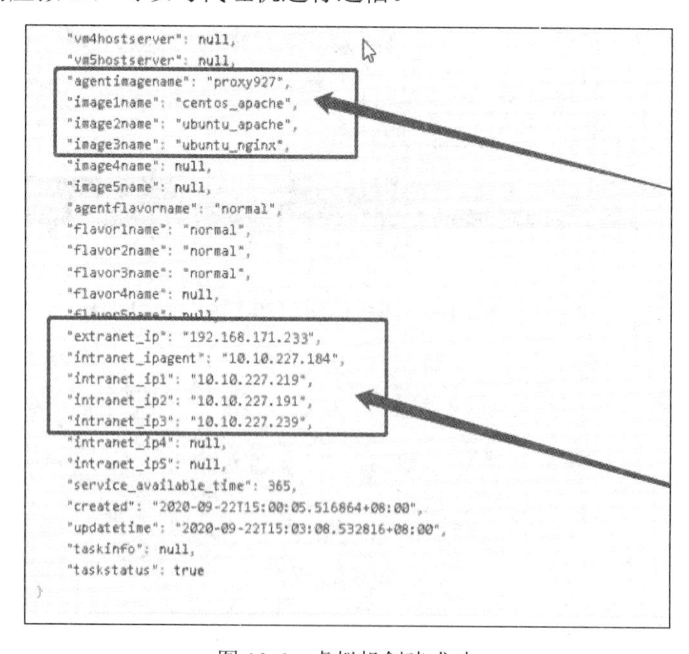

图 10-6　虚拟机创建成功

4. 教师任务一：登录 openstack 后台

教师使用桌面上的 Google Chrome 浏览器打开网址 10.66.66.66/dashboard/。输入用户名 admin，密码 123456，完成 openstack 后台的登录。

5. 教师任务二：查看学生是否创建成功

教师登录 openstack 后台之后，页面如图 10-7 所示。点击【计算】中的【实例】按钮进行查看。

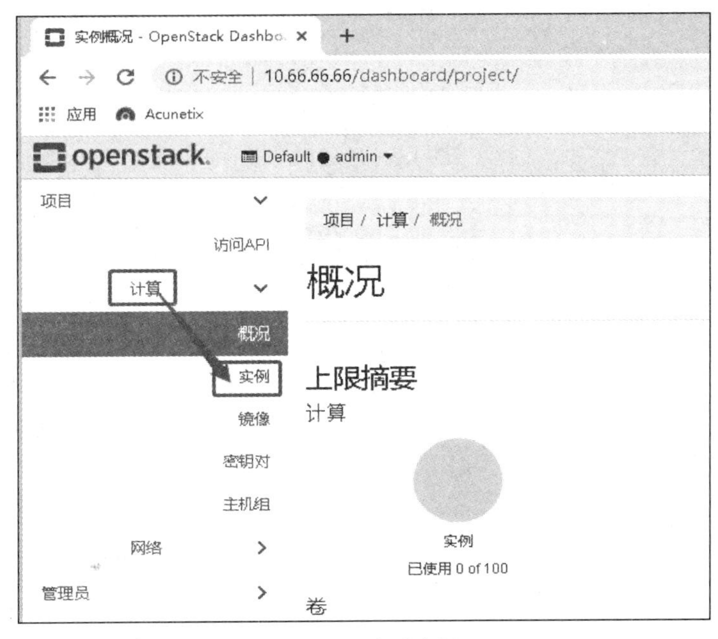

图 10-7　查看实例

在图 10-8 中可以看到学生提交的创建拟态虚拟机的请求，已经成功创建了一组拟态虚拟机(共四个)，IP 地址与学生收到的回显信息相对应，证明学生创建拟态虚拟机成功。教师需要告知学生创建结果，并让学生继续执行学生的任务四。

正在显示 4 项

	实例名称	镜像名称	IP 地址	实例类型	密钥对	状态		可用域
☐	Mimiclwy3542	ubuntu_apache	10.10.243.163	arge	-	运行		zone2
☐	Mimiclwy3543	centos_nginx	10.10.243.177	arge	-	运行		zone1
☐	Mimiclwy3541	centos_apache	10.10.243.10	arge	-	运行		zone2
☐	Mimiclwy354agent	proxy927	10.10.243.151, 192.168.171.231	arge	-	运行		zone1

正在显示 4 项

图 10-8　创建实例信息

6. 学生任务四：验证创建成功

学生在桌面上打开 Powershell 窗口，在新打开的窗口中输入 ssh root@10.66.66.10 指令连接服务器，密码为 123456，如图 10-9 所示。

```
PS C:\Users\admin\Desktop> ssh root@10.66.66.10
root@10.66.66.10's password:
Welcome to Ubuntu 16.04.6 LTS (GNU/Linux 4.4.0-148-generic x86_64)

 * Documentation:  https://help.ubuntu.com
 * Management:     https://landscape.canonical.com
 * Support:        https://ubuntu.com/advantage

 * Kubernetes 1.19 is out! Get it in one command with:

     sudo snap install microk8s --channel=1.19 --classic

Welcome to Ubuntu 16.04.6 LTS (GNU/Linux 4.4.0-148-generic x86_64)

 * Documentation:  https://help.ubuntu.com
 * Management:     https://landscape.canonical.com
 * Support:        https://ubuntu.com/advantage

 * Kubernetes 1.19 is out! Get it in one command with:

     sudo snap install microk8s --channel=1.19 --classic

   https://microk8s.io/ has docs and details.

387 packages can be updated.
337 updates are security updates.

New release '18.04.5 LTS' available.
Run 'do-release-upgrade' to upgrade to it.

Last login: Tue Sep 22 16:31:49 2020 from 10.66.66.143
root@server8:~# _
```

图 10-9　连接服务器

等待 SSH 成功连接到 10.66.66.10 服务器上之后，即可在该服务器上进行访问拟态虚拟机代理机的操作。输入 curl http://192.168.171.233:10008 指令访问 Web 服务器，其中 IP 地址为从教师处获知的实际 IP 地址。等待片刻后，可以看到已经显示出访问 Web 服务器的结果，如图 10-10 所示。

```
                        <p><b>中国新闻社</b><br /> “摆下‘擂台’，邀请国际知名网络技术人员来攻，目的
全方位对其安全属性进行测试。”</p>
                        <p><b>中国青年报</b><br />
                        “网络内生安全试验场将向全球提供技术验证、安全比赛、能力评价等多项服务，将被
。”</p>
                        <p><b>凤凰网</b><br />
                        “用创新技术和实践效果推动网络空间命运共同体建设不断取得新进展。”</p>
                        <p><b>南京日报</b><br />
                        “国内外29支顶级黑客团队在赛场高悬战旗，将对外号‘摩托狗’的网络空间拟态防御设
                       “兵不厌诈，拟态防御就是把自己变得“不确定”，让对手难以摸透和琢磨，提高胜算。”
                        <p><b>南京晨报</b><br />
                        “在网信科技领域，创新的理论技术需要更大范围、更多的人去质疑和验证。”</p>
                        <p><b>扬子晚报</b><br />
                       “采用“人机对抗”的网络安全竞赛，既能锻炼发现特殊人才，又能科学度量网络安全性
                        <p><b>交汇点新闻</b><br />
                        “正面刚！中国院士的‘拟态防御’再次迎接国际精英‘黑客团’”</p>
                    </div>


                </div>
            </div>
        </div>
```

图 10-10　访问服务器

10.2.4　实验结果及分析

拟态执行体创建实验是进行拟态云组件攻防的第一步，通过进入拟态虚拟机创建页面、

提交创建拟态虚拟机请求和等待消息回显等步骤，完成执行体的创建，在本实验中需要使用拟态云组件的接口，提交创建参数可让拟态云组件服务自动创建一组拟态虚拟机。通过本实验可使学生对拟态云组件有一个初步的认知，了解拟态云组件的基本原理，为后续实验打下基础。

10.3　执行体动态轮换

本节是针对拟态云组件中的拟态执行体动态轮换的实验，本实验共有四个组成部分，分别是实验内容、实验拓扑、实验步骤及实验结果与分析。

10.3.1　实验内容

本场景中包含了一台 Win7 主机，一台 Win7-管理机以及拟态云组件等实体设备。在该场景下的学生任务中包括了创建拟态虚拟机、攻击执行体、触发轮换和查看轮换记录等任务。学生通过本实验可对拟态云组件有一个明确的认知，并进一步学习和了解拟态云组件的基本原理。

10.3.2　实验拓扑

实验拓扑如图 10-11 所示，默认网络用于接入 Win7-管理机、Win7 主机和拟态云组件。其中云组件网络包括拟态虚拟机和多样化虚拟机。Win7-管理机用于教师对 Openstack 后台进行执行体暂停操作，Win7 主机的作用是让学生创建拟态虚拟机，并触发异常查看轮换记录。

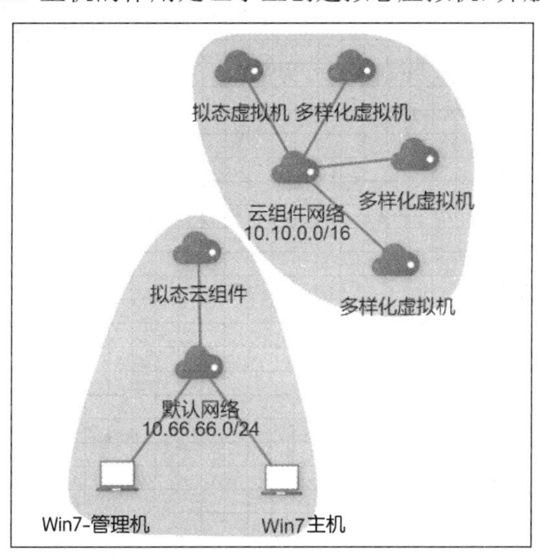

图 10-11　实验 2 拓扑图

10.3.3　实验步骤

学生与教师需要共同按顺序完成自身角色相应的任务。学生在完成相应的任务后，需要及时告知教师任务完成情况，按照实验中的提示将各自需要的参数信息告知对方，相互配合完成本实验。实验流程如下所述。

1. 学生任务一：创建拟态虚拟机

这一步的具体实验步骤可参考 10.2.3 小节中的学生任务一至任务三。

2. 教师任务一：登录 Openstack 后台

这一步的具体实验步骤可参考 10.2.3 小节中的教师任务一。

3. 教师任务二：验证学生是否创建成功

这一步的具体实验步骤可参考 10.2.3 小节中的教师任务二。

4. 学生任务二：验证拟态虚拟机业务功能是否正常

教师告知学生创建拟态虚拟机成功后，学生需要创建一组拟态虚拟机，其中包括了三个 IP 地址为 10.10.xxx.xxx 的执行体，一个 IP 地址为 192.168.171.233 和 10.10.xxx.xxx 的代理机，使用 curl 指令来验证拟态虚拟机业务功能是否正常。在桌面上打开 Powershell 窗口，在新打开的窗口中输入 ssh root@10.66.66.10 指令连接服务器，密码为 123456。等待 ssh 成功连接到 10.66.66.10 服务器上之后，在该服务器上可以进行访问拟态虚拟机代理机的操作。输入 curl http://192.168.171.233:10008 指令访问服务器，其中 IP 地址为从教师处获知的实际 IP 地址。等待片刻后，可以看到已经显示出了访问服务器网页的结果，如图 10-12 所示，说明拟态虚拟机业务功能是正常的。完成此步骤后，学生应告知教师，由教师完成后续教师的任务。

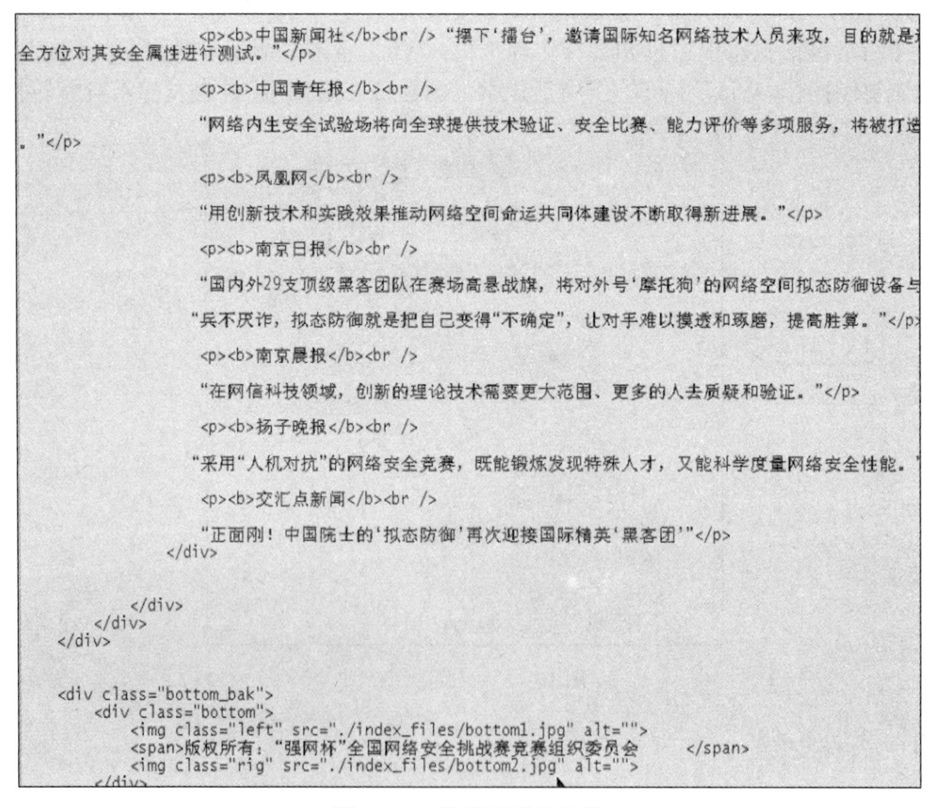

图 10-12 访问网页的结果

5. 教师任务三：暂停服务

教师按照图 10-13 所示选择一台执行体，点击图中所示的三角形按钮，在弹出的菜单中点击【暂停实例】。由图 10-14 可以看到已经成功暂停了一个执行体(10.10.227.111)。教师在完成此任务后，告知学生继续进行后续的学生任务。注意此处不能删除 Agent 机器，而应该从三个执行体机器中进行删除，实例中带有 192.168.xx.xx 地址的是 Agent 机器。

图 10-13　暂停实例

项目 / 计算 / 实例

成功：已暂停的实例 Mimiclwy2653

实例

示例 ID =　筛选　创建实例　删除实例　更多操作

正在显示 4 项

	实例名称	镜像名称	IP 地址	实例类型	密钥对	状态	可用域	任务	电源状态	时间	动作
☐	Mimiclwy2653	ubuntu_apache	10.10.227.111	normal	-	暂停	zone1	无	已暂停	4 minutes	创建快照
☐	Mimiclwy2651	centos_apache	10.10.227.29	normal	-	运行	zone2	无	运行中	12 minutes	创建快照
☐	Mimiclwy2652	ubuntu_nginx	10.10.227.25	normal	-	运行	zone2	无	运行中	33 minutes	创建快照
☐	Mimiclwy265agent	proxy927	10.10.227.214, 192.168.171.233	normal	-	运行	zone1	无	运行中	58 minutes	创建快照

正在显示 4 项

图 10-14　删除实例

6. 学生任务三：触发轮换

学生在桌面上打开 Powershell 窗口，在新打开的窗口中输入 ssh root@10.66.66.10 指令连接服务器，密码为 123456。等待 SSH 成功连接到 10.66.66.10 服务器上之后，在该服务器上可以进行访问拟态虚拟机代理机的操作。输入 curl http://192.168.171.233:10008 指令访问服务器，其中 IP 地址为从教师处获知的实际 IP 地址。

等待片刻后，可以看到已经显示出了访问服务器网页的结果。在请求访问网页的过程中，因为有一个执行体在之前的步骤中已经被暂停，所以被暂停的执行体返回的信息与其他两个正常的执行体返回的信息不一致，因此会触发轮换机制，被暂停的执行体会被新的执行体所替代。完成该任务后，学生应向教师汇报，由教师执行后续的教师任务。

7. 教师任务四：查看轮换记录

教师点击 Win7 桌面上的“X2Go Client”，将部分参数修改为与图 10-15 中的一致。

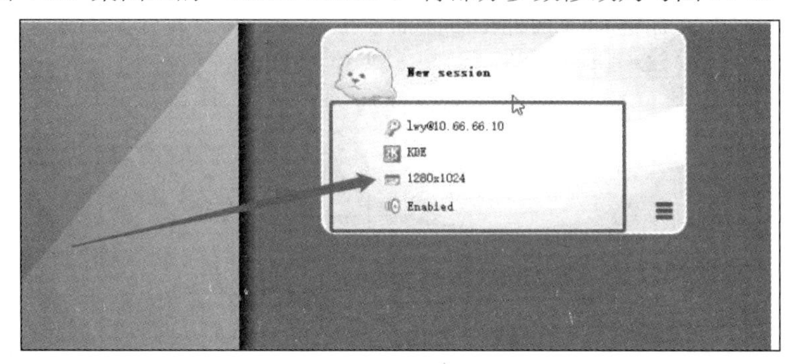

图 10-15 参数修改

修改完毕后，点击图 10-16 上图(a)的框选区，会弹出登录框，密码为 123456。完成登录之后，出现如图 10-16 下图(b)所示的界面，点击图中框选的区域，弹出 IP 地址为 10.66.66.10 的远程桌面。

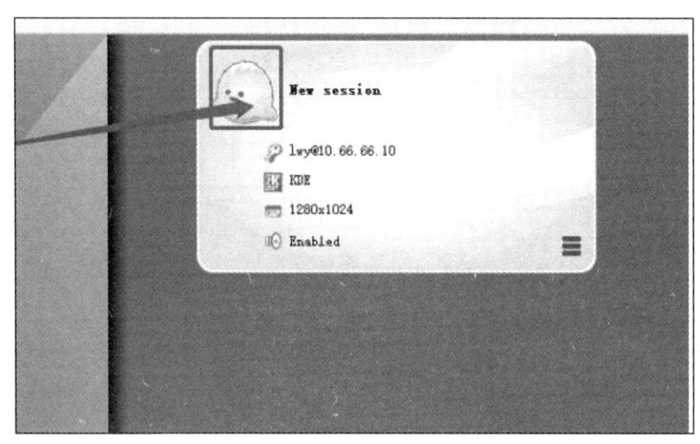

(a)

(b)

图 10-16 远程桌面窗口的最大化

在远程桌面的上方找到【MySQL Workbench】按钮，在左侧菜单栏中点击【mcloudlwy3】下的【tables】按钮，然后选择【apps_mimichistory】。如图 10-17 所示，可以看到数据库中的拟态云组件的执行体轮换记录，在最下面可以看到最新的执行体轮换记录。

djangolwy
djangolwy2
mcloudlwy1
mcloudlwy2
mcloudlwy3
Tables
apps_mimichistory
Columns
Indexes
Foreign Keys
Triggers
apps_mimichostzone
apps_mimicimage
apps_mimicintecontrol
apps_sliceinfo
apps_userinfo
apps_userinfo_groups
apps_userinfo_user_permissions
apps_vmallocation
apps_vmmigration
auth_group
auth_group_permissions
auth_permission
django_admin_log
django_content_type
django_migrations
django_session
Views
Stored Procedures
Functions
mimicwrap
sys
test
testlwy

Result Grid　Filter Rows:　Edit:　Export/Import:　Wrap Cell Content:

#	id	HappenTime	P_extern	P_inter	E1	E2	E3	E4	E5	P_locatio
377	864	2020-09-22 01:11:37.000000	192.168.171.227	NULL	10.10.227.70	10.10.227.42	10.10.227.38	NULL	NULL	server2
378	865	2020-09-22 01:22:13.000000	192.168.171.227	NULL	10.10.227.234	10.10.227.42	10.10.227.38	NULL	NULL	server2
379	866	2020-09-22 01:32:47.000000	192.168.171.227	NULL	10.10.227.234	10.10.227....	10.10.227.38	NULL	NULL	server2
380	867	2020-09-22 01:43:22.000000	192.168.171.227	NULL	10.10.227.234	10.10.227....	10.10.227.200	NULL	NULL	server2
381	868	2020-09-22 01:53:57.000000	192.168.171.227	NULL	10.10.227.196	10.10.227....	10.10.227.200	NULL	NULL	server2
382	869	2020-09-22 02:04:33.000000	192.168.171.227	NULL	10.10.227.196	10.10.227.92	10.10.227.200	NULL	NULL	server2
383	870	2020-09-22 02:15:07.000000	192.168.171.227	NULL	10.10.227.196	10.10.227.92	10.10.227.194	NULL	NULL	server2
384	871	2020-09-22 02:25:42.000000	192.168.171.227	NULL	10.10.227.55	10.10.227.92	10.10.227.194	NULL	NULL	server2
385	872	2020-09-22 02:36:17.000000	192.168.171.227	NULL	10.10.227.55	10.10.227.76	10.10.227.194	NULL	NULL	server2
386	873	2020-09-22 02:46:51.000000	192.168.171.227	NULL	10.10.227.55	10.10.227.76	10.10.227.134	NULL	NULL	server2
387	874	2020-09-22 02:57:26.000000	192.168.171.227	NULL	10.10.227.84	10.10.227.76	10.10.227.134	NULL	NULL	server2
388	875	2020-09-22 03:08:05.000000	192.168.171.227	NULL	10.10.227.84	10.10.227.85	10.10.227.134	NULL	NULL	server2
389	876	2020-09-22 09:08:56.000000	192.168.171.233	NULL	10.10.227.191	10.10.227....	10.10.227.39	NULL	NULL	server1
390	877	2020-09-22 09:12:28.000000	192.168.171.233	NULL	10.10.227.241	10.10.227....	10.10.227.39	NULL	NULL	server1
391	878	2020-09-22 09:13:14.000000	192.168.171.233	NULL	10.10.227.54	10.10.227....	10.10.227.39	NULL	NULL	server1
392	879	2020-09-22 09:19:29.000000	192.168.171.233	NULL	10.10.227.54	10.10.227.25	10.10.227.39	NULL	NULL	server1
393	880	2020-09-22 09:30:03.000000	192.168.171.233	NULL	10.10.227.54	10.10.227.25	10.10.227.189	NULL	NULL	server1
394	881	2020-09-22 09:40:36.000000	192.168.171.233	NULL	10.10.227.29	10.10.227.25	10.10.227.189	NULL	NULL	server1
395	882	2020-09-22 09:48:48.000000	192.168.171.233	NULL	10.10.227.29	10.10.227.25	10.10.227.111	NULL	NULL	server1
396	883	2020-09-22 11:03:13.000000	192.168.171.233	NULL	10.10.227.29	10.10.227.25	10.10.227.201	NULL	NULL	server1
*	NULL	NULL	NULL	NULL	NULL	NULL	NULL	NULL	NULL	NULL

图 10-17　执行体轮换记录

从图 10-17 中可以看到代理机三个执行体的 IP 地址之前分别是 10.10.227.29、10.10.227.25、10.10.227.111，在轮换之后，三个执行体的 IP 地址变化为 10.10.227.29、10.10.227.25、10.10.227.201。其中执行体 10.10.227.111 因为被暂停服务，所以被轮换成了新的执行体 10.10.227.201。此时教师需要将 MySQL 数据库的页面展示给学生，让学生更直观地观察到轮换记录。教师也可以在暂停服务前/后登录 Openstack 后台，让学生直观地观察执行体的轮换。

10.3.4　实验结果及分析

执行体动态轮换实验演示了当拟态虚拟机中的某个执行体被暂定服务时，执行体将触发动态轮换。代理机的三个执行体的 IP 地址之前分别是 10.10.227.29、10.10.227.25、10.10.227.111，当执行体 10.10.227.111 被暂停服务后，拟态云组件会自动进行拟态执行体动态轮换，从而确保代理机能够正常访问网页。

第 11 章 协同防御技术实践

本章利用动态 IP 技术和拟态 Web 技术进行协同防御来抵抗网络攻击，使学生加深对动态 IP 和拟态 Web 服务器协同防御效果的理解，并掌握虚拟场景编排的方法。

11.1 动态 IP 技术与拟态 Web 技术协同防御实践

本节是针对动态 IP 技术与拟态 Web 技术协同防御的实验，共有四个组成部分，分别是实验内容、实验拓扑、实验步骤以及实验结果及分析。

11.1.1 实验内容

本场景中包含了移动目标防御设备、业务网络和管理网络。其中，管理网络使用移动目标防御设备来管理业务网络，通过对移动目标防御设备参数进行调整，大大增加了攻击者攻击的难度。场景中两个设备分别是移动目标防御设备和拟态 Web 服务器。其中移动目标防御设备采用了动态 IP 跳变技术，对拟态 Web 服务器进行扫描，并对扫描结果进行漏洞利用。

11.1.2 实验拓扑

实验拓扑图如图 11-1 所示。管理网络用于接入 Win7-管理机，便于管理者对移动目标防御设备参数进行调整。业务网络用于接入 Win7-攻击机、PC 主机和拟态 Web 服务器，其中 Win7-攻击机用于对移动目标防御下的 PC 主机进行攻击，PC 主机用于登录拟态 Web 服务器，拟态 Web 服务器用于验证防御效果或者攻击效果。

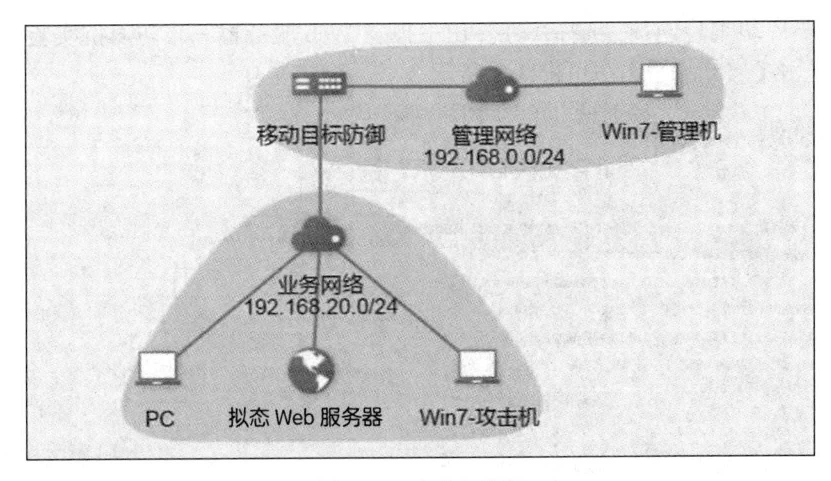

图 11-1　实验拓扑图

11.1.3　实验步骤

学生与教师需要共同按顺序完成自身角色对应的任务。学生在完成对应的任务后，需要及时告知教师任务完成情况，按照实验中的提示将各自需要的参数信息告知对方，相互配合完成本实验。实验流程如下所述。

1. 教师任务一：将拟态 Web 服务器网络模式修改为 DHCP 模式

教师使用火狐浏览器登录实训平台，平台地址为 http://172.16.1.20/，输入用户名和密码进行登录，登录界面如图 11-2 所示。教师完成登录之后，选择协同防御科目集(教师)来进行实验。

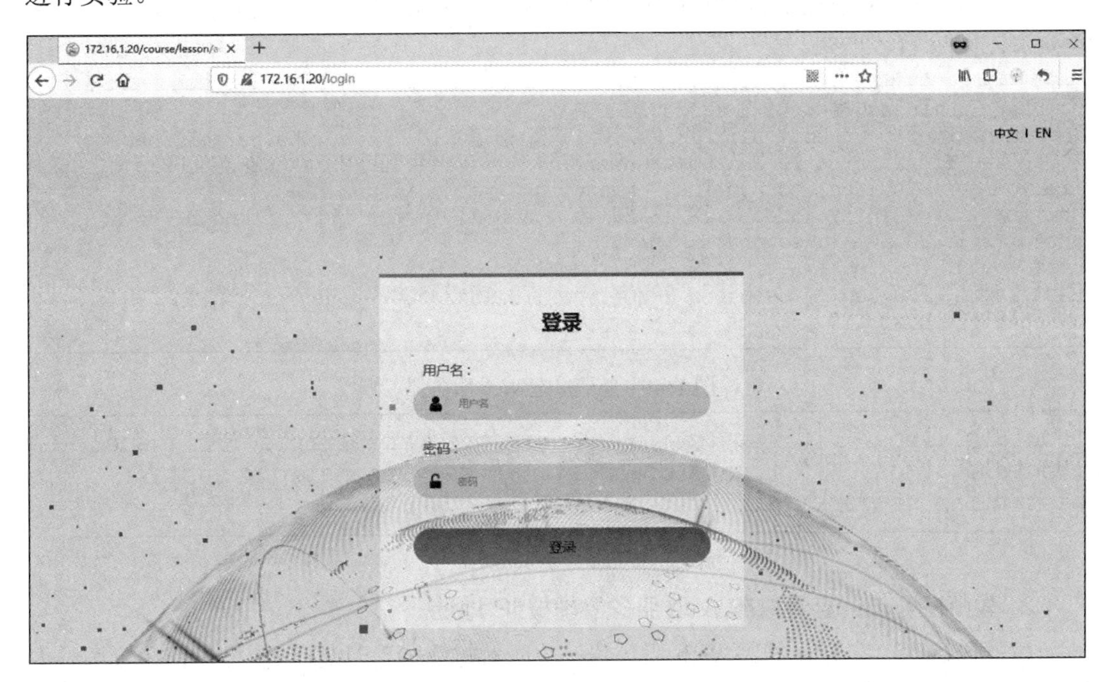

图 11-2　登录界面

首先需要启动实验场景。选择“动态 IP + 拟态 Web 服务器 - 攻防对抗实验”，点击【场景】，然后点击【启动场景】，如图 11-3 所示。

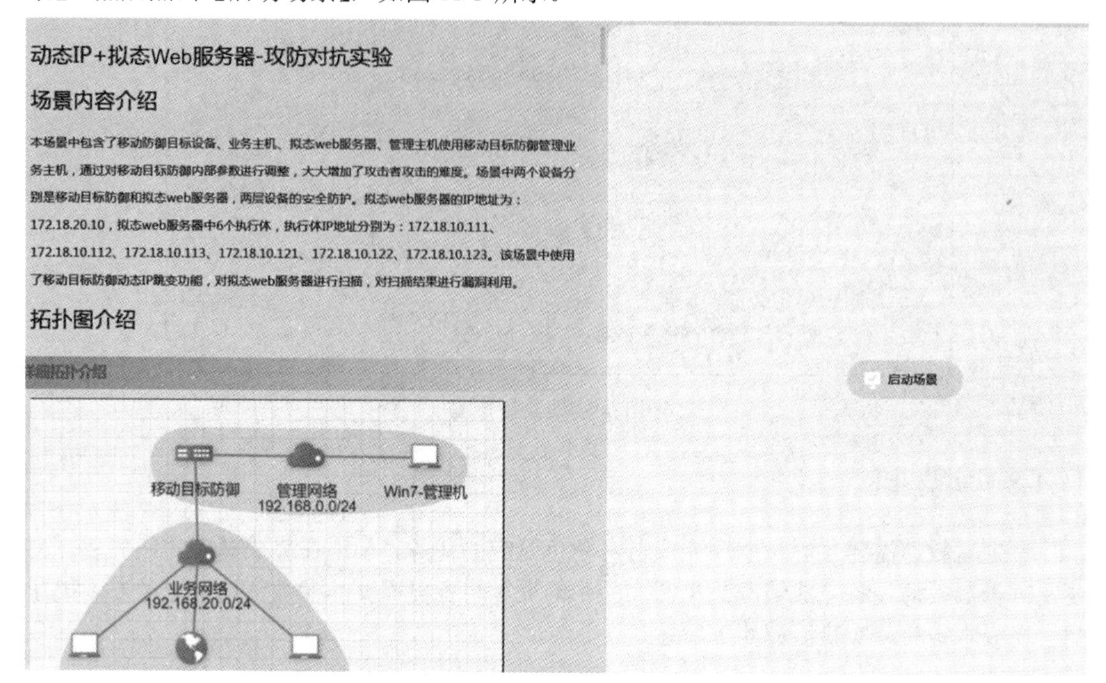

图 11-3　启动场景

待场景启动之后，首先点击“动态 IP + 拟态 Web 服务器 - 修改 IP”，然后登录 Win7-攻击机。完成登录之后，在命令行窗口中输入 ssh root@172.18.20.10 指令，连接拟态 Web 服务器，密码为 comleader@123，如图 11-4 所示。随后输入 service network restart 指令重启网卡，如图 11-5 所示。

```
C:\Users\admin>ssh root@172.18.20.10
The authenticity of host '172.18.20.10 (172.18.20.10)' can't be established.
ECDSA key fingerprint is SHA256:RX66VsM2TMvdcvYhVa44IYwWbPSZzv6p2npu8LUP1eg.
Are you sure you want to continue connecting (yes/no)? yes
Warning: Permanently added '172.18.20.10' (ECDSA) to the list of known hosts.
root@172.18.20.10's password:
Last login: Thu Sep 17 04:54:39 2020 from 172.18.20.50
Last login: Thu Sep 17 04:54:39 2020 from 172.18.20.50
.[root@localhost ~]# _
```

图 11-4　登录拟态 Web 服务器

```
[root@localhost ~]# vim /etc/sysconfig/network-scripts/ifcfg-eno1
[root@localhost ~]# [root@localhost ~]# service network restart
Restarting network (via systemctl):  _
```

图 11-5　重启服务

2. 教师任务二：查看拟态 Web 服务器虚拟 IP 地址

教师选择“动态 IP + 拟态 Web 服务器 - 攻防对抗实验”，以下所有操作都在该场景中完成。登录 Win7-管理机，使用桌面上的 Google Chrome 浏览器登录移动目标防御管理后台，后台地址为 https://192.168.0.10，用户名为 zs，密码为 123。登录成功之后点击左边功能按钮【状态监控】，然后点击【接入主机状态】，检查三台主机是否上线，MAC 地址为 D0 开头的设备是拟态 Web 服务器，如图 11-6 所示。点击功能按钮【状态伪装】，然后点击【功能配置】按钮，查看虚拟 IP 跳变周期，如图 11-7 所示。

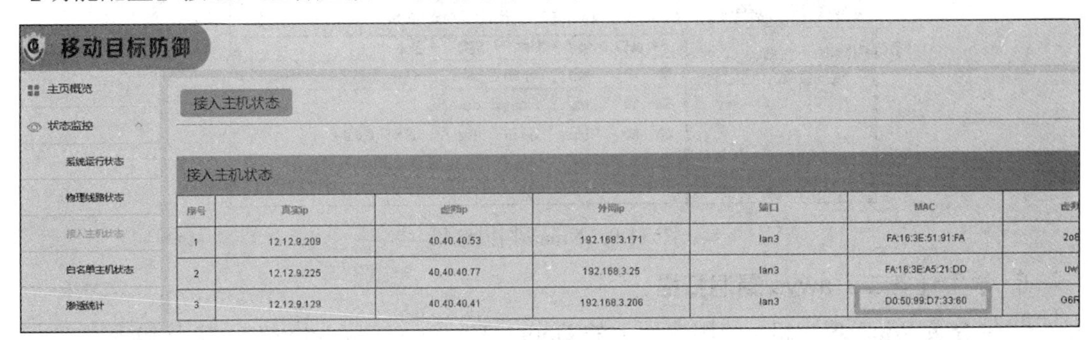

图 11-6　查看 MAC

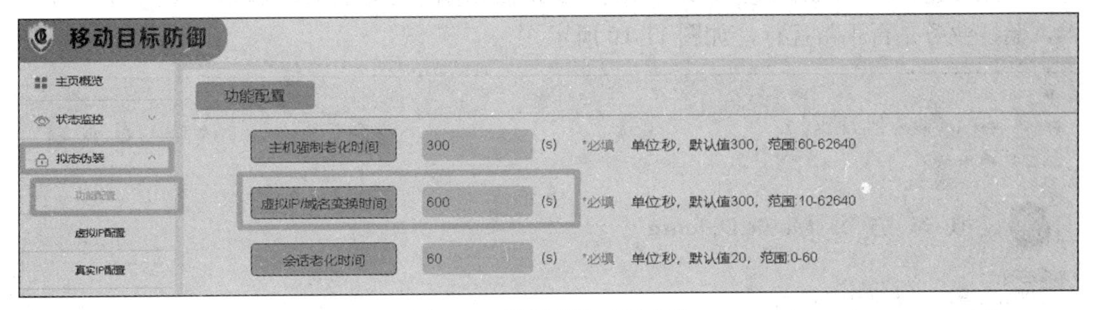

图 11-7　设置变换时间参数

3. 教师任务三：登录拟态 Web 服务器，ping 网关，防止 Web 服务器从移动目标防御后台下线

教师登录 PC 设备，在桌面上打开命令行窗口。首先通过移动目标防御后台查看虚拟 IP 地址为 40.40.44.17，然后在命令行窗口中输入 ssh root@40.40.44.17 指令，连接拟态 Web 服务器。登录拟态 Web 服务器后系统显示如图 11-8 所示。

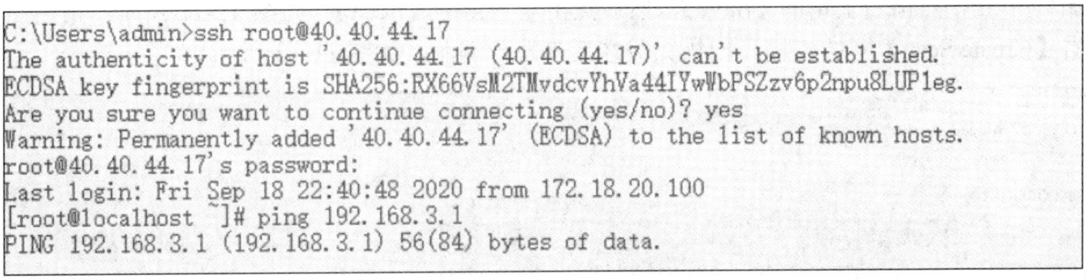

```
C:\Users\admin>ssh root@40.40.44.17
The authenticity of host '40.40.44.17 (40.40.44.17)' can't be established.
ECDSA key fingerprint is SHA256:RX66VsM2TMvdcvYhVa44IYwWbPSZzv6p2npu8LUP1eg.
Are you sure you want to continue connecting (yes/no)? yes
Warning: Permanently added '40.40.44.17' (ECDSA) to the list of known hosts.
root@40.40.44.17's password:
Last login: Fri Sep 18 22:40:48 2020 from 172.18.20.100
[root@localhost ~]# ping 192.168.3.1
PING 192.168.3.1 (192.168.3.1) 56(84) bytes of data.
```

图 11-8　登录拟态 Web 服务器

4. 学生任务一：端口扫描

学生使用桌面上的 Nmap 工具对拟态 Web 服务器进行端口扫描，在目标处输入 IP 地址，在配置处选择“Intense scan,all tcp port”，输入命令 nmap -p 1-65535 -T4 -A -v 40.40.59.217。配置完成之后点击【扫描】，扫描结果如图 11-9 所示。

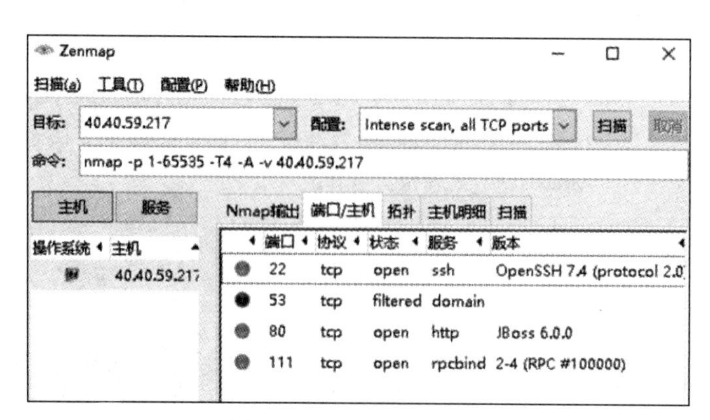

图 11-9 Nmap 扫描结果

5. 学生任务二：awvs 漏洞扫描

学生登录 Win7-攻击机，使用桌面上的 Google Chrome 访问 http://IP，其中 IP 是学生任务一中配置的地址。Win7-攻击机攻击拟态 Web 服务器时，PC 设备持续访问拟态 Web 服务器，验证业务是否正常运行，如图 11-10 所示。

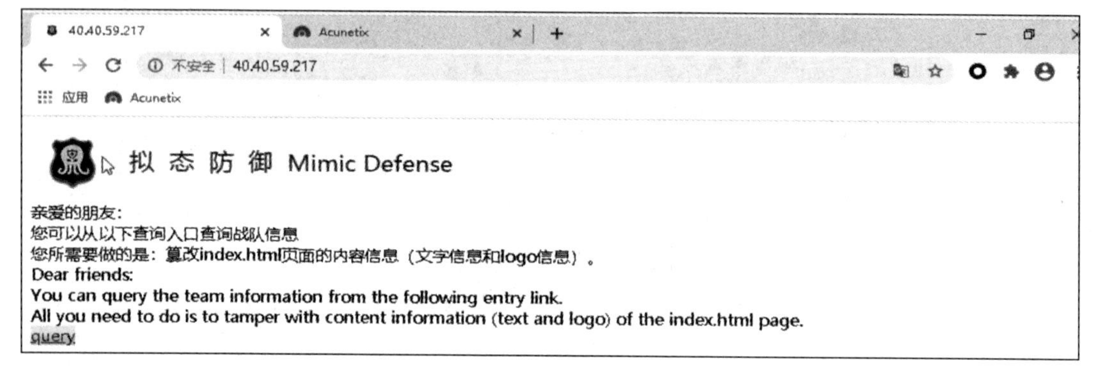

图 11-10 拟态 Web 页面

使用 Acunetix 进行漏洞扫描，步骤是：首先点击桌面上的 Acunetix，输入账号为 admin@qq.com，密码为 qq123456，完成登录；之后，点击【Targets】→【Add Target】，添加目标 IP，点击右上角的【Save】，然后点击左上角的【Scan】，如图 11-11 所示；最后点击【Create Scan】开始扫描。扫描完成之后未发现漏洞，如图 11-12 所示。

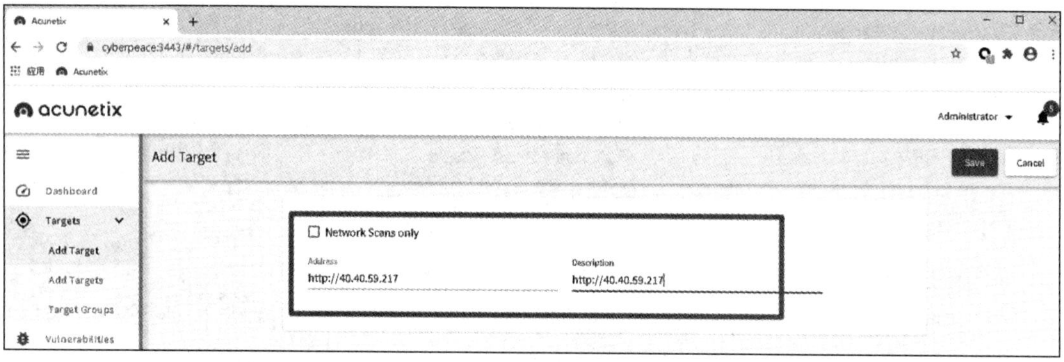

图 11-11 扫描设置

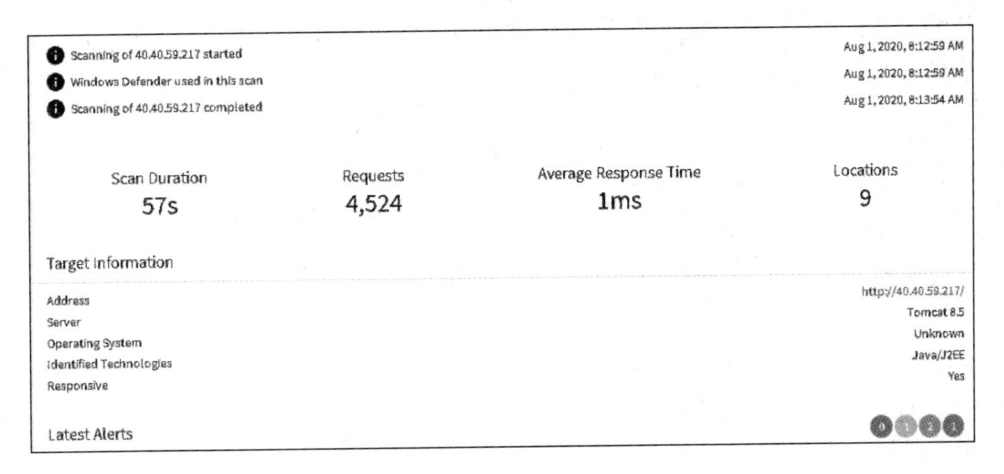

图 11-12　漏洞扫描结果

当攻击者准备对拟态 Web 服务器做进一步攻击时，发现 IP 地址已经变化，导致无法攻击成功。拟态 Web 服务器 IP 跳变如图 11-13 所示。

图 11-13　拟态 Web 的 IP 跳变

6. 教师任务四：调整跳变周期

教师点击功能按钮【状态伪装】，然后点击【功能配置】按钮，将虚拟 IP 跳变周期设置为 3000 s，查看拟态 Web 的虚拟 IP 地址，并将虚拟 IP 地址告诉学生。

7. 学生任务三：再次使用 awvs 进行漏洞扫描

学生重复以上攻击步骤，观察拟态 Web 服务器，发现仍然无法攻击成功。

8. 教师任务五：查看拟态 Web 裁决日志

教师将裁决日志结果分发给学生，可以采用以下两种方式：

(1) 教师登录拟态 Web 服务器，查看裁决日志，将裁决日志投屏，和学生一起查看和分析裁决日志。

(2) 教师将拟态 Web 服务器的 IP 地址、用户名、密码、裁决日志位置告诉学生，让学生自行查看(叮嘱学生不得做其他事，不得随意修改)。

教师通过移动目标防御后台查看虚拟 IP 地址，然后在命令行窗口输入 ssh root@IP 指令，连接到拟态 Web 服务器，如图 11-14 所示。

```
C:\Users\admin>ssh root@40.40.44.17
The authenticity of host '40.40.44.17 (40.40.44.17)' can't be established.
ECDSA key fingerprint is SHA256:RX66VsM2TMvdcvYhVa44IYwWbPSZzv6p2npu8LUP1eg.
Are you sure you want to continue connecting (yes/no)? yes
Warning: Permanently added '40.40.44.17' (ECDSA) to the list of known hosts.
root@40.40.44.17's password:
Last login: Fri Sep 18 22:40:48 2020 from 172.18.20.100
```

图 11-14 连接拟态 Web 服务器

教师查看日志文件。拟态 Web 服务器告警日志路径为/home/logs_2nd/error_local.txt，利用 cat 指令查看 error_local.tx 文件。由于在扫描过程中存在 404 页面，每个中间件的 http 响应长度不一样，导致裁决异常。

9. 教师任务六：内部参数调整

教师登录 Win7-管理机设备，步骤为：使用桌面上的 Google Chrome 登录移动目标防御管理后台，后台地址为 https://192.168.0.10，用户名为 zs，密码为 123。登录成功之后，点击功能按钮【拟态伪装】，然后点击按钮【功能设置】，调整移动目标防御设备的参数，如图 11-15 所示。

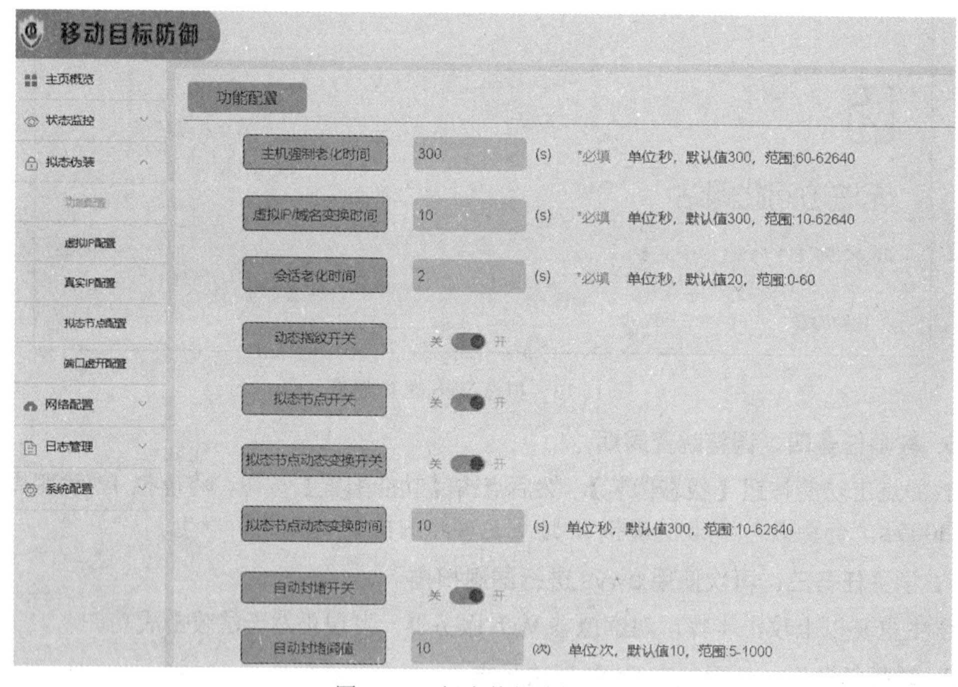

图 11-15 拟态伪装功能配置

10. 教师任务七：将拟态 Web 服务器网络模式修改为静态地址

教师登录 Win7-管理机设备，步骤为：使用桌面上的 Google Chrome 登录移动目标防御管理后台，后台地址为 https://192.168.0.10，用户名为 zs，密码为 123。登录成功之后，点击左边功能按钮【状态监控】，然后点击按钮【接入主机状态】，查看拟态 Web 服务器的虚拟 IP 地址，如图 11-16 所示。

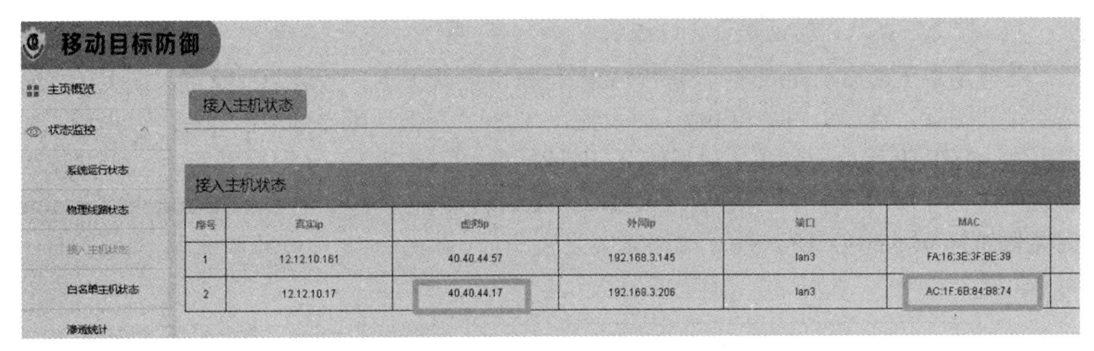

图 11-16　虚拟 IP 和 Mac 信息

教师登录 Win7-攻击机设备，步骤为：使用桌面上的 Xshell 工具登录拟态 Web 服务器，将 IP 地址修改回静态 IP 地址，使用 ssh root@IP 指令连接到拟态 Web 服务器，用户名为 root，密码为 123。使用 vim /etc/sysconfig/network-scrIPts/ifcfg-eno1 对文件进行编辑，输入相关指令完成配置文件的修改，如图 11-17 所示。

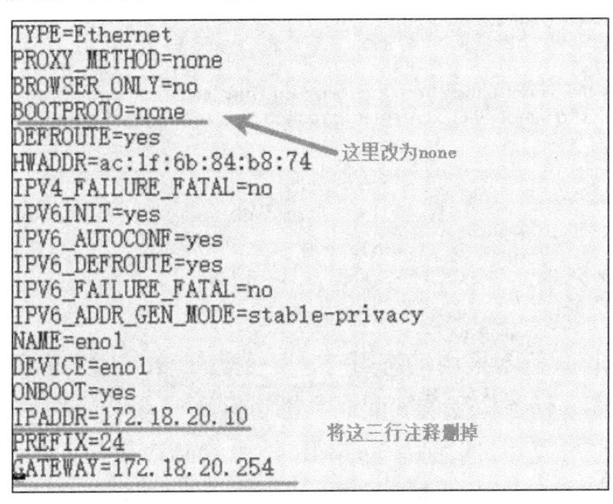

```
TYPE=Ethernet
PROXY_METHOD=none
BROWSER_ONLY=no
BOOTPROTO=none
DEFROUTE=yes
HWADDR=ac:1f:6b:84:b8:74
IPV4_FAILURE_FATAL=no
IPV6INIT=yes
IPV6_AUTOCONF=yes
IPV6_DEFROUTE=yes
IPV6_FAILURE_FATAL=no
IPV6_ADDR_GEN_MODE=stable-privacy
NAME=eno1
DEVICE=eno1
ONBOOT=yes
IPADDR=172.18.20.10
PREFIX=24
GATEWAY=172.18.20.254
```


图 11-17　配置文件信息

修改完成之后，使用 service network restart 指令重启网络，并将该场景关闭。再次重复之前的步骤开启修改 IP 地址场景，检查拟态 Web 地址是否修改成功，该场景拓扑图如图 11-18 所示。

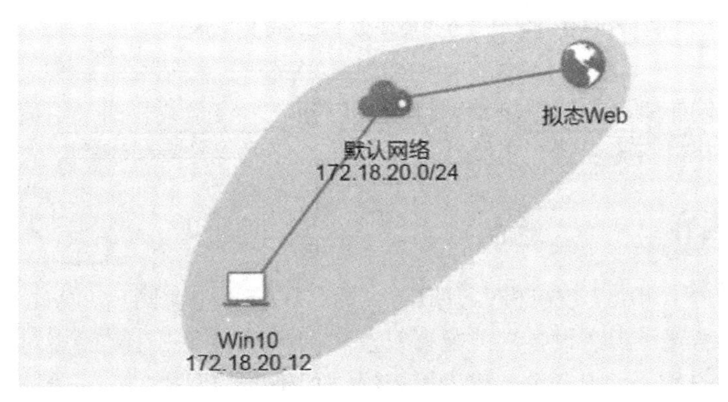

图 11-18　拓扑图

11. 教师任务八：验证是否修改成功

等待场景重新启动完成之后，教师需要首先设置 IP 地址，步骤为：点击桌面上的“网络连接”图标，点击“网络和 Internet 设置”，选择“更改适配器选项”，双击“Internet 协议版本 4(TCP/IPv4)”，分别填入以下信息：IP 地址为 172.18.20.10，子网掩码为 255.255.255.0，默认网关为 172.18.20.254。然后再次登录 Win7-管理机，使用桌面上的 Google Chrome 浏览器访问 http://172.18.20.10，如果能够正常访问，则说明 IP 地址修改成功，如图 11-19 所示。

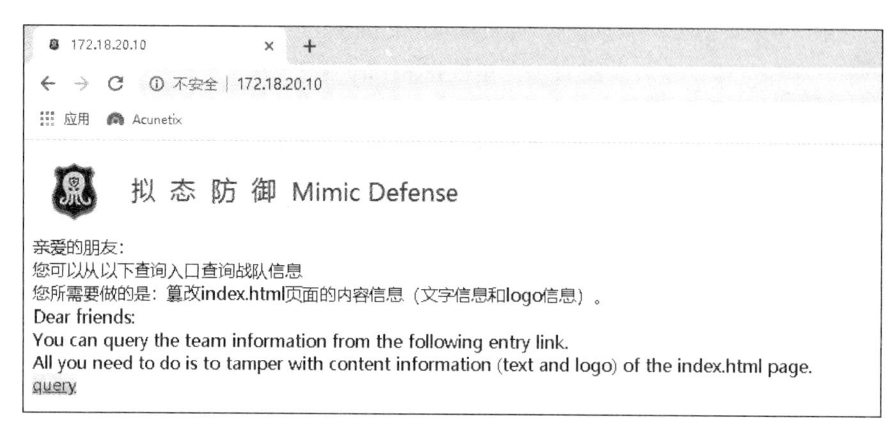

图 11-19 拟态 Web 页面

11.1.4 实验结果及分析

本节实验说明 Web 服务器采用动态 IP 技术 + 拟态 Web 服务器架构时，对 IP 地址使用 Acunetix 进行漏洞扫描，不会发现系统漏洞。当进行下一步攻击时，发现 Web 服务器的 IP 地址已经变化，无法攻击成功，验证了动态 IP 技术的防御效果。

拟态 Web 服务器原理验证系统是基于拟态防御原理的新型 Web 安全防御系统，它利用异构性、冗余性、动态性等特性阻断或扰乱网络攻击链，以达到系统安全风险可控的要求。通过此实验学生可以进一步理解移动目标防御设备的作用。

11.2 虚拟场景编排实践

本节针对协同防御下的虚拟场景编排实验内容，本实验共有四个组成部分，分别是实验内容、实验拓扑、实验步骤、实验结果及分析。

11.2.1 实验内容

本场景中包含了 Win7-攻击机、虚拟防火墙、WAF、拟态网关、Web 服务器、管理网络等。该场景中考察了拟态设备功能配置以及防御场景编排。在实验中对不同设备进行组合，根据攻击链的各个步骤 Win7-攻击机依次发起不同类型的攻击，验证不同攻击的防御效果，并进行对比分析。

11.2.2　实验拓扑

实验拓扑如图 11-20 所示。该场景中虚拟防火墙、WAF 为双网卡，其中虚拟防火墙的 IP 地址为 192.168.12.11 和 192.168.22.11，WAF 的 IP 地址为 192.168.22.113 和 192.168.50.113。DMZ 用于连接 Win7-攻击机和虚拟防护墙，办公网络用于连接虚拟防火墙和 WAF 的主机，业务网络用于连接拟态网关与 Web 服务器。Win7-攻击机用于对虚拟防火墙、WAF 和 Web 服务器进行攻击测试，Win7-管理机用于教师管理拟态网关，可对拟态网关后台参数进行调整。

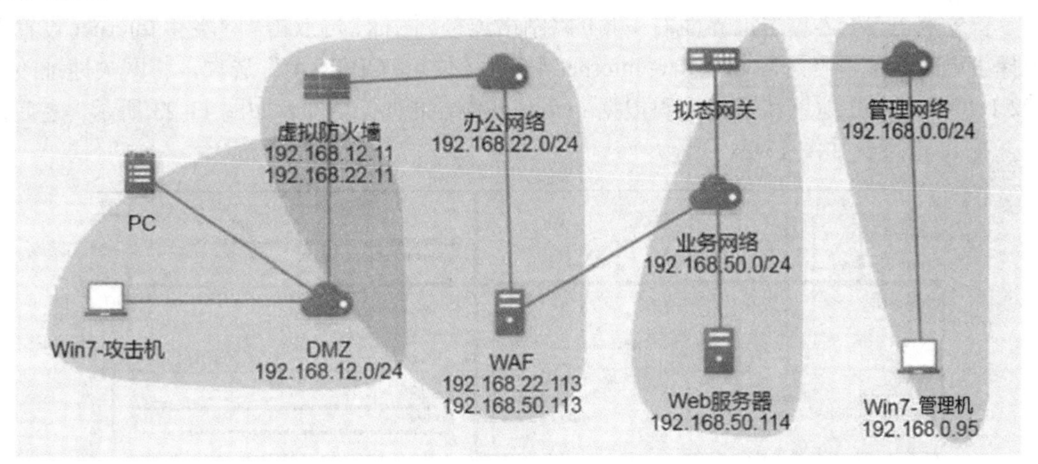

图 11-20　虚拟场景编排拓扑

11.2.3　实验步骤

学生与教师需要共同按顺序完成自身角色对应的任务。学生在完成对应的任务后，需要及时告知教师任务完成情况，按照实验中的提示将各自需要的参数信息告知对方，相互配合完成本实验。实验流程如下所述。

1. 教师任务一：登录虚拟防火墙删除路由

在实验场景中，DMZ 网络连接 Win7-攻击机和虚拟防火墙。由于 DMZ 网络中设置了 DHCP 模式，虚拟防火墙会自动创建默认路由，导致网络不通。教师登录虚拟防火墙设备，输入密码为 hacker。点击【活动】，选择左边的终端，切换用户为 root。使用 route del -net 0.0.0.0 netmask 0.0.0.0 gw 192.168.12.254 指令完成删除默认路由的操作，如图 11-21 所示。

```
[root@host-192-168-12-11 hacker]# route del -net 0.0.0.0 netmask 0.0.0.0 gw 192.
168.12.254
[root@host-192-168-12-11 hacker]#
```

图 11-21　删除路由

2. 教师任务二：修改 Win7-攻击机的网关地址

教师在桌面上打开命令行窗口，输入“ipconfig”指令，查看当前的 IP 地址，修改 Win7-攻击机的网关地址，将网关地址指向虚拟防火墙，从而实现流量的串联，如图 11-22 所示。

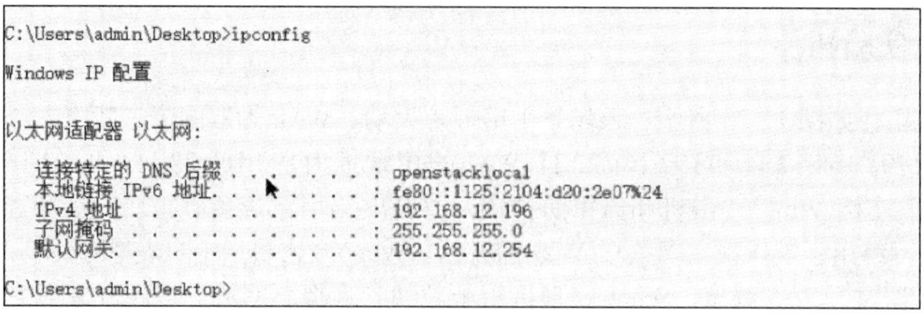

```
C:\Users\admin\Desktop>ipconfig

Windows IP 配置

以太网适配器 以太网:

   连接特定的 DNS 后缀 . . . . . . . : openstacklocal
   本地链接 IPv6 地址. . . . . . . . : fe80::1125:2104:d20:2e07%24
   IPv4 地址 . . . . . . . . . . . . : 192.168.12.196
   子网掩码 . . . . . . . . . . . . : 255.255.255.0
   默认网关. . . . . . . . . . . . . : 192.168.12.254

C:\Users\admin\Desktop>
```

图 11-22　配置信息查询

首先点击 Win7-攻击机界面右下角的“网络连接”图标，再点击“网络和 Internet 设置”，选择“更改适配器”选项，双击“Internet 协议版本 4(TCP/IPv4)”选项，将网关地址改为 192.168.12.11，IP 地址和子网掩码根据 ipconfig 的结果进行填写，如图 11-23 所示。之后再次查看 IP 地址，如图 11-24 所示。

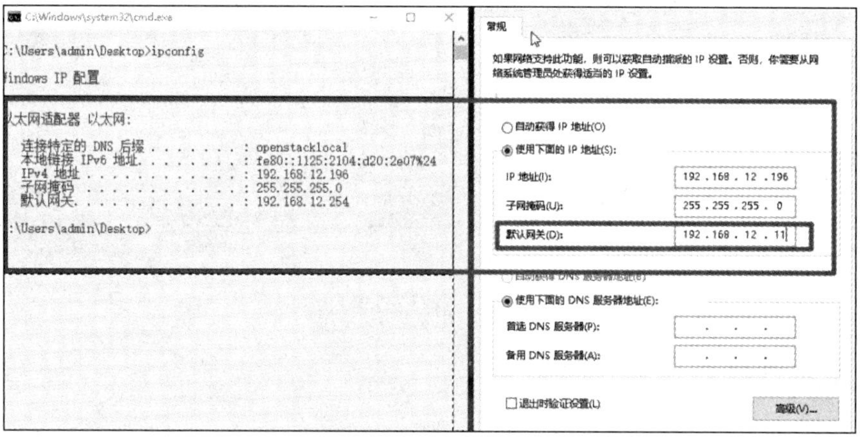

```
C:\Users\admin\Desktop>ipconfig

Windows IP 配置

以太网适配器 以太网:

   连接特定的 DNS 后缀 . . . . . . . : openstacklocal
   本地链接 IPv6 地址. . . . . . . . : fe80::1125:2104:d20:2e07%24
   IPv4 地址 . . . . . . . . . . . . : 192.168.12.196
   子网掩码 . . . . . . . . . . . . : 255.255.255.0
   默认网关. . . . . . . . . . . . . : 192.168.12.254

C:\Users\admin\Desktop>
```

常规

如果网络支持此功能，则可以获取自动指派的 IP 设置。否则，你需要从网络系统管理员处获得适当的 IP 设置。

○ 自动获得 IP 地址(O)
◉ 使用下面的 IP 地址(S):
IP 地址(I): 192 . 168 . 12 . 196
子网掩码(U): 255 . 255 . 255 . 0
默认网关(D): 192 . 168 . 12 . 11
◉ 使用下面的 DNS 服务器地址(E):
首选 DNS 服务器(P):
备用 DNS 服务器(A):
☐ 退出时验证设置(L)　高级(V)...

图 11-23　配置网关

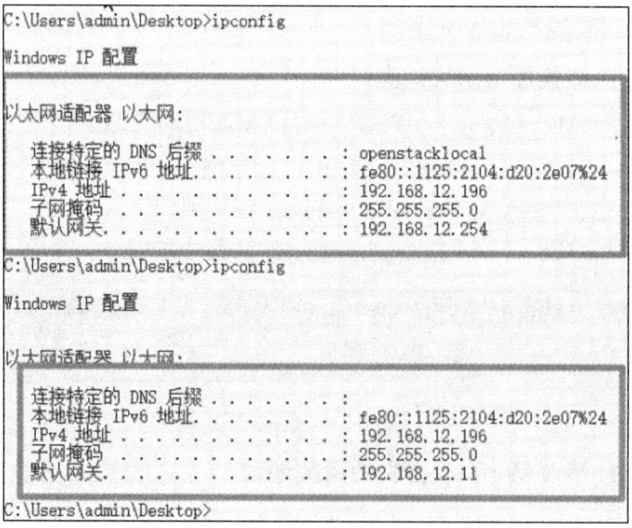

```
C:\Users\admin\Desktop>ipconfig

Windows IP 配置

以太网适配器 以太网:

   连接特定的 DNS 后缀 . . . . . . . : openstacklocal
   本地链接 IPv6 地址. . . . . . . . : fe80::1125:2104:d20:2e07%24
   IPv4 地址 . . . . . . . . . . . . : 192.168.12.196
   子网掩码 . . . . . . . . . . . . : 255.255.255.0
   默认网关. . . . . . . . . . . . . : 192.168.12.254
C:\Users\admin\Desktop>ipconfig

Windows IP 配置

以太网适配器 以太网:

   连接特定的 DNS 后缀 . . . . . . . :
   本地链接 IPv6 地址. . . . . . . . : fe80::1125:2104:d20:2e07%24
   IPv4 地址 . . . . . . . . . . . . : 192.168.12.196
   子网掩码 . . . . . . . . . . . . : 255.255.255.0
   默认网关. . . . . . . . . . . . . : 192.168.12.11

C:\Users\admin\Desktop>
```

图 11-24　查询网络配置信息

教师使用 ping 指令来验证 Win7-攻击机与 WAF 和拟态网关是否连通，其中 WAF 的地址为 192.168.22.113，拟态网关的地址为 192.168.50.254，如图 11-25 所示。

```
C:\Users\admin\Desktop>ping 192.168.22.113

正在 Ping 192.168.22.113 具有 32 字节的数据:
来自 192.168.22.113 的回复: 字节=32 时间=1ms TTL=127
来自 192.168.22.113 的回复: 字节=32 时间=2ms TTL=127

192.168.22.113 的 Ping 统计信息:
    数据包: 已发送 = 2, 已接收 = 2, 丢失 = 0 (0% 丢失),
往返行程的估计时间(以毫秒为单位):
    最短 = 1ms, 最长 = 2ms, 平均 = 1ms
Control-C
^C
C:\Users\admin\Desktop>ping 192.168.50.254

正在 Ping 192.168.50.254 具有 32 字节的数据:
来自 192.168.50.254 的回复: 字节=32 时间=2ms TTL=252
来自 192.168.50.254 的回复: 字节=32 时间=2ms TTL=252
来自 192.168.50.254 的回复: 字节=32 时间=2ms TTL=252
来自 192.168.50.254 的回复: 字节=32 时间=2ms TTL=252

192.168.50.254 的 Ping 统计信息:
    数据包: 已发送 = 4, 已接收 = 4, 丢失 = 0 (0% 丢失),
往返行程的估计时间(以毫秒为单位):
    最短 = 2ms, 最长 = 2ms, 平均 = 2ms
```

图 11-25　测试连通情况

3. 学生任务一：修改 Win7-攻击机的网关地址

这一步的具体实验操作步骤可参考教师任务二。

4. 教师任务三：清除虚拟防火墙规则和关闭 WAF 防护

1) 清除虚拟防火墙规则

教师登录虚拟防火墙设备，输入密码为 hacker，选择左边的终端，切换用户为 root，使用 iptables -F 指令查看防火墙规则，使用 iptables -L 指令清除防火墙规则，如图 11-26 所示。

```
[root@host-192-168-12-11 hacker]# iptables -F
[root@host-192-168-12-11 hacker]# iptables -L
Chain INPUT (policy ACCEPT)
target     prot opt source               destination

Chain FORWARD (policy ACCEPT)
target     prot opt source               destination

Chain OUTPUT (policy ACCEPT)
target     prot opt source               destination

Chain DOCKER (0 references)
target     prot opt source               destination

Chain DOCKER-ISOLATION-STAGE-1 (0 references)
target     prot opt source               destination

Chain DOCKER-ISOLATION-STAGE-2 (0 references)
target     prot opt source               destination

Chain DOCKER-USER (0 references)
target     prot opt source               destination
[root@host-192-168-12-11 hacker]#
```

图 11-26　查看规则

2) 关闭 WAF 防护

教师登录 WAF 和 Web 服务器退出安全狗，因为安全狗属于终端软件，无法进行安全设备的串联。在桌面的右下角可以看到安全狗的图标，退出操作如图 11-27 所示。选择“停止所有防护功能”，点击【退出】，可以看到桌面右下角已经没有安全狗的图标了。目前虚拟防火墙、WAF、拟态网关防护功能都未开启。

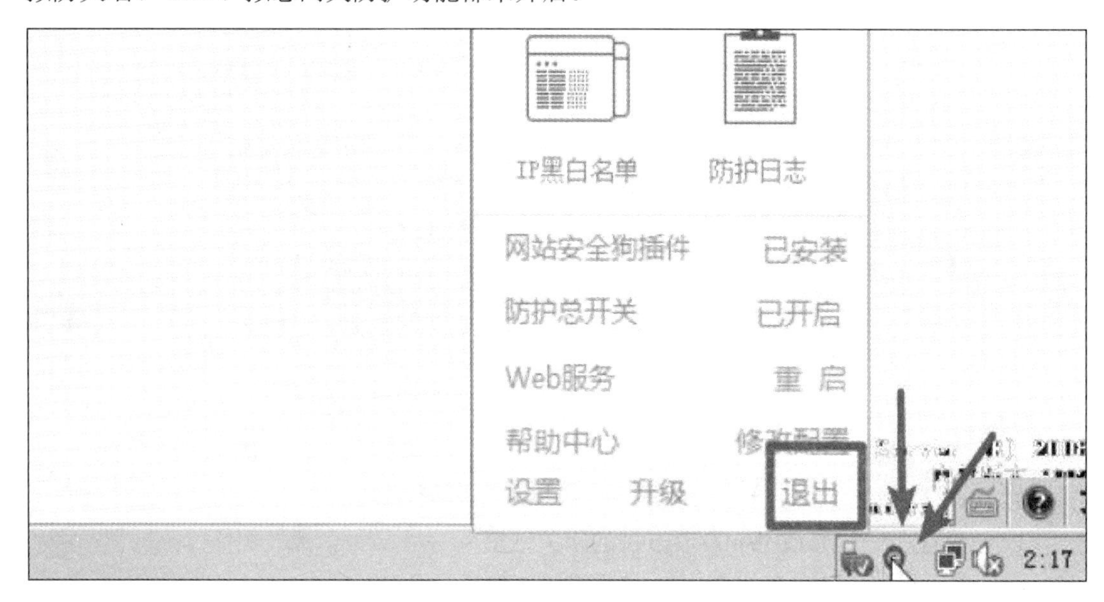

图 11-27 退出安全狗

5. 教师任务四：查看 Web 服务器的外网地址

教师登录 Win7-管理机设备，使用桌面上的 Google Chrome 浏览器登录拟态网关后台，后台地址为 http://192.168.0.136，用户名为 zs，密码为 123。登录成功之后，点击左边功能按钮【状态监控】，然后点击【接入主机状态】，查看 Web 服务器的外网 IP 地址，将 Web 服务器的外网 IP 地址告诉学生。查看外网 IP 如图 11-28 所示。

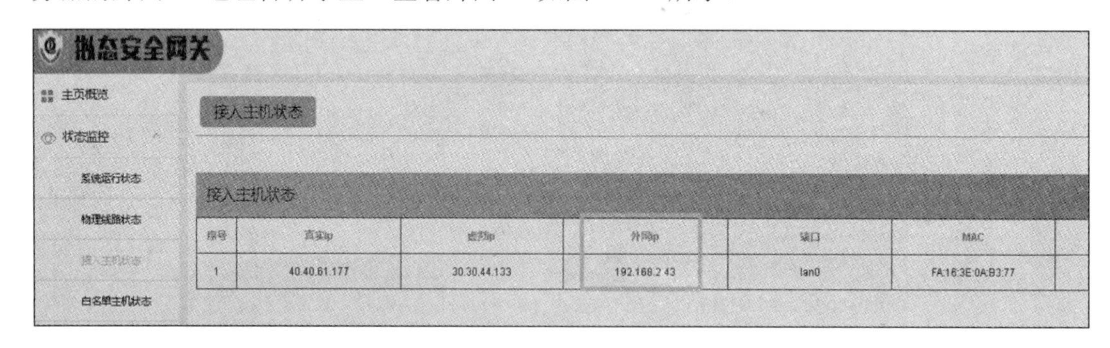

图 11-28 查看外网 IP

6. 学生任务二：漏洞利用

学生登录 Win7-攻击机设备，如图 11-29 所示。使用桌面上的 Google Chrome 浏览器访问 Web 服务器，Web 服务器的地址为 http://192.168.22.113/Less-1/?id=1。每次启动场景时，IP 地址都会变化。

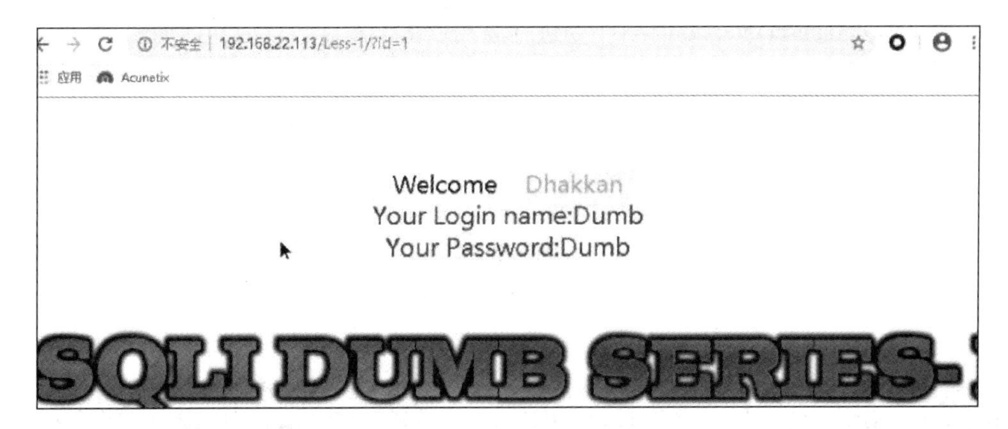

图 11-29　登录攻击机

学生使用桌面上的 Google Chrome 浏览器访问 WAF，WAF 的地址为 http://192.168.2.43/Less-1/?id=1%27。使用 payload 进行漏洞探测，输入单引号发现 SQL 语句报错，如图 11-30 所示。

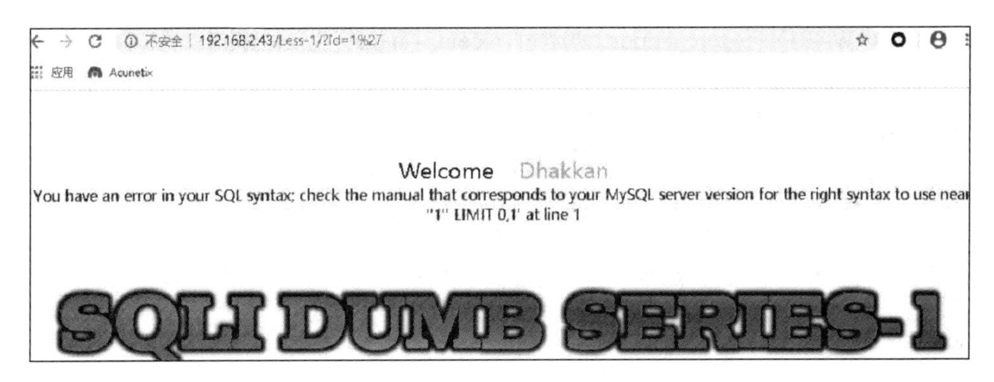

图 11-30　漏洞探测(1)

学生使用桌面上的 Google Chrome 浏览器访问 WAF，WAF 的地址为 http://192.168.2.43/Less-1/?id=1%27%20--+。使用 payload 进行漏洞探测，发现页面没有报错，说明 SQL 语句执行成功，如图 11-31 所示。

图 11-31　漏洞探测(2)

通过 payload 获取数据库名称和版本号，使用 http://192.168.2.43/sql/Less-1/?id=

-1'union select1,database(),version()--+指令进行漏洞攻击，发现攻击成功，如图 11-32 所示。

图 11-32 漏洞攻击成功

7. 教师任务五：新增虚拟防火墙规则

教师登录虚拟防火墙设备，输入密码为 hacker，选择左边的终端，切换用户为 root。使用 iptables -I FORWARD -p tcp --dport 80 -m recent --name BAD_HTTP_ACCESS --update --seconds 20 --hitcount 5 -j REJECT 指令新增规则，限制单个 IP 在 20 s 内最多被访问 5 次，如果超过 5 次就封禁。如果访问次数不够可以修改访问次数，查看 iptables 规则如图 11-33 所示。

```
[root@host-192-168-12-11 hacker]# iptables -L
Chain INPUT (policy ACCEPT)
target     prot opt source               destination
ACCEPT     all  --  192.168.0.0/16       anywhere
ACCEPT     tcp  --  anywhere             anywhere             tcp dpt:http
ACCEPT     icmp --  anywhere             anywhere
ACCEPT     icmp --  anywhere             anywhere             icmp echo-request
ACCEPT     icmp --  anywhere             anywhere             icmp echo-request

Chain FORWARD (policy ACCEPT)
target     prot opt source               destination

Chain OUTPUT (policy ACCEPT)
target     prot opt source               destination
ACCEPT     icmp --  anywhere             anywhere             icmp echo-request

Chain DOCKER (0 references)
target     prot opt source               destination

Chain DOCKER-ISOLATION-STAGE-1 (0 references)
target     prot opt source               destination

Chain DOCKER-ISOLATION-STAGE-2 (0 references)
target     prot opt source               destination

Chain DOCKER-USER (0 references)
target     prot opt source               destination
[root@host-192-168-12-11 hacker]#
```

图 11-33 查看规则

8. 学生任务三：开启虚拟防火墙进行漏洞利用

学生在桌面上打开命令行窗口，使用 curl 192.168.2.43 指令请求网站。多次请求发现网站响应已经超时，因为在 20 s 内连续访问 5 次就会将 IP 地址拉黑，漏洞无法利用成功，如图 11-34 所示。

```
C:\Users\admin>curl http://192.168.2.43/Less-1/?id=1
<!DOCTYPE html PUBLIC "-//W3C//DTD XHTML 1.0 Transitional//EN" "http://www.w3.org/TR/xhtml1/DTD/xhtml1-transitional.
d">
<html xmlns="http://www.w3.org/1999/xhtml">
<head>
<meta http-equiv="Content-Type" content="text/html; charset=utf-8" />
<title>Less-1 **Error Based- String**</title>
</head>

<body bgcolor="#000000">
<div style=" margin-top:70px;color:#FFF; font-size:23px; text-align:center">Welcome   <font color="#FF
000"> Dhakkan </font><br>
<font size="3" color="#FFFF00">




<font size='5' color= '#99FF00'>Your Login name:Dumb<br>Your Password:Dumb</font></font> </div></br></br></br><cente

<img src="../images/Less-1.jpg" /></center>
</body>
</html>





C:\Users\admin>curl http://192.168.2.43/Less-1/?id=1
curl: (7) Failed to connect to 192.168.2.43 port 80: Timed out

C:\Users\admin>
```

图 11-34　被限制超时

9. 教师任务六：开启 WAF 防护

教师登录 WAF 和 Web 服务器将安全狗退出，因为安全狗属于终端软件，无法进行安全设备的串联。双击打开桌面上的【网站安全狗】，如图 11-35 所示。

图 11-35　启动安全狗

通过观察，发现桌面右下角的安全狗的图标是灰色的，这是因为没有开启防护开关，故此时需要开启防护开关。由于在虚拟防火墙作用下，Win7-攻击机已经被拦截，所以需要登录虚拟防火墙设备，清除防火墙规则，重新写入规则。使用 iptables -F 指令清除防火墙规则，使用 iptables -I FORWARD -p tcp --dport 80 -m recent --name BAD_HTTP_ACCESS --update --seconds 20 --hitcount 10 -j REJECT 指令限制单个 IP 在 20 s 内最多被访问 5 次，如果超过 5 次就封禁，如图 11-36 所示。

```
[root@host-192-168-12-11 hacker]# iptables -F
[root@host-192-168-12-11 hacker]# iptables -I FORWARD -p tcp --dport 80 -m recent --name BAD_HTTP_ACCESS --updat
e --seconds 20 --hitcount 10 -j REJECT
[root@host-192-168-12-11 hacker]# iptables -I FORWARD 2 -p tcp --dport 80 -m recent --name BAD_HTTP_ACCESS --set
 -j ACCEPT
[root@host-192-168-12-11 hacker]#
```

图 11-36　设置封禁规则

10. 学生任务四：开启虚拟防火墙＋WAF 进行漏洞利用

学生登录 Win7-攻击机设备，使用桌面上的 Google Chrome 浏览器访问 Web 服务器，通过 payload 获取数据库名称和版本号，观察发现 payload 已经被安全狗拦截，如图 11-37 所示。

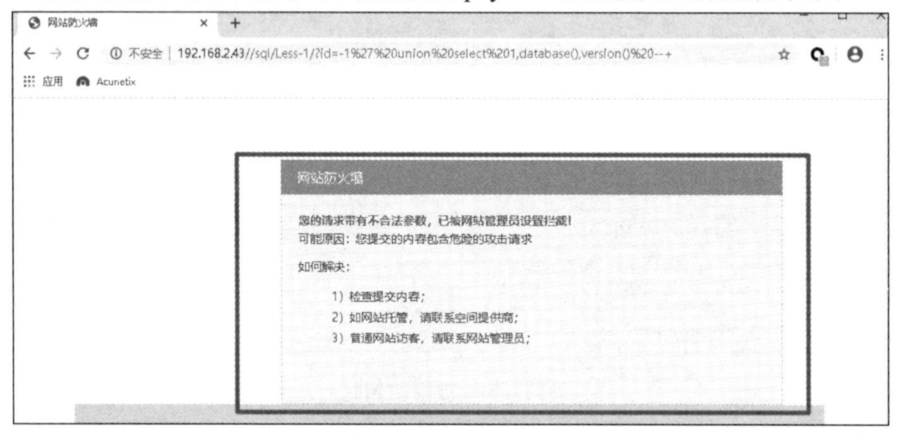

图 11-37　结果提示

当我们多次尝试绕过安全狗时，会触发虚拟防火墙的规则，无法进行漏洞利用，如图 11-38 所示。

图 11-38　无法利用漏洞

11. 教师任务七：开启拟态网关防护

教师登录 Win7-管理机设备，使用桌面上的 Google Chrome 浏览器登录移动目标防御管理后台，后台地址为 https://192.168.0.10，用户名为 zs，密码为 123。登录成功之后，点击窗口左边的功能按钮【状态监控】，然后点击按钮【接入主机状态】，查看 Web 服务器的 Mac

地址，并将 Web 服务器的外网 IP 地址告诉学生。点击按钮【网络配置】，进一步选择【封堵黑名单配置】，添加主机类型和 Mac 地址，保护内网主机，如图 11-39 所示。

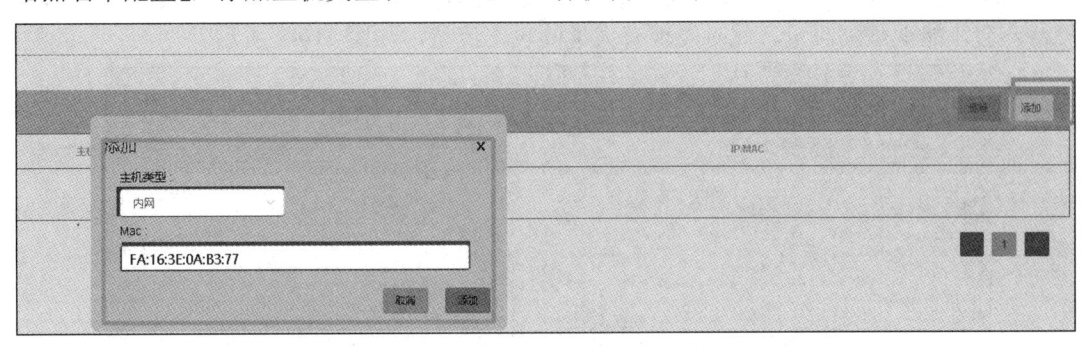

图 11-39　设置被保护 Web 服务器的 Mac 地址

12. 学生任务五：开启虚拟防火墙 + WAF + 拟态网关进行漏洞攻击

学生登录 Win7-攻击机设备，在桌面上打开命令行窗口，使用 curl 192.168.2.43 指令请求网站。此时发现网站已经无法访问，因此无法攻击成功，如图 11-40 所示。

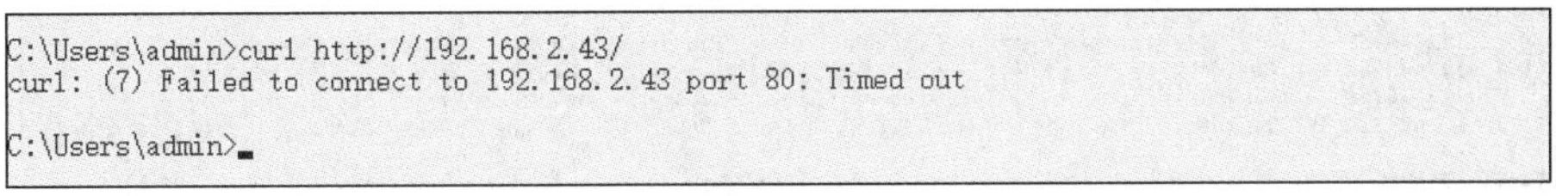

```
C:\Users\admin>curl http://192.168.2.43/
curl: (7) Failed to connect to 192.168.2.43 port 80: Timed out

C:\Users\admin>
```

图 11-40　防护结果

13. 教师任务八：清除虚拟防火墙规则和关闭 WAF 防护

本实验步骤请参考教师任务三的操作。

14. 学生任务六：DOS 攻击

学生登录 Win7-攻击机设备，使用 LOIC 工具进行 DOS 攻击。打开软件之后，Web 服务器的 IP 地址为 192.168.2.43，点击【Lock on】将线程调到最大，点击【IMMA CHARGIN MAHLAZER】开始攻击，如图 11-41 所示。

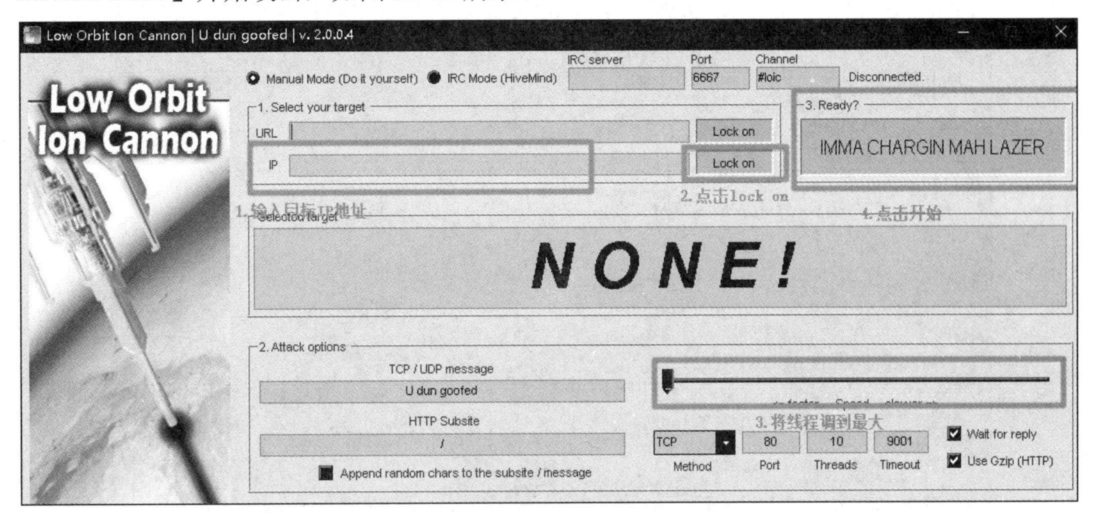

图 11-41　攻击配置

15. 教师任务九：查看 DOS 攻击

教师切换到 root 用户，使用 tcpdump 工具进行抓包，查看 DOS 攻击。开启程序之后要等待一会才能观察到流量。此时发现有大量的攻击流量，如图 11-42 所示。

```
hacker@host-192-168-12-11:/home/hacker
文件(F) 编辑(E) 查看(V) 搜索(S) 终端(T) 标签(B) 帮助(H)
hacker@host-192-168-12-11:/home/hacker        hacker@host-192-168-12-11:/home/hacker
09:21:12.576055 IP 192.168.2.43.http > 192.168.12.99.49897: Flags [.], ack 1404, win 9718, length 0
09:21:12.576314 IP 192.168.12.99.49895 > 192.168.2.43.http: Flags [P.], seq 1392:1404, ack 1, win 516, length 12
: HTTP
09:21:12.577144 IP 192.168.2.43.http > 192.168.12.99.49895: Flags [.], ack 1404, win 9718, length 0
09:21:12.589969 IP 192.168.12.99.49898 > 192.168.2.43.http: Flags [P.], seq 1392:1404, ack 1, win 516, length 12
: HTTP
09:21:12.591070 IP 192.168.2.43.http > 192.168.12.99.49898: Flags [.], ack 1404, win 9718, length 0
09:21:12.592579 IP 192.168.12.99.49894 > 192.168.2.43.http: Flags [P.], seq 1392:1404, ack 1, win 516, length 12
: HTTP
09:21:12.593543 IP 192.168.2.43.http > 192.168.12.99.49894: Flags [.], ack 1404, win 9718, length 0
09:21:12.622624 IP 192.168.12.99.49903 > 192.168.2.43.http: Flags [P.], seq 1404:1416, ack 1, win 516, length 12
: HTTP
09:21:12.626506 IP 192.168.12.99.49902 > 192.168.2.43.http: Flags [P.], seq 1404:1416, ack 1, win 516, length 12
: HTTP
09:21:12.636952 IP 192.168.12.99.49901 > 192.168.2.43.http: Flags [P.], seq 1404:1416, ack 1, win 516, length 12
: HTTP
09:21:12.637477 IP 192.168.12.99.49899 > 192.168.2.43.http: Flags [P.], seq 1404:1416, ack 1, win 516, length 12
: HTTP
09:21:12.637631 IP 192.168.12.99.49895 > 192.168.2.43.http: Flags [P.], seq 1404:1416, ack 1, win 516, length 12
: HTTP
09:21:12.637836 IP 192.168.12.99.49896 > 192.168.2.43.http: Flags [P.], seq 1404:1416, ack 1, win 516, length 12
: HTTP
09:21:12.638135 IP 192.168.12.99.49897 > 192.168.2.43.http: Flags [P.], seq 1404:1416, ack 1, win 516, length 12
: HTTP
09:21:12.638419 IP 192.168.2.43.http > 192.168.12.99.49901: Flags [.], ack 1416, win 9718, length 0
09:21:12.638602 IP 192.168.2.43.http > 192.168.12.99.49899: Flags [.], ack 1416, win 9718, length 0
09:21:12.638751 IP 192.168.2.43.http > 192.168.12.99.49896: Flags [.], ack 1416, win 9718, length 0
09:21:12.638910 IP 192.168.12.99.49900 > 192.168.2.43.http: Flags [P.], seq 1404:1416, ack 1, win 516, length 12
: HTTP
09:21:12.639703 IP 192.168.2.43.http > 192.168.12.99.49900: Flags [.], ack 1416, win 9718, length 0
09:21:12.655674 IP 192.168.12.99.49894 > 192.168.2.43.http: Flags [P.], seq 1404:1416, ack 1, win 516, length 12
: HTTP
09:21:12.656704 IP 192.168.12.99.49898 > 192.168.2.43.http: Flags [P.], seq 1404:1416, ack 1, win 516, length 12
: HTTP
```

图 11-42 查看包内容

16. 教师任务十：封堵 DOS 攻击

教师通过 tcpdump 工具抓包，会发现大量的攻击流量从 192.168.12.99 过来。然后开启防护功能，将攻击 IP 拉黑，使用指令限制单个 IP 在 20 s 内最多被访问 5 次，如果超过 5 次就封禁，如图 11-43 所示。

```
[root@host-192-168-12-11 hacker]# iptables -F
[root@host-192-168-12-11 hacker]# iptables -I FORWARD -p tcp --dport 80 -m recent --name BAD_HTTP_ACCESS --updat
e --seconds 20 --hitcount 10 -j REJECT
[root@host-192-168-12-11 hacker]# iptables -I FORWARD 2 -p tcp --dport 80 -m recent --name BAD_HTTP_ACCESS --set
 -j ACCEPT
[root@host-192-168-12-11 hacker]# iptables -L
Chain INPUT (policy ACCEPT)
target     prot opt source               destination

Chain FORWARD (policy ACCEPT)
target     prot opt source               destination
REJECT     tcp  --  anywhere             anywhere             tcp dpt:http recent: UPDATE seconds: 20 hit_count:
 10 name: BAD_HTTP_ACCESS side: source mask: 255.255.255.255 reject-with icmp-port-unreachable
ACCEPT     tcp  --  anywhere             anywhere             tcp dpt:http recent: SET name: BAD_HTTP_ACCESS sid
e: source mask: 255.255.255.255

Chain OUTPUT (policy ACCEPT)
target     prot opt source               destination

Chain DOCKER (0 references)
target     prot opt source               destination

Chain DOCKER-ISOLATION-STAGE-1 (0 references)
target     prot opt source               destination

Chain DOCKER-ISOLATION-STAGE-2 (0 references)
target     prot opt source               destination

Chain DOCKER-USER (0 references)
target     prot opt source               destination
[root@host-192-168-12-11 hacker]#
```

图 11-43 设置封禁规则

教师使用 iptables -d 192.168.12.99 -I FORWARD -j DROP 指令，将 IP 拉入 iptables 的黑名单中，如图 11-44 所示。再次通过 tcpdump 观察流量，发现流量慢了许多，如图 11-45 所示。

```
target     prot opt source               destination
[root@host-192-168-12-11 hacker]# iptables -d 192.168.12.99 -I FORWARD -j DROP
[root@host-192-168-12-11 hacker]#
```

图 11-44　设置黑名单

```
hacker@host-192-168-12-11:/home/hacker
文件(F)  编辑(E)  查看(V)  搜索(S)  终端(T)  标签(B)  帮助(H)
hacker@host-192-168-12-11:/home/hacker        hacker@host-192-168-12-11:/home/hacker
09:27:18.458705 IP 192.168.12.99.50064 > 192.168.2.43.http: Flags [S], seq 1054136014, win 64240, options [mss 1
460,nop,wscale 8,nop,nop,sackOK], length 0
09:27:19.327022 IP 192.168.12.99.50065 > 192.168.2.43.http: Flags [S], seq 1274920677, win 64240, options [mss 1
460,nop,wscale 8,nop,nop,sackOK], length 0
09:27:19.327116 IP host-192-168-12-11 > 192.168.12.99: ICMP 192.168.2.43 tcp port http unreachable, length 60
09:27:22.646635 ARP, Request who-has host-192-168-12-11 (fa:16:3e:1d:3b:47 (oui Unknown)) tell 192.168.12.99, le
ngth 46
09:27:22.646666 ARP, Reply host-192-168-12-11 is-at fa:16:3e:1d:3b:47 (oui Unknown), length 28
09:27:23.912368 IP 192.168.12.99.50056 > 192.168.2.43.http: Flags [S], seq 2894496894, win 64240, options [mss 1
460,nop,wscale 8,nop,nop,sackOK], length 0
09:27:23.912464 IP host-192-168-12-11 > 192.168.12.99: ICMP 192.168.2.43 tcp port http unreachable, length 60
09:27:23.959069 IP 192.168.12.99.50057 > 192.168.2.43.http: Flags [S], seq 2322329887, win 64240, options [mss 1
460,nop,wscale 8,nop,nop,sackOK], length 0
09:27:23.959143 IP host-192-168-12-11 > 192.168.12.99: ICMP 192.168.2.43 tcp port http unreachable, length 60
09:27:24.161933 IP 192.168.12.99.50058 > 192.168.2.43.http: Flags [S], seq 1868800398, win 64240, options [mss 1
460,nop,wscale 8,nop,nop,sackOK], length 0
09:27:24.162009 IP host-192-168-12-11 > 192.168.12.99: ICMP 192.168.2.43 tcp port http unreachable, length 60
09:27:24.271383 IP 192.168.12.99.50061 > 192.168.2.43.http: Flags [S], seq 1713193459, win 64240, options [mss 1
460,nop,wscale 8,nop,nop,sackOK], length 0
09:27:24.271463 IP host-192-168-12-11 > 192.168.12.99: ICMP 192.168.2.43 tcp port http unreachable, length 60
09:27:24.412242 IP 192.168.12.99.50063 > 192.168.2.43.http: Flags [S], seq 3832266279, win 64240, options [mss 1
460,nop,wscale 8,nop,nop,sackOK], length 0
09:27:24.412362 IP host-192-168-12-11 > 192.168.12.99: ICMP 192.168.2.43 tcp port http unreachable, length 60
09:27:24.412636 IP 192.168.12.99.50059 > 192.168.2.43.http: Flags [S], seq 3660674704, win 64240, options [mss 1
460,nop,wscale 8,nop,nop,sackOK], length 0
09:27:24.412661 IP 192.168.12.99.50060 > 192.168.2.43.http: Flags [S], seq 1361701427, win 64240, options [mss 1
460,nop,wscale 8,nop,nop,sackOK], length 0
09:27:24.474584 IP 192.168.12.99.50062 > 192.168.2.43.http: Flags [S], seq 1327763842, win 64240, options [mss 1
460,nop,wscale 8,nop,nop,sackOK], length 0
09:27:24.474640 IP 192.168.12.99.50064 > 192.168.2.43.http: Flags [S], seq 1054136014, win 64240, options [mss 1
460,nop,wscale 8,nop,nop,sackOK], length 0
09:27:25.505546 IP 192.168.12.99.50065 > 192.168.2.43.http: Flags [S], seq 1274920677, win 64240, options [mss 1
460,nop,wscale 8,nop,nop,sackOK], length 0
09:27:25.505612 IP host-192-168-12-11 > 192.168.12.99: ICMP 192.168.2.43 tcp port http unreachable, length 60
```

图 11-45　查看流量

17. 学生任务七：验证封堵是否生效

学生在桌面上打开命令行窗口，使用 curl 192.168.2.43 指令请求网站，网站提示因超时无法访问，如图 11-46 所示。

```
:\Users\admin>curl 192.168.2.43
url: (7) Failed to connect to 192.168.2.43 port 80: Timed out

:\Users\admin>
```

图 11-46　封堵结果

18. 教师任务十一：开启 WAF 防护

教师登录 WAF 和 Web 服务器退出安全狗，因为安全狗属于终端软件，无法进行安全设备的串联。双击桌面上的【网站安全狗】，点击防护等级中的【中级】，具体如图 11-47 所示。修改安全防护等级为“高级”，点击【保存】，具体如图 11-48 所示。

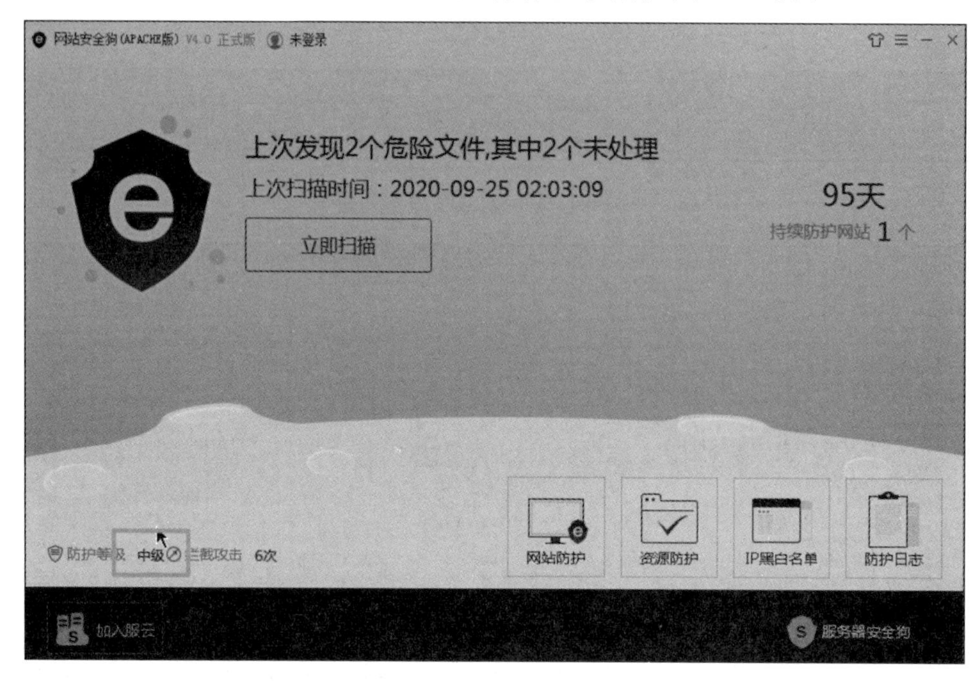

图 11-47 设置安全狗

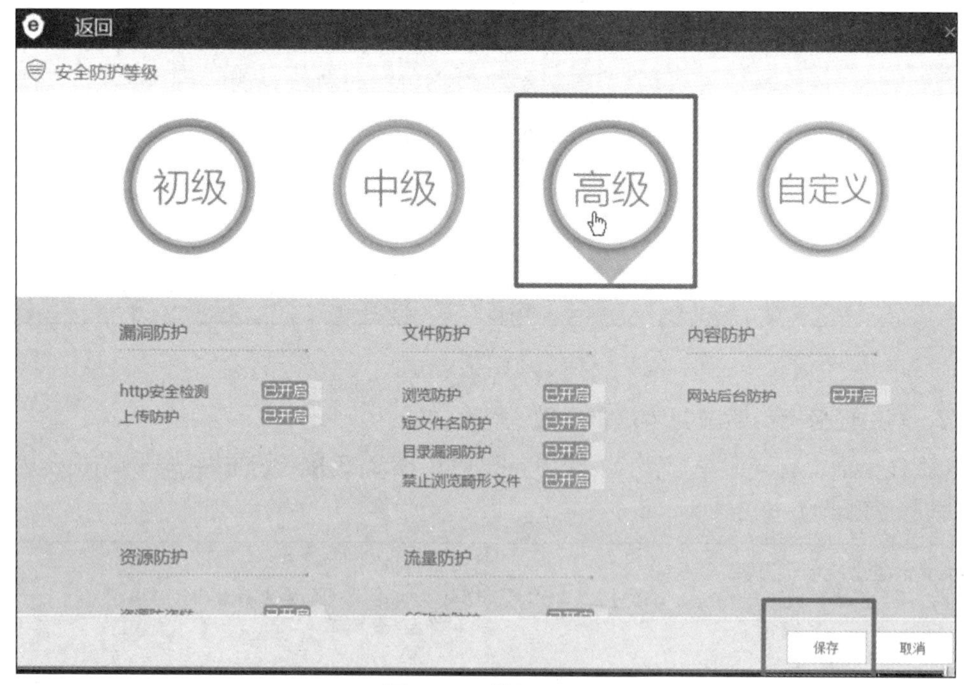

图 11-48 等级设置

由于虚拟防火墙已经将 Win7-攻击机的 IP 地址拉入黑名单中，故需要先将规则清除，然后再将新的规则写入。教师登录虚拟防火墙设备进行规则配置。因为安全狗属于 Web 层面的安全软件，无法拦截 DOS 攻击。使用 iptables -F 指令清除防火墙规则，使用指令限制单个 IP 在 20 s 内最多被访问 5 次，如果超过 5 次就封禁，如图 11-49 所示。

```
[root@host-192-168-12-11 hacker]# iptables -F
[root@host-192-168-12-11 hacker]# iptables -I FORWARD -p tcp --dport 80 -m recent --name BAD_HTTP_ACCESS --updat
e --seconds 20 --hitcount 10 -j REJECT
[root@host-192-168-12-11 hacker]# iptables -I FORWARD 2 -p tcp --dport 80 -m recent --name BAD_HTTP_ACCESS --set
 -j ACCEPT
[root@host-192-168-12-11 hacker]# iptables -L
Chain INPUT (policy ACCEPT)
target     prot opt source               destination

Chain FORWARD (policy ACCEPT)
target     prot opt source               destination
REJECT     tcp  --  anywhere             anywhere             tcp dpt:http recent: UPDATE seconds: 20 hit_count:
 10 name: BAD_HTTP_ACCESS side: source mask: 255.255.255.255 reject-with icmp-port-unreachable
ACCEPT     tcp  --  anywhere             anywhere             tcp dpt:http recent: SET name: BAD_HTTP_ACCESS sid
e: source mask: 255.255.255.255

Chain OUTPUT (policy ACCEPT)
target     prot opt source               destination

Chain DOCKER (0 references)
target     prot opt source               destination

Chain DOCKER-ISOLATION-STAGE-1 (0 references)
target     prot opt source               destination

Chain DOCKER-ISOLATION-STAGE-2 (0 references)
target     prot opt source               destination

Chain DOCKER-USER (0 references)
target     prot opt source               destination
```

图 11-49　规则设置

19. 教师任务十二：开启拟态网关防护

本实验步骤请参考教师任务七的具体操作。

20. 学生任务八：验证网关防护是否成功

学生登录 Win7-攻击机，在桌面上打开命令行窗口，使用 curl 192.168.2.43 指令请求 Web 服务器，服务器提示因超时无法访问，说明防护成功，如图 11-50 所示。

```
C:\Users\admin>curl 192.168.2.43
curl: (7) Failed to connect to 192.168.2.43 port 80: Timed out
```

图 11-50　防护成功

11.2.4　实验结果及分析

虚拟场景编排实践的操作步骤较多，本实验我们考察了拟态设备功能配置以及防御场景编排的能力。在实验中对不同设备进行组合，攻击者根据攻击链的各个步骤依次发起不同类型的攻击，验证了虚拟防火墙、拟态网关和 WAF 防护对不同攻击类型的防御效果。虚拟防火墙可以将一台防火墙在逻辑上划分成多台虚拟的防火墙，具有管理独立、表项独立、资源固定和流量隔离的优势。WAF 工作在应用层，用其对 Web 应用进行防护具有先天的技术优势。实验结果表明虚拟防火墙、拟态网关和 WAF 均能达到预期的防御效果。

第 12 章　防御技术对比实践

本章为综合实践，主要考察和锻炼学生对前期实验工具和方法的掌握和拓展运用情况。

12.1　针对 Web 服务器的攻击实践

本实验要求学生了解 SQL 注入原理和 XSS 原理，并熟练使用 Nmap、Burp Suite、Awvs 和 SQLmap 等工具。

12.1.1　实验内容

本实验场景中包含 Web 服务器和 Win7-攻击机，在 Web 服务器中使用 Phpstudy 搭建网站。由于 Phpstudy 中存在漏洞后门，所以攻击者通过对漏洞进行攻击，可以获取 Web 服务器的权限。

12.1.2　实验拓扑

实验拓扑图如图 12-1 所示，Web 服务器的 IP 地址为 192.168.1.87。默认网络用于接入 Win7-攻击机和 Web 服务器，Win7-攻击机用于对 Web 服务器进行攻击，同时在 Web 服务器中部署网站，用于验证防御效果或者攻击效果。

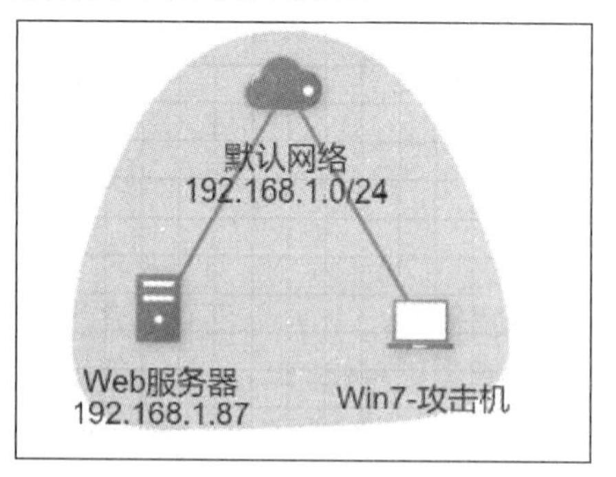

图 12-1　针对 Web 服务器攻击实验拓扑图

12.1.3　实验步骤

1. 学生任务一：查看 IP 地址

通过拓扑图可以查看到 Web 服务器的 IP 地址，注意每次启动场景时 IP 地址是变化的。

2. 学生任务二：端口扫描

学生登录 Win7-攻击机设备，使用桌面上的 Nmap 软件对 Web 服务器进行全端口扫描，在目标处输入 IP 地址，在配置处选择“Intense scan,all tcp port”，在命令处输入“nmap -p 1-65535 -T4 -A -v 192.168.1.87”指令。配置完成之后点击【扫描】按钮。扫描完成后，点击【端口/主机】查看扫描结果，通过扫描结果可知，Web 服务器的操作系统为 Windows，如图 12-2 所示。

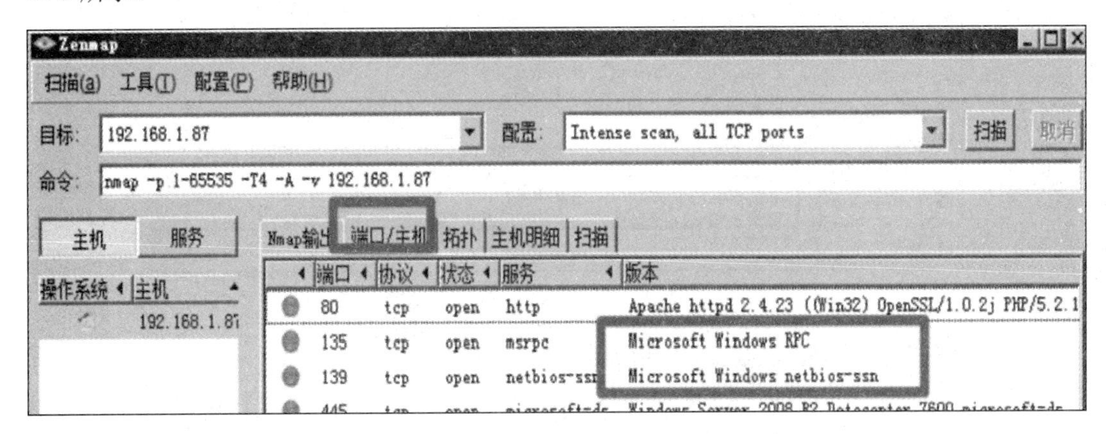

图 12-2 Nmap 软件对端口扫描示意图

3. 学生任务三：目录扫描

学生打开桌面上的“目录扫描”，填写相应的信息，在扫描目标处输入 Web 服务器的 IP 地址。字典类型为 PHP，显示结果选择 200、3XX、403。点击【开始】按钮进行扫描，扫描结果如图 12-3 所示。

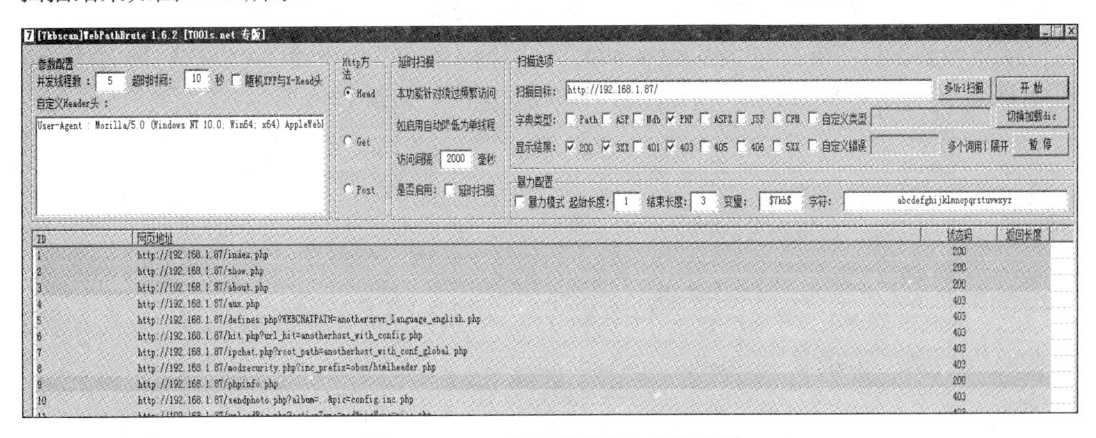

图 12-3 Web 服务器目录扫描示意图

4. 学生任务四：AWVS 扫描

学生使用桌面上的 Google Chrome 浏览器尝试访问 http://192.168.1.87 中的 80 端口。使用 AWVS 进行漏洞扫描，点击桌面上的 Acunetix，账号为 admin@qq.com/，密码为 qq123456。登录后台之后，添加目标 IP，点击右上角的【Save】。完成之后开始扫描，并未发现漏洞，返回的信息只有 Server 版本和操作系统类型，如图 12-4 所示。

图 12-4　Acunetix 扫描示意图

5. 学生任务五：SQL 注入漏洞利用

学生访问 http://192.168.1.87/information.php，然后在 url 中传入一个 ID 参数，网站返回 SQL 错误，如图 12-5 所示。

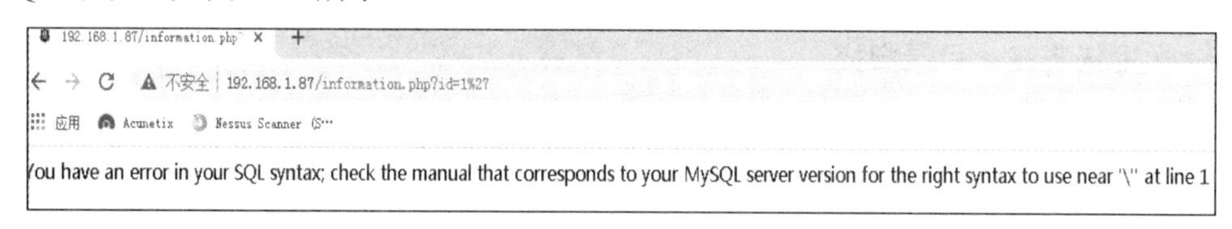

图 12-5　SQL 错误示意图

打开 cmd 窗口，输入 sqlmap.py -u http://192.168.1.87/information.php?id=1 –batch 指令，通过 SQL 注入漏洞利用工具成功探测出网站存在漏洞，如图 12-6 所示。

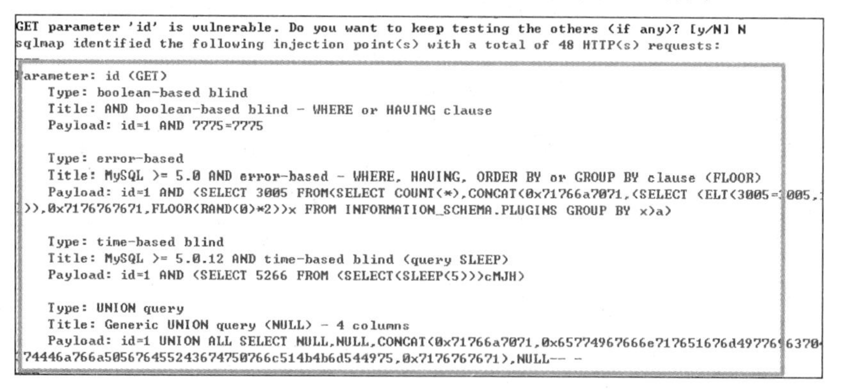

图 12-6　成功探测漏洞示意图

6. 学生任务六：XSS 漏洞利用

学生在 Google Chrome 浏览器中访问 http://192.168.1.87/about.php 网址，在弹出的输入框中输入 aaa，点击【确定】。右键选择查看网页源代码，发现 aaa 出现在网页源代码最底部，在输入框中输入 js 语句，成功弹窗，如图 12-7 所示。

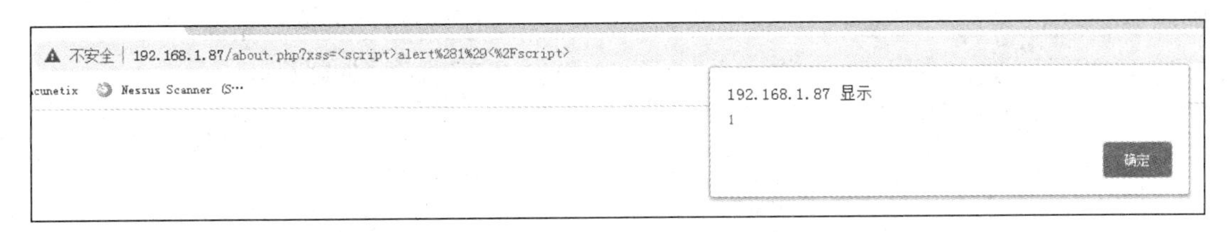

图 12-7　弹窗成功示意图

7. 学生任务七：命令执行漏洞利用

学生使用 Burp Suite 进行抓包，双击桌面上的 Burp Suite 工具。首先点击“Loader Command”后面的【Run】，然后点击【Start Burp】，成功启动 Burp Suite。进一步选择“Proxy”模块，点击 Proxy 上的“Inrerceptison”，开启 Burp Suite 进行抓包。首先设置浏览器代理，选择代理列表中的【Burp Suite】，如图 12-8 所示。

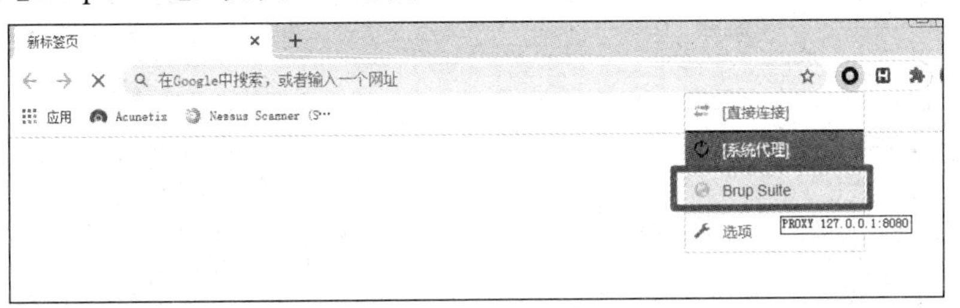

图 12-8　设置服务器代理示意图

接着学生输入 Web 服务器的 IP 地址，在 Burp Suite 的“Proxy”模块中选择“HTTP history”，查看历史请求。在谷歌浏览器中设置代理后，在“HTTP history”中可以看到所有请求。通过响应结果可知服务器版本为 Apache/2.4.23(Win32)OpenSSL/1.0.2jPHP/5.2.17，如图 12-9 所示。

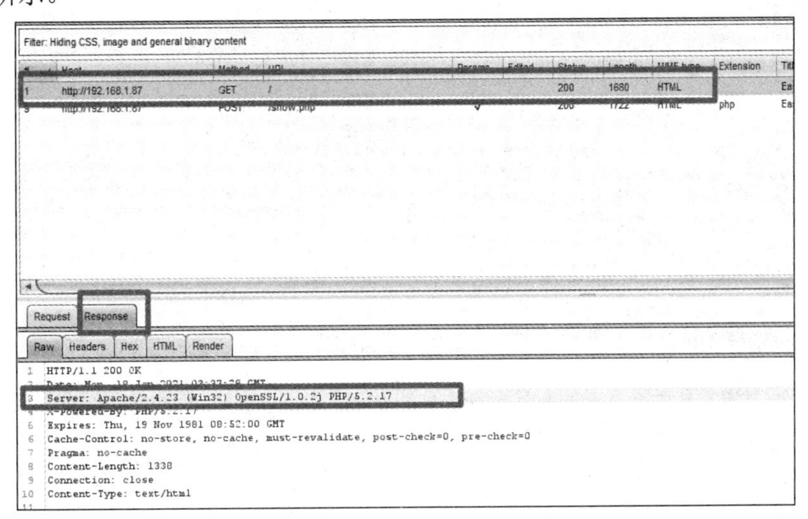

图 12-9　响应结果示意图

随后在数据包上右键选择“Send to repeater”，将数据包发送到“repeater”模块。整理一下现在已知的信息，操作系统为 Windows，服务器信息为 Apache/2.4.23(Win32)OpenSSL/1.0.2jPHP/5.2.17。通过以上信息，猜测 Web 服务器可能使用 Phpstudy 搭建的网站，而且使用的 php5.2.17 可能存在漏洞，尝试使用 phpstudy-exp 对漏洞进行攻击，如图 12-10 所示。按图 12-10 所示输入 payload 信息。Webshell 加密前的信息如图 12-11 所示。

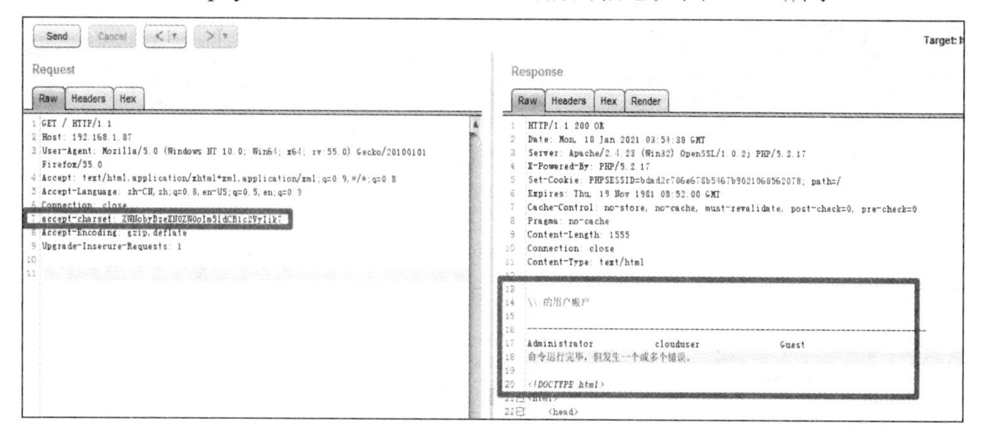

图 12-10 repeater 模块对数据包反馈

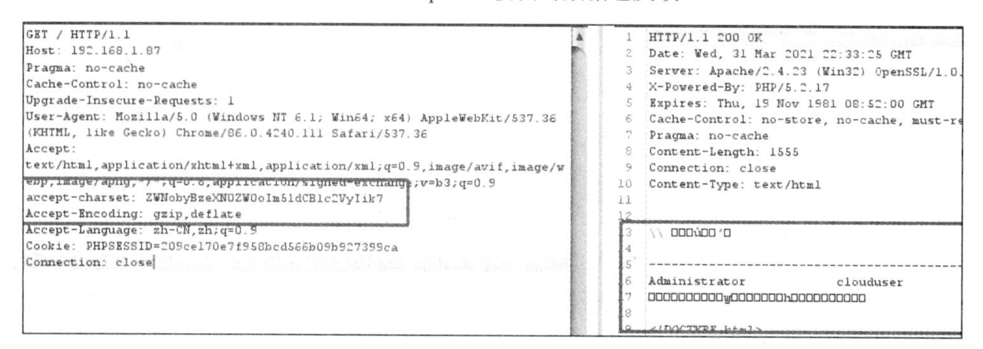

图 12-11 Webshell 加密前的示意图

打开桌面上的 phpstudy-exp 工具，修改 Accept-charset 的参数为 Base64 编码。将 payload 加密成 Base64 编码，尝试写入 Webshell，如图 12-12 所示。

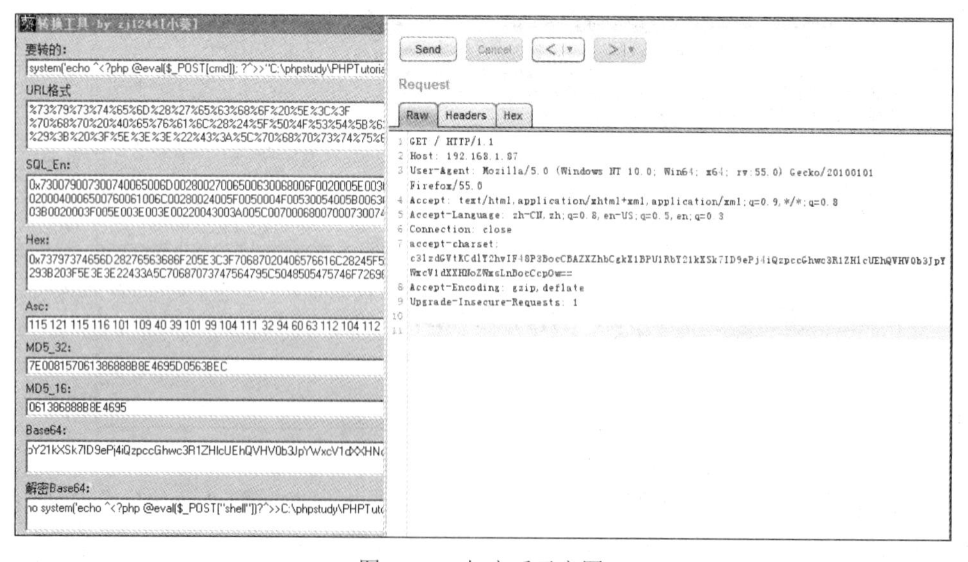

图 12-12 加密后示意图

学生点击桌面上的“菜单”，打开之后输入 url(http://192.168.1.87/shell.php)和连接密码，密码为 cmd，输入完成后点击【添加】。双击刚刚添加的数据，成功获取 Web 服务器权限，寻找数据库连接串，在 index.php 页面中存在数据库用户名和密码，如图 12-13 所示。

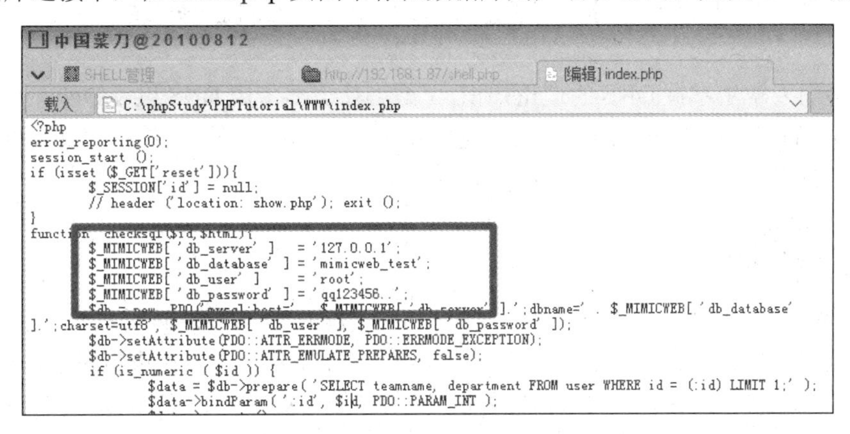

图 12-13　获取数据库用户名和密码

在 Webshell 中右键选择虚拟终端，输入 who am i，查看当前权限，然后输入 net user admin qq123 /add 指令新增用户，接着使用 net localgroup administerators admin /add 指令将用户添加到 administrators 组中。使用远程桌面，连接 Web 服务器，输入 Web 服务器的 IP 地址，输入刚刚添加的用户名和密码，成功连接到服务器，如图 12-14 所示。

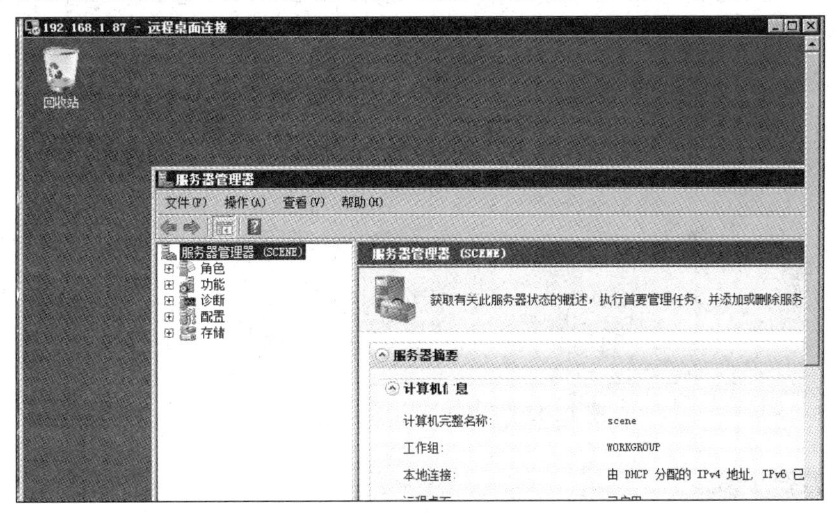

图 12-14　服务器连接

12.1.4　实验结果及分析

本实验是基于 Phpstudy 存在漏洞后门的情况下，攻击者通过该漏洞获取 Web 服务器的权限。Phpstudy 是国内一款免费的 PHP 调试环境集成包，该软件被恶意者攻击，注入后门，通过远程控制来抓取账号密码等信息并传到固定服务器上。

本实验首先要进行端口、目录和 AWVS 扫描，接下来进行 SQL 注入漏洞、XSS 漏洞和命令执行漏洞实验，成功探测到系统使用的操作系统和数据库的用户名与密码，以此来达到通过漏洞获取Web服务器权限的效果。

12.2 针对虚拟DNS的攻击实践

本实验需要学生掌握DNS的理论知识，了解为什么要使用DNS以及DNS的工作原理，并清楚DNS的正向解析与反向解析的区别。要求学生熟练掌握DNS在Linux和Windows下的解析工具以及Ettercap和NSLOOKUP的使用。

12.2.1 实验内容

本实验场景中包含了Kali-攻击机、DNS-PC和DNS服务器，该场景考察了拟态DNS缓存投毒能力。场景分为虚拟DNS和拟态DNS，虚拟DNS主要在虚拟机中搭建DNS服务，拟态DNS主要由裁决器和执行体组成，场景中分别对虚拟DNS和拟态DNS投毒，并对比攻击结果。

12.2.2 实验拓扑

本实验拓扑图如图12-15所示。默认网络用于接入DNS服务器、DNS-PC和Kali-攻击机，DNS服务器用于虚拟DNS服务器和Web服务器，DNS-PC主机用于验证虚拟DNS攻击效果，Kali-攻击机用于对虚拟DNS进行攻击。

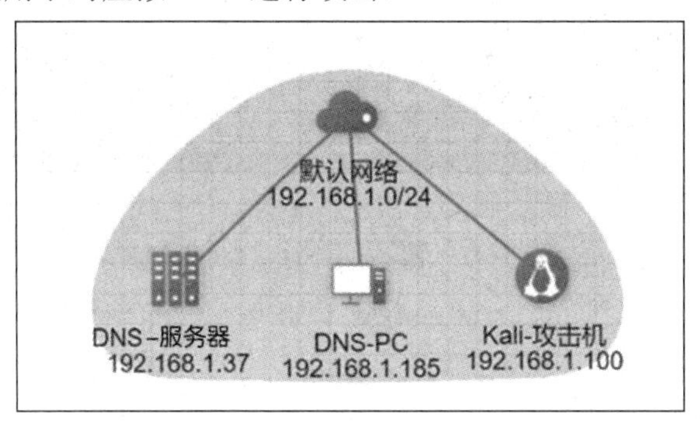

图12-15 针对虚拟DNS的攻击实验

12.2.3 实验步骤

1. DNS基本使用方法

DNS主要用来进行正向解析和反向解析。正向解析指根据计算机的DNS名称(即域名)解析出相应的IP地址，而反向解析指根据计算机的IP地址解析其DNS名称，多用来为服务器进行身份验证。因为大部分DNS解析都是正向解析，所以这里主要介绍新增DNS正向解析的基本使用方法。

学生登录DNS服务器，打开桌面上的DNS，点击左侧的DNS服务器，接着点击右侧新建区域，输入区域名称，接下来选择“不允许动态更新”。随后进入cmd窗口，输入ipconfig可以查看IPv4地址。最后点击“添加主机”，弹出添加主机成功提示窗。

2. DNS 缓存投毒

1) 学生任务一：配置缓存投毒工具

学生登录 Kali-攻击机，在桌面上打开终端，在命令行中输入 IPa，查看本机 IP 地址，在命令行输入 vim /etc/wttercap/etter.dns 指令对 enter.dns 文件进行编辑。在 etter.dns 中新增解析记录。图 12-16 中的 IP 地址为 Kali-攻击机的 IP 地址。

```
61 microsoft.com       A    107.170.40.56 1800
62 *.microsoft.com     A    107.170.40.56 3600
63 www.microsoft.com   PTR  107.170.40.56        # Wildcards in PTR are not allowed
64 *          A        192.168.1.100
65 ##########################################
66 # no one out there can have our domains...
```

图 12-16　场景 IP 示意图

2) 学生任务二：测试域名解析

学生登录 DNS-PC，在桌面上打开命令窗口，使用 nslookup www.xctf.com 指令进行 IP 地址解析，测试解析是否正常。

3) 学生任务三：对 DNS 服务器进行攻击

学生输入 ettercap -i eth0 -Tq -P dns_spoof -M arp /192.168.1.37//指令对虚拟 DNS 服务器进行攻击，其中虚拟 DNS 服务器的 IP 地址为 192.168.1.37。

4) 学生任务四：验证是否攻击成功

学生登录 DNS-PC，使用桌面上的 Google Chrome 浏览器访问 www.baidu.com，测试是否跳转到 Web 服务器的网站，如图 12-17 所示。在浏览器中输入任意域名都会跳转到 Web 服务器的网站，此时使用 nslookupwww.xctf.com 指令发现增加了一个域名解析记录。

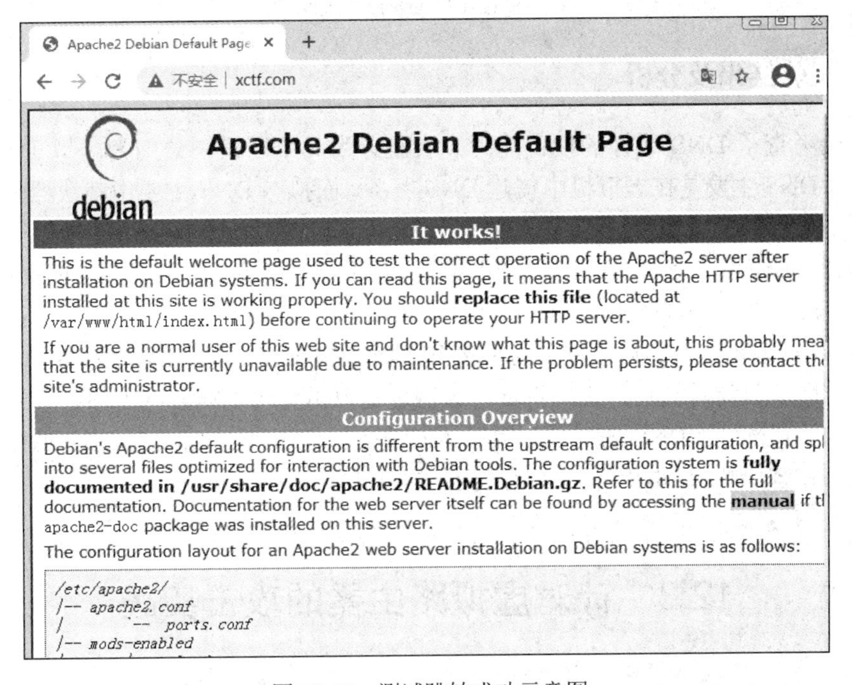

图 12-17　测试跳转成功示意图

3. DNS 劫持

1) 学生任务五：对 PC 机进行攻击

学生登录 Kali-攻击机，在终端界面输入 ettercap -i eth0 -Tq -P dns_spoof -M arp /192.168.1.185//指令对 DNS-PC 进行攻击。

2) 学生任务六、验证攻击是否攻击成功

学生登录 DNS-PC，在桌面上打开命令行窗口，输入 arp -a 指令，发现内网中的 IP 地址的 Mac 地址都变成了攻击主机的 Mac 地址。接下来使用桌面上的 Google Chrome 浏览器访问任意域名，都会跳转到攻击主机中搭建的网站上，如图 12-17 所示。

3) 学生任务七、还原相关配置，验证是否正常还原

学生登录 Kali-攻击机，首先停止 ettercap 服务，接着按 Ctrl + C 键，登录 DNS-PC，再次使用 arp-a 查看 arp 缓存表，如图 12-18 所示。

```
C:\Users\Administrator\Desktop>arp -a

接口: 192.168.1.185 --- 0xb
  Internet 地址         物理地址              类型
  169.254.169.254       fa-16-3e-45-1b-78     动态
  192.168.1.1           fa-16-3e-43-31-8a     动态
  192.168.1.37          fa-16-3e-43-31-8a     动态
  192.168.1.100         fa-16-3e-43-31-8a     动态
  192.168.1.254         fa-16-3e-43-31-8a     动态
  192.168.1.255         ff-ff-ff-ff-ff-ff     静态
  224.0.0.22            01-00-5e-00-00-16     静态
  224.0.0.251           01-00-5e-00-00-fb     静态
  224.0.0.252           01-00-5e-00-00-fc     静态
  239.255.255.250       01-00-5e-7f-ff-fa     静态
```

图 12-18 arp 缓存表

12.2.4 实验结果及分析

本实验考查了 DNS 缓存的投毒能力。实验分为两个场景，分别为虚拟 DNS 和拟态 DNS。虚拟 DNS 主要是在虚拟机中搭建 DNS 服务，而拟态 DNS 主要由裁决器和执行体组成。场景中分别对虚拟 DNS 投毒、对拟态 DNS 投毒，最后对两种攻击结果进行比较。

DNS 缓存投毒是一种中间人攻击形式，它是攻击者冒充域名服务器的一种欺骗行为，主要用于向主机提供错误 DNS 信息，当用户尝试浏览网页时，例如 IP 地址为 XXX.XX.XX.XX，网址为 www.xx.com，而实际上登录的真实 IP 地址为 YYY.YY.YY.YY 上的 www.xx.com 网址，用户上网就只能看到攻击者的主页，该网址是攻击者用以窃取网上银行登录证书以及账号信息的假冒网址。DNS 劫持是利用了 ARP 欺骗原理，攻击机通过 ARP 欺骗伪装成缓存服务器，将客户端的 DNS 请求返回到指定的 IP 地址。

12.3 针对虚拟路由器的攻击实践

本实验需要学生熟练使用的工具包括 Nmap、Nessus、超级弱口令爆破工具和 Wireshark。

12.3.1　实验内容

本实验场景中包含了路由器、Win7-攻击机、两个 Win7 主机和监听主机，场景中主要对路由器进行攻击，首先通过 Win7-攻击机对路由器进行端口扫描漏洞利用，然后进一步篡改路由器中的信息，导致跨网段主机无法正常通信。

12.3.2　实验拓扑

本实验拓扑如图 12-19 所示。攻击网络用于接入 Win7-攻击机；业务网络和办公网络用于接入 Win7-1 和 Win7-2 主机，进一步验证虚拟路由器的防御效果；监听网络用于接入监听主机。Win7-攻击机用于对路由器进行攻击，业务网络中的 Win7-1 主机用于验证攻击效果，办公网络中的 Win7-2 主机用于在服务器中部署网站，监听主机用于获取内网中的流量。

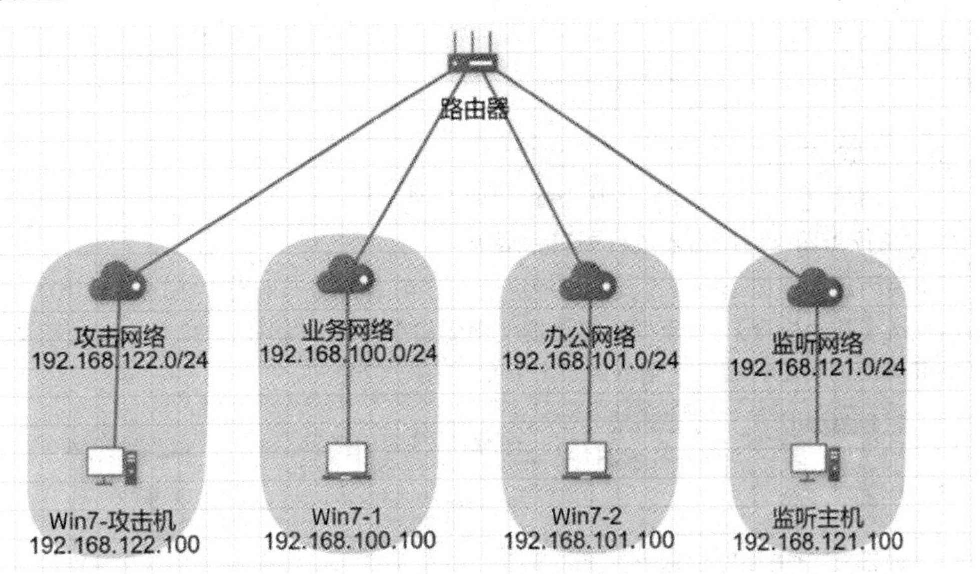

图 12-19　针对虚拟路由器攻击实验

12.3.3　实验步骤

1. 学生任务一：验证路由器后的业务是否正常

学生登录业务网络中的 Win7-1 主机，使用桌面上的 Firefox 浏览器，访问办公网络中的 Win7-2 主机上搭建的网站，验证不同网段之间能否正常通信。

2. 学生任务二：对路由器进行扫描

学生登录 Win7-攻击机，使用桌面上的 Nmap 工具对路由器进行扫描，在目标处输入路由器的 IP 地址，配置选择“Intense scan, all TCP ports”。扫描完成后点击【端口/主机】，通过扫描结果可知路由器中开放了 22、23、179 端口，如图 12-20 所示。

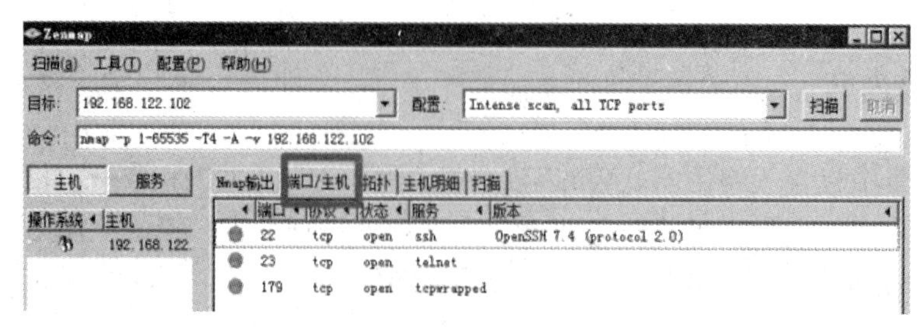

图 12-20　Nmap 对端口扫描示意图

3. 学生任务三：使用 Nessus 对路由器进行扫描

学生双击桌面上的“Nessus Web Client”，输入用户名 admin，密码 qq123456。点击“New Scan”，选择“host discovery”，输入名称和目标，目标为路由器的 IP 地址。点击【保存】之后开始扫描，如图 12-21 所示。扫描完成后查看扫描结果，未发现漏洞。

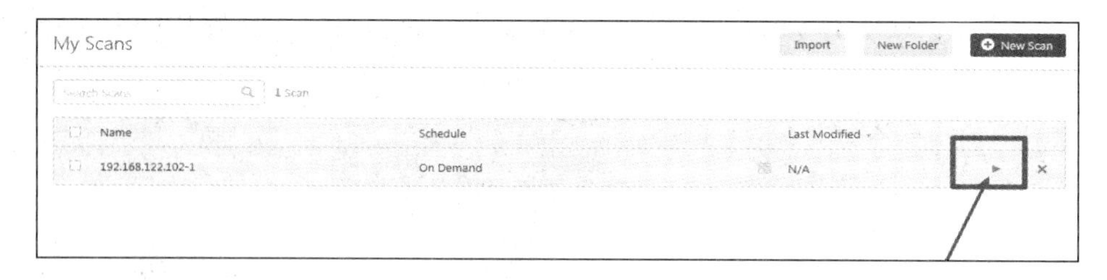

图 12-21　Nessus Web Client 扫描主机

4. 学生任务四：对路由器进行弱口令爆破

学生使用超级弱口令检查工具，选择协议为 SSH，目标地址为 192.168.122.102，设置完成后点击【开始检查】。检查发现路由器使用弱口令密码，如图 12-22 所示。使用桌面上的 Xshell 对路由器进行连接，输入用户名 root，密码 123456。

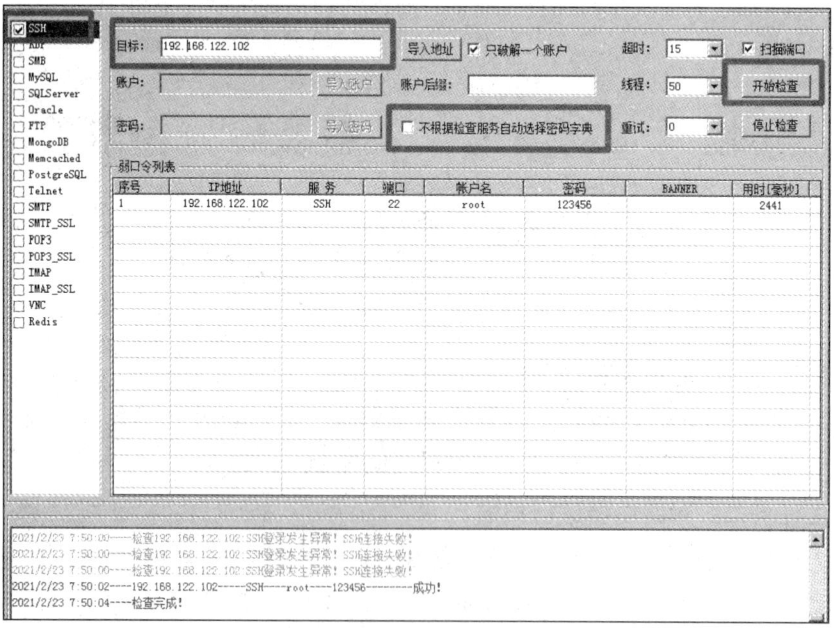

图 12-22　路由器弱口令爆破

5. 学生任务五：对路由器进行攻击

学生使用“history”指令来查看历史指令，猜测该系统可能使用的是 frr 虚拟路由器。使用 vtysh 指令进入路由器配置模式，使用 show interace 指令查看所有端口信息，如图 12-23 所示。

```
[root@centos-x86_64-frr ~]# vtysh

Hello, this is FRRouting (version 3.0.2-bdCentOS7-gbaa2e7c-dirty).
Copyright 1996-2005 Kunihiro Ishiguro, et al.

This is a git build of baa2e7c-dirty
Associated branch(es):
        local:bd-NOTIFY

centos-x86_64-frr# show interface
Interface eth0 is up, line protocol is up
  Link ups:       1    last: 2021/02/23 02:25:10.91
  Link downs:     0    last: (never)
  PTM status: disabled
  vrf: Default-IP-Routing-Table
  index 2 metric 0 mtu 1400 speed 0
  flags: <UP,BROADCAST,RUNNING,MULTICAST>
  Type: Ethernet
  HWaddr: fa:16:3e:f9:f9:df
  inet 192.168.122.102/24 broadcast 192.168.122.255
```

图 12-23　路由器配置模式

利用 Win7-攻击机对业务网络和办公网络进行攻击，通过查看端口信息发现业务网络对应的端口是 eth1。使用“enable”指令进入特权模式，使用“interface eth1”指令进入全局配置模式，删除端口信息，然后保存并退出。接着使用“show interface eth1”指令再次查看 eth1 的端口信息，如图 12-24 所示。

```
centos-x86_64-frr# show interface eth1
Interface eth1 is up, line protocol is up
  Link ups:       1    last: 2021/02/23 03:34:03.19
  Link downs:     0    last: (never)
  PTM status: disabled
  vrf: Default-IP-Routing-Table
  index 3 metric 0 mtu 1500 speed 0
  flags: <UP,BROADCAST,RUNNING,MULTICAST>
  Type: Ethernet
  HWaddr: fa:16:3e:81:5f:91
centos-x86_64-frr# 
```

图 12-24　eth1 端口信息

6. 学生任务六：验证篡改是否成功

学生登录业务网络中的 Win7-1 主机，在桌面上打开命令窗口，使用 ping 192.168.101.100 指令进行通信测试。测试后发现业务网络与办公网络无法通信，说明篡改成功。

7. 学生任务七：查看局域网中的流量

学生登录监听主机，打开桌面上的 Wireshark 工具，获取局域网中的流量，双击选择“本地连接 2”，如图 12-25 所示。进一步查看局域网中的流量信息，如图 12-26 所示。

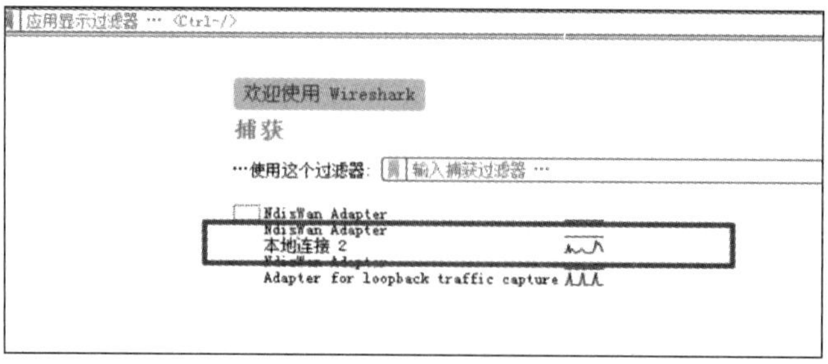

应用显示过滤器 … <Ctrl-/>

欢迎使用 Wireshark

捕获

…使用这个过滤器: 输入捕获过滤器 …

NdisWan Adapter
NdisWan Adapter
本地连接 2
NdisWan Adapter
Adapter for loopback traffic capture

图 12-25 本地连接 2

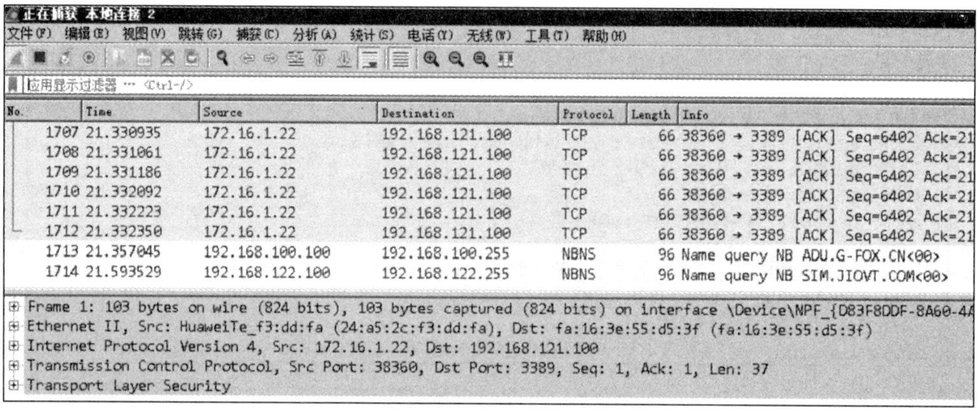

正在捕获 本地连接 2

文件(F) 编辑(E) 视图(V) 跳转(G) 捕获(C) 分析(A) 统计(S) 电话(Y) 无线(W) 工具(T) 帮助(H)

应用显示过滤器 … <Ctrl-/>

No.	Time	Source	Destination	Protocol	Length	Info
1707	21.330935	172.16.1.22	192.168.121.100	TCP	66	38360 → 3389 [ACK] Seq=6402 Ack=21
1708	21.331061	172.16.1.22	192.168.121.100	TCP	66	38360 → 3389 [ACK] Seq=6402 Ack=21
1709	21.331186	172.16.1.22	192.168.121.100	TCP	66	38360 → 3389 [ACK] Seq=6402 Ack=21
1710	21.332092	172.16.1.22	192.168.121.100	TCP	66	38360 → 3389 [ACK] Seq=6402 Ack=21
1711	21.332223	172.16.1.22	192.168.121.100	TCP	66	38360 → 3389 [ACK] Seq=6402 Ack=21
1712	21.332350	172.16.1.22	192.168.121.100	TCP	66	38360 → 3389 [ACK] Seq=6402 Ack=21
1713	21.357045	192.168.100.100	192.168.100.255	NBNS	96	Name query NB ADU.G-FOX.CN<00>
1714	21.593529	192.168.122.100	192.168.122.255	NBNS	96	Name query NB SIM.JIOVT.COM<00>

Frame 1: 103 bytes on wire (824 bits), 103 bytes captured (824 bits) on interface \Device\NPF_{D83F8DDF-8A60-4A
Ethernet II, Src: HuaweiTe_f3:dd:fa (24:a5:2c:f3:dd:fa), Dst: fa:16:3e:55:d5:3f (fa:16:3e:55:d5:3f)
Internet Protocol Version 4, Src: 172.16.1.22, Dst: 192.168.121.100
Transmission Control Protocol, Src Port: 38360, Dst Port: 3389, Seq: 1, Ack: 1, Len: 37
Transport Layer Security

图 12-26 用 Wireshark 获取局域网流量

若要获取 icmp 流量，在端口处输入 icmp，如图 12-27 所示。如果需要获取局域网中的 http 流量，将 icmp 修改为 http 即可。

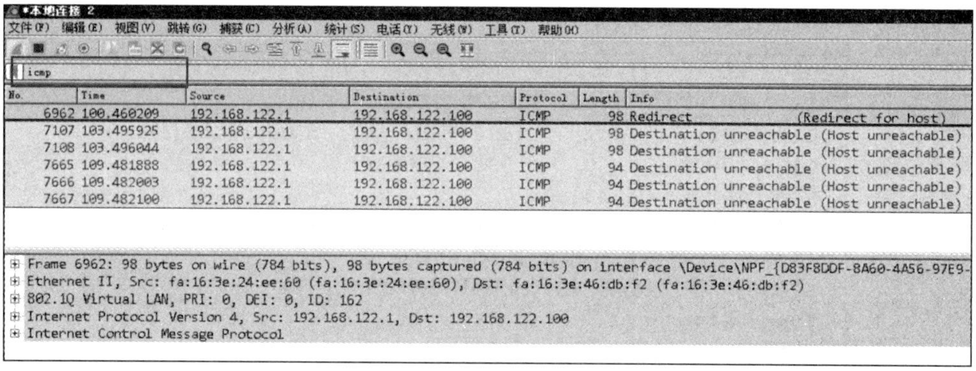

*本地连接 2

文件(F) 编辑(E) 视图(V) 跳转(G) 捕获(C) 分析(A) 统计(S) 电话(Y) 无线(W) 工具(T) 帮助(H)

icmp

No.	Time	Source	Destination	Protocol	Length	Info
6962	100.460209	192.168.122.1	192.168.122.100	ICMP	98	Redirect (Redirect for host)
7107	103.495925	192.168.122.1	192.168.122.100	ICMP	98	Destination unreachable (Host unreachable)
7108	103.496044	192.168.122.1	192.168.122.100	ICMP	98	Destination unreachable (Host unreachable)
7665	109.481888	192.168.122.1	192.168.122.100	ICMP	94	Destination unreachable (Host unreachable)
7666	109.482003	192.168.122.1	192.168.122.100	ICMP	94	Destination unreachable (Host unreachable)
7667	109.482100	192.168.122.1	192.168.122.100	ICMP	94	Destination unreachable (Host unreachable)

Frame 6962: 98 bytes on wire (784 bits), 98 bytes captured (784 bits) on interface \Device\NPF_{D83F8DDF-8A60-4A56-97E9-
Ethernet II, Src: fa:16:3e:24:ee:60 (fa:16:3e:24:ee:60), Dst: fa:16:3e:46:db:f2 (fa:16:3e:46:db:f2)
802.1Q Virtual LAN, PRI: 0, DEI: 0, ID: 162
Internet Protocol Version 4, Src: 192.168.122.1, Dst: 192.168.122.100
Internet Control Message Protocol

图 12-27 用 Wireshark 获取 icmp 流量

12.3.4 实验结果及分析

本实验主要是对路由器进行攻击，首先通过 Win7-攻击机对路由器进行端口扫描漏洞利用，接着进一步篡改路由器中的信息，以达到跨网段无法通信的效果。

本实验中需要学生掌握的软件是 FRRouting，它是一个路由软件套件。与 Quagga 软件一样，FRRouting 为类 Unix 平台提供了所有路由协议的实现，例如 OSPF、路由信息协议(Routing Information Protocol，RIP)、边界网关协议(Border Gateway Protocol，BGP)和中间系统到中间系统(Intermediate System-to-Intermediate System，IS-IS)协议。

12.4　基于虚拟防火墙的 Web 服务器与基于动态 IP 的 Web 服务器攻防对比实践

在本实验中学生需要掌握的基础知识有虚拟 WAF、移动目标防御和 IP 动态跳变，学生需要熟练掌握 Nmap 工具的使用。

12.4.1　实验内容

本实验场景中包含了两个场景，分别为虚拟防火墙 + Web 服务器子场景和移动目标防御体系 + Web 服务器子场景。虚拟防火墙 + Web 服务器子场景包含两台主机，一台部署了 CSF 防火墙，一台用来作为 Win7-攻击机。移动目标防御体系 + Web 服务器子场景中包含了移动防御目标设备、业务网络、管理网络。管理者使用移动目标防御体系管理业务网络，通过对移动目标防御体系的内部参数进行调整，大大增加了攻击者攻击的难度。本实验将分别对两个子场景中的 Web 服务器进行攻击，然后对比虚拟防火墙和移动目标防御设备的防御效果。

12.4.2　实验拓扑

实验拓扑图如图 12-28 所示。其中，管理网络用于接入 Win7-管理机，业务网络用于接入 Win7-攻击机和 Web 服务器。Win7-管理机用于老师管理移动目标防御设备，对移动目标防御设备进行后台参数调整，Win7-攻击机用于对移动目标防御下的业务网络进行攻击。在移动目标防御体系 + Web 服务器子场景中部署网站，用于验证移动目标防御设备的防御效果，在虚拟防火墙 + Web 服务器子场景中部署网站和 CSF 防火墙，用于验证虚拟防火墙的防御效果。

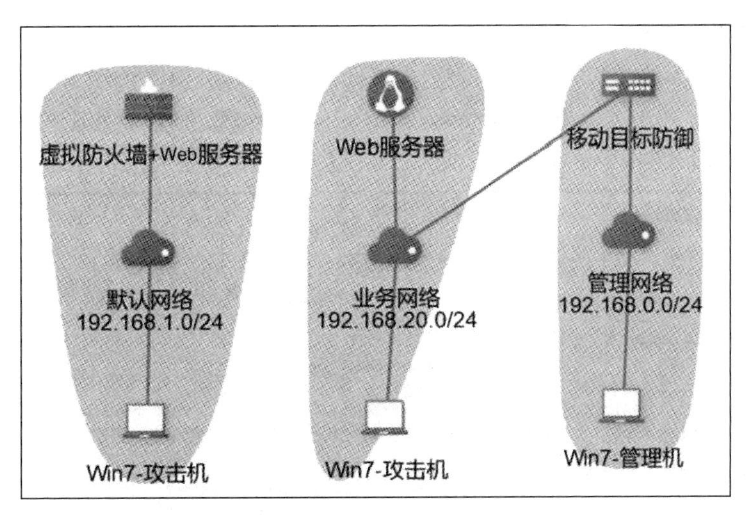

图 12-28　虚拟防火墙 + Web 服务器与动态 IP + Web 服务器——黑盒测试实验

12.4.3 实验步骤

1. 学生任务一：设置防火墙规则

学生首先登录虚拟防火墙，用户名为 hacker，密码为 hacker。使用 perl /usr/local/csf/bin/csftest.pl 指令查看防火墙是否正确执行。启动 CSF 后，使用 vi /etc/csf/csf.conf 指令修改防火墙规则，设置防火墙仅开放 80 端口，如图 12-29 所示。关闭 DDOS 防护，注释掉第 562 行代码，如图 12-30 所示。

```
135 # This option should be set to "1" in all other circumstances
136 LF_SPI = "1"
137
138 # Allow incoming TCP ports
139 TCP_IN = "80"
140
141 # Allow outgoing TCP ports
142 TCP_OUT = "80"
143
144 # Allow incoming UDP ports
145 UDP_IN = "20,21,53"
146
```

图 12-29 修改防火墙规则

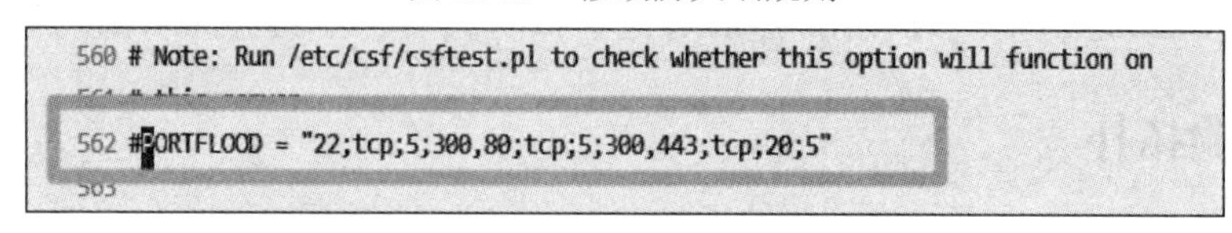

图 12-30 关闭 DDOS 防护

2. 学生任务二：重启防火墙

学生使用 Windows + R 进入命令控制界面，使用 csf -r 指令重启防火墙。

3. 学生任务三：查看防火墙 IP 地址

学生点击左上角的【终端】按钮，使用 ipconfi 指令查看 ens3 的 IP 地址。

4. 学生任务四：端口扫描

学生登录 Win7-攻击机，使用桌面上的 Nmap 软件对虚拟防火墙进行端口扫描，在目标处输入 IP 地址，在配置处选择“Intense scan, all tcp port”，在命令处输入 nmap -p 1-65535 -T4 -A -v 192.168.1.57 指令。配置完成之后点击【扫描】，如图 12-31 所示。

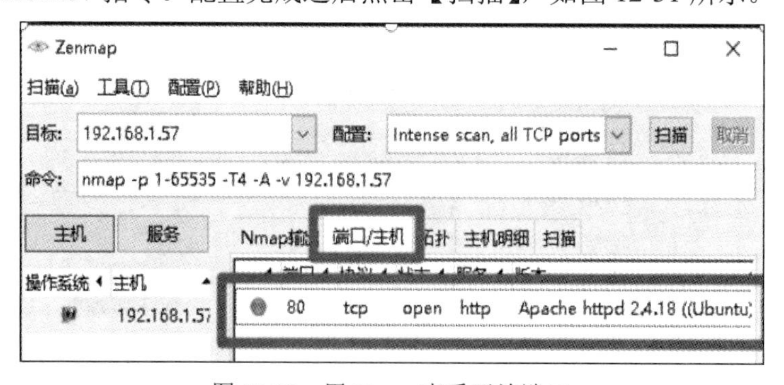

图 12-31 用 Nmap 查看开放端口

5. 学生任务五：漏洞利用

学生使用桌面上的 Google Chrome 浏览器访问 http://192.168.1.57 网站，用户名为 root，密码为 123456。登录完成后，获取 phpmyadmin 版本(为 4.8.1)，学生可以自行百度漏洞产生的原理，尝试进行漏洞利用，最后获取/etc/passwd 中的内容，如图 12-32 所示。

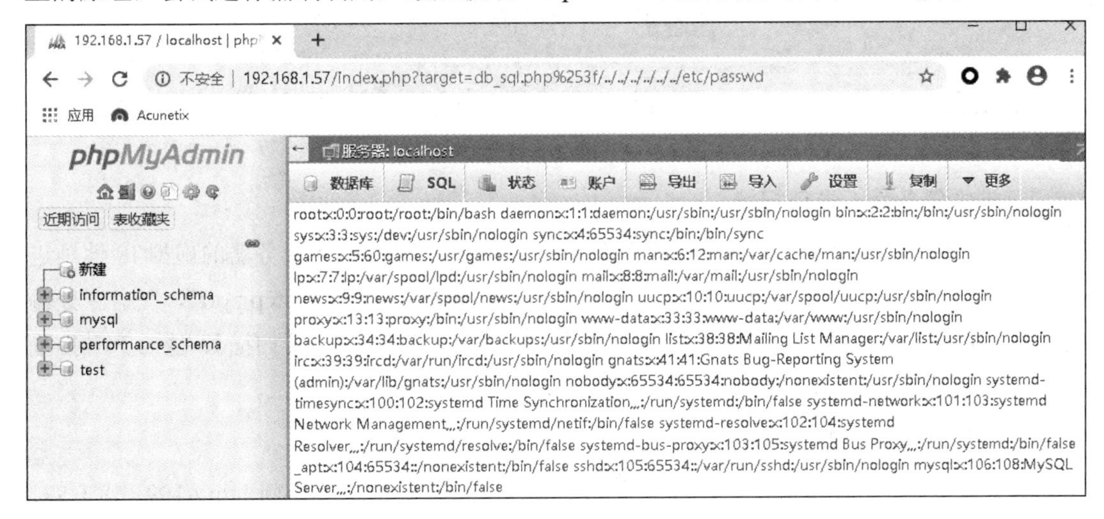

图 12-32　漏洞利用获取 passwd

6. 教师任务一：查看 Web 服务器 IP 地址

教师首先登录 Web 服务器，用户名为 root，密码为 123456。然后使用 ipconfig 指令查看 IP 地址，接着使用 ping 192.168.3.1 指令观察主机情况，防止主机掉线。

7. 教师任务二：查看虚拟 IP 地址

教师登录 Win7-管理机，使用桌面上的 Google Chrome 浏览器登录拟态网关的管理后台，后台地址为 https://192.168.0.136，用户名为 zs，密码为 123。登录成功之后点击窗口左边的功能按钮【状态监控】，然后点击【接入主机状态】，查看 Web 服务器真实 IP 对应的虚拟 IP 地址，将虚拟 IP 地址告诉学生，进一步修改虚拟 IP 的变换时间，如图 12-33 和图 12-34 所示。

主页概览
状态监控
系统运行状态
物理线路状态
接入主机状态
白名单主机状态
渗透统计

接入主机状态

序号	真实ip	虚拟ip	外网ip	端口	MAC
1	12.12.10.113	40.40.43.249	192.168.3.124	lan3	FA:16:3E:C1:42:A6
2	12.12.10.209	40.40.43.217	192.168.3.73	lan3	FA:16:3E:D5:7D:3E

图 12-33　获取 IP 地址

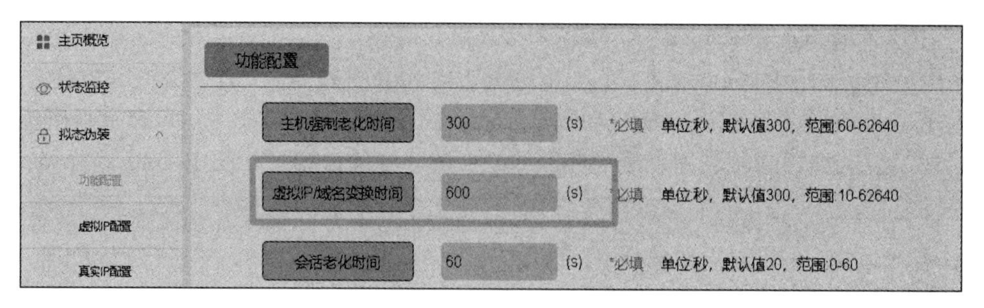

图 12-34　虚拟域名变更时间

8. 学生任务六：端口扫描

学生登录 Win7-攻击机设备，使用桌面上的 Nmap 软件对 Web 服务器的虚拟 IP 地址进行端口扫描，在目标处输入 IP 地址，在配置处选择“Intense scan, all tcp port”，在命令处输入 nmap -p 1-65535 -T4 -A -v 192.168.1.57 指令，配置完成之后点击【扫描】。随后查看扫描结果。从扫描结果中可以看到 Web 服务器中开放了 22 端口和 80 端口。

9. 学生任务七：漏洞利用

学生登录 Win7-攻击机，使用桌面上的 Google Chrome 浏览器访问 http://192.168.1.57，用户名为 root，密码为 123456。然后登录 phpmyadmin，获取版本号 4.8.1。已知该版本存在漏洞，尝试进行漏洞利用。由于动态 IP 跳变周期设置为 600 s，所以可以攻击成功，如图 12-35 所示。

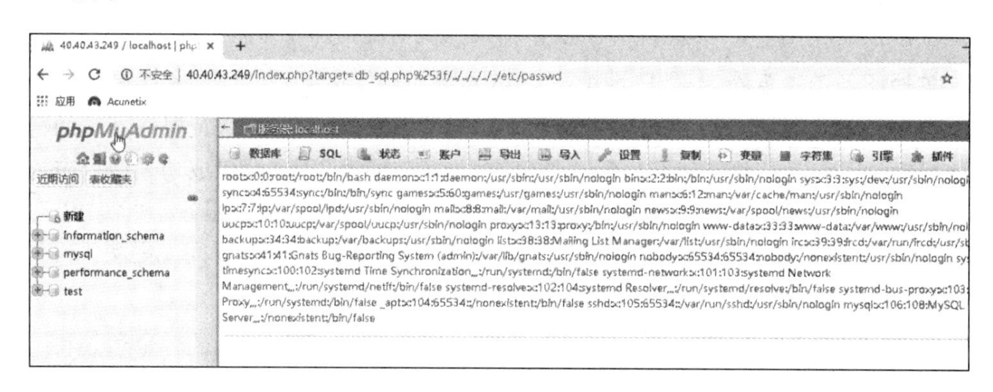

图 12-35　攻击成功示意图

10. 教师任务三：调整动态 IP 跳变周期

教师登录 Win7-管理机设备，使用桌面上的 Google Chrome 浏览器登录移动目标防御体系管理后台，后台地址为 https://192.168.0.10，用户名为 zs，密码为 123。登录成功之后点击窗口左边的功能按钮【状态伪装】，然后点击【功能配置】按钮，将虚拟 IP 变换时间设置为 20 s。重复以上漏洞利用方法，如图 12-36 所示。

点击左边功能按钮【状态监控】，然后点击【接入主机状态】，查看 Web 服务器真实 IP 对应的虚拟 IP 地址，将 Web 服务器的虚拟 IP 地址告诉学生，如图 12-37 所示。

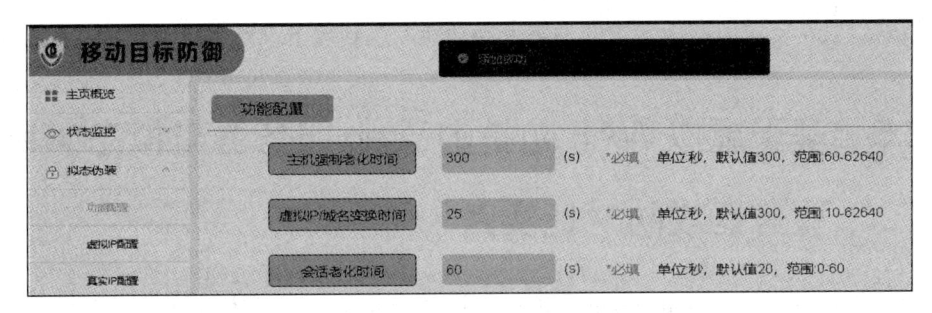

图 12-36　虚拟 IP 变换时间设置

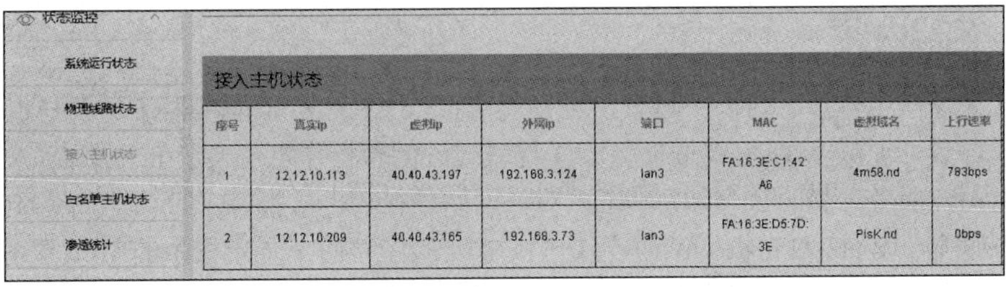

接入主机状态

序号	真实ip	虚拟ip	外网ip	端口	MAC	虚拟域名	上行速率
1	12.12.10.113	40.40.43.197	192.168.3.124	lan3	FA:16:3E:C1:42:A6	4m58.nd	783bps
2	12.12.10.209	40.40.43.165	192.168.3.73	lan3	FA:16:3E:D5:7D:3E	PisK.nd	0bps

图 12-37　虚拟 IP 地址

使用桌面上的 Google Chrome 浏览器访问 Web 服务器，地址为 http://192.168.1.57。由于此时虚拟 IP 的动态变化时间为 20 s，攻击者准备发起攻击时，IP 地址已经发生变化，因此无法攻击成功，如图 12-38 所示。

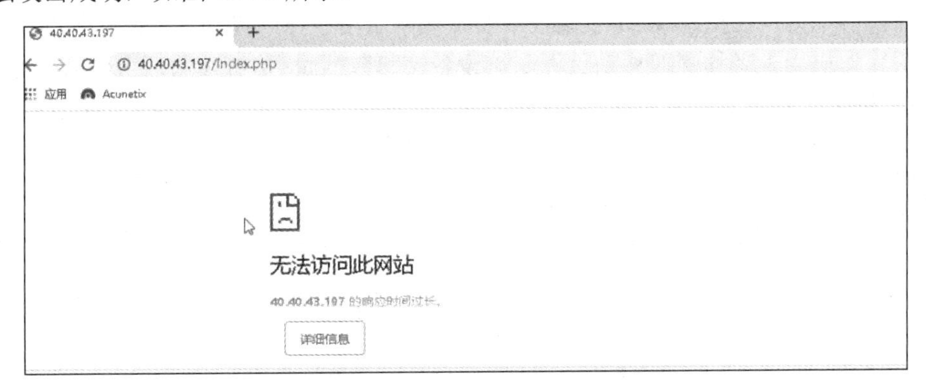

图 12-38　攻击失败示意图

12.4.4　实验结果及分析

本实验主要是使用移动目标防御设备管理业务主机，通过对移动目标防御设备内部参数进行调整，大大增加攻击者的攻击难度。在本实验中对两个子场景中的 Web 服务器进行攻击，对比虚拟防火墙和动态 IP 设备的防御效果。

CSF 代表防火墙，它是一种为服务器提供更高安全性的配置脚本，同时提供大量配置选项和功能，通过配置和保护额外的检查以确保系统的顺利运行。移动目标防御技术包括 IP 地址跳变、通道数跳变、路由和 IP 安全协议(IPSec)信道跳变、网络和主机身份的随机性、执行代码的随机性、地址空间的随机性、指令集合的随机性、数据的随机性等内容。IP 动态跳变是针对 IP 地址可变的移动目标防御技术，将 IP 地址配置完成后，在网关内部生成主机动态变换映射表，支撑拟态伪装中的动态变换功能，达到攻击难度呈指数级增加的效果。

12.5 基于虚拟 WAF 防护的 Web 服务器与拟态 Web 服务器攻防对比实践

本实验需要学生熟练掌握 Nmap、BurpSuite 和 Awvs 等工具的使用。

12.5.1 实验内容

本实验场景中包含了两个子场景，分别为虚拟 WAF + Web 服务器子场景与拟态 Web 服务器子场景。虚拟 WAF + Web 服务器子场景包含两台操作机，一台 PC 部署了安全狗软件并提供站点服务，另一台 Win7-攻击机对该网站进行攻击；拟态 Web 子场景中包含了拟态 Web 服务器、Win7-攻击机、Win7-管理机。本实验将对两个子场景中的 Web 服务器进行攻击，然后分别对比虚拟 WAF 和拟态 Web 的防御效果。

12.5.2 实验拓扑

实验拓扑如图 12-39 所示，在虚拟 WAF + Web 服务器子场景中，默认网络用于接入 Win7-攻击机和 PC，在拟态 Web 子场景中，默认网络用于接入 Win7-攻击机和 Win7-管理机。Win7-管理机用于老师管理移动目标防御设备，对移动目标防御体系后台参数进行调整，Win7-攻击机用于对移动目标防御下的 Web 服务器进行攻击，同时在 Web 服务器中部署网站，用于验证虚拟 WAF 和拟态 Web 服务器的防御效果。

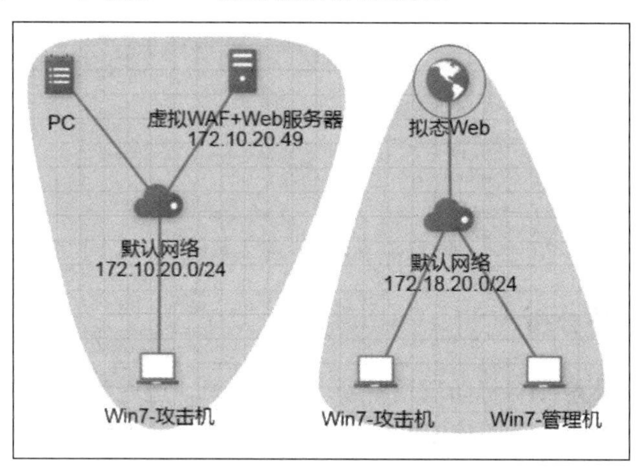

图 12-39 虚拟 WAF + Web 服务器与拟态 Web 服务器——黑盒测试实验

12.5.3 实验步骤

1. 学生任务一：查看 IP 地址

学生通过拓扑图可以查看到“虚拟 WAF + Web 服务器”的 IP 地址为 172.10.20.49。

2. 学生任务二：端口扫描

学生登录 Win7-攻击机，使用桌面上的 Nmap 软件对虚拟 WAF + Web 服务器进行端口扫描，在目标处输入 IP 地址，在配置处选择“Intense scan, all tcp port”，在命令处输入 nmap -p 1-65535 -T4 -A -v 172.10.20.49 指令，配置完成之后点击【扫描】，如图 12-40 所示。

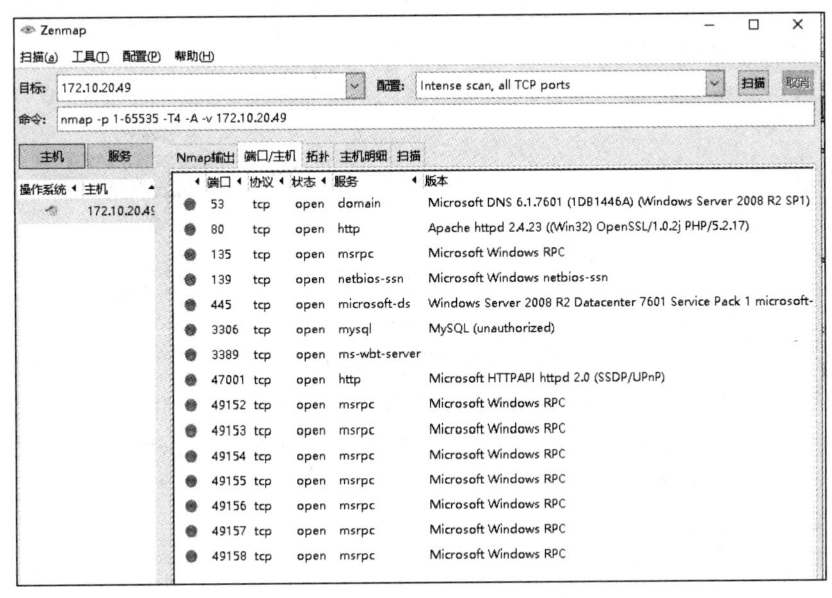

图 12-40　Nmap 扫描示意图

3. 学生任务三：漏洞利用

学生使用桌面上的 Google Chrome 浏览器尝试访问 http://172.10.20.49 的 80 端口，使用 Awvs 进行漏洞扫描，点击桌面上的【Acunetix】，输入账号为 admin@qq.com/pass，密码为 qq123456。完成登录之后，添加目标 IP，点击右上角的【Save】按钮，再点击【Create Scan】按钮开始扫描，扫描完成之后未发现漏洞，如图 12-41 所示。

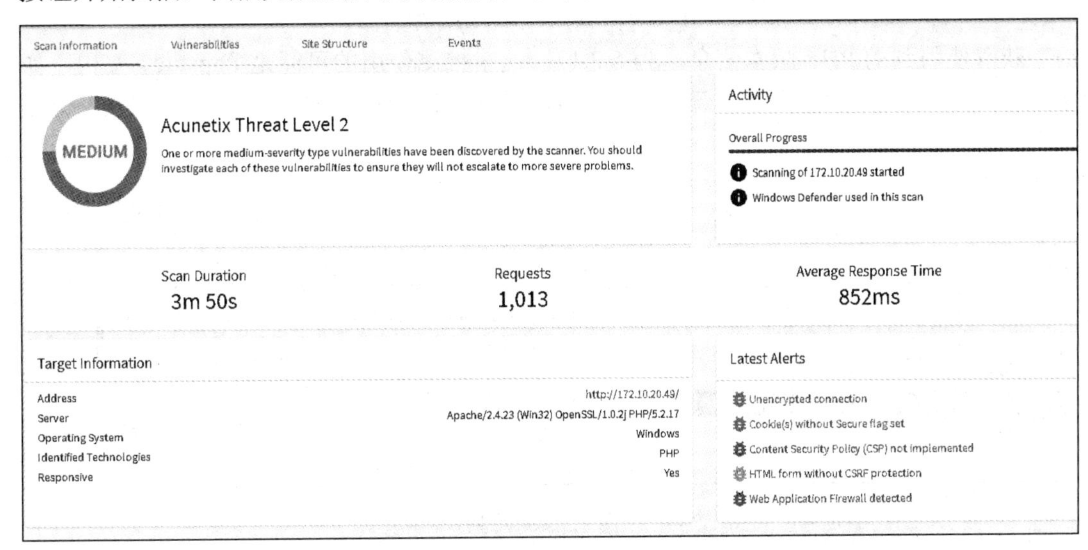

图 12-41　Awvs 漏洞扫描示意图

使用 Burp Suite 进行抓包，双击桌面上的 Burp Suite 软件，首先点击“Loader Command”后面的【Run】，然后点击【Start Burp】，便可成功启动 Burp Suite。接着选择“Proxy”模块，点击 Proxy 上的“Inrercept is off”关闭抓包。然后在开启 Burp Suite 进行抓包之前，首先设置浏览器代理，选择代理列表中的【burp】按钮，如图 12-42 所示。

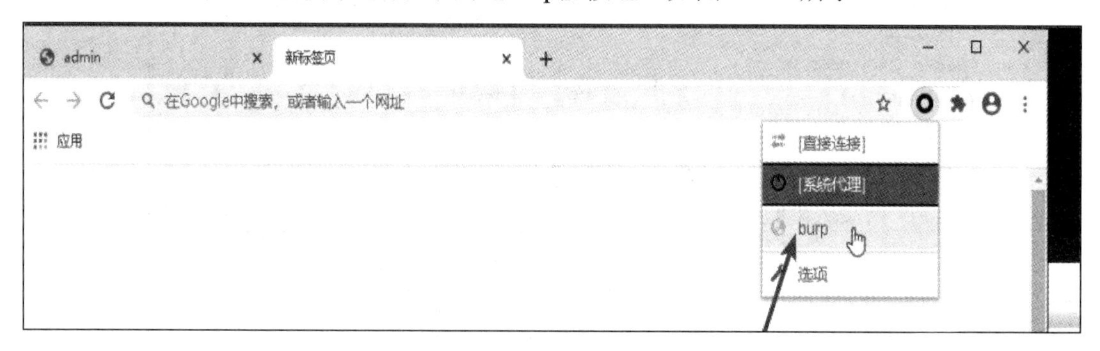

图 12-42 设置浏览器代理

点击“Proxy”模块中的“Intercept is on”按钮，开启抓包。刷新网页则会抓取到数据包，在数据包上选择“Send to intruder”，然后将数据包发送到 Repeater 模块，在 Response 中可以获取 Server 的版本信息，如图 12-43 所示。

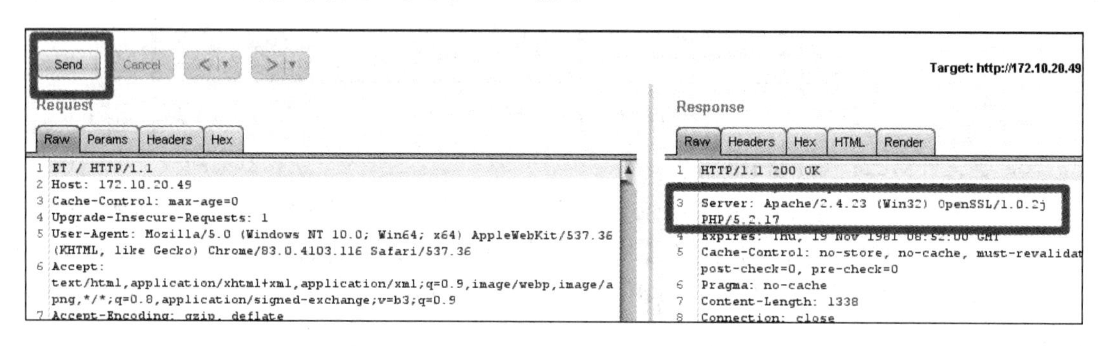

图 12-43 Server 版本示意图

获取使用到的 PHP 版本信息，为 5.2.17，这里推测使用的可能是 Phpstudy 架构，如图 12-44 所示。学生自行在网上查找相关资料，了解漏洞产生的原理，利用漏洞对网站进行攻击。

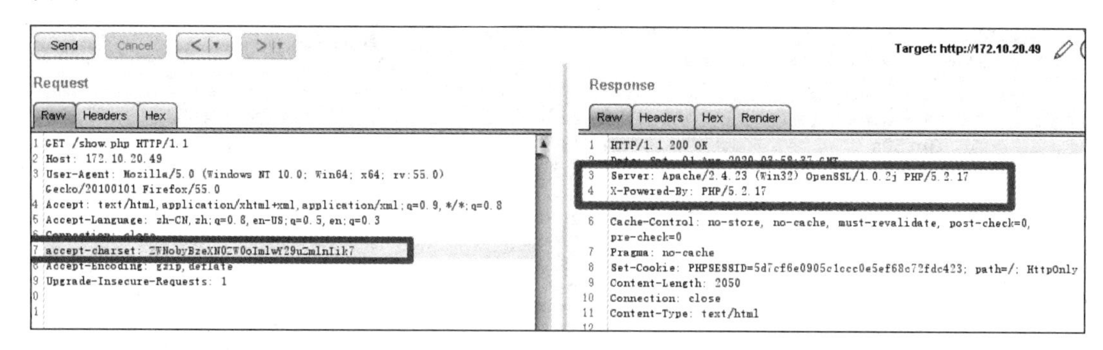

图 12-44 使用 Phpstudy 进行漏洞攻击

输入图 12-44 所示的 Payload，在 phpstudy-exp 中修改 accept-charset 的参数为 Base64

编码，然后便可成功获取服务器权限，如图 12-45 所示。

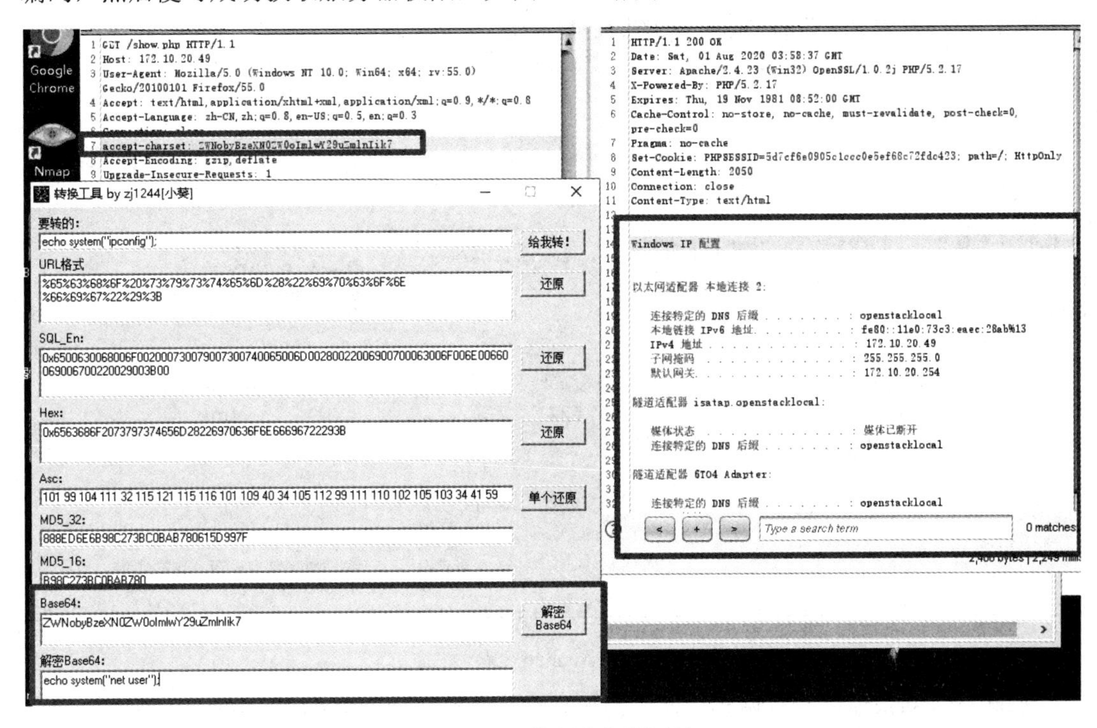

图 12-45　获取服务器权限

4. 学生任务四：端口扫描

学生登录 Win7-攻击机设备，使用桌面上的 Nmap 软件对拟态 Web 服务器进行端口扫描，在目标处输入 IP 地址，在配置处选择“Intense scan, all TCP ports”，在命令处输入 nmap -p 1-65535 -T4 -A -v 172.18.20.10 指令，配置完成之后点击【扫描】，如图 12-46 所示。

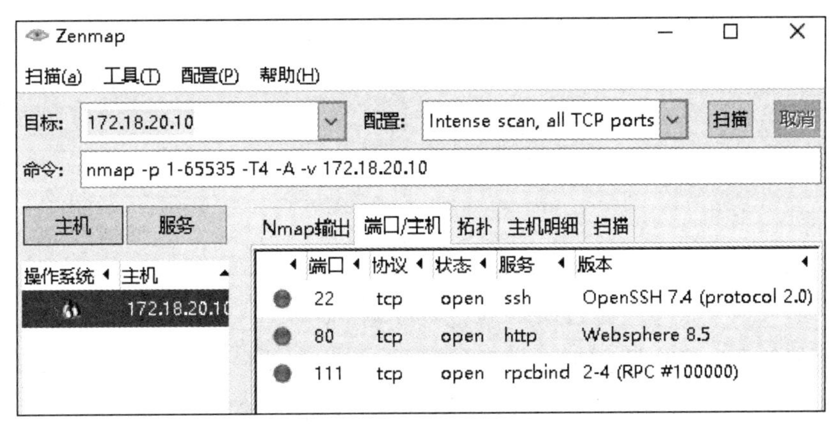

图 12-46　Nmap 端口扫描

5. 学生任务五：漏洞利用

学生使用桌面上的 Google Chrome 访问拟态 Web 服务器，IP 地址为 http://172.18.20.10/show.php。学生在攻击的过程中需持续访问拟态 Web 服务器，验证攻击是否对拟态 Web 造成扰动。然后点击桌面上的【Acunetix】，输入账号为 admin@qq.com/，密码为 qq123456。

完成登录之后，添加目标 IP 地址，点击右上角的【Save】按钮，再点击【Create Scan】开始扫描，扫描完成后未发现漏洞，如图 12-47 所示。

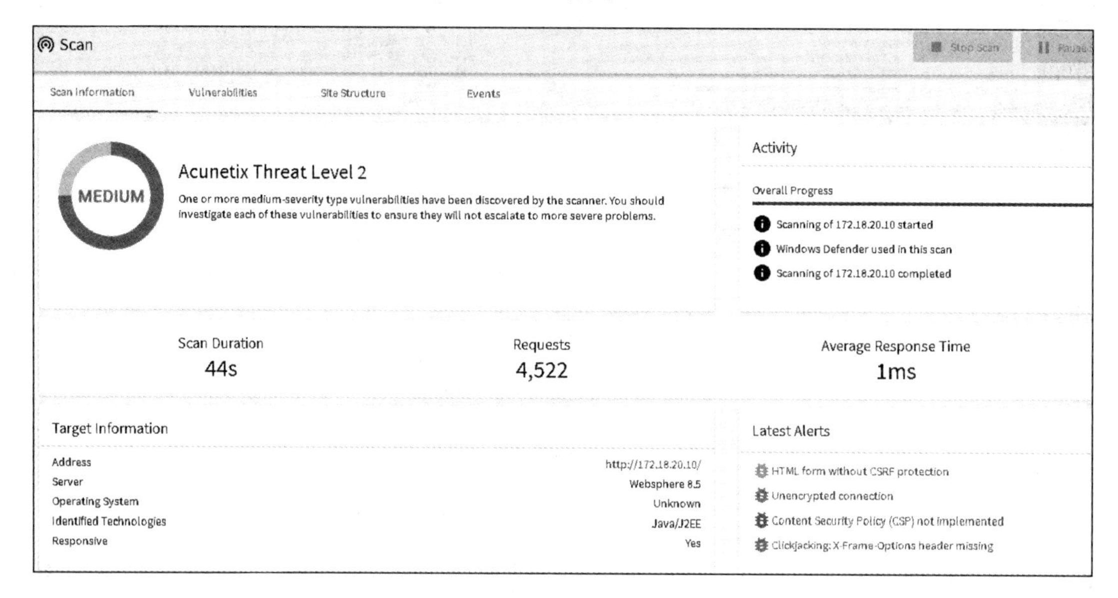

图 12-47 Acunetix 漏洞扫描

刷新网页则会抓取到数据包，在数据包上选择“Send to intruder”选项，接着将数据包发送到 Repeater 模块。由于拟态 Web 的中间件是异构的，所以无法攻击成功。此时界面显示如图 12-48 所示。

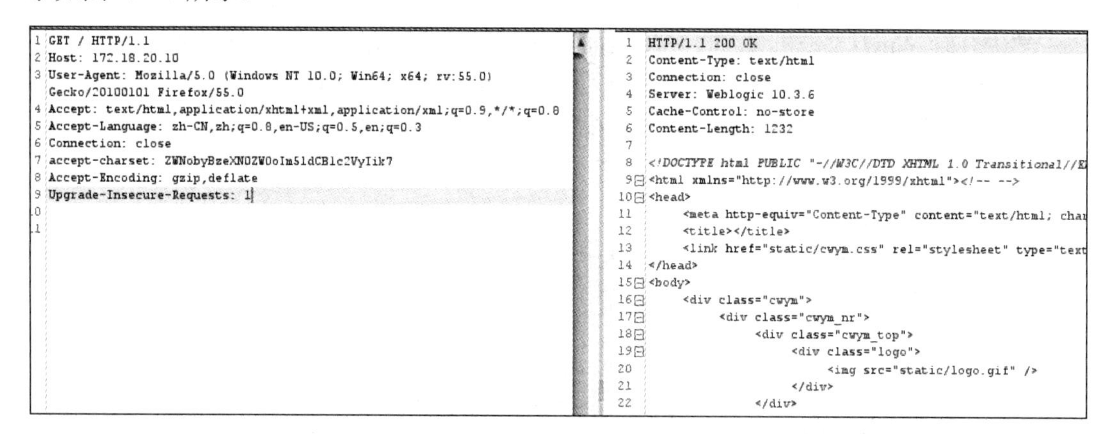

图 12-48 攻击失败示意图

6. 教师任务一：裁决日志输出

教师将裁决日志传输给学生，有以下两种传输方式：

(1) 教师登录拟态 Web 服务器，查看裁决日志，将裁决日志投屏，并和学生一起查看和分析。

(2) 教师将拟态 Web 服务器的 IP 地址、用户名、密码、裁决日志位置告诉学生，让学生自行查看和分析。

教师登录 Win7-管理机，打开桌面上的 Xshell，输入拟态 Web 服务器 IP 地址 172.18.20.20，用户名为 root，密码为 123。输入完成之后点击【连接】，如图 12-49 所示。

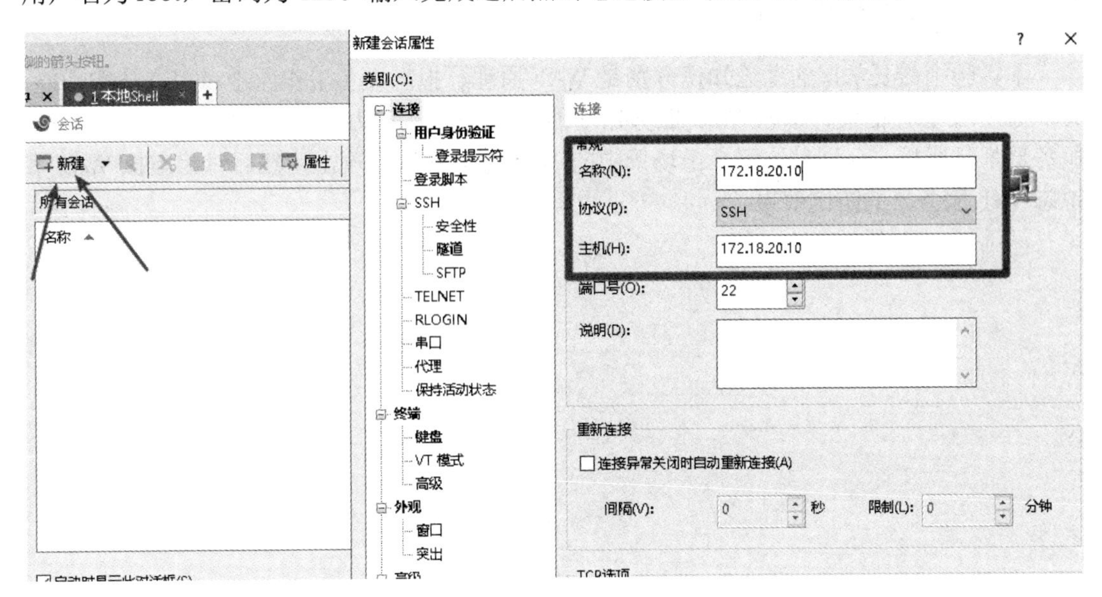

图 12-49　输入拟态 IP 地址

使用 cat/home/logs_2nd/error_local.txt 指令查看日志文件，由于在扫描的过程中存在 404 页面，每个中间件的 http 响应长度不一样，导致裁决出现异常，如图 12-50 所示。

```
[root@localhost ~]# cat /home/logs_2nd/error_local.txt

07/Sep/2020:23:14:38 -0400||402||/.bzr/||172.18.10.112:80,172.18.10.121:80,172.18.10.123:80||404,404,404||L
ength:555,196,341||remote_addr:172.18.20.69||remote_user:nil||RF:556,197,342||RS:0END

07/Sep/2020:23:14:39 -0400||402||/CVS/Entries/||172.18.10.111:80,172.18.10.113:80,172.18.10.122:80||404,404
,404||Length:196,341,555||remote_addr:172.18.20.69||remote_user:nil||RF:197,342,556||RS:0END

07/Sep/2020:23:14:39 -0400||2||/.hg/||172.18.10.112:80,172.18.10.121:80,172.18.10.122:80||404,404,404||Leng
th:555,196,555||remote_addr:172.18.20.69||remote_user:nil||RF:556,197,556||RS:0END

07/Sep/2020:23:14:39 -0400||402||/.svn/+{/.svn/entries}||172.18.10.111:80,172.18.10.113:80,172.18.10.122:80
||404,404,404||Length:196,341,555||remote_addr:172.18.20.69||remote_user:nil||RF:197,342,556||RS:0END

07/Sep/2020:23:14:39 -0400||402||/.git/||172.18.10.111:80,172.18.10.113:80,172.18.10.122:80||404,404,404||L
ength:196,341,555||remote_addr:172.18.20.69||remote_user:nil||RF:197,342,556||RS:0END

07/Sep/2020:23:14:39 -0400||402||/.DS_Store||172.18.10.112:80,172.18.10.121:80,172.18.10.123:80||404,404,40
4||Length:555,196,341||remote_addr:172.18.20.69||remote_user:nil||RF:556,197,342||RS:0END

07/Sep/2020:23:14:39 -0400||402||/WEB-INF/src/||172.18.10.112:80,172.18.10.121:80,172.18.10.123:80||404,404
,404||Length:555,196,341||remote_addr:172.18.20.69||remote_user:nil||RF:556,197,342||RS:0END

07/Sep/2020:23:14:39 -0400||3||/CVS/Root/||172.18.10.111:80,172.18.10.121:80,172.18.10.122:80||404,404,404|
|Length:196,196,555||remote_addr:172.18.20.69||remote_user:nil||RF:197,197,556||RS:0END

07/Sep/2020:23:14:39 -0400||402||/WEB-INF/lib/||172.18.10.111:80,172.18.10.113:80,172.18.10.122:80||404,404
,404||Length:196,341,555||remote_addr:172.18.20.69||remote_user:nil||RF:197,342,556||RS:0END

07/Sep/2020:23:14:39 -0400||402||/WEB-INF/database.properties||172.18.10.112:80,172.18.10.121:80,172.18.10.
123:80||404,404,404||Length:555,196,341||remote_addr:172.18.20.69||remote_user:nil||RF:556,197,342||RS:0END

07/Sep/2020:23:14:39 -0400||1||/WEB-INF/web.xml||172.18.10.112:80,172.18.10.113:80,172.18.10.123:80||404,40
```

图 12-50　裁决异常示意图

12.5.4 实验结果及分析

本实验中需要掌握的理论知识分别是 WAF 原理、拟态设备工作原理、拟态防御功能、Web 服务器总体框架、拟态 Web 服务器功能和网络安全狗原理。在两个子场景中的 Web 服务器都是靶机，分别对这两个子场景中的 Web 服务器进行攻击，然后对比虚拟 WAF 和拟态 Web 服务器的防御效果。

参 考 文 献

[1] 张焕国，韩文报，来学嘉，等. 网络空间安全综述[J]. 中国科学：信息科学，2016, 46(2): 125-164.

[2] 邬江兴. 网络空间拟态防御研究[J]. 信息安全学报，2016, 1(4): 1-10.

[3] 邬江兴. 网络空间拟态防御导论[M]. 北京：科学出版社，2017.

[4] 陈福才，扈红超，刘文彦，等，网络空间主动防御技术[M]. 北京：科学出版社，2018.

[5] AVIZIENIS A. Fault-tolerant systems[J]. IEEETransacti on sonComputers, 1976, 25(12): 1304-1312.

[6] 贾召鹏，方滨兴，刘潮歌，等. 网络欺骗技术综述[J]. 通信学报，2017, 38(12): 128-143.

[7] WILLEMS C, HOLZ T, FREILING F. Toward automated dynamic malware analysis using cwsandbox[J]. IEEE Security & Privacy, 2007, 5(2): 32-39.

[8] FREILING F, HOLZ T, WICHERSKI G. Botnet tracking: Exploring a root-cause methodology to prevent distributed denim-of-service attacks[C]// Proceedings of the 10th European Symposium on Research in Computer Security, Milan, 2005: 319-335.

[9] 蔡桂林，王宝生，王天佐，等. 移动目标防御技术研究进展[J]. 计算机研究与发展，2016, 53(5): 968-987.

[10] ALGIRDAS A, JEANCLAUDE L, BRIAN R. Basic concepts and taxonomy of dependable and secure computing[J]. IEEE Transactions on Dependable and Secure Computing, 2004, 1(1): 11-33.

[11] SOUSA P, BESSANI A N, CORREIA M, et al. Highly available intrusion-tolerant services with proactive-reactive recovery[J]. IEEE Transactions on Parallel and Distributed Systems, 2010, 21(4): 452-465.

[12] LAMPORT L, SHOSTAK R, PEASE M. The Byzantine general problem[J]. ACM Transactions on Programming Languages and Systems, 1982, 4(3): 382-401.

[13] 郭渊博，王超. 容忍入侵方法与应用[M]. 北京：国防工业出版社，2010.

[14] 顾森. 思考的乐趣：Matrix 67 数学笔记[M]. 北京：人民邮电出版社，2012.

[15] 秦华旺. 网络入侵容忍的理论及应用技术研究[D]. 南京：南京理工大学，2009.

[16] ZHANG M, WANG L, SINGHAL A, et al. Network diversity: A security metric for evaluating the resilience of networks against zero-day attacks[J]. IEEE Transactions on Information Forensics and Security, 2016,11(5):1071-1086.

[17] DEBROY S, CALYAM P, NGUYEN M, et al. Frequency-minimal moving target defense using software-defined networking[C]//International Conference on Computing, Networking and Communications, Kauai, 2016.

[18] 冯登国，秦宇，汪丹，等. 可信计算技术研究[J]. 计算机研究与发展，2011，48(8): 1332-1349.

[19] HONG J B, KIM D S. Assessing the effectiveness of moving target defenses using security models[J]. IEEE Transactions on Dependable and Secure Computing, 2016,13(2):163-177.

[20] 邬江兴. 网络空间内生安全发展范式[J]. 中国科学：信息科学, 2022, 52(2): 189-204.